国家重点研发计划"北方典型河口湿地生态修复与产业化技术"课题六"河口
湿地多过程一体化修复与产业化技术应用示范"（2017YFC0505906）
国家自然科学基金项目"环渤海滨海湿地应对海岸挤压效应的保护修复一体化
生态调控途径"（31770576）

联合资助

U0650214

# 湿地保护与修复的空间规划：
# 理论、方法及案例

### 李晓文　梁　晨　等　著

中国环境出版集团·北京

**图书在版编目（CIP）数据**

湿地保护与修复的空间规划：理论、方法及案例 / 李晓文等著 .—
北京：中国环境出版集团，2021.5（2025.8 重印）
ISBN 978-7-5111-2926-0

Ⅰ . ①湿… Ⅱ . ①李… Ⅲ . ①沼泽化地—环境规划—研究—中国
Ⅳ . ① P942.078

中国版本图书馆 CIP 数据核字（2016）第 244677 号
审图号：GS（2021）164 号


**责任编辑** 李兰兰
**封面设计** 张馨文

---

**出版发行** 中国环境出版集团
（100062 北京市东城区广渠门内大街16号）
网　　　址：http://www.cesp.com.cn
电子邮箱：bjgl@cesp.com.cn
联系电话：010-67112765（编辑管理部）
　　　　　010-67112735（第一分社）
发行热线：010-67125803 010-67113405（传真）
**印　　刷** 北京中科印刷有限公司
**经　　销** 各地新华书店
**版　　次** 2021年5月第1版
**印　　次** 2025年8月第2次印刷
**开　　本** 787×1092　1/16
**印　　张** 18
**字　　数** 400千字
**定　　价** 136.00元

---

# 《湿地保护与修复的空间规划：理论、方法及案例》
## 编写人员

李晓文　梁　晨　宋晓龙　张黎娜

林丹琪　黎　聪　郭　云　周方文

智烈慧　张馨文　穆泳林

# 前　言

　　湿地是地球陆域表层水圈和生物圈的重要组成部分，是地球陆域表层生物多样性最为丰富、生态系统服务功能最为显著的生态系统类型之一。同时，人类文明的起源、进步与发展也得益于湿地的哺育滋养，湿地所提供的水资源对于农业生产、城市建设、经济发展和文明进步有着深远的影响。随着对湿地所具有的巨大的生态系统服务功能和价值的进一步认识，湿地已被认为是一个国家重要的战略性生态资源，湿地的破坏和退化消失，将严重威胁区域和国家的生态安全。当前，湿地保护、修复与管理一体化，湿地生态系统、生物多样性保护与水资源管理协同进行、相互促进，已成为国际上的共识。

　　我国是世界上湿地资源类型和数量非常丰富的国家之一，自 1992 年加入《关于特别是作为水禽栖息地的国际重要湿地公约》以后，我国湿地保护体系建设发展迅速。据第二次全国湿地资源调查统计，我国现有湿地面积 5 360 万 hm$^2$，占全部国土面积的5.58%。截至 2016 年，全国已有国际重要湿地 49 处，湿地自然保护区 600 多个，湿地公园 1 000 多个，全国各类型、各等级保护体系所覆盖的湿地保护面积达 2 391 万 hm$^2$，湿地保护率达 44.60%，初步形成了以湿地自然保护区为主体，湿地公园和湿地保护小区并存，其他保护形式互为补充的湿地保护体系。但我国自然或半自然湿地所占国土面积比例仅为 3.77%，远低于 6% 的世界平均水平；在自然变化和人类活动的共同影响下，我国湿地面临着非常严峻的保护形势。全国湿地资源调查表明，2003—2013 年，我国湿地面积减少了 339.63 万 hm$^2$，损失了 8.82%；污染、过度捕捞、围垦、外来物种入侵和基建占用等依然是我国湿地面临的主要威胁，已造成湿地生态状况恶化、生态功能下降和生物多样性减退，影响了湿地维护国家生态安全、国土安全、粮食安全、物种安全、淡水安全和气候安全等作用的有效发挥，我国湿地保护的任务仍然十分艰巨和紧迫。鉴于我国湿地破坏和退化的现实，国内湿地保护与修复工作也得到政府和学术界的高度关注。

　　当前，湿地保护与修复空间规划已成为国内外湿地保护与管理研究的热点。通过科学规划保护与修复区域，确定湿地保护和修复关键格局，继而对湿地区域社会经济活动进行合理的空间管控，促进湿地生态系统结构与功能的持续改善与健康发展，已成为学术界和管理者的共识。湿地保护与修复空间规划涉及局域、区域（流域）和国家等不同空间尺度。总体而言，局域尺度多关注具体技术措施、潜在生态影响和环境风险等，如通过地形塑造优化提升生物栖息地质量；通过对退化植被与土壤进行修复，改善湿地生态系统服务功能，降低湿地区域生态环境风险等。主要强调基于现状的水-土-生物等湿地生态系统组成结构要素的优化，较少考虑未来难以避免的人类社会经济活动的不确定性带来的各种影响，特别是在此背景下如何权衡同一时空条件下湿地保护修复与人类社会经济活动对湿地资源的需求矛盾还需要深入探索。同时，基于湿地水生态过程修复来调控、优化湿地格局（如河口湿地）的理论研究和实践仍然欠缺。随着国际上湿地修复理论和实践的发展，在修复、强化湿地自然生态水文过程的基础上，利用河流湿地自然水文-水沙过程开展湿地修复成为新的热点。

在区域（包括流域和国家）尺度上，为遏制湿地不断退化的趋势，使有限的投入获得最佳的湿地保护与修复效果，需要确定具有重要生态保护价值、游离于现有保护体系之外的湿地保护空缺，特别是人为干扰严重的湿地保护关键区域，将其作为未来湿地保护区和湿地保护工程建设的重点区域。目前，区域尺度上，以保护空缺分析和系统保护规划为主流思想的区域生物多样性和生态系统保护规划研究仍主要针对陆域生态系统，湿地生态系统往往作为陆域生态系统的附属组分被简化为湖泊、沼泽、滨海等若干非河流湿地类型，忽略了河流-湖泊-沼泽-滨海-河口等多类型湿地结构与功能的复杂性，也很少考虑将流域湿地的纵向连接性（上下游之间）、横向连接性（河段与所属流域单元汇流过程）和垂向连接性（地表水与地下水之间）等流域湿地连续性作为保护目标。同时，区域尺度上，制定兼顾湿地生物多样性和生态系统服务功能的综合保护规划对于湿地区域自然资源的有效保护意义重大，这需要进一步揭示生物多样性保护格局对不同类型生态系统服务功能的支撑作用，阐明生物多样性不同组分与生态系统服务各功能类型和要素之间的相互关联、耦合机制，明确生物多样性保护格局在多大程度上能支撑和保障生态系统服务功能的发挥。

总之，流域湿地系统所具有的类型多样性和上下游之间的生态水文过程复杂性完全不同于陆域生态系统，以往基于陆域生态系统的保护规划与格局优化理论不能适用于流域湿地保护规划的理论和实践。因此，迫切需要建立适用于宏观尺度上流域湿地保护评估的理论和方法构架，该理论方法构架应综合考虑对湿地生物多样性、流域湿地多维连接性和湿地生态系统服务功能等多目标的保护与修复，通过不同目标之间和保护水平的权衡，构建区域湿地生物多样性和生态系统服务功能整体优化的保护和修复格局。

另外，现有湿地保护与修复格局研究基本彼此孤立，没有考虑湿地修复格局对既有保护体系整体功能的影响，没有强调所修复湿地斑块之间的功能联系以及更大尺度上对现有湿地保护格局的优化效应，难以达到湿地保护与修复的内在整合和整体优化。因此，如何考虑保护-修复湿地格局的功能耦合效应，以优化湿地保护-修复整体格局，是未来湿地保护与修复理论和实践值得探索的重大问题。

本书为著者多年从事湿地保护与修复相关规划研究成果的总结，在一定程度上也体现了上述相关理论和方法的发展脉络，涉及局域（保护区）—区域（生态区或经济区）—流域或国家等不同尺度，是一部较为系统阐述湿地保护与修复空间规划理论方法与相关案例的专著。全书章节内容安排如下：

（1）第 1 章、第 2 章聚焦于局域（保护区）尺度湿地保护与修复空间规划。其中，第 1 章以双台河口国家级自然保护区所处辽东湾滨海湿地为研究区，借鉴欧洲流行的土地利用情景模拟方法，运用景观生态决策评价支持模型（LEDESS）构建了辽东湾滨海湿地保护修复所需生态空间和社会经济发展相协调的滨海国土空间开发模式，探索了在国土空间开发人类社会经济活动不确定性背景下，湿地保护修复与人类社会经济活动权衡协调的空间策略，建立了景观尺度上将生物多样性保护纳入滨海湿地社会经济规划和生态影响评价的方法。第 2 章以华北平原重要的湖泊湿地——衡水湖国家级自然保护区为例，在构建湿地修复与生境改造适宜性评价单元基础上，依照自然修复和工程措施介入强度的不同，探索并构建了衡水湖湿地修复与生境改造的 3 种情景模式，并对不同修复情景下湿地生态风险进行了综合评估，为衡水湖湿地修复规划提供了相应的决策支持。

（2）第 3 章、第 4 章以黄淮海（华北平原）为案例区，系统阐述了区域尺度（生态区或经济区）湿地生物多样性和生态系统服务功能保护空间规划。其中，第 3 章聚焦于黄淮海区域湿地保护格局优化，基于国际上主流的系统保护规划理论和方法，考虑物种（濒危水禽）分布区、河流与非河流湿地类型的代表性与互补性，同时强调流域湿地的纵向、横向与垂向以及跨流域湿地系统的连接性（南水北调工程），构建了黄淮海跨流域湿地生物多样性保护优先格局；在此基础上，第 4 章进一步选择地表径流、地表水调节、固碳和生境支撑 4 种生态系统服务功能作为保护格局优化对象，基于系统保护规划理论和规划模型——Marxan 建立了黄淮海地区湿地生态系统服务功能保护优先格局，该格局能以最小的代价最大限度地保护区域湿地生态系统服务功能。此外，对区域湿地生物多样性与生态系统服务热点区域和优化格局的空间耦合效应进行了分析，初步探索了同时优化、耦合湿地生物多样性和生态系统服务功能保护优先格局的可能性。

（3）第 5 章、第 6 章以黄河三角洲为案例区，突出了基于自然过程的湿地修复和保护 - 修复一体化的空间策略。其中，第 5 章着眼于通过黄河入海流路调整重塑黄河河口水沙输移、沉积过程，优化新生湿地形态和分布格局以提升河口湿地生境质量和生态系统服务功能。具体研究中通过 Delft3D 和高斯模型等模拟分析了 3 种不同入海流路设置情景下，黄河口水沙输移沉积、湿地形成演化和植被定植演替等河口生态水文过程，评估了不同流域设置对河口湿地的修复、补偿效果，提出了黄河入海流路优化策略和黄河三角洲滨海湿地的自然过程修复的实施方案。第 6 章在系统保护规划理论和方法基础上，通过优化整合湿地修复格局与现有湿地保护体系，构建了保护 - 修复一体化的滨海湿地生态安全格局，具体研究中通过高斯模型结合土地利用现状和高程分析，首先确定了潜在滨海湿地修复区域，通过 Invest 模型模拟并识别多种生态系统服务（生境支持、碳汇和水质净化功能）的热点区域，然后运用系统保护规划模型（Marxan）确定最佳滨海湿地修复格局，该格局与现有保护体系整合后能以最小的社会经济代价最大限度地提升区域湿地生态系统服务功能。

（4）第7章和第8章主要阐述了宏观尺度上湿地保护状况评估及主要流域湿地保护规划。其中，第7章依托遥感和地理信息技术，通过对全国十大流域（水资源分区）所属国家级湿地保护区内外湿地面积、生境破碎化指数和生态风险变化趋势进行评估，实现了保护区—流域—国家多尺度湿地变化状况定量分析，并借此对主要流域的湿地保护状况和有效性进行快速评估；第8章则进一步借助系统保护规划理论和方法，在考虑物种水平保护目标的同时，通过构建反映气候 - 地貌分异的湿地生态地理综合分类单元作为宏观尺度生态系统水平保护目标，同时考虑流域单元上下游过程的连续性并权衡格局优化的社会经济代价，运用基于空间迭代算法的系统保护规划工具，模拟确定了我国主要流域湿地保护的不可替代性格局，该格局能以最小的面积最大限度地保护流域湿地生物多样性。进一步结合湿地保护区分布现状、土地利用程度和人为干扰状况对湿地系统保护状况进行评价，识别并确定保护空缺（Gap）以及受胁严重的湿地系统优先保护区域，重点针对长江、黄河和海河流域湿地保护格局优化结果，提出了较为详尽的湿地保护格局优化策略。

本书将土地利用情景模拟、景观空间决策模型、保护空缺分析和系统保护规划等国际上主流的空间规划方法运用于我国不同尺度湿地保护与修复格局优化，结合案例研究，初步探索了多尺度湿地保护与修复空间规划的理论和方法，所取得的创新性成果包括：在局域尺度上，将湿地保护与修复空间决策同土地利用多情景模拟相结合，突出了针对保护与修复措施的空间规划，同时结合基于水沙—水盐—植被等自然过程（如入海流路）的湿地与修复，初步探索了格局选择、地形塑造、过程优化等局域尺度上湿地保护与修复的理论和方法；在区域尺度上，将河流与非河流湿地类型统一整合到保护目标，考虑流域内湿地纵向—横向—垂向三维连接性的保护和优化，初步构建区域尺度湿地生物多样性和生态系统服务功能格局优化的理论和方法，以及基于湿地生态系统服务功能优化的保护 - 修复一体化格局优化方法；在流域和国家尺度上，构建了反映气候 - 地貌分异的湿地生态地理综合分类单元，作为宏观尺度生态系统保护目标，强调了不同气候 - 地貌因素塑造下湿地生态系统在生物多样性和生态系统服务功能上的差异，制定了流域和国家尺度上湿地保护体系优化的空间策略。

为加快建立系统完整的湿地保护修复制度，2016年11月国务院办公厅制定印发《湿地保护修复制度方案》，2017年5月国家林业局、国家发展改革委等八部委制定印发《贯彻落实〈湿地保护修复制度方案〉的实施意见》，同时国家林业局会同国家发展改革委、财政部等相关部门印发了《全国湿地保护"十三五"实施规划》，强调将通过多措并举增加湿地面积，实施湿地保护修复工程。在此背景下，本书将湿地保护与修复格局优化及空间规划和管理等方面的研究成果介绍给湿地生态建设领域的广大读者，期待从事湿地生物多样性保护、湿地生态修复和保护区管理等领域的科研和管理人员了解、掌握湿地保护修复相关领域的理论和方法，为科学规划、实施湿地保护与修复项目提供理论方法和技术支撑。

本书各章撰写分工如下：第 1 章由李晓文和张馨文撰写；第 2 章由黎聪和张馨文撰写；第 3 章由宋晓龙撰写；第 4 章由张黎娜和李晓文撰写；第 5 章由林丹琪和李晓文撰写；第 6 章由周方文和智烈慧撰写；第 7 章由梁晨和穆泳林撰写；第 8 章由梁晨、郭云和李晓文撰写，全书由李晓文、智烈慧统稿。本书的出版得到国家重点基础研究发展计划"围填海活动对大江大河三角洲滨海湿地影响机理与生态修复"（973 计划）课题六"受损滨海湿地生态修复和围填海的生态补偿机制"（2013CB430406）、国家重点研发计划"北方典型河口湿地生态修复与产业化技术"课题六"河口湿地多过程一体化修复与产业化技术应用示范"（2017YFC0505906）、国家自然科学基金项目"中国湿地保护空缺分析及其保护格局优化研究"（31370535）和"环渤海滨海湿地应对海岸挤压效应的保护修复一体化生态调控途径"（31770576）等项目资助。同时，本书所涉及的相关研究曾先后得到中国科学院沈阳应用生态研究所肖笃宁研究员和胡远满研究员，北京师范大学杨志峰院士、崔保山教授和白军红教授的指导、帮助和支持。另外，在本书的选题立项、编写和校对过程中，得到中国环境出版集团李兰兰编辑的大力帮助，图形修改处理得到中科宇图科技股份有限公司的支持协助，在此一并致以衷心感谢！

由于著者水平所限，书中不当之处在所难免。特别是随着相关理论方法和应用实践的发展，诸多遗憾和不足愈加显著，希望广大读者批评指正，以推动我国湿地保护与修复事业的不断进步。

李晓文

2021 年 5 月 1 日

# 目　录

## 第 8 章 我国主要流域湿地保护的优先格局 /223

# 第1章

## 辽河三角洲滨海湿地保护与修复 多情景模拟与空间决策

## 1.1 研究背景与意义

将生物多样性纳入土地生态规划一直是区域土地利用规划中的关键问题，这需要能够基于已有知识评估相关土地利用变化对动植物栖息地影响的预测工具（Aspinall Pearson，2000；Bani et al.，2002；Barreto et al.，2010；Bohnet & Smith et al.，2007；Forman，1996；Lambeck，1997；Opdam et al.，2001；肖笃宁等，1998；李晓文等，1999a）。尽管已有不少将土地利用和自然资源管理相结合的研究案例，但是当前针对土地利用规划环境影响评估往往缺少对生物多样性影响的定量预测。因此，迫切需要研发能充分有效地将生物多样性纳入土地利用规划及其影响评估的决策工具（Forman，2000；Treweek et al.，1998；Guisan & Zimmermann，2000；Carrick & Ostendorf，2007；Jantke & Schneider，2010；Pereir et al.，2011；Sanderson et al.，2002）。半个世纪以来，以荷兰、德国为代表的欧洲国家自然保护政策在注重自然保护的同时，也强调兼顾人类社会经济活动，并制订协调两者的土地利用空间规划（Collinge，1996；Crist et al.，2000；Dunning et al.，1995；Fernandes，2000；Forman，1997；Kati et al.，2004；Larsen & Girvet，2007）。其中，土地利用"情景"（scenario）模拟方法被认为是探索生态空间和土地利用规划相结合可能性的有效工具（Harms，1995，1999，2001；Hawkins & Selman，2002；Jessel Jacobs，2005；Lautenbach & Berlekamp，2009；Li et al.，2012；Palang et al.，2000；Schreider & Mostovaia，2001；Stolte et al.，2005）。

一般而言,未来土地利用情景可以包括预测（forcasting）式情景和反推（backcasting）式情景两种类型。预测式情景是直接将目前趋势投射到未来的可能情景，其不同情景差异主要源于未来情景某一特定参数的改变，环境规划往往运用这种情景模式（Schoonenboom，1995；Harms，1995；Shearer et al.，2006）。反推式情景则用来探索未来各种潜在可能性，通过与现状对比确定最理想的选择方案，该情景设置模式常用于地理规划（Rae et al., 2007 ; Reynolds & Hessburg, 2005 ; Roetter et al., 2005）。不同于预测式情景常采用的分析方法，反推式情景设置更为强调整体论的方法，因此，基于专家模型的决策支持系统而非精确预测模型成为不同反推式情景设置与评估的工具（Veeneklaas & van den Berg, 1995）。本章即引入基于景观生态决策评价支持系统的反推式情景模拟和评估方法，以双台河口国家级自然保护区所在的辽河三角洲滨海湿地为研究区，探索如何在景观尺度上将区域生物多样性保护纳入滨海湿地社会经济规划和景观生态影响评价的方法。

辽河三角洲滨海湿地位于辽宁省盘锦市境内，距市区约 30 km，位于渤海辽东湾顶部双台子河入海处，地理坐标为东经 121°30′—122°00′、北纬 40°45′—41°10′，总面积 12.8 hm$^2$（图 1-1）。该区域属于半湿润的季风气候，年均温 8.3 ～ 8.4℃，年降水量 611.6 mm，年蒸发量在 1 390 ～ 1 705 mm。辽河三角洲滨海湿地拥有保存完好的大面积芦苇沼泽和以翅碱蓬为主的潮间带盐沼，被认为是世界上最大的芦苇湿地之一。同时，由于河流带来的大量泥沙沉积，辽河三角洲河口区域海岸线仍然以 27.5 km$^2$/a 的速度迅速淤长，不断创造出大面积的新生滩涂湿地。辽河三角洲滨海区域位于东亚鸟类的迁徙关键节点，是种类众多、数量巨大的迁徙水禽重要的繁殖和停歇生境。根据调查，保护区记录到 106 种水鸟，其中 2 种（白鹤和中华凤头燕鸥）在《世界自然保护联盟濒危物种红色名录》（以下简称《IUCN 红色名录》）中被认定为极危，5 种（丹顶鹤、东方白鹳、鸿雁、中华秋沙鸭、小白额雁）被认定为濒危，7 种（小青脚鹬、花脸鸭、青头潜鸭、白头鹤、白枕鹤、大鸨和黑嘴鸥）被认定为易危。此外，145 种列入《中日保护候鸟及其栖息环境协定》；46 种列入《中澳保护候鸟及其栖息环境的协定》；5 种（丹顶鹤、白鹤等）和 29 种（黑嘴鸥和灰鹤等）被分别纳入国家保护名录中一级和二级保护动物的名单。由于具备全球意义的滨海湿地资源和生物多样性保护价值，辽河三角洲滨海湿地于 1986 年被批准建立双台河口国家级自然保护区，2004 年被纳入国际重要湿地保护体系。

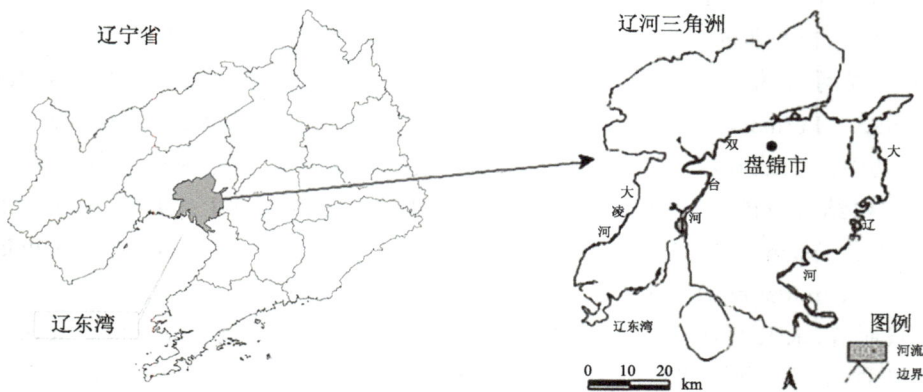

**图 1-1　辽河三角洲滨海湿地（双台河口国家级自然保护区）地理区位**

辽河三角洲滨海湿地也是我国环渤海区域重要的油气开发基地（辽河油田）、农业种植基地（水稻种植）和水产养殖基地，社会经济价值同样极其显著。作为国际重要湿地和我国北方滨海最重要的国家级自然保护区之一，辽河三角洲滨海湿地近几十年来在不断增强的滨海人类活动压力下面临持续性退化的威胁，其主要受胁因子包括：①滨海农业开发；②平原水库、人工沟渠等水利设施建设；③大规模油田和天然气开发；④城市土地利用扩张；⑤滩涂大规模人工养殖；⑥堤坝、道路等基础设施建设等。人类活动干扰导致并增强了该地区生境破碎化，降低了以濒危水禽为代表的生物栖息地质量并加速其退化消失过程，区域社会经济发展和滨海湿地保护矛盾的加剧已成为辽河三角洲滨海湿地可持续发展的关键问题（肖笃宁，1994；王宪礼等，1996）。

本章基于反推式土地利用情景，构建并分析不同土地利用情景对关键物种栖息地的影响及其空间表征，探索协调湿地保护与社会经济活动（农业、水产养殖、油田开发及城市化等）之间潜在的可能性及土地利用优化模式。

## 1.2　情景分析及 LEDESS 模型

### 1.2.1　相关概念

情景分析（scenario approach）作为协助决策的工具可追溯至 20 世纪 50 年代，欧美一些核物理学家率先采用这种方法，通过计算机模拟解决有关概率等不确定性问题。20 世纪 70 年代初，欧美不少公司和政府机构开始将情景研究（scenario studies）作为规划与决策的一种工具。

从决策论角度，"情景"可定义为"对未来存在的可能性、未来所期待的状态的描述，以及相关的系列事件，经由这些事件可将现存状态导向未来的目标"（Veeneklaas et al.，1995）。与预测研究不同，情景研究的目的主要不是用来回答"将会发生什么？"，而是着重"如果……也许将会如何？"。因此，情景研究侧重对未来可能性的探索并寻求实现的途径，而不仅是对未来的预测。与专家判断或其他决策方法相比，情景研究的特点在于：通过一套系统的情景设置与评估方法使决策者在面临未来的复杂性、不确定性时，既能拓展其思考范围，又能聚焦以抓住问题的关键，并在此过程中使未来的不确定性逐渐明晰化。设计"情景"时，首先必须把握现实真实的状况，其次必须找到实现的路径，否则，所设计的情景将缺乏现实可行性。

考虑可能性与决策之间的关系，可将未来可能性区分为（图 1-2）：①潜在可能（possible）；②较可能（probable）（包含于前者范畴内）；③所期望（desirable）。对未来的预测应主要着眼于"较可能"的范畴，而对未来"潜在可能"的探索则需要深入考虑未来情景发展的各种可能性。"所期望"属于决策范畴，如果决策者对未来"所期望"是"较可能的"，则决策是可行的，否则就必须在"潜在可能"与"所期望"范畴的交集中寻求解决途径（Harms，1995）。

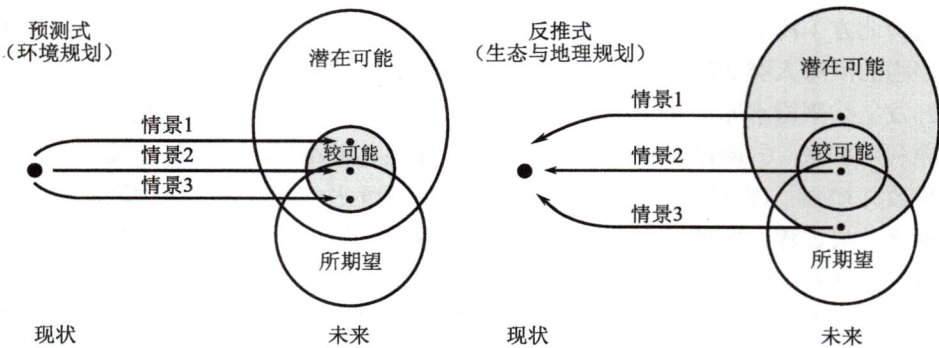

图 1-2　预测式情景与反推式情景比较

图 1-2 所示两种不同类型的情景：投射的（projective）或预测的（forecasting）以及预期的（prospective）或反推的（backcasting）。预测性的情景仅将现实趋势投射到未来"较可能"的范畴，大部分的环境规划属于这一类，如预测气候变化（温度、二氧化碳和海平面上升等）对不同生态系统可能带来的影响等。这类情景研究中，各类预测模型成为确定环境因子变化所导致未来影响的主要评估工具（Schoonenhoom et al.，1995）。而预期的或反推式情景研究则首先对决策对象未来潜在的可能性进行分析，再返回现状进行比较，寻找实现途径并最终确定决策者所期望的选择。反推式情景研究往往是生态与地理规划所采用的，决策支持系统（Decision-Support Systems，DSS）常作为情景评估的工具（Zhu et al.，1998）。

20 世纪 80 年代，随着环境问题的日益突出，欧美土地利用和景观规划学者将情景研究方法运用于协调保护与开发的矛盾，以可持续发展为目标的区域环境管理、规划实践中。欧洲景观生态学者就反推式情景应用于乡村环境管理和规划方面做了大量工作，涉及水资源管理、污染物控制、莱茵河流域湿地修复、物种保护和生态旅游等诸多方面（Van Apeldoorn & Knaapen et al.，1998；Foppen & Reijnen，1998；Reijnen & Harms，1995；Veeneklaas et al.，1995；Pallottino et al.，2005）。反推式情景研究方法应用于区域景观规划，技术线路包括（图 1-3）：①情景的设计；②返回现状（反推过程）以寻找并描绘从现状到"所期望"未来（desirable future）的实现途径；③对规划与设计的评估（生态后果、经济投入等）。

在规划与设计阶段，需要运用有关生态系统和景观水平的知识寻找和构建解决问题的方法，整体论（holistic approach）在此阶段尤为重要，而对规划和设计的评价则是一个分析的过程（Palang et al.，2000）。由于情景研究是一个交替循环的过程，因此，评价的结果往往需要重新输入新的一轮规划过程以调整情景并重新评价，最终完成更为综合性的情景设计。其中有两个概念值得注意，即生态目标（ecological objective）和空间策略（spatial strategy）。前者与生态系统水平的管理有关，借助一定的管理措施，某些不同生态系统有可能出现在同一生境，决策者可依其需要进行调控并选择。空间策略则与整体景观水平的管理相关，强调优化、协调不同生态系统的空间配置，在此要适度考虑人类活动所需的空间，如农业、林业、畜牧业及休闲旅游等。

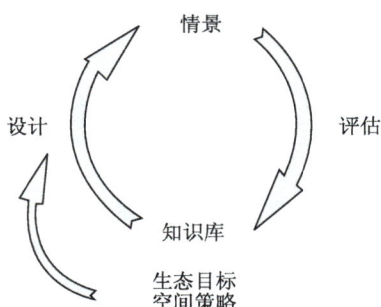

**图 1-3　反推式情景研究的交替循环程序**

## 1.2.2　情景设计原则及方法

在进行"情景"设计时，可以采取"自下而上"（bottom-up）及"自上而下"（top-down）两种互补的方法（Harms et al.，1995）。"自下而上"的方法是同时考虑所有决定景观规划的限制因素，以明确规划的各种可能性及其供选择范围的边界。所考虑因素应与研究目的相关，本书研究的目的是通过合理规划途径，寻找缓解农业开发与生物保护的矛盾，针对此研究目的，"自下而上"的研究方法应考虑如下因素：

- 区域农业开发的强度及其限制；
- 生物保护、生境补偿的方式及其限制；
- 与规划目标相关的自然生态单元的适宜性及其被改变的可能性；
- 所有与目标物种生境需求有关的生境类型；
- 所有有利于实现规划目标的生境管理方式；
- 空间策略及其分布格局。如在自然状况下，植被也可能以隔离的、较大的单元成片扩展，最后占据整个河漫滩。但通过一定管理措施，或许能使其限定在针对某一规划目标的局部区域。

上述因素可以被看作构造景观规划"情景"的基本素材，由于这些因子本身也存在一定变动范围，理论上，其不同的组合结果也将是极其多样的，但并非每一个组合的结果都具备可能性和现实依据。此时，我们需采取"自上而下"的方法对其进行筛选。"自上而下"的方法是基于景观要素设计的一些基本原理和概念，将这些不同因子经过筛选组合成连贯的、有意义的、相互关联的景观要素组合。它实质上强调的是一种整体论的方法，着眼于控制景观结构及其变化的驱动力而非单一的生境因子。本书中，水盐动态导致的生境及植被演替过程、区域农业开发与生物保护（生境补偿）的冲突与协调过程被认为是景观变化的主要驱动因子。因此，在"情景"设计过程中，"自上而下"方法把握、限定情景设计的方向及可能性，而"自下而上"方法则提供构建"情景"的基本材料，并使"情景"要素在规划与评价过程中维持"同质性"。同时，由于同一要素可用于设计不同"情景"，因此，有利于对其导致的不同结果进行比较。

## 1.2.3　情景模拟与评价工具——LEDESS 模型

LEDESS 模型，即景观生态决策与评价支持系统（Landscape Ecological Decision and Evaluation Support System，LEDESS），是一个面向景观规划决策人员的专家系统（expert system），可用来评估规划方案对植被和动物种群造成的生态后果。LEDESS 模型是一个集成多种空间分析功能的空间直观模型（Specially Explicit Model，SEM）（Duning，1995；Turner et al.，1995），可处理用户定义和组建的针对不同研究区域和研究目标的 GIS 图层数据和知识库系统（knowledge-based system）。依据上述输入数据，模拟不同规划方案下植被演替过程和对目标物种生境适宜性的影响。输入模型的图层数据包括研究区的地理数据，如研究区的无机环境条件（abiotic condition）、植被结构（vegetation structure）和景观规划目标（landscape targets）等，知识库系统包括区域景观要素间相互作用及与植被演替的关系、植被与物种生境适宜性的关系、实现规划目标应采取的措施（measures）及物种生境需求，如生境类型、领域大小、对人为干扰和破碎化因素的敏感性等。

知识库系统的构建是运用 LEDESS 模型的关键步骤。知识库系统通过某种标准格式组建已获得的知识，LEDESS 模型依据这些格式化的知识库及其输入的现状及规划目标图层，计算出规划目标实现后，可能出现的植被、斑块的生境适宜性等数据。

LEDESS 模型较适用于对社会、经济活动相对频繁的地区进行的景观规划及其评价。模型构建基于如下理论前提：植被动态是一个取决于自然生态单元（physiotope）、规划目标和管理措施的过程，而动物生境的适宜性则取决于植被结构。因此，从严格意义而言，LEDESS 模型并非一个取决于过程的机理性模型，而是一个基于知识库的专家模型。

LEDESS 模型主要操作过程包括：①通过对比景观规划目标、实施手段与立地条件以检测供选择方案的生态可行性；②基于立地条件和管理措施对植被演替过程进行时空模拟；③基于植被演替和生境需求，对物种生境适宜性进行评估；④依据物种扩散的景观阻力模拟物种扩散过程，并计算潜在生境斑块的生态承载力。

LEDESS 模型通过优化生态系统的管理与决策过程，帮助决策者减少决策过程中的不确定性干扰。"情景"研究方法常用来比较不同的决策方案及其可能的后果，在此，LEDESS 模型的优势在于：①提供了一套系统、有效的方法比较不同情景下的生态后果；②通过构建标准化的知识库系统，提供了可比较的结果，用于客观评价各规划方案的生态效应；③一套知识库系统可重复使用，能有效地在相对较短时间内分析众多规划方案；④能适用于不同精度需求，取决于输入数据的可获得性和质量；⑤能以直观图件和数据表格形式对模拟结果进行表征。LEDESS 模型包括如下子模块：

（1）立地演替模块（site development modular）：用来检测规划情景的生态可行性。立地演替模块通过比较立地无机条件，检测景观规划目标与实现手段之间的生态可行性。对现状与景观规划目标所要求的立地条件不适宜地区，可采取一定措施将其转变为与规划目标相适宜的立地条件（如取土或提高地下水位等）。模块输出（针对每种情景）为经过一定措施改变后的立地条件图层，可作为其他模块的输入源数据。在一些情况下，某些措施是不可行的，如干燥沙漠化地区，几乎不可能通过提高地下水位（措施）来发展沼泽植被。在这些地区，规划者将不得不调整其规划目标。

（2）植被演替模块：模拟不同情景下植被演替过程。依据立地条件、管理方式以及输入模块的知识库系统，本模块可用来模拟植被演替。此时，规划者需指明模拟植被演替的时间以及景观规划目标和采取的措施。模块输出包括特定时间段后所期待的植被组成。假如只关心与景观规划目标有关的最终结果，则可采取一种"直接目标指向"（target-to-end）程序，将景观规划目标直接"翻译"成最终的目标植被结构图层，并作为数据源输入生境和动物扩散模块。

（3）生境分析模块：模拟情景导致的生境质量变化，计算潜在生境大小及生态承载力。每次运行模块，用户必须定义输入的植被结构图（现状的或期望的）以及相应的知识库系统定义的动物生境种类。输出结果包括针对不同动物种类的生境斑块的生境适宜性等级和各生境斑块的生态承载力。

（4）动物扩散模块：此模块主要依据生境斑块可接近性或生境斑块阻力模拟物种的扩散过程。输出结果为以波状阻力线表示的不同时段物种扩散格局。此模块适用于研究、模拟陆生动物物种穿越不同景观的扩散过程，但由于本章中的目标物种为具有很强飞行能力的鸟类，难以定义地表景观阻力，故没有涉及此模块。

4 个模块均需输入现状图和知识库（knowledge tables），每个模块均需其相应的知识库系统。另外，立地演替模块和植被演替模块还需输入景观规划图。4 个模块均需首先输入相应的由用户定义的空间图形数据和知识库系统，而这些图形数据和知识库系统作为源数据在输入模型前，还需预先定义相应的格式和类型，主要类型包括：

- 自然生态单元（physiotopes）：指水分、盐分、土壤类型等立地无机自然条件，由于这些立地条件直接决定植被及生境演替状况，因此，自然生态单元类型可用来预测评估水、盐等立地无机条件的改变对植被和生境演替的影响（Harms，1995）。
- 植被结构（vegetation structure types）：描述不同演替阶段植被结构。当需对某类植被类型重要性进行评价时，还需有关植被结构种类更详细的信息，如与物种生境需求的关系等。
- 规划目标（target types）：指不同规划方案中的土地利用或植被类型。
- 措施（measures）：将现状转变为规划目标所需要立地条件的方法。如通过取土提高水位以修复湿地植被等。
- 管理方式（management types）：同一立地条件，不同管理方式也会导致植被和生境类型的变化，不同规划目标需要依靠不同的生境管理方式。如通过合理放牧等管理草场等。不同管理方式，会产生不同系列的植被类型，需描述在这种管理方式下的植被变化。同时，每种管理方式可能涉及多个规划目标，并且所有的管理方式应能应对所有的规划目标。

- 生境类型（habitat types）：不同生境类型意味着不同类型的生境功能（如繁殖与觅食等）、生境质量和生态承载力。
- 指示物种（indicator species）：指示物种或类群包括大体相同的生境需求，针对不同指示物种及类群的生境需求应有相应的知识库系统，借助这些知识库，可由自然生态单元和植被结构图层生成生境适宜性图层。

## 1.3　研究方法与技术路线

### 1.3.1　数据来源及处理

湿地生境分类主要依据 1997 年 TM 遥感卫片，并基于野外调查结果对湿地生境类型解译结果进行了修正。相关目标保护物种（如丹顶鹤、黑嘴鸥等）生境适宜性及行为学等方面的资料来源于前期工作的积累（Hu & Xiao，1999）和相关野外调查资料。本章中 LEDESS 模型是一个接口于 Arcview 3.2 的扩展模块。

景观要素的分级分类是分析判定生境适宜性的基础，本章从动物生境角度认为由无机环境条件决定的自然生态单元和地表覆盖物组合决定着生境的适宜性。尽管食物空间分布及丰富度也是生境适宜性的重要因子，但丹顶鹤和黑嘴鸥均有很强的飞行能力，整个保护区均在其觅食活动范围内，食物并非其生境的限制因子。

野外调查表明，丹顶鹤、黑嘴鸥的觅食生境与繁殖生境往往重合或毗邻，由无机环境条件和地表覆盖物决定的生境的适宜性同时也指示着该处的食物丰富度。例如，浅积水芦苇沼泽和翅碱蓬滩涂分别是丹顶鹤与黑嘴鸥的典型繁殖生境，而这些生境类型的食物丰富度往往也较高。但食物丰富度高的地方，却并不意味着生境适宜性也高，如虾蟹田或某些明水面，食物丰富度很高，但由于人为干扰及缺乏隐蔽条件，并非丹顶鹤或黑嘴鸥的适宜生境。从区域生境演变角度来看，水禽食物条件变化往往是生境条件改变的结果。在辽河三角洲湿地，此过程已由生境自然演替转变为农业开发、水产养殖等人类活动的主导。

综上所述，由于食物丰富度与生境"外貌"（自然生态单元与地表覆盖物的组合类型）在一定程度上相关，因此本章没有将食物因子单独作为一个生境因子予以考虑。

（1）自然生态单元

对自然生态单元进行分类时，主要依据如下标准：

- 划分自然生态单元类型的生境因子必须与植被类型和演替过程相联系。
- 为便于 LEDESS 模型的运用，分类应能较方便地以"措施"为媒介，将景观规划目标与自然生态单元特征联系起来。

● 分类的精度应与"情景"设计的详尽程度和模型模拟的精度相协调。
● 分类图须包括研究区所有范围。
● 分类图须基于已获得的有关信息和资料。

依照上述标准，本章选择水分、盐分和土壤质地作为自然生态单元分类的因子，这 3 个因子的不同组合方式决定着生境演变及相关的植被过程，从而也深刻地影响着生境的适宜性及其变化。

（2）水分

参照相关研究，将辽河三角洲湿地生境水分状况划分为 5 个等级，其划分标准见表 1-1。

表 1-1　辽河三角洲湿地生境水分状况分级（胡远满等，2004）

| 水分状况 | 特征 | 区域分布 |
| --- | --- | --- |
| 干燥 | 地面或干燥土壤，表土含水量小于 10%，无湿生或水生植被分布 | 居民点及工矿用地、路面、堤坝和旱地等 |
| 潮湿 | 表土含水量大于 10%，地下水位高，但无积水 | 潮上带湿草甸 |
| 浅积水 | 积水深度小于 30 cm | 平坦芦苇沼泽、水稻田 |
| 深积水 | 平均低潮线以下或积水深度超过 30 cm 的淡水 | 河流、虾蟹田、低洼芦苇沼泽、水库及潮间带下部滩涂等 |
| 潮间带 | 间歇性水淹 | 潮间带上部滩涂 |

（3）盐分

由于滨海湿地的性质，本区水盐过程极为活跃，水盐动态同时也影响着区域生境及植被演替过程，不同的水盐梯度具有不同的生境及植被类型，如盐碱裸滩 - 翅碱蓬滩涂 - 芦苇沼泽或草甸的演替序列，也反映了土壤逐渐脱盐化的过程。大体上，不同的植被类型较为灵敏地反映了不同自然生态单元中的盐分梯度。本章以不同植被类型为间接指标，并参照区域土壤类型分布，将整个区域土壤盐分划分为盐渍化、半盐渍化及非盐渍化 3 种类型（表 1-2）。

表 1-2　辽河三角洲湿地土壤盐分梯度的划分

| 盐分梯度 | 盐渍化 | 半盐渍化 | 非盐渍化 |
| --- | --- | --- | --- |
| 植被覆盖类型 | 硅藻 | 柽柳 - 芦苇 | 水稻 |
| | 翅碱蓬 | 紫穗槐 - 芦苇 | 旱田 |
| | 翅碱蓬 - 海滩苔草 | 拂子茅 + 芦苇 | 果树 |
| | 芦苇 - 翅碱蓬 | 罗布麻 - 芦苇 | 异叶眼子菜 - 穗状狐尾藻 |
| | 碱蓬 - 芦苇 | 小獐茅 + 芦苇 | 香蒲 |
| | 碱蓬 | 芦苇 | 芦苇 + 香蒲 |
| | 柽柳 - 翅碱蓬 | 芦苇 + 香蒲 - 翅碱蓬 | — |
| | 白茨 - 芦苇 - 碱蓬 | 柽柳 - 芦苇 - 翅碱蓬 | — |

**（4）土壤机械组成**

参考辽河三角洲湿地的地貌类型图，将区域土壤基质划分为黏土和沙土两种类型。除潮下带滩涂外，本区域土壤基质基本为黏土质。

**（5）自然生态单元类型划分**

基于 GIS 空间叠加功能，将水分、盐分和土壤机械组成等图层进行空间叠加，并重新分类，得出综合三个因子的自然生态单元分类图。最终，自然生态单元划分为：潮湿盐渍化黏土、潮湿半盐渍化黏土、浅积水半盐渍化黏土、浅积水非盐渍化黏土、潮下带盐渍化粉沙潮滩、深积水半盐渍化黏土、深积水非盐渍化黏土、潮上带盐渍化淤泥质潮滩等主要类型（图1-4）。另外，考虑类型的特殊性，将河流、虾蟹田、建成区等类型单独列出。

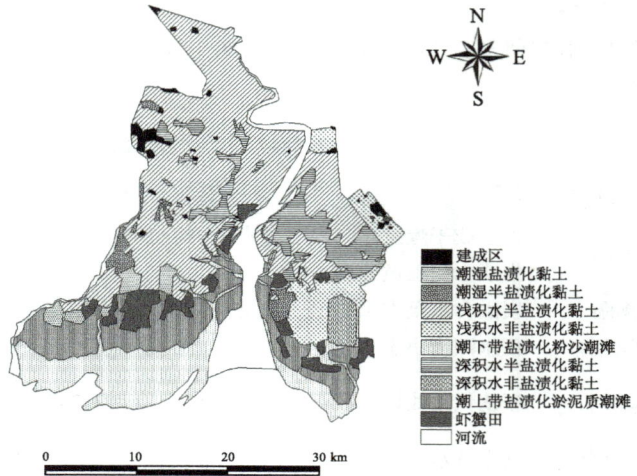

**图1-4　辽河三角洲滨海湿地自然生态单元类型与分布**

**（6）地表覆盖类型**

地表覆盖物主要取决于植被和土地利用类型，依据辽河三角洲植被分类，进一步考虑植被间的演替关系和区域土地利用类型，将辽河三角洲湿地地表覆盖物划分为翅碱蓬滩涂、芦苇沼泽、灌丛草甸、水稻田、河流、虾蟹田、水库、潮间带裸滩涂、潮沟和建成区10个类型（图1-5）。

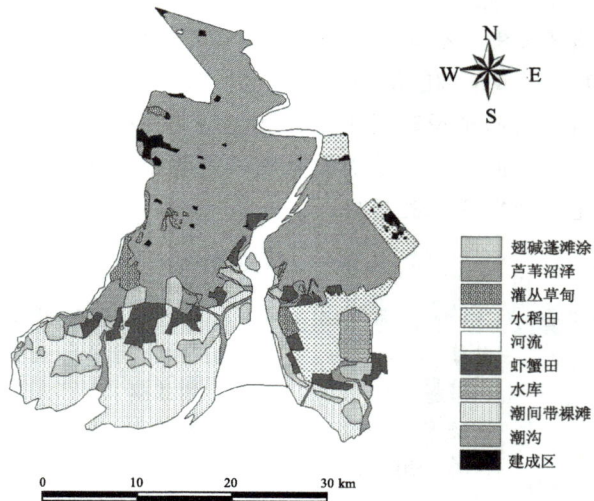

**图1-5　辽河三角洲滨海湿地地表覆盖类型与分布**

## 1.3.2　情景设置

本章的目的是通过设计不同"情景"，寻找缓解农业开发与自然保护之间矛盾的可能途径，因此，情景的设计以农业开发为起因和着眼点，在此基础上设计不同的生境补偿措施，并对其进行评估，情景设计考虑如下与区域开发相关的因子。

（1）农业开发

辽河三角洲东岸滩涂尽管已进行了大规模的农业开发，但这并不意味着今后农业开发仅维持现状。由于河口泥沙淤积造陆使辽河三角洲滨海湿地快速淤长，带动了整个湿地自然景观演变，也使丹顶鹤、黑嘴鸥的适宜生境不断伴随植被演替过程向浅海滩涂延伸。随着土壤及植被性质的改变，原来的适宜生境也会退化，可用于农业开发或其他经济活动。双台河口东岸，由于农业开发并兴建了大规模防潮堤，堤内滩涂已被阻断，逐渐脱离了滨海湿地演替过程而主要受人为管理及调控。在双台河口西岸，尽管平均高潮线部分区域也建有防潮堤或建海公路，植被演替过程也受灌溉等人为措施的影响，但由于还没有进行大规模农业开发并修建完全阻断堤内外滩涂的挡潮堤，湿地自然演替过程仍是明显的。

目前，辽河三角洲的面积以大约每年 27.5 km² 的速度迅速增长，河口西岸已淤积了大面积的新生滩涂。虽然新生湿地往往具有较高的生物保护价值，应重视对其进行保护，但将所有新生湿地划为保护区的核心区，长期来看缺乏现实性。因为，一方面，我国耕地资源的稀缺性，使保护区面积不可能无限扩大；另一方面，如前所述，生境演替导致的生境退化，也将使原有生境的适宜性逐渐丧失，这部分失去保护价值的生境可以用作其他经济用途。

因此，情景设置前提假定若干年后，由于经济发展的需求，西岸（包括部分东岸区域）也需要进行大规模农业开发，且经济开发规模（水稻田及水产养殖）与已完成的大洼小三角洲农业开发规模相似，研究的焦点是如何通过各种可能的湿地调整、生境补偿措施兼顾湿地生物保护与农业开发的需求，以避免东岸开发过程所导致的黑嘴鸥、丹顶鹤重要生境的消失。由于农业开发是在保护区内进行，其规模和开发方式显然应受到一定限制，参照东岸已有开发规划和未来农业发展规划，假定的农业开发规模为 8 000 hm²。另外，为减轻生境破碎化的影响，开发方式采取从芦苇沼泽边缘逐渐推进的"滚动"开发模式。

（2）油田开发

油田开发是本区域重要的经济活动，并对水禽生境产生深刻影响，但油田开发有其特殊性，即油田开发适宜性主要取决于潜在储油量和储油地质（开采难度），储油区域决定了油田开采区域，难以易地开发。因此，情景设置没有将油田开发作为一种单独规划目标，并假定油田开发维持现状，在对"情景"进行评估时，将与油田开发有关的油井、道路等人为设施作为重要的生境破碎化因子予以考虑。

（3）建成区

伴随大规模区域农业与油田开发，新的建成区的出现及原有建成区的扩展是可以预见的。情景设置假定随着大规模区域开发的进行，建成区的扩展规模为 800 hm²，并主要基于原有基础（如居民点等）上的扩展。

**（4）虾蟹田**

水产养殖也是本区一项重要的经济活动，为本区带来可观的经济收益，因此情景设置将水产养殖作为一个单独的景观规划目标予以考虑，但滩涂水产养殖将占用黑嘴鸥等滩涂鸟类的生境，因此也需加以严格管理与控制。情景设置假定虾蟹田的规模在保护区范围内维持 2 000 hm²，并对其进行相应的规划与调整。

**（5）物种保护与生境补偿**

发展芦苇沼泽及采取一定措施（如建生境岛等）人工修复、创造翅碱蓬滩涂生境是两个有关生物保护与生境补偿的景观规划目标。大面积的芦苇沼泽由当地苇场统一管理经营，作为优良的造纸原料，能给当地经济带来可观收益，并为国家节省大量宝贵的木材资源，同时这些芦苇沼泽在人工管理（如灌溉、每年定期收割等）条件下，能不断更新，保持良好长势，成为珍稀水禽丹顶鹤及鹭类、鹳类和雁鸭类等淡水鸟类的良好生境。大面积的芦苇沼泽还具有显著的净化污水、调节区域气候等生态功能。因此，本区域发展芦苇沼泽具有良好的生态效益和经济效益。

芦苇是主要淡水沼泽植被，依照湿地自然演变趋势，随着脱盐化进程的不断发展，翅碱蓬滩涂也将逐渐演变为芦苇沼泽或草甸，但这个自然演替过程在东岸已被拦潮堤阻隔而遭到破坏，芦苇沼泽天然更新和随演替过程向滩涂扩展的趋势遭到人为限制而减缓。目前，芦苇沼泽在当地各苇场的经营管理下，面积基本维持相对稳定，而大规模农业开发占用的芦苇沼泽面积将远远超过自然增加的芦苇沼泽面积，因此有必要通过一定的人为手段，扩展芦苇沼泽面积，补偿其损失。滩涂芦苇沼泽开发，一方面涉及建坝、灌溉等工程投资问题，另一方面也会占用黑嘴鸥等滩涂鸟类的生境以及水产养殖所需潮间带滩涂，对此必须控制适度规模，并采取相应的管理措施和湿地调整策略。

农业开发占用了部分芦苇沼泽，为补偿其损失，在滩涂进行的芦苇沼泽开发又会占用部分黑嘴鸥等滩涂鸟类生境以及大面积的虾蟹田，为维持一定水产养殖水平，又需在滩涂部位新辟虾蟹田，而大规模滩涂水产养殖也会对滩涂鸟类生境产生不良影响。因此，就本区域生物保护而言，如何补偿、保护以黑嘴鸥为代表的滩涂鸟类生境也十分关键。黑嘴鸥繁殖巢分布（图 1-6）显示，双台河口东岸原黑嘴鸥重要繁殖生境已消失，主要繁殖地已转移到大凌河口的南小河地区。因此，在对滩涂鸟类生境进行人工修复生态工程设计时，要依据湿地生境演替规律、黑嘴鸥生境及巢区的变动趋势，滩涂地区规划虾蟹田时也应采取相应空间策略避开黑嘴鸥繁殖的核心敏感区。总之，通过空间规划及情景模拟，协调辽河三角洲湿地稻田开发、水产养殖、建成区扩展、芦苇沼泽开发和滩涂鸟类生境保护对土地资源需求的冲突，并寻找合理的空间解决方案及管理模式，是情景研究的基本着眼点。

依据上述情景设计原则、有关假设和限制因子，基于协调农业开发与湿地保护的目标，本章提出湿地调整（A）、生境管理（B）和农业开发（C）3 种情景。3 种情景的景观规划、生境管理目标见表 1-3，各情景总体目标和生境补偿途径见表 1-4。其中，

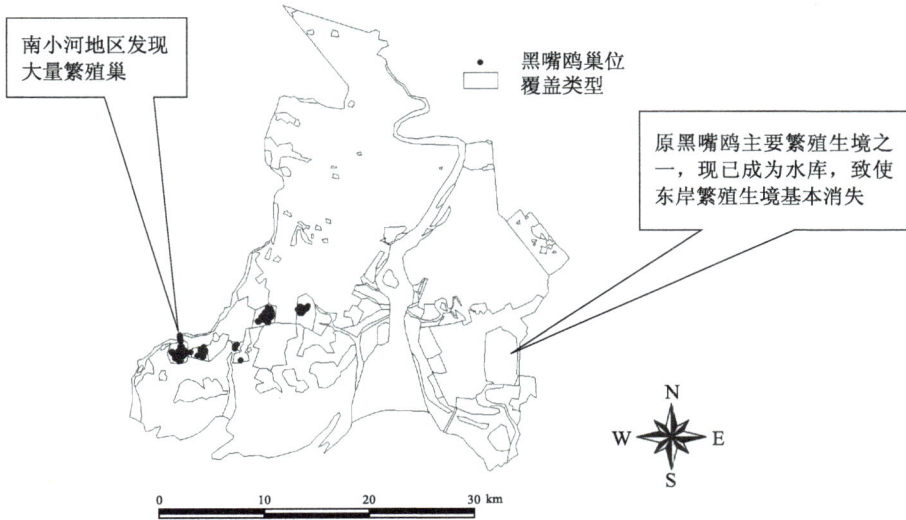

南小河地区发现大量繁殖巢

黑嘴鸥巢位覆盖类型

原黑嘴鸥主要繁殖生境之一，现已成为水库，致使东岸繁殖生境基本消失

0    10    20    30 km

图 1-6　黑嘴鸥巢位分布（依据野外巢位调查的 GPS 数据）

"湿地调整"和"生境管理"两种情景都是通过不同方式的生境补偿措施以减轻农业开发对生境造成的破坏，并优化生境质量。但前者涉及大规模土地利用方式的调整和改变，而后者主要依靠各种生境管理措施优化生境质量。情景 C（农业开发）则主要用作对照，评估农业开发的后果。这样将各情景导致的生态后果与作为区域本底的"现状"进行比较，最终可以确定农业开发（情景 C）导致的生态后果，以及通过情景 A、情景 B 等生境补偿途径的效果。情景 A、情景 B 和情景 C 所涉及的景观规划目标包括：①水稻田；②虾蟹田；③建成区；④芦苇沼泽（丹顶鹤生境）；⑤翅碱蓬滩涂（黑嘴鸥生境）；⑥维持原状。

表 1-3　各情景的景观规划生境管理目标

| 生境目标 | 情景 A | 情景 B | 情景 C |
|---|---|---|---|
| 水稻田 | 开发 8 000 hm² | 开发 8 000 hm² | 开发 8 000 hm² |
| 虾蟹田 | 维持 2 000 hm² | 基本维持原有规模 | 维持原状 |
| 建成区 | 扩展 800 hm² | 扩展 800 hm² | 扩展 800 hm² |
| 芦苇沼泽 | 通过湿地调整措施，维持其面积"无净损失"（no-net-loss），并改善生境质量 | 不采取大规模湿地调整 | 维持原状 |
| 翅碱蓬滩涂 | | 采取措施对生境进行补偿，只在局部修复翅碱蓬滩涂 | 维持原状 |
| 道路 | 对核心生境某些路段重新规划 | 营建防护林带，减少路面裸露面积，减轻车辆、噪声对水禽生境的影响 | 维持原状 |
| 油井 | 利用芦苇等对核心区工作油井进行遮蔽和伪装，并拆除废弃油井 | 对所有工作油井进行植被遮蔽，拆除废弃油井 | 维持原状 |

表 1-4    各情景总体目标和生境补偿途径

| 情景 | 总体目标 | 生境补偿途径 |
|---|---|---|
| A. 湿地调整 | 在大规模农业开发背景下，通过湿地调整、生境补偿等措施，维持自然湿地面积无净损失，并优化生境质量 | 通过区域范围内大规模湿地修复工程对生境进行修复和补偿，核心区内辅以相应的生境管理手段 |
| B. 生境管理 | 主要通过各种生境管理措施，优化生境质量，以尽量减少、补偿农业开发对生境造成的破坏 | 不采用大规模湿地修复工程，不涉及大范围土地利用方式的改变，主要通过对湿地生境一系列优化管理措施对生境进行补偿 |
| C. 农业开发 | 仅以大规模农业开发为目的，不考虑生境补偿 | 无 |

（1）情景 A：湿地调整

为了挽救日益减少的湿地，美国在 20 世纪 80 年代就已实施了不少湿地调整的计划，美国国会还专门通过了有关湿地保护的"无净损失"政策（no-net-loss policy）（Zedler，1996）。荷兰、德国等则在 20 世纪 90 年代联合开展了莱茵河流域大规模的湿地修复计划（Harrms，1995）。一个成功的生境调整应体现在用于补偿的生境与原有生境具备结构与功能上的等同性，特别是替代生境的功能相等性是生境调整的重要原则（Sinclair et al.，1995）。

辽河三角洲湿地"湿地调整"情景的景观规划目标包括经济目标和生态目标。经济目标（参照东岸大洼小三角洲农业开发规模）：①开发水稻田 8 000 hm²；②水产养殖（虾蟹田）维持在 2 000 hm²；③建成区扩展 800 hm²；④油田开发维持现状。生态目标：通过大规模湿地调整措施修复、补偿作为珍稀水禽重要栖息与繁殖生境的芦苇沼泽和翅碱蓬滩涂的损失，维持生境面积无净损失，改善并提高生境质量和生态承载力。

图 1-7 为依规划目标和湿地调整原则设计的辽河三角洲湿地（双台河口保护区）的景观规划情景。表 1-5 则进一步说明了相关的湿地调整措施、空间策略和生境管理手

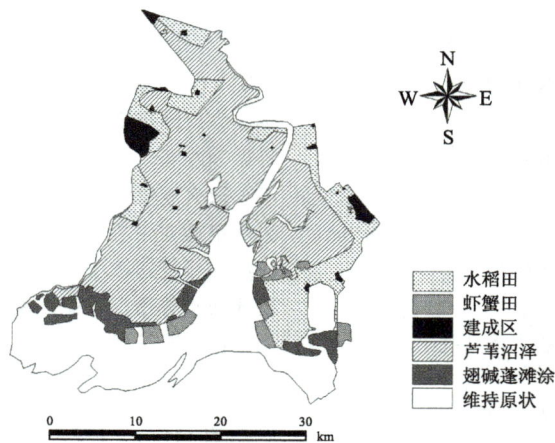

图 1-7    情景 A 的景观规划目标

段。可以看出，情景 A 为减少破碎化因素对丹顶鹤核心生境的影响，稻田开发采取了沿芦苇沼泽边缘逐步推进的"滚动"开发模式（图 1-8），稻田开发、建成区扩展主要利用丹顶鹤破碎化较严重的不适宜（unsuitable）生境或边缘（marginal）生境。虾蟹田的开发也避开黑嘴鸥等滩涂鸟类的繁殖、觅食的敏感区域。与东岸大洼小三角洲开发的直接在沿海滩涂进行大规模农业开发不同，"湿地调整"模式是将部分滩涂转变为高质量的芦苇沼泽以弥补被农业开发所占用的部分，这部分芦苇沼泽将作为丹顶鹤未来的核心生境。最后被新辟芦苇沼泽占用的黑嘴鸥生境（翅碱蓬滩涂）再通过在堤外建造生境岛等湿地调整措施得以补偿，被占用的虾蟹田也在堤外易地补偿，以维持在大约 2 000 hm² 的水平。

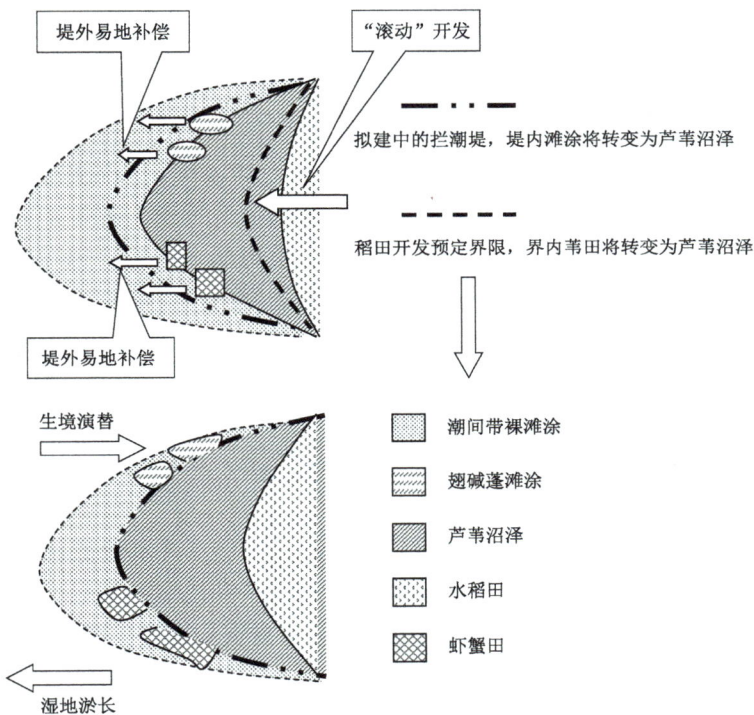

图 1-8　辽河三角洲滨海湿地"滚动"开发模式示意

表 1-5　情景 A 景观规划目标及相关的湿地调整措施、空间策略和生境管理手段

| 景观规划目标 | 规划面积 | 湿地调整的方法 | 空间策略 | 管理措施 |
|---|---|---|---|---|
| 水稻田 | 开发 8 000 hm² | 排水并耕作；淡水灌溉并耕作 | 沿芦苇沼泽外侧边缘进行"滚动"开发，尽量减轻生境破碎化。充分利用不适生境和边缘生境 | 化肥污染控制，减轻污染物迁移与扩散 |
| 建成区 | 扩展 800 hm² | 基建 | 主要基于原有规模的扩展并尽量利用非适宜生境 | 生活及工业污水的控制与管理 |

| 景观规划目标 | 规划面积 | 湿地调整的方法 | 空间策略 | 管理措施 |
|---|---|---|---|---|
| 虾蟹田 | 维持 2 000 hm² | 建造虾蟹池；排水（淡水）并沟通与海水的联系；建造虾蟹池并维持与海水的联系 | 控制规模并尽量避开黑嘴鸥生境敏感区域 | 减轻人为活动的干扰并控制海水污染 |
| 芦苇沼泽 | 维持无净损失，并改善生境质量 | 淡水灌溉；控制水位；建防潮堤并淡水灌溉 | 成片扩展，损失部分通过利用废弃虾蟹田和滩涂开发补偿 | 严格控制油田开采和水产养殖人为活动，对核心区油井进行伪装，对生境敏感区部分道路重新规划 |
| 生境修复 | 修复、人工模拟黑嘴鸥生境，并改善其生境质量 | 恢复与潮水联系；建造生境岛；利用废弃的虾蟹田 | 依照物种迁移趋势、"集中"与"分散"相结合 | |

　　东岸的大规模农业开发直接将异质性强、人类活动频繁的农田斑块强行"嵌入"湿地生境演替序列中，中断了滨海河口湿地的自然演替过程，破坏了湿地演替生境的系列完整性、连续性，从而导致东岸黑嘴鸥核心生境基本丧失。同时，作为丹顶鹤生境的芦苇沼泽失去了向滩涂扩展以进行自然更新的空间，生境衰退速度显著加快。与之对比，"湿地调整"模式尽管也改变了部分自然湿地性质，但采取的生境调整措施遵循了湿地自然演替规律，没有从根本上破坏湿地演替过程。特别是通过重新沟通潮沟水文联系等手段，能使湿地演替过程自我修复，从而使湿地演替带动的生境自然更新过程得以维持。这样，既满足了农业开发的土地需求，从长远来看也能使丹顶鹤、黑嘴鸥维持足够的高质量核心生境。

　　本区域大规模油田和农业开发导致油井（包括工作油井和废弃油井）和道路分布密集。由于油井和道路的点状和线状地物特征，难以将其作为某一地表覆盖斑块类型进行处理，但油井和道路导致的边缘效应，将使水禽丧失部分生境，或降低生境质量，从而对水禽生境产生深刻的影响。因此，为减轻生境破碎化的影响，本情景在采取湿地调整措施的同时，还采取对某些敏感生境中的道路进行调整等生境管理措施以优化生境质量。实际上某些道路可能是连接原有虾蟹田、方便水产养殖所建，当这些虾蟹田转变为芦苇沼泽后，这些道路已无用途，可以废弃并禁止通行，以利于丹顶鹤生境的保护。

　　（2）情景B：生境管理

　　情景B的景观规划目标包括经济目标和生态目标。经济目标：①开发水稻田8 000 hm²；②水产养殖基本维持现状（小部分废弃用作黑嘴鸥生境）；③建成区扩展800 hm²；④油田开发维持现状。生态目标：不采取大规模土地利用方式的调整以弥补生境面积的损失，主要通过生境管理措施减轻生境破碎化，优化生境质量，以补偿生境损失。图1-9为情景B的湿地景观规划目标。

　　情景B通过大范围生境管理措施，减轻分布全区的油井、道路等生境破碎化因子

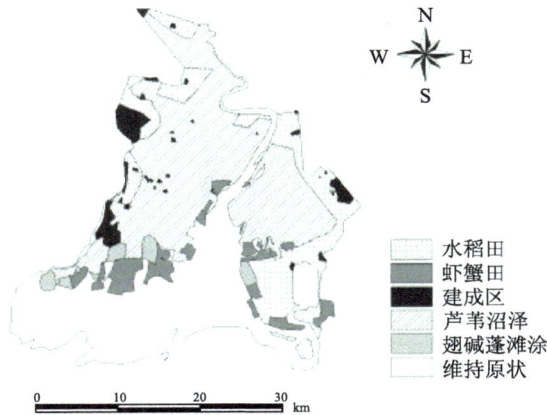

图例：
- 水稻田
- 虾蟹田
- 建成区
- 芦苇沼泽
- 翅碱蓬滩涂
- 维持原状

**图 1-9　情景 B 的景观规划目标**

对水禽生境的影响，从而提高原有生境质量，以补偿农业开发造成的生境损失。如利用自然植被对井架、井台和电杆等进行人工伪装，将通信网络、输油管道改为地下铺设，采油机械外观涂为绿色。为减轻道路对生境破碎化的影响，在保护区内道路两侧营建防护林带，以减少道路裸露面积和车辆、噪声对水禽生境的影响，从而提高道路边缘生境质量。

除上述大范围生境管理措施外，情景 B 还在局部地区修复黑嘴鸥的滩涂生境。如将某些处于黑嘴鸥核心生境内的虾蟹田废弃，让其自然演变为黑嘴鸥偏好的翅碱蓬滩涂生境。

（3）情景 C：农业开发

情景 C（图 1-10）的景观规划目标包括经济目标和生态目标。经济目标：①开发水稻田 8 000 hm²；②水产养殖维持现状；③建成区扩展 800 hm²；④油田开发维持现状。生态目标：不做生态补偿，维持原状。

情景 C 主要着重农业开发，对于农业开发对生境造成的影响，不采取任何生境补偿措施。这样将情景 C 作为对照，通过与"现状"的对比，可以评估农业开发造成的生境损失以及情景 A、情景 B 生境补偿的效果。

## 1.3.3　基于 LEDESS 模型的生态后果模拟方法

LEDESS 是一个基于知识库系统的专家模型（expert model），而非基于过程的机理模型（mechanism model）。因此，组建专家知识库系统是运用 LEDESS 非常关键的步骤。

在运行 LEDESS 模型各模块时，除需要相关空间图形数据外，均需相应的知识库表以某种统一格式（如 LKT 文本格式及 DBF 数据库格式）输入以完成计算，对应于 LEDESS 模型主要步骤的知识库系统组建说明如下：

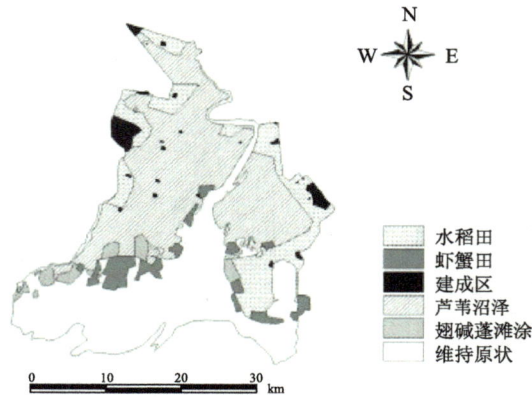

**图 1-10　情景 C 景观规划目标**

水稻田
虾蟹田
建成区
芦苇沼泽
翅碱蓬滩涂
维持原状

**（1）确定实现景观规划目标的所需"措施"**

知识库表通过对比景观规划目标与当前的自然生态单元类型以确定所需采取的措施（表 1-6）。如想在潮湿盐渍化黏土（P1）自然生态单元类型上发展芦苇沼泽（N4），可通过淡水灌溉（M1）来实现；如欲将潮间带虾蟹田（P8）转变为芦苇沼泽，则需建坝并淡水灌溉（M4）。另外，有些自然生态单元类型原本就适合某类规划目标，如浅积水非盐渍化黏土（P4）本身即适于发展芦苇沼泽，故无须任何措施（0）。而某些自然生态单元类型，依照现实可能性，找不到措施实现规划目标，如想在河流（P9）或建成区（P10）中发展芦苇沼泽（N4）几乎是不现实的，这就需要重新调整景观规划目标。

**表 1-6　依据自然生态单元（P）与景观规划目标（N）确定实施措施（M）的知识库表**

| 规划目标 | P1 | P2 | P3 | P4 | P5 | P6 | P7 | P8 | P9 | P10 |
|---|---|---|---|---|---|---|---|---|---|---|
| N0 | 0 | 0 | 0 | 0 | 0 | 0 | 0 | 0 | 0 | 0 |
| N1 | M2 | M2 | M2 | 0 | 99 | M2 | M3 | M3 | 99 | 99 |
| N2 | M9 | M9 | M9 | M9 | M8 | 99 | M8 | M12 | 99 | 99 |
| N3 | M12 | M12 | M12 | M12 | 99 | M12 | M12 | M12 | 99 | 99 |
| N4 | M1 | M1 | 0 | 0 | 99 | M5 | M4 | M4 | 99 | 99 |
| N5 | 0 | M6 | M7 | M7 | M11 | 99 | M10 | M11 | 99 | 99 |

注：自然生态单元类型：
P1—潮湿盐渍化黏土；P2—潮湿半盐渍化黏土；P3—浅积水半盐渍化黏土；P4—浅积水非盐渍化黏土；P5—潮下带盐渍化粉沙潮滩；P6—深积水半盐渍化黏土；P7—潮上带盐渍化淤泥质潮滩；P8—虾蟹田；P9—河流；P10—建成区。
景观规划目标：
N0—维持原状；N1—水稻田；N2—虾蟹田；N3—建成区；N4—芦苇沼泽；N5—生境修复（滨海鸟类）。
需采取的措施：
0—无须采取措施；M1—淡水灌溉；M2—排水并耕作；M3—淡水灌溉并耕作；M4—建坝并淡水灌溉；M5—控制适宜水位；M6—恢复与海水联系；M7—排水（淡水）并恢复与海水联系；M8—建虾蟹田；M9—建虾蟹田并维持与海水联系；M10—建生境岛；M11—利用废弃虾蟹田；M12—基建；99—无合适措施。

（2）通过相关"措施"改变当前的自然生态单元和地表覆盖物类型

知识库表依据生境、植被演替与各种生境管理措施、土地利用方式之间的关系（表1-7），确定了采取相关措施后，现存自然生态单元和地表覆盖物类型发生的变化（表1-8和表1-9）。

表 1-7　自然生态单元、地表覆盖物与各类生境管理措施、土地利用方式间的关系

| 措施 | 自然生态单元的变化 | 地表覆盖物的变化 |
|---|---|---|
| 1. 淡水灌溉 | 潮湿盐渍化黏土→潮湿半盐渍化黏土<br>潮湿盐渍化黏土→潮湿非盐渍化黏土 | 翅碱蓬滩涂→芦苇沼泽<br>灌丛草地或草甸→芦苇沼泽 |
| 2. 排水并耕作 | 浅积水半盐渍化黏土→浅积水非盐渍化黏土<br>深积水半盐渍化黏土→浅积水非盐渍化黏土 | 芦苇沼泽→水稻田<br>香蒲 - 芦苇沼泽→水稻田 |
| 3. 淡水灌溉并耕作 | 潮湿半盐渍化黏土→浅积水非盐渍化黏土 | 杂草草甸→水稻田 |
| 4. 建坝并淡水灌溉 | 潮上带淤泥质潮滩→浅积水半盐渍化黏土 | 裸滩涂→芦苇沼泽 |
| 5. 控制适宜水位 | 深积水半盐渍化黏土→浅积水半盐渍化黏土 | 香蒲 - 芦苇沼泽→芦苇沼泽 |
| 6. 恢复与海水联系 | 潮湿半盐渍化黏土→潮湿盐渍化黏土 | 杂草草甸→翅碱蓬滩涂 |
| 7. 排水并恢复与海水联系 | 浅积水半盐渍化黏土→潮湿盐渍化黏土 | 芦苇沼泽→翅碱蓬滩涂 |
| 8. 建虾蟹田 | 潮上带淤泥质潮滩→虾蟹田 | 裸滩涂→虾蟹田 |
| 9. 建虾蟹田并维持与海水联系 | 潮湿盐渍化黏土→虾蟹田<br>潮湿半盐渍化黏土→虾蟹田 | 翅碱蓬滩涂→虾蟹田<br>杂草草甸→虾蟹田 |
| 10. 建生境岛 | 潮上带淤泥质潮滩→潮湿盐渍化黏土 | 裸滩涂→翅碱蓬滩涂 |
| 11. 利用废弃虾蟹田 | 虾蟹田→潮湿盐渍化黏土 | 虾蟹田→翅碱蓬滩涂 |
| 12. 基建 | 浅积水半盐渍化黏土→建成区<br>浅积水非盐渍化黏土→建成区 | 芦苇沼泽→建成区<br>水稻田→建成区 |
| 13. 维持现状 | 原有建成区、河流、水库、潮下带粉沙潮滩、浅积水非盐渍化黏土，部分原有浅积水半盐渍化黏土、潮湿盐渍化黏土和虾蟹田等 | 原有建成区、水稻田、河流、水库，部分原有芦苇沼泽、裸滩涂和虾蟹田等 |

表 1-8　通过措施改变自然生态单元的知识库表

| M＼P | 自然生态单元 | | | | | | | | | |
|---|---|---|---|---|---|---|---|---|---|---|
|  | P1 | P2 | P3 | P4 | P5 | P6 | P7 | P8 | P9 | P10 |
| M1 | \ | P4 | P4 | \ | P4 | \ | \ | \ | P4 | \ |
| M2 | \ | P5 | P5 | P5 | \ | \ | \ | \ | \ | \ |
| M3 | \ | \ | \ | P5 | \ | \ | P5 | \ | P5 | \ |
| M4 | \ | \ | \ | \ | \ | P4 | \ | P4 | P4 | \ |
| M5 | \ | \ | \ | \ | \ | \ | P4 | \ | \ | \ |
| M6 | \ | \ | P2 | P2 | P2 | \ | \ | \ | \ | \ |
| M7 | \ | \ | \ | P2 | P2 | \ | \ | P2 | P2 | \ |
| M8 | \ | \ | P2 | \ | \ | P9 | \ | P9 | \ | \ |
| M9 | \ | P9 | P9 | P9 | P9 | \ | \ | \ | \ | \ |
| M10 | \ | \ | \ | \ | \ | P2 | \ | P2 | \ | \ |

| P\M | 自然生态单元 | | | | | | | | | |
|---|---|---|---|---|---|---|---|---|---|---|
| | P1 | P2 | P3 | P4 | P5 | P6 | P7 | P8 | P9 | P10 |
| M11 | \ | \ | \ | \ | \ | \ | \ | \ | P2 | \ |
| M12 | \ | P1 | P1 | P1 | P1 | P1 | P1 | P1 | P1 | \ |

注："\"表示维持现状。

**表 1-9　通过措施改变目前地表覆盖物类型的知识库表**

| C\M | 地表覆盖物类型 | | | | | | | | | |
|---|---|---|---|---|---|---|---|---|---|---|
| | C1 | C2 | C3 | C4 | C5 | C6 | C7 | C8 | C9 | C10 |
| M1 | C2 | \ | C2 | \ | \ | \ | \ | \ | \ | \ |
| M2 | C4 | C4 | C4 | \ | \ | C4 | \ | \ | \ | \ |
| M3 | \ | C4 | \ | \ | \ | \ | \ | \ | \ | \ |
| M4 | C2 | \ | \ | \ | \ | C2 | \ | C2 | \ | \ |
| M5 | \ | \ | \ | \ | \ | \ | \ | \ | \ | \ |
| M6 | \ | \ | C1 | \ | \ | \ | \ | \ | \ | \ |
| M7 | \ | \ | C1 | \ | C1 | \ | \ | \ | \ | \ |
| M8 | C6 | \ | \ | \ | \ | \ | \ | C6 | \ | \ |
| M9 | C6 | C6 | C6 | C6 | \ | \ | \ | \ | \ | \ |
| M10 | \ | \ | \ | \ | \ | C1 | \ | C1 | \ | \ |
| M11 | \ | \ | \ | \ | \ | C1 | \ | \ | \ | \ |
| M12 | C10 | C10 | C10 | C10 | \ | C10 | \ | C10 | \ | \ |

注：C1—翅碱蓬滩涂；C2—芦苇沼泽或香蒲 - 芦苇沼泽；C3—灌丛草地或草甸；C4—水稻田；C5—河流；C6—虾蟹田；C7—水库；C8—裸滩涂；C9—潮沟；C10—建成区。

"\"表示维持现状。

**（3）确定指示种生境适宜性**

自然生态单元和地表覆盖物不同的组合类型、匹配方式决定了指示种丹顶鹤、黑嘴鸥的生境类型及生境适宜性等级（生境质量）。表 1-10 及表 1-11 为依据自然生态单元和地表覆盖物组合类型确定的丹顶鹤生境类型（繁殖生境和觅食生境）和生境质量的知识库表，表 1-12 和表 1-13 为确定黑嘴鸥生境类型和生境质量的知识库表。表 1-14 对生境质量等级的划分做了进一步说明。

**表 1-10　确定丹顶鹤生境类型的知识库表**

| C\P | | 地表覆盖物类型 | | | | | | | | | |
|---|---|---|---|---|---|---|---|---|---|---|---|
| | | C1 | C2 | C3 | C4 | C5 | C6 | C7 | C8 | C9 | C10 |
| 自然生态单元类型 | P1 | 0 | 0 | 0 | 0 | 0 | 0 | 0 | 0 | 0 | 0 |
| | P2 | F | F | 0 | 0 | 0 | F | 0 | 0 | F | 0 |
| | P3 | F | F | 0 | 0 | 0 | F | 0 | 0 | 0 | 0 |
| | P4 | 0 | B | 0 | 0 | 0 | 0 | 0 | 0 | 0 | 0 |
| | P5 | 0 | B | 0 | 0 | 0 | 0 | F | 0 | 0 | 0 |

| P \ C | C1 | C2 | C3 | C4 | C5 | C6 | C7 | C8 | C9 | C10 |
|---|---|---|---|---|---|---|---|---|---|---|
| 自然生态单元类型 P6 | F | F | F | 0 | F | F | 0 | F | F | 0 |
| P7 | 0 | B | 0 | 0 | 0 | 0 | F | 0 | 0 | 0 |
| P8 | F | 0 | 0 | 0 | 0 | F | 0 | F | F | 0 |
| P9 | F | F | F | F | F | F | F | F | F | F |
| P10 | F | 0 | 0 | 0 | 0 | 0 | 0 | F | 0 | 0 |

注：B—繁殖生境；F—觅食生境；0—不适宜生境。

### 表 1-11　确定丹顶鹤生境质量等级的知识库表

| P \ C | C1 | C2 | C3 | C4 | C5 | C6 | C7 | C8 | C9 | C10 |
|---|---|---|---|---|---|---|---|---|---|---|
| 自然生态单元类型 P1 | 0 | 0 | 0 | 0 | 0 | 0 | 0 | 0 | 0 | 0 |
| P2 | 50 | 50 | 25 | 0 | 0 | 25 | 0 | 0 | 50 | 0 |
| P3 | 50 | 25 | 25 | 0 | 0 | 25 | 0 | 25 | 0 | 0 |
| P4 | 0 | 100 | 25 | 0 | 0 | 25 | 0 | 0 | 0 | 0 |
| P5 | 0 | 100 | 25 | 0 | 0 | 25 | 25 | 0 | 0 | 0 |
| P6 | 25 | 50 | 25 | 0 | 0 | 25 | 0 | 25 | 50 | 0 |
| P7 | 0 | 50 | 25 | 0 | 0 | 25 | 25 | 0 | 0 | 0 |
| P8 | 50 | 0 | 25 | 0 | 0 | 25 | 0 | 50 | 50 | 0 |
| P9 | 25 | 25 | 25 | 25 | 25 | 25 | 25 | 25 | 25 | 25 |
| P10 | 0 | 0 | 0 | 0 | 0 | 0 | 0 | 0 | 0 | 0 |

### 表 1-12　确定黑嘴鸥生境类型的知识库表

| P \ C | C1 | C2 | C3 | C4 | C5 | C6 | C7 | C8 | C9 | C10 |
|---|---|---|---|---|---|---|---|---|---|---|
| 自然生态单元类型 P1 | 0 | 0 | 0 | 0 | 0 | 0 | 0 | 0 | 0 | 0 |
| P2 | B | 0 | B | 0 | 0 | B | 0 | F | F | 0 |
| P3 | B | B | B | B | B | F | B | F | F | 0 |
| P4 | B | 0 | B | 0 | 0 | F | 0 | F | F | 0 |
| P5 | B | 0 | B | 0 | 0 | F | 0 | F | F | 0 |
| P6 | F | 0 | B | 0 | F | F | 0 | F | F | 0 |
| P7 | B | 0 | B | 0 | 0 | F | 0 | F | F | 0 |
| P8 | F | 0 | F | 0 | F | F | 0 | F | F | 0 |
| P9 | F | F | F | 0 | F | F | 0 | F | F | 0 |
| P10 | F | 0 | 0 | 0 | 0 | F | 0 | 0 | F | 0 |

注：B—繁殖生境；F—觅食生境；0—不适宜生境。

表 1-13    确定黑嘴鸥生境质量等级的知识库表

| P \ C | 地表覆盖物类型 | | | | | | | | | |
|---|---|---|---|---|---|---|---|---|---|---|
| | C1 | C2 | C3 | C4 | C5 | C6 | C7 | C8 | C9 | C10 |
| P1 | 0 | 0 | 0 | 0 | 0 | 0 | 0 | 0 | 50 | 0 |
| P2 | 100 | 0 | 50 | 0 | 0 | 50 | 0 | 50 | 50 | 0 |
| P3 | 50 | 0 | 25 | 0 | 0 | 50 | 0 | 0 | 50 | 0 |
| P4 | 50 | 0 | 25 | 0 | 0 | 50 | 0 | 0 | 50 | 0 |
| P5 | 0 | 0 | 25 | 0 | 0 | 50 | 0 | 0 | 50 | 0 |
| P6 | 50 | 0 | 25 | 0 | 0 | 50 | 0 | 25 | 50 | 0 |
| P7 | 0 | 0 | 0 | 0 | 0 | 50 | 0 | 0 | 50 | 0 |
| P8 | 50 | 0 | 25 | 0 | 0 | 50 | 0 | 50 | 50 | 0 |
| P9 | 50 | 0 | 25 | 0 | 0 | 50 | 0 | 50 | 50 | 0 |
| P10 | 50 | 0 | 0 | 0 | 0 | 0 | 0 | 0 | 50 | 0 |

注：P 列标题为"自然生态单元类型"。

表 1-14    指示物种生境质量等级的划分

| 生境等级 | 赋值 | 丹顶鹤 | 黑嘴鸥 |
|---|---|---|---|
| 核心生境 | 100 | 主要的繁殖、觅食地，如人为干扰较小的浅积水芦苇沼泽 | 主要的核心繁殖区，如潮上带翅碱蓬滩涂、翅碱蓬草甸等 |
| 次适宜生境 | 50 | 重要的觅食地、迁徙停歇地，如潮上带裸滩涂、翅碱蓬滩涂等 | 重要的觅食地和停歇地，如潮上带裸滩涂等 |
| 边缘生境 | 25 | 迁徙季节偶尔使用的觅食地及迁徙停息地，如虾蟹田、水库、潮下带裸滩涂等 | 迁徙季节偶尔使用的觅食停歇地，如虾蟹田、潮下带裸滩涂、灌丛草甸等 |
| 不适宜生境 | 0 | 人为干扰强烈或个体从不出现的生境类型，如水稻田、建成区、靠近道路、油井等受人为干扰严重的地区 | 人为干扰严重或个体从不出现的生境类型，如芦苇沼泽、水稻田、建成区、靠近道路、油井等受人为干扰严重的地区 |

（4）生境破碎化因素对指示种生境适宜性的影响

由于指示物种丹顶鹤、黑嘴鸥都是对生境破碎化十分敏感的物种，因此，破碎化因素导致的生境减损、生境质量降低是考虑其生境适宜性变化的一个重要方面。在辽河三角洲双台河口保护区范围内，丹顶鹤生境（芦苇沼泽）由于行为破碎化因素造成的"隐性"损失高达 370.15 km²（物理破碎化后适宜生境面积减去行为破碎化后适宜生境面积）（胡远满，1997），这部分芦苇沼泽作为造纸原料，尽管有其经济价值，但却丧失了作为丹顶鹤繁殖生境的功能。依据相关的研究（Hu & Xiao, 1999），结合野外观察，表 1-15 及表 1-16 分别给出了生境破碎化因素（油井、道路和建成区等）导致的指示物种（丹顶鹤和黑嘴鸥）生境质量减损，并假定伪装后的油井及种植防护林后的道路能使破碎化影响距离及造成的生境质量损失减少 50%。

表 1-15　破碎化因素对丹顶鹤生境质量影响的知识库表

| 生境破碎化因子 | 生境类型 | 丹顶鹤生境的损失率 | | |
|---|---|---|---|---|
| | | 100% | 75% | 50% |
| 工作油井 | 繁殖生境 | 0～200 m | 200～400 m | 400～800 m |
| | 停歇及觅食生境 | 0～200 m | | 200～400 m |
| 废弃油井 | 繁殖生境 | 0～200 m | \ | 200～400 m |
| | 停歇及觅食生境 | 0～100 m | \ | 100～200 m |
| 伪装油井 | 繁殖生境 | \ | 0～100 m | 100～200 m |
| | 停歇及觅食生境 | \ | | 0～100 m |
| 裸露道路 | 繁殖生境 | 0～100 m | 100～300 m | 300～600 m |
| | 停歇及觅食生境 | 0～100 m | 100～200 m | 200～300 m |
| 防护林道 | 繁殖生境 | \ | 0～200 m | 200～300 m |
| | 停歇及觅食生境 | \ | 0～100 m | 100～200 m |
| 居住区 | 繁殖生境 | 0～400 m | 400～800 m | 800～1 500 m |
| | 停歇及觅食生境 | 0～200 m | 200～400 m | 400～800 m |

表 1-16　破碎化因素对黑嘴鸥生境质量影响的知识库表

| 生境破碎化因子 | 生境类型 | 黑嘴鸥生境的损失率 | | |
|---|---|---|---|---|
| | | 100% | 75% | 50% |
| 工作油井 | 繁殖生境 | 0～100 m | 100～300 m | 300～600 m |
| | 停歇及觅食生境 | 0～100 m | | 100～300 m |
| 废弃油井 | 繁殖生境 | 0～100 m | \ | 100～300 m |
| | 停歇及觅食生境 | 0～100 m | \ | 100～200 m |
| 伪装油井 | 繁殖生境 | \ | 0～100 m | 100～200 m |
| | 停歇及觅食生境 | \ | \ | 0～100 m |
| 裸露道路 | 繁殖生境 | 0～100 m | 100～200 m | 200～500 m |
| | 停歇及觅食生境 | 0～100 m | 100～200 m | 200～300 m |
| 防护林道 | 繁殖生境 | \ | 0～100 m | 100～300 m |
| | 停歇及觅食生境 | \ | 0～100 m | 100～200 m |
| 居住区 | 繁殖生境 | 0～300 m | 300～600 m | 600～1 000 m |
| | 停歇及觅食生境 | 0～200 m | 200～300 m | 300～500 m |

（5）物种繁殖的领域需求与生态承载力

本章模拟了指示物种不同领域面积或繁殖密度条件下的生态承载力。如当定义丹顶鹤的繁殖领域面积为 400 hm$^2$，即指一对繁殖的丹顶鹤需要 400 hm$^2$，且生境质量为 100 的生境斑块，由于采取了 100 m×100 m 的栅格，则其斑块生境质量阈值 = 栅格数（400）× 生境质量等级值（100）=40 000。如繁殖生境质量等级仅为 50，则需要 800 hm$^2$ 的生境斑块，才能达到 40 000 的生境质量阈值，从而满足被丹顶鹤利用。当丹顶鹤繁殖领域面积为 400 hm$^2$ 时，生境质量值低于 40 000 的生境斑块，被认为是不能被利用的无效斑块而剔除。同理，基于野外观测，模拟了黑嘴鸥繁殖密度从 $100 \sim 1\ 600\ m^2$/ 只变动时，其繁殖生境生态承载力的变化。

## 1.4　实现各情景所需措施及生态后果

### 1.4.1　指示物种与评价指标

由于基础数据的缺乏，大多数情况下，难以对研究区域内所有物种或类群的生境变化进行研究。不少研究者通过选取指示种来评价环境变化对物种生境的影响（Harms，1995）。指示种的选取必须能代表某一类群生境需求，同时与同类群其他物种相比，对环境变化敏感，种群生存力脆弱。很多情况下，指示种也就是区域内的濒危保护物种。

情景模拟选取丹顶鹤、黑嘴鸥作为辽河三角洲湿地水禽生境的指示物种。一方面，这两个物种对生境破碎化、植被演替和水盐动态等湿地环境变化非常敏感；另一方面，它们代表了辽河三角洲滨海湿地两类最典型的水禽生态类群，丹顶鹤代表以芦苇沼泽为主要生境的淡水沼泽鸟类生态类群，而黑嘴鸥则代表了以翅碱蓬滩涂为典型生境的滨海滩涂鸟类生态类群。同时，丹顶鹤、黑嘴鸥也是本区域最重要的保护物种。

各情景（湿地调整、生境管理和农业开发）将导致区域的自然生态单元、地表覆盖物类型的变化并改变生境破碎化的影响，从而导致物种生境适宜性、生境质量的变化，最终影响物种生境的生态承载力。通过 LEDESS 模型模拟并与现状进行对比，以评价各情景对指示物种丹顶鹤、黑嘴鸥生境的影响，其评价指标主要为各情景导致的生境适宜性和繁殖生境生态承载力的变化。通过 LEDESS 模型对各情景导致的生态后果进行空间模拟和评价的步骤和工作流程见图 1-11。

### 1.4.2　实现各情景所需措施及其空间范围

LEDESS 模型作为一种地理和生态规划的工具，在知识库系统的支持下，通过将规划目标与现状（自然生态单元）比较，最终实现规划目标。实际上，作为反推式情景研究关键的一步就是要寻找能将现状导向未来目标的途径。LEDESS 模型不断使规划目标"回溯"（反推）至现状，在"现实"与"未来"的反复对比中，找到实现未来规划目标的方法和途径，并以空间化的方式予以表达。

（1）情景 A：湿地调整

情景 A 是一个通过大规模湿地调整措施来缓解区域农业开发与自然保护矛盾的景观规划生态方案（图 1-12）。该情景所考虑的农业开发（8 000 hm²）主要利用芦苇沼泽靠近内陆的边缘生境。在保护区的西岸（如东郭苇场外缘及欢喜岭镇附近），一部分

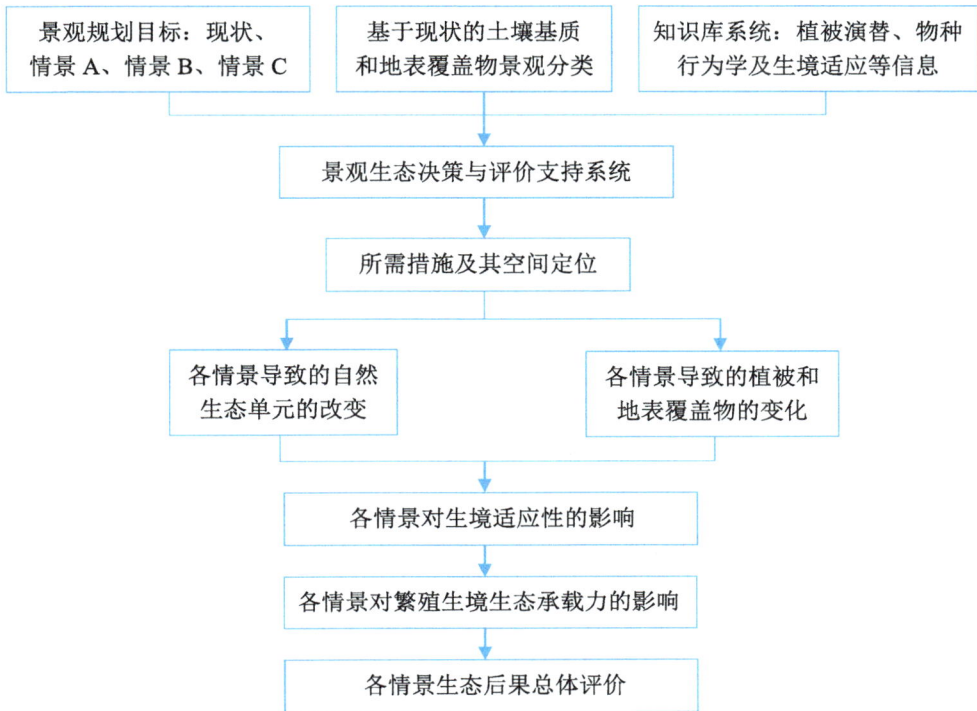

图 1-11　辽河三角洲景观规划生态后果模拟和评价的工作流程

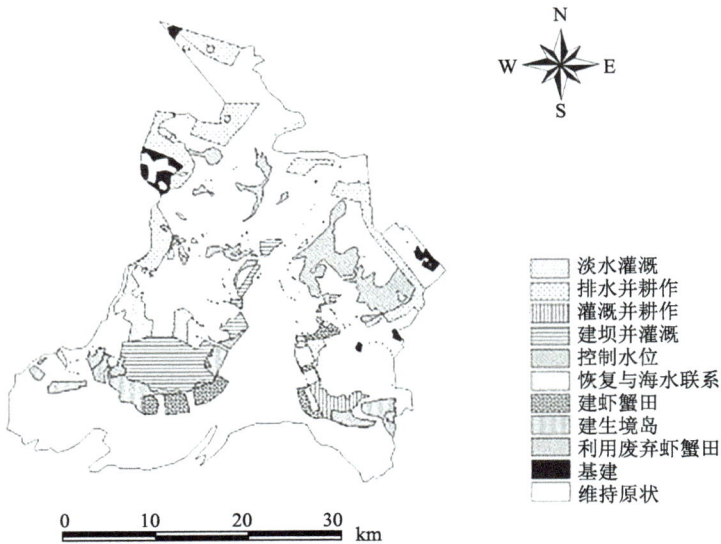

图 1-12　情景 A 湿地调整的措施及涉及的空间范围

芦苇沼泽由于高强度的油田开发导致严重的生境破碎化，对于丹顶鹤等珍稀水禽而言，实际上已基本失去利用价值，通过排水耕作（M2）的措施开发为稻田（7 230 hm²）；另一部分芦苇沼泽，其植被伴随地势抬高、脱盐化等湿地演变过程，开始演替为灌丛草甸等植被类型，也逐渐丧失了作为水禽生境的功能，则可通过灌溉耕作（M3）将其转变为稻田（684 hm²）。而在保护区东岸（赵圈河苇场外缘），稻田开发所利用的芦苇沼泽则是在原有基础上的扩展（M2）。

（2）情景 B 和情景 C

实现情景 B（生境管理）和情景 C（农业开发）的规划目标所需有关措施及其涉及的空间范围分别见图 1-13 和图 1-14。其中，主要经济目标，如稻田开发、建成区扩展的规模和方式与情景 A 一致，情景 C 仅包括稻田开发、建成区扩展等经济目标，自然湿地维持原状，不采取措施对其损失进行补偿。情景 C 主要用作对照，以评估上述经济活动导致的生态后果。情景 B 则主要通过一定生境管理措施，以减轻生境破碎化影响来优化生境质量，即通过对生境质量的改善来弥补其总量上的损失。另外，情景 B 也采取了一定的湿地调整措施以补偿湿地损失，但与情景 A 不同，情景 B 不采取兴建拦潮堤、建生境岛等投资巨大、人为大规模改变湿地性质的工程措施。如对于芦苇湿地而言，主要通过合理灌溉（M1）、控制适宜水位（M5）等措施将灌丛草甸转变为芦苇沼泽（1 384 hm²），以弥补芦苇湿地损失。针对黑嘴鸥滩涂生境，主要包括局部恢复与海水联系，即 M6（403 hm²）、M7（133 hm²）等措施恢复原来潮间滩涂性质，以及将部分虾蟹田废弃从而转变为黑嘴鸥繁殖生境（M11，264 hm²）等措施以弥补滩涂生境的损失（图 1-15）。

图 1-13　情景 B 实施措施及空间范围　　　图 1-14　情景 C 实施措施及空间范围

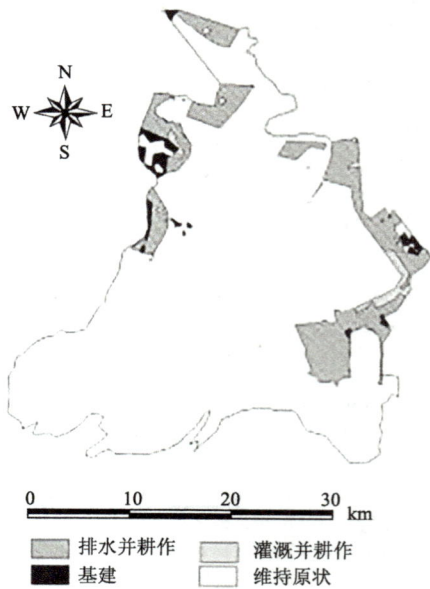

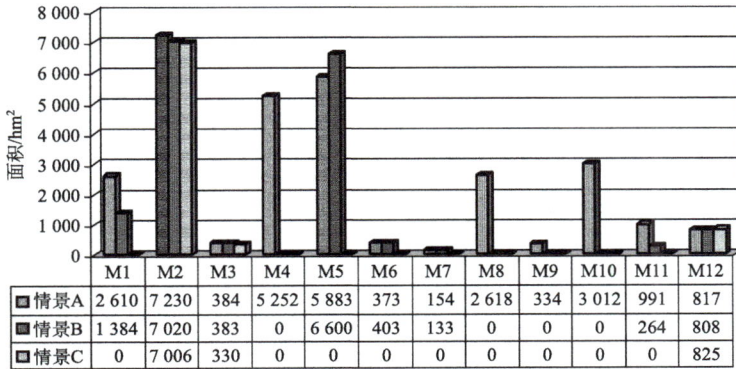

图 1-15　各情景所需措施及其面积

## 1.4.3　各情景下实施措施导致自然生态单元与地表覆盖的改变

不同自然生态单元类型与地表覆盖物的组合决定了水禽生境适宜性。因此，为了评估不同情景导致的生态后果对水禽生境的影响，首先必须确定在采取了与各情景相关的措施后，将可能产生的自然生态单元与地表覆盖物类型。基于上文所描述的措施及其涉及的空间范围以及知识库系统，LEDESS 模型模拟了各情景最终导致的自然生态单元和地表覆盖物类型（图 1-16 和图 1-17）。

（1）情景 A

情景 A 中自然生态单元类型最显著的变化：由于采取与稻田开发、建成区扩展及虾蟹田开发等经济目标相关的措施，使部分 P2（潮湿半盐渍化黏土）、P3（浅积水半盐渍化黏土）转变为 P4（浅积水非盐渍化黏土）和 P10（建成区）；部分 P1（潮湿盐渍化黏土）及 P7（潮上带盐渍化淤泥质潮滩）转变为 P8（虾蟹田）。特别是为补偿丹顶鹤生境的损失而采取的湿地调整措施，通过建坝并灌溉等措施，将部分潮上带盐渍化淤泥质潮滩（P7）转变为 P4，为芦苇沼泽修复提供了生境条件。另外，为补偿黑嘴鸥生境损失采取的湿地调整措施，则将相当面积的 P8 转变为适合黑嘴鸥繁殖的 P2。

最终通过湿地调整，与经济目标有关的 P1、P4 面积增加，P8 减少（维持在 3 000 hm² 水平）。与生态目标有关的 P2、P3 面积显著增加；而 P5（潮下带盐渍化粉沙潮滩）、P6（深积水半盐渍化黏土）和 P10（建成区）则不属于规划目标范围，基本维持不变。P2（潮湿半盐渍化黏土）类型消失，已转变为其他类型，而 P7 大幅减少近 7 000 hm²。因此，从情景 A 的整个湿地调整措施看，在既要保证湿地经济开发目标，又要保证丹顶鹤、黑嘴鸥生境无净损失的前提下，最终空间权衡的结果是以牺牲大面积潮间滩涂为代价。

对应于自然生态单元，地表覆盖物也将发生相应的变化，其空间分布与面积变化见

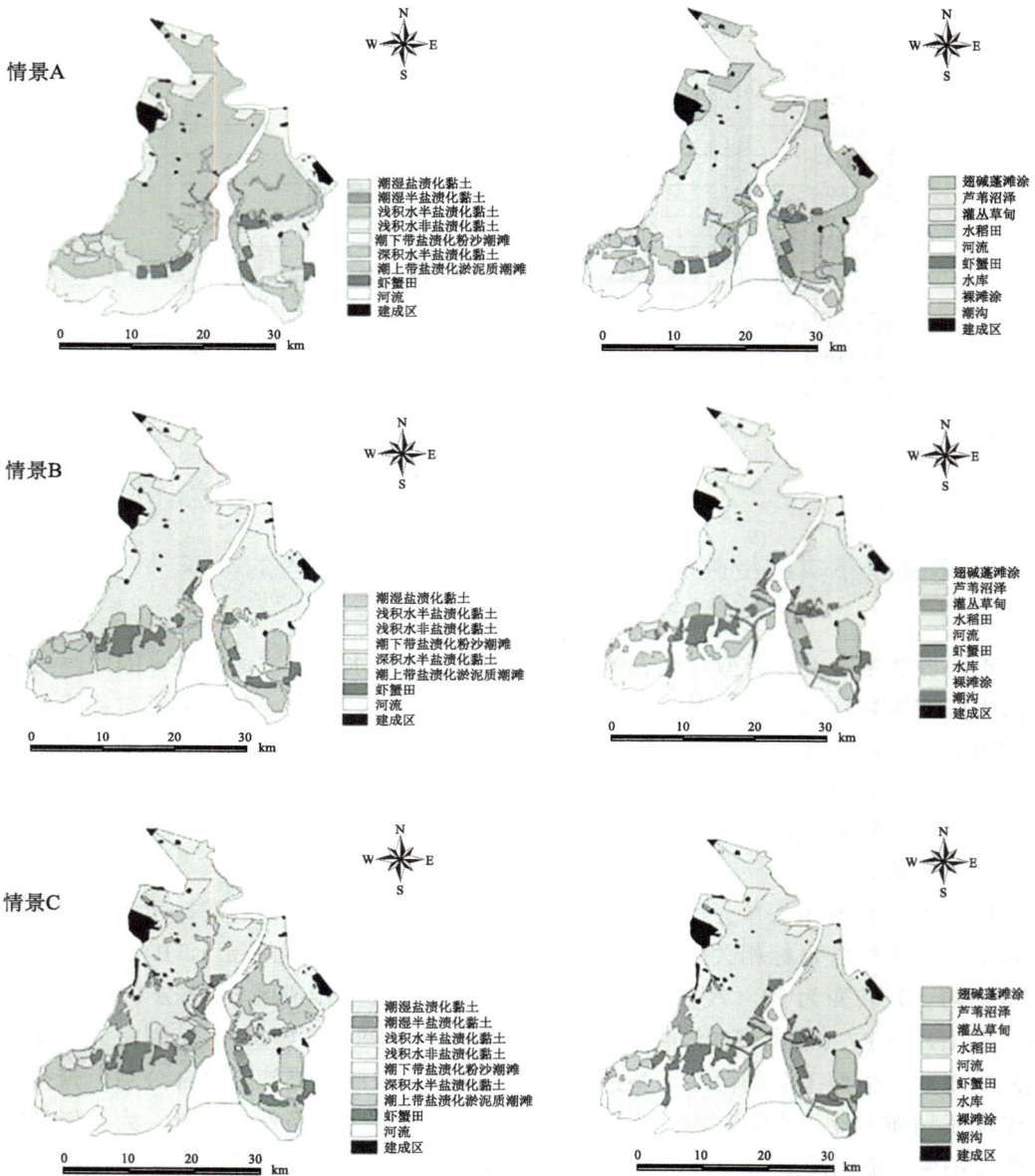

情景A

图例（左）：
潮湿盐渍化黏土
潮湿半盐渍化黏土
浅积水半盐渍化黏土
浅积水非盐渍化黏土
潮下带盐渍化粉沙潮滩
深积水半盐渍化黏土
潮上带盐渍化淤泥质潮滩
虾蟹田
河流
建成区

图例（右）：
翅碱蓬滩涂
芦苇沼泽
灌丛草甸
水稻田
河流
虾蟹田
水库
裸滩涂
潮沟
建成区

情景B

图例（左）：
潮湿盐渍化黏土
浅积水半盐渍化黏土
浅积水非盐渍化黏土
潮下带盐渍化粉沙潮滩
深积水半盐渍化黏土
潮上带盐渍化淤泥质潮滩
虾蟹田
河流
建成区

图例（右）：
翅碱蓬滩涂
芦苇沼泽
灌丛草甸
水稻田
河流
虾蟹田
水库
裸滩涂
潮沟
建成区

情景C

图例（左）：
潮湿盐渍化黏土
潮湿半盐渍化黏土
浅积水半盐渍化黏土
浅积水非盐渍化黏土
潮下带盐渍化粉沙潮滩
深积水半盐渍化黏土
潮上带盐渍化淤泥质潮滩
虾蟹田
河流
建成区

图例（右）：
翅碱蓬滩涂
芦苇沼泽
灌丛草甸
水稻田
河流
虾蟹田
水库
裸滩涂
潮沟
建成区

**图 1-16　各情景导致的自然生态单元（左）与地表覆盖物类型（右）的变化**

图 1-18。其中，较明显的变化为农业开发、建成区扩展导致芦苇沼泽边缘新增加的水稻田（C4）和新扩展的建成区（C10），原有裸滩涂（C8）新出现的虾蟹田。而湿地调整措施则将大面积裸滩涂转变为芦苇沼泽（C2）和翅碱蓬滩涂（C1），灌丛草甸（C3）则完全消失，被其他类型取代。最终地表覆盖物变化的结果是：水稻田（C4）及建成区（C10）增加，虾蟹田（C6）面积有所减少，维持在 3 000 hm² 的水平。湿地调整措施使得芦苇沼泽（C2）和翅碱蓬滩涂（C1）的损失得到补偿，从而维持相对平衡，但结果是以灌

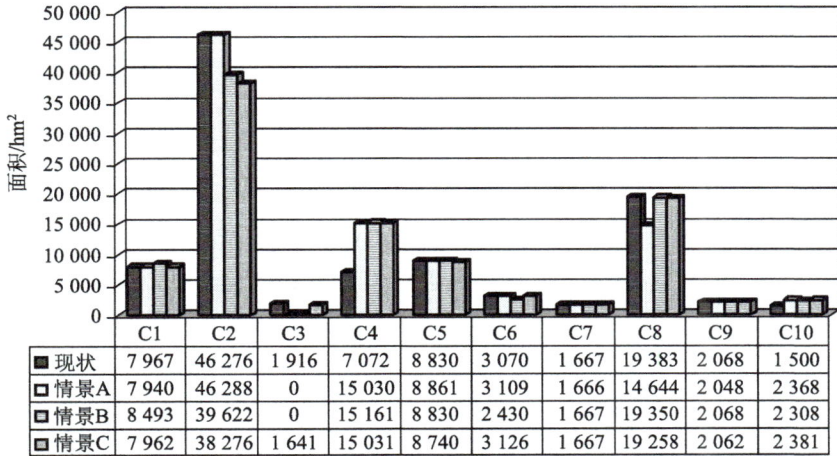

图 1-17　各情景导致的地表覆盖类型面积变化

| | C1 | C2 | C3 | C4 | C5 | C6 | C7 | C8 | C9 | C10 |
|---|---|---|---|---|---|---|---|---|---|---|
| ■现状 | 7 967 | 46 276 | 1 916 | 7 072 | 8 830 | 3 070 | 1 667 | 19 383 | 2 068 | 1 500 |
| □情景A | 7 940 | 46 288 | 0 | 15 030 | 8 861 | 3 109 | 1 666 | 14 644 | 2 048 | 2 368 |
| □情景B | 8 493 | 39 622 | 0 | 15 161 | 8 830 | 2 430 | 1 667 | 19 350 | 2 068 | 2 308 |
| □情景C | 7 962 | 38 276 | 1 641 | 15 031 | 8 740 | 3 126 | 1 667 | 19 258 | 2 062 | 2 381 |

注：C1—翅碱蓬滩涂；C2—芦苇沼泽；C3—灌丛草甸；C4—水稻田；C5—河流；C6—虾蟹田；C7—水库；C8—裸滩涂；C9—潮沟；C10—建成区。

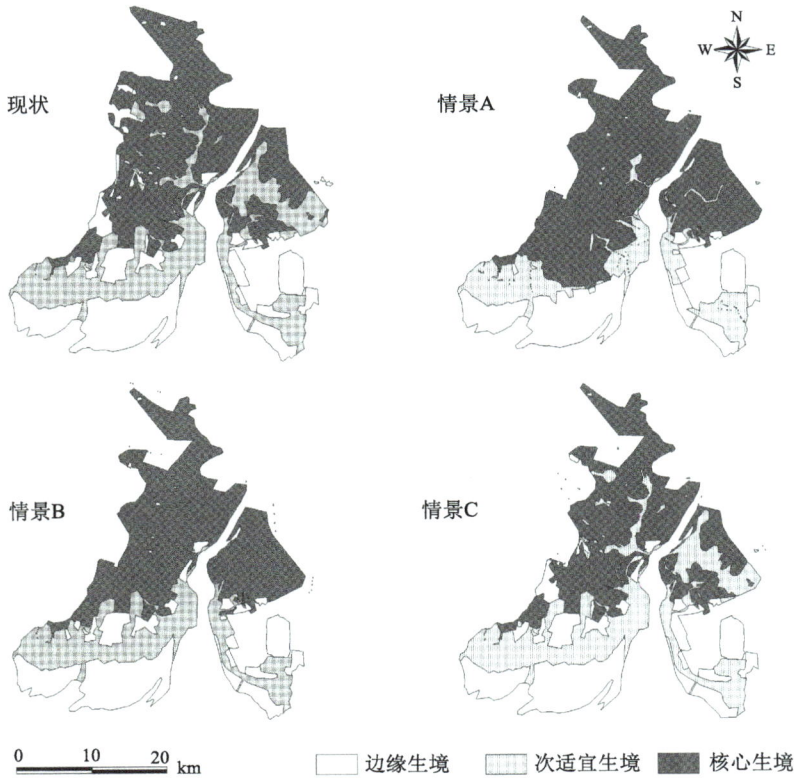

图 1-18　不同情景下丹顶鹤潜在生境适宜性等级的空间分布

从草甸（C3）的消失、裸滩涂（C8）的减少为代价。其他类型地表覆盖物由于没有涉及规划目标，基本维持原有规模。

因此，就导致的自然生态单元与地表覆盖物类型变化而言，湿地调整措施基本使其维持了无净损失，但最终是以建坝并大规模改变潮间滩涂为条件。考虑双台河口西岸已有大面积新淤滩涂，湿地调整方法在理论上具有可行性。

（2）情景B和情景C

情景B所导致的稻田开发、建成区扩展相关自然生态单元类型（P5、P10）及地表覆盖物类型（C4、C10）与情景A的变化趋势一致，虾蟹田（C6）则维持现状，与情景A相比有所减少。情景B尽管不采取大规模工程手段改变湿地性质，但仍采取一些相应的生境管理措施优化生境质量，以弥补生境面积上的损失。如与情景A相同，通过合理灌溉并控制水位，将大面积P8转变为更适合丹顶鹤生存的P4，局部生境敏感区域P9（约200 hm²）转变为P2等，从地表覆盖物类型看，尽管农业开发占用的芦苇沼泽并未得到补偿，但大面积的深积水芦苇沼泽将变为更适合丹顶鹤繁殖的浅积水芦苇沼泽，局部敏感地区的虾蟹田废弃后将转变为适合黑嘴鸥繁殖的翅碱蓬滩涂。其他的自然生态单元和地表覆盖物类型则基本维持现状。

情景C所导致的自然生态单元与地表覆盖物变化只涉及芦苇沼泽外侧边缘稻田开发、建成区扩展等经济规划目标，这些规划目标所导致的自然生态单元与地表覆盖物的变化与情景A相同，故在此不做过多说明，在这些规划目标范围外的区域则维持现状。

## 1.4.4　各情景下的指示物种生境的适宜性

自然生态单元与地表覆盖物类型不同的匹配组合决定了目标物种丹顶鹤和黑嘴鸥生境的适宜性。依据野外调查及有关文献，可确定不同自然生态单元与地表覆盖物组合类型与生境适宜性关系，从而将目标物种丹顶鹤、黑嘴鸥生境适宜性等级划分为四级，即不适宜（unsuitable）生境、边缘（marginal）生境、次适宜（inferior）生境和核心（core）生境，其划分标准见表1-14。

（1）各情景导致的丹顶鹤生境适宜性的变化

图1-18显示了各情景导致的丹顶鹤生境适宜性变化，并与现状进行了对比。就丹顶鹤生境适宜性现状而言，大面积发育良好的芦苇沼泽构成了丹顶鹤的核心生境（38 464 hm²），占整个生境总面积的45%，远高于次适宜生境（24 382 hm²）和边缘生境（21 061 hm²）。因此，应该说辽河三角洲湿地具有得天独厚的条件和潜力使其成为丹顶鹤理想的繁殖和栖息地。

通过情景A湿地生境调整措施，丹顶鹤大的核心生境斑块增加了（原滩涂部位），核心生境所占面积比例进一步提高至近60%（44 439 hm²）。同时，不适宜生境及边缘生境均显著减少，这表明不仅农业开发、建成区扩展所占用的丹顶鹤生境已被滩涂芦苇沼泽开发新产生的高质量的核心生境所补偿，而且原来的部分次适宜及边缘生境也被某些生境管理措施（如通过控制水位将深积水芦苇沼泽转变为浅积水芦苇沼泽）转变为优质的核心生境。情景 B 及情景 C 均未对农业开发、建成区扩展占用的芦苇湿地进行补偿，但情景 B 同样采取了控制水位的措施将大面积深积水芦苇沼泽（次适宜生境）转变为浅积水芦苇沼泽（核心生境）。因此，尽管芦苇湿地在面积上有所损失，但生境质量有明显改善，与现状（38 464 hm²）相比，核心生境面积还略有增加（39 593 hm²）。情景 C 由于没有对芦苇湿地损失做任何形式的补偿，因此核心生境所占比例和面积（31 496 hm²）均明显减少。

从丹顶鹤生境适宜性现状看，尽管近年来的大规模农业开发特别是大洼县小三角洲农业开发（双台河口东岸）已导致大面积芦苇湿地的消失，但总体而言，由于当地苇场的管理和经营，仍保有一定面积的芦苇沼泽，依丹顶鹤最大领域面积计算，至少应能容纳 76 对繁殖种群，然而，依据十多年的调查结果，本区繁殖的丹顶鹤最多也仅 30 多对，除丹顶鹤个体迁徙历史等因素外，生境破碎化的影响也不容忽视（Hu & Xiao，1999）。本章基于上述研究，对比各情景生境破碎化导致的对生境质量的影响，以及生境管理措施对生境破碎化优化的效果。

图 1-19 显示生境破碎化使适宜生境面积大幅减少，相当部分转变为不适宜生境

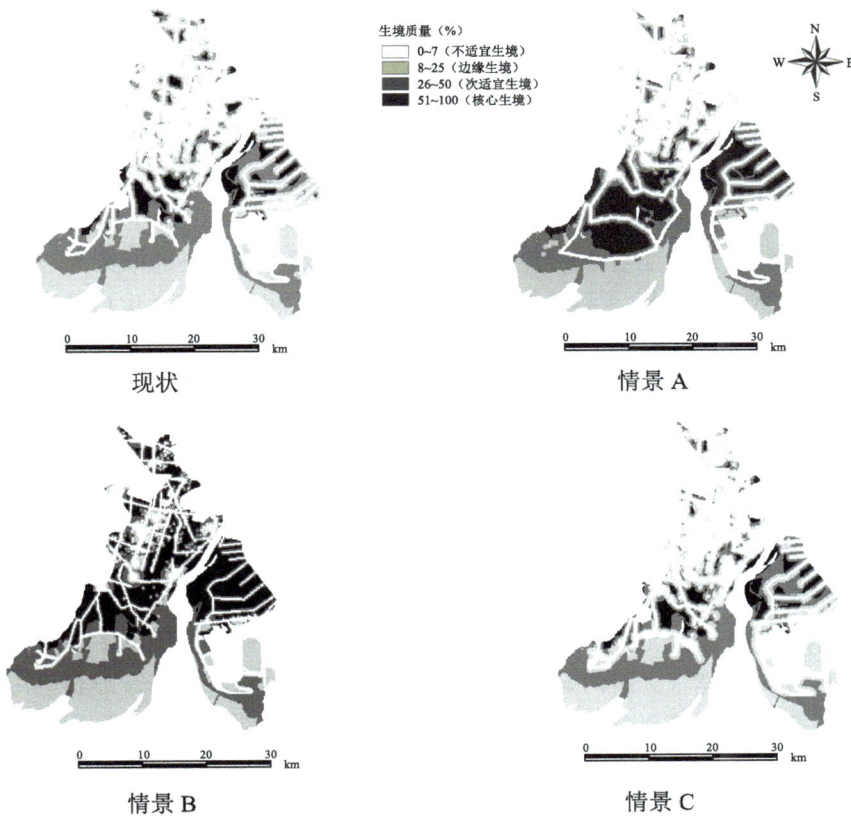

**图 1-19　生境破碎化前后丹顶鹤生境适宜性面积的比较**

注：C—核心生境；I—次适宜生境；M—边缘生境；U—不适宜生境。

（23 220 hm²），核心生境的有效面积从 38 464 hm² 剧减为 5 414 hm²，同时产生的不适宜生境达 23 220 hm²，并使原来的部分核心生境质量降为边缘生境。可见，本区域生境破碎化对丹顶鹤的负面影响是相当严重的，这一方面是由于油田开采、农业开发导致的道路、油井等破碎化因素的增加，另一方面则是由于丹顶鹤特别是繁殖个体对这些破碎化因素十分敏感。

情景 A 生境破碎化使核心生境面积减少了 26 228 hm²，相当部分转变为不适宜生境（18 887 hm²），或生境质量降为次适宜生境（18 385 hm²）及边缘生境（19 103 hm²）。但由于采取了对核心区生境进行伪装、某些生境敏感区道路重新规划等生境管理措施，生境破碎化影响已有所改善，如破碎化产生的不适宜生境比现状减少 4 333 hm²，加之滩涂芦苇沼泽开发、合理灌溉并控制水位等措施新补偿的高质量芦苇沼泽，使生境破碎化后，核心生境面积超过现状的 3 倍，达到 18 211 hm²。另外，次适宜生境、不适宜生境面积仍显著低于现状，因此，可以认为，通过湿地调整措施不仅在面积上弥补了芦苇湿地的损失，而且在一定程度上提高了丹顶鹤的生境质量。

情景 B 主要通过在整个区域范围内拆除废弃油井、对工作油井进行伪装、沿道路两侧营造防护林以减少道路裸露面积等措施来减轻破碎化对丹顶鹤生境的影响，同时也辅以一定手段（控制水位）将部分次适宜生境转变为核心生境。尽管生境破碎化后，核心生境面积减至 16 908 hm²，但却与情景 A（18 211 hm²）相差不大，远高于现状（5 414 hm²）。另外，生境破碎化产生的不适宜生境（12 246 hm²）远低于现状和情景 A。考虑情景 B 未对原核心区损失的 8 000 hm² 芦苇沼泽进行补偿，显然这是由于上述生境管理措施使生境破碎化程度减轻，从而在很大程度上优化了生境质量。

与现状类似，生境破碎化使情景 C 中核心生境大为减少，产生大量不适宜生境（20 456 hm²），并使劣质的边缘生境大大增加（29 532 hm²）。但模拟结果表明，尽管农业开发、建成区扩展占据了不少芦苇沼泽，但与现状相比，核心生境并未明显减少（仅减少 623 hm²），而次适宜生境、边缘生境和不适宜生境则分别减少了 3 690 hm²、1 045 hm² 和 2 764 hm²。显然，农业开发、建成区扩展主要利用的是一些道路、油井分布密集的芦苇沼泽，对丹顶鹤核心生境的影响并不太大，这也是设计农业"滚动"开发模式重要的指导原则之一。

（2）各情景导致的黑嘴鸥生境适宜性的变化

黑嘴鸥作为一种典型的滨海滩涂鸟类，其适宜生境类型主要为潮间带滩涂，特别是潮上带翅碱蓬滩涂是其良好的繁殖生境。在双台河口东岸，大洼小三角洲农业开发、大型三角洲水库的兴建和启用，已使黑嘴鸥在东岸的主要繁殖生境基本消失，并迫使其繁殖种群向河口西岸（大凌河口）滩涂转移。图 1-20 给出了各情景导致的黑嘴鸥不同生境适宜性等级面积及其空间分布。就黑嘴鸥生境适宜性现状而言，适宜其繁殖的生境主要为河口西岸若干零散分布的翅碱蓬滩涂，仅有 1 568 hm²，而这部分滩涂又是辽河油田未来开发的重点地区之一，因此，如不对这部分滩涂进行妥善保护，黑嘴鸥繁殖生境将岌岌可危。

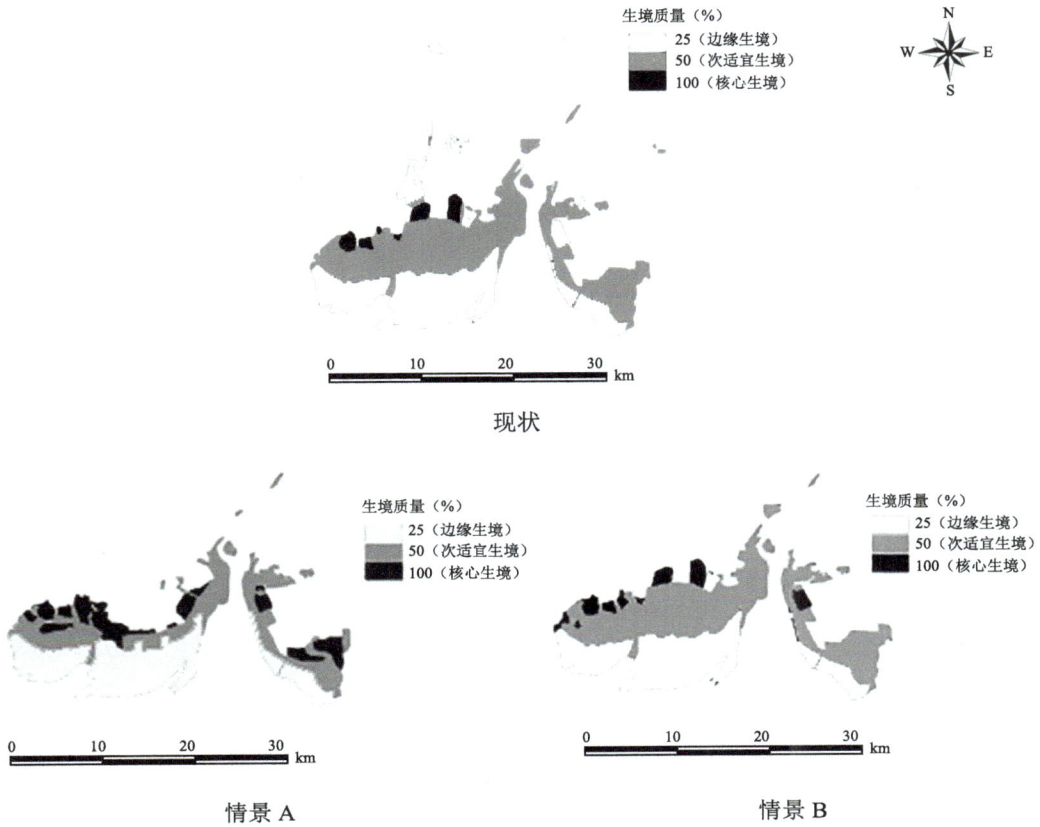

图 1-20　情景 A、情景 B 与现状生境适宜性的对比（情景 C 与现状一致）

　　情景 A 通过湿地调整措施，补偿优化了黑嘴鸥生境。这些湿地调整补偿措施包括：通过堤外兴建生境岛等相关措施，将潮间带裸滩涂转变为其繁殖生境所需的翅碱蓬湿草甸；通过沟通局部生境敏感区堤内外滩涂潮水联系，以修复黑嘴鸥退化的生境（某些杂草甸等）；将局部敏感区虾蟹田废弃，让其自然演变为黑嘴鸥生境等。从图 1-20 所示实施情景 A 后黑嘴鸥生境适宜性变化看，这些措施取得了明显的效果。如黑嘴鸥核心生境比例有大幅提高，面积达到 5 015 hm²。另外，次适宜和边缘生境面积均有所减少，这是由于滩涂芦苇沼泽开发占据了大片黑嘴鸥原有生境，使黑嘴鸥生境总量也有所减少。

　　情景 B 和情景 C 滩涂部分未采取如情景 A 类似的大规模湿地调整措施，因此黑嘴鸥生境基本维持现状。但为提高生境质量，在某些生境敏感区，情景 B 也采取了一些生境管理措施，如利用废弃虾蟹田、沟通与海水联系、对部分退化黑嘴鸥生境进行修复等。模拟结果表明，通过这些措施，黑嘴鸥核心生境增加了 1 096 hm²，而次适宜生境和边缘生境均有所减少，这说明部分次适宜和边缘生境转变成了核心生境。情景 C 的景观规划目标，除农业开发、建成区扩展占用了部分丹顶鹤的芦苇湿地生境外，黑嘴鸥的滩涂生境则维持现状，因此与现状对比，情景 C 中黑嘴鸥生境未发生实质性的变化。

　　黑嘴鸥生境破碎化模拟结果表明（图 1-21），生境破碎化使黑嘴鸥当前核心生境面积减少了近一半（782 hm²），并使部分次适宜和边缘生境质量进一步降低，从而产生了 2 326 hm² 的不适宜生境，可见，生境破碎化的影响仍较为明显，但显著低于丹顶鹤生境破碎化导致的生境损失（核心生境损失 86%）。这是因为，一方面黑嘴鸥个体对生境破碎化因素本身不如丹顶鹤敏感，另一方面，黑嘴鸥滩涂生境内油井、道路等破碎化因素分布也没有芦苇沼泽密集，因此生境破碎化因素对黑嘴鸥生境适宜性的影响尽管十分显著，但不如丹顶鹤生境严重。

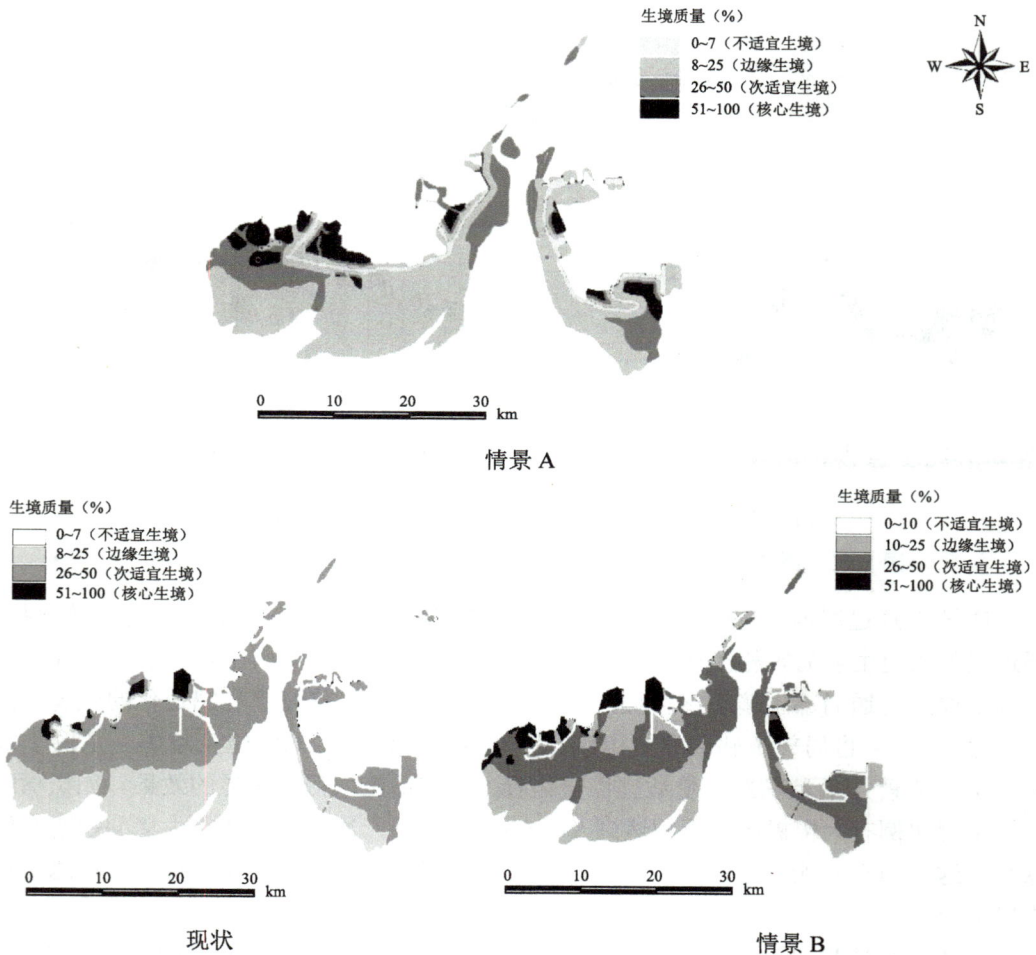

图 1-21　生境破碎化对情景 A 及情景 B 黑嘴鸥生境适宜性的影响（情景 C 与现状一致）

　　生境破碎化使情景 A 原有核心生境明显减少，同时出现一定数量的不适宜生境（1 834 hm²）。但由于生境调整措施补充了高质量黑嘴鸥生境（翅碱蓬滩涂），破碎化后，情景 A 的核心生境仍有 2 894 hm²，大大高于破碎化后现状的核心生境，甚至也远高于破碎化前现状的生境，这说明湿地调整措施补偿了生境面积损失，并大幅改善了生境质量，提高了核心生境所占比例。情景 B 的模拟结果显示，生境破碎化后，核心生境面积仅比原来减少 322 hm²，仍占原有核心生境的 87%，可见情景 B 中通过生境管理手段（拆除废气油井、伪装工作油井和路旁植树）减轻生境破碎化效应，取得了相当显著的效果。如前所述，由于情景 C 景观规划目标基本未触及黑嘴鸥的滩涂生境，可认为考虑生境破碎化因素后，情景 C 的生境适宜性变化与现状一致。

## 1.4.5　各情景下的指示物种生境的生态承载力

丹顶鹤、黑嘴鸥在繁殖季节都有一定的占区行为，特别是丹顶鹤的繁殖个体具有典型的领域行为。另外，有关资料和野外调查表明,辽河三角洲水禽生境多样,食物丰富,生态承载力不是繁殖季节的限制性因子。其主要限制因子为隐蔽物特征、分布和人为干扰导致的生境破碎化。考虑个体差异导致的容忍密度阈值的不同，本章模拟了不同领域面积或繁殖密度情景下，指示物种的生态承载力。

（1）各情景下丹顶鹤繁殖生境生态承载力

一般而言，繁殖生境生态承载力取决于生境斑块大小、生境质量（隐蔽条件、食物丰富度）和动物行为学特性（如领域或巢域大小、繁殖生境与觅食生境间距离）。而后两种因素往往相互作用，生境条件好时，领域面积可以较小；生境条件差时，则动物需要较大的领域范围以获取足够的生存空间和食物资源。丹顶鹤属于大型水禽，繁殖季节表现出非常明显的领域性，其领域大小尽管也受生境质量影响，但仍有相对稳定性，一般在 200～400 hm²，考虑不同的生境质量和个体领域性差异，运用 LEDESS 模型生境模块模拟了规划前后领域面积从 100～600 hm² 范围内变化时丹顶鹤繁殖生境的生态承载力（表 1-17）。

表 1-17　不同繁殖密度下各情景的丹顶鹤繁殖生境的生态承载力

| 状态 | 基于不同领域面积丹顶鹤繁殖生境的生态承载力区间（繁殖对） | | | | | |
| --- | --- | --- | --- | --- | --- | --- |
| | 100 hm² | 200 hm² | 300 hm² | 400 hm² | 500 hm² | 600 hm² |
| 现状 | 72～167 | 34～76 | 17～39 | 13～29 | 9～21 | 7～15 |
| 情景 A | 135～291 | 56～129 | 37～89 | 26～57 | 24～52 | 19～41 |
| 情景 B | 150～338 | 67～150 | 44～97 | 27～60 | 23～51 | 18～41 |
| 情景 C | 62～142 | 29～66 | 16～37 | 13～29 | 9～21 | 7～15 |

当丹顶鹤繁殖领域面积为 300 hm² 时，丹顶鹤繁殖生境生态承载力的模拟结果表明（图 1-22），尽管辽河三角洲湿地仍保有大面积的芦苇沼泽，但由于人为活动导致的生境破碎化的影响，丹顶鹤繁殖生境生态承载力却很低。如以丹顶鹤常见的领域面积 300 hm²、400 hm² 计算，其繁殖生境生态承载力仅分别为 17～39 繁殖对及 13～29 繁殖对，显然处于十分濒危的状态。基于 300 hm² 领域面积模拟结果显示：目前能容纳 5～10 对丹顶鹤繁殖的核心生境位于双台河口东岸（赵圈河苇场内），而此区域经过大规模农业开发后，其周边不少芦苇沼泽以及滩涂已成为水稻田，实际上这部分芦

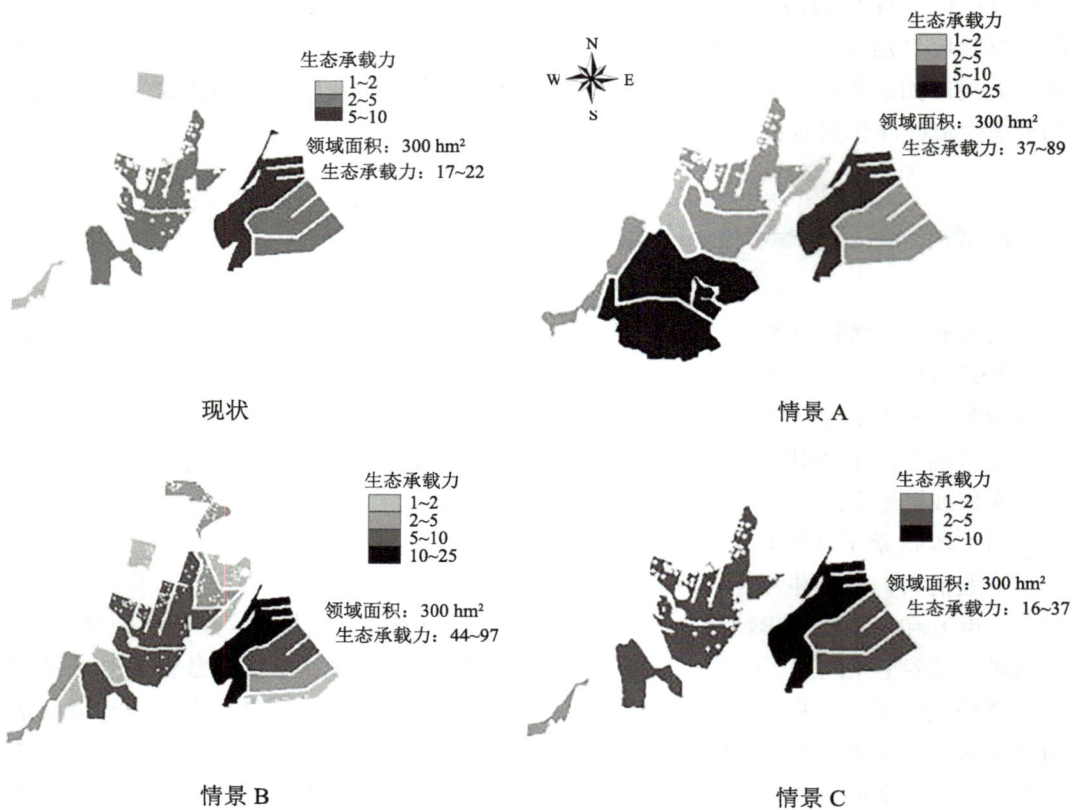

图 1-22　不同情景下丹顶鹤繁殖生境生态承载力模拟结果

苇沼泽已完全孤立，失去了与滩涂生境的演替联系和不断进行自我更新的空间，并完全置于人为管理之下，如若灌溉等管理措施不当，或者生境破碎化程度进一步加剧，则将岌岌可危。

　　情景 A（湿地调整）通过湿地调整措施，在维持芦苇湿地无净损失，同时满足大规模农业开发的土地需求前提下，仍使丹顶鹤繁殖生境的生态承载力有大幅提高，不同领域面积的繁殖生态承载力均提高了近 1 倍。模拟结果显示，湿地调整措施使双台河口西岸滩涂新出现了大面积的核心繁殖生境，生境破碎化也得以改善，生态承载力显著提高且变得较为稳定。如当其领域面积在 400 ～ 600 hm² 变动时，生态承载力的变化并不大，显示出有利于较大领域面积的丹顶鹤生存的趋势（表 1-17）。

　　情景 B 通过生境管理措施，对破碎化生境进行优化，同样显著提高了丹顶鹤繁殖生境的生态承载力，对应于各领域面积的繁殖生境生态承载力也提高了 1 倍左右，甚至在 100 ～ 300 hm² 领域范围内，情景 B 的生态承载力还略高于情景 A（表 1-17）。基于 300 hm² 模拟结果显示（图 1-22），除东岸的一块核心生境外，原来油井分布密集、破碎化非常严重的双台河口西岸欢喜岭地区，经情景 B 的生境管理措施后被转变为另一个能容纳 5 ～ 10 对丹顶鹤繁殖的大型生境斑块。可见，情景 B 采取的生境管理措施对生境质量的改善也十分有效，也表明此区域丹顶鹤生境破碎化现状是相当严重的。

情景 C 主要用来与现状进行对比，以评价农业开发的影响。模拟结果表明，尽管与现状相比减少了 8 000 hm² 的边缘生境，但丹顶鹤繁殖生境的生态承载力并未明显降低，除 100 ～ 200 hm² 较小领域面积的丹顶鹤繁殖生境生态承载力稍有降低外，当领域面积在 300 ～ 600 hm² 波动时，繁殖生境生态承载力基本与现状保持一致。可见，在注意控制破碎化因素前提下，通过"滚动"开发模式，牺牲部分边缘和次适宜生境以满足农业开发的需求，并不会对本区域丹顶鹤繁殖产生明显不利影响。

（2）各情景对黑嘴鸥繁殖生境生态承载力的影响

黑嘴鸥属于小型滨海鸟类，繁殖时营群巢，繁殖个体不表现出明显的领域性。其种群繁殖密度主要取决于生境质量，并易随环境变化而大幅波动。一般而言，繁殖季节，其繁殖种群巢间距变动范围可从几米至几十米，取决于生境质量，特别是天津厚蟹、沙蚕等大宗食物丰富度及翅碱蓬等地表覆盖物的空间分布状况。考虑不同生境质量条件下黑嘴鸥种群繁殖密度的变化，模拟 100 m²、200 m²、400 m²、800 m² 和 1 600 m² 等不同水平种群繁殖密度下，黑嘴鸥繁殖生境生态承载力见表 1-18 和图 1-23。

表 1-18　不同种群繁殖密度下各情景的黑嘴鸥繁殖生境的生态承载力

| 情景 | 不同种群繁殖密度下黑嘴鸥繁殖生境的生态承载力区间 | | | | |
| --- | --- | --- | --- | --- | --- |
| | 100 m²/只 | 200 m²/只 | 400 m²/只 | 800 m²/只 | 1 600 m²/只 |
| 现状 | 720 ～ 1 800 | 470 ～ 1 100 | 212 ～ 470 | 82 ～ 270 | 73 ～ 230 |
| 情景 A | 2 680 ～ 5 750 | 1 280 ～ 2 720 | 513 ～ 1 330 | 234 ～ 740 | 216 ～ 660 |
| 情景 B | 1 170 ～ 2 900 | 671 ～ 1 510 | 571 ～ 1 210 | 331 ～ 760 | 263 ～ 580 |
| 情景 C | 720 ～ 1 800 | 470 ～ 1 100 | 212 ～ 470 | 82 ～ 270 | 73 ～ 230 |

模拟结果显示：由于大洼小三角洲农业开发导致双台河口东岸原有黑嘴鸥繁殖生境消失，目前其繁殖生境仅局限于双台河口西岸局部滩涂，如十里、南小河等地区，按照 100 m²/只的繁殖密度（巢间距为 11.28 m）计算其繁殖个体数量为 720 ～ 1 800 只（表 1-18）。而这些区域却正遭受越来越严重的人为活动的影响，如南小河及其新生滩涂，目前已道路密集，是辽河油田重点开发区域，而十里地区滩涂，则由于近年来水产养殖业的恢复，有将其转变为虾蟹田的趋势。因此，就现状而言，如不进一步加强生境管理和保护，黑嘴鸥生境同样不容乐观。模拟结果还表明，当生境质量降低，种群繁殖密度急剧减少时，其繁殖生境平均生态承载力在 100 ～ 400 m² 时迅速下降，而在 400 ～ 1 600 m² 变化时，则变化有所平缓，显得较为稳定，这是因为当生境质量下降，种群繁殖密度降低时，首先是一些较小的生境斑块消失，但由于南小河、十里等大型生境斑块的存在，即使生境质量大幅度降低，仍能保证一部分黑嘴鸥对繁殖生境的需求（图 1-23）。这种大型生境斑块的存在也是辽河三角洲湿地能成为黑嘴鸥最重要繁殖地的原因。

情景 A 通过建造生境岛、对退化生境进行修复、利用废弃虾蟹田等生境调整措施，不同种群繁殖密度下黑嘴鸥繁殖生境的生态承载力均有了极大幅度的提高（接近

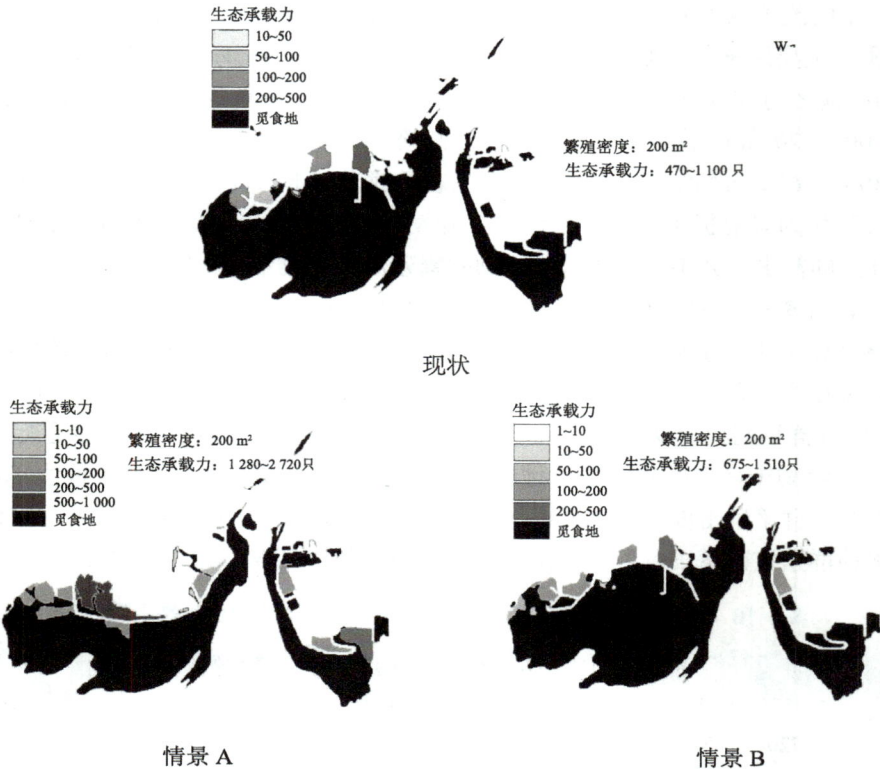

图 1-23　黑嘴鸥繁殖生境各情景生态承载力模拟结果（基于 200 m²/ 只种群繁殖密度）

现状的 3 倍），这主要由于经过湿地调整，在双台河口西岸南小河滩涂新产生了若干大型能容纳 1 000 只以上繁殖个体的大型核心繁殖生境斑块，同时东岸通过对退化草甸（五千七）的修复和废弃虾蟹田以及滩涂的利用，新产生了较大核心生境斑块。其承载力随繁殖密度的变化趋势基本与现状类似。

通过情景 B（生境管理）相关措施，双台河口东岸和西岸均产生了较大核心斑块（当繁殖密度为 100 m² 时，能容纳 200 ～ 500 只繁殖个体），繁殖生境生态承载力随种群繁殖密度变化的趋势也与现状基本相同。尽管与现状相比，情景 B 减轻了道路、油井等生境破碎化因素的影响，使黑嘴鸥繁殖生境生态承载力也有明显提高，但远没有情景 A 提高的幅度大。情景 C（农业开发）只涉及芦苇沼泽边缘部分，而未涉及滩涂区域，对黑嘴鸥生境应无明显影响。因此，情景 C 中黑嘴鸥繁殖生境的生态承载力与现状基本一致。

（3）各情景对生境承载力影响的综合比较

就提高生态承载力角度而言，显然情景 A 最为成功。与现状相比，情景 A 通过对芦苇湿地的补偿、生境质量的优化将丹顶鹤的生态承载力提高了 2 倍多，通过大规模兴建生境岛将黑嘴鸥生态承载力提高了近 2.5 倍。情景 B 通过改善生境破碎化因子也大幅提高了丹顶鹤的生态承载力，提高程度甚至略高于情景 A，通过将部分敏感生境地区虾蟹田废弃，转变为黑嘴鸥生境，使黑嘴鸥繁殖生境生态承载力也有一定幅度提高，但幅度远低于情景 A。情景 C 尽管没有对生境进行任何形式的补偿，但指示物种丹顶鹤、黑嘴鸥繁殖生境生态承载力基本能维持现状水平。以上说明，农业开发采用的"滚动"开发模式，能有效控制生境破碎化的加剧，减轻人为干扰的影响。

## 1.5　各情景总体评估及其适用性

从决策论角度而言，无论是以经济最优化还是以生态最适为目标的可持续规划都是非常困难的，甚至是不可能的。也就是说规划是不可能绝对的、唯一的，既非经济决定论的，也非环境决定论的。规划是多样的、可替代的和可选择的，即规划应是可辩护的（defensible）（俞孔坚等，1998）。因此，决策绝不是唯一的，但在某种顶级阈限制约下，却可能存在在这种阈限制约范围内的最佳选择，给出的阈限因素越具体，则可供选择的决策越清晰。情景研究的目的就是帮助决策者组建这种决策库，使他们在面临未来不同的经济或政策情势（阈限因子）时能减少盲目性，做出相对合理的决策（俞孔坚，1998）。

本情景研究的目的是协调区域开发与生物保护提供决策依据，所设计的情景在生态和经济等价值取向上尽管有所不同，但都从不同方面兼顾了经济开发与自然保护的利益（图 1-24），即使没有考虑生态补偿的情景 C 也通过合理的开发模式将物种种群数量维持在一个较高的安全水平。从情景研究的结果来看，对其优劣进行绝对的判定是轻率的，这些情景的价值在于提供了一些有用的、综合的知识和信息，决策者可以依据不同的社会经济发展水平需求（限制因子）来考虑其决策模式。

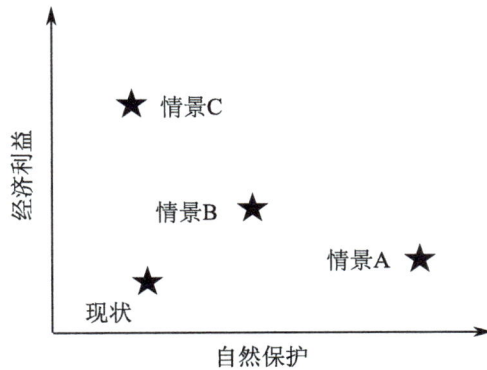

图 1-24　各情景及其现状在自然保护与经济开发二维空间所处位置

情景 C 或许是一种较为极端的经济需求形势下的权宜选择，此情景通过单纯的农业开发产生了较高的经济收益。尽管没有任何形式的生态补偿措施，但通过控制适度开发规模，采用合理的资源开发模式，将保护物种生存力维持在一种较低的安全水平。若强调区域农业开发与生态建设并举，则情景 A 提供了有价值的参考。以已完成的双台河口东岸滩涂地区稻田开发为对照，情景 A 实际可以看作通过大规模湿地调整手段将滩涂地区让予了芦苇沼泽开发，而将水稻田"位移"至了芦苇沼泽边缘部分。与东岸开发将异质性强的水稻田直接"嵌入"生境脆弱、演替变化剧烈的滩涂地区不同，湿地调整是依照湿地生境演替规律将芦苇沼泽"植入"滩涂部位，没有扰乱、中断生境演替的正常序列，通过堤外建生境岛、堤内部分敏感区域修复与海水联系，则进一步通过人为手段修复、强化了生境更新及演替机制。这种生态调整措施有利于物种对未来潜在生境的利用，能带来较为长久的生态利益。尽管情景 A 短期经济效益较低，投资回收年限较长，但几十年后累积的经济效益也是可观的。总体而言，情景 A 是一个农业开发与生态建设并重，投资较大，但能给区域带来较长久生态和经济利益的规划方案。

对于生境补偿而言，情景 B 似乎为花费少、效果好的途径，但其对生境质量的改善在很大程度上取决于对油井、道路等破碎化因子采取生境管理措施的有效性。这些措施中，拆除废弃油井具有一定现实可行性，种植防护林需若干年后才能见效，对油井进行伪装也存在一定操作上的困难。而且，在对生态后果进行模拟时，还做了相应的假设，即经情景 B 生境管理措施后，生境破碎化因子对生境质量的影响将减少一半以上。因此，情景 B 实际上是在所有这些生境管理措施都能实现，并达到预期效果的一种"理想状态"，其对丹顶鹤生态承载力甚至超过情景 A 的模拟结果并没有绝对的意义，但至少理论上表明，存在通过对生境"质量"的改善来弥补生境"数量"上损失的可能性和途径。另外，值得注意的是，情景 B 的生境管理措施主要针对生境破碎化因子，没有考虑生境演替等因素，不利于物种对未来潜在生境的利用，所带来的生态利益可能难以长久。如通过生境管理措施暂时修复的生境，可能会伴随湿地演替过程，逐渐退化。因此，情景 B 并非一个着眼于长远生态利益的决策方案，就协调区域农业开发和物种保护而言，是介于情景 A 和情景 C 之间的一种折中选择。

本章所设计的情景，只代表了协调辽河三角洲湿地区域开发与自然保护的三个不同途径和方向。实际上，决策者可以依据决策目标和规划目的，考虑不同限制因素设计更多的情景或在掌握更多数据和资料的基础上，设计出更具有现实性或更为综合的规划方案。

## 1.6  情景模拟结果对滨海湿地资源保护与开发的启示

### 1.6.1  滨海湿地资源开发及其生境补偿

与辽河三角洲湿地类似，我国主要的大江大河三角洲湿地，也大多为淤长型河口湿地，都有着重要的生物保护和巨大的经济开发价值。如黄河三角洲现行水流路河口岸线平均每年向海推进 1.8 km，平均年造陆率大约为 30 km²/a[①]；以现代长江三角洲湿

---

[①] 北京大学城市与环境科学系，黄河三角洲环境系统研究（UNDP 支持黄河三角洲可持续发展 CPR/91/144 项目专题报告之五），1997。

地为主的江苏省海岸湿地每年以 2 万亩[①]的速度淤长，目前已累积 90 多万亩具有开发潜力的潮上带高滩（朱晓东，1998）；珠江三角洲平均每年可增长约 1 000 hm² （达到高程 −0.5 m 的湿地面积）（罗章仁，1998）。从情景研究结果来看，采取与湿地淤长、生境演替方向一致的"滚动"开发模式和生境补偿措施，在考虑一定经济利益的同时，能有效维护湿地生态系统的完整性和演替的连续性，从生态保护角度来说，是一种较为合理的资源利用模式，具有一定的普遍意义。但关键问题是要确定"滚动"开发的适度规模和生境补偿方式，最终应维持自然湿地质量或数量上的相对稳定，即无净损失，甚至能使物种生存质量有所提高。从情景分析结果看，以下两种方式值得探讨：

（1）"渐进式"滚动开发模式

这种开发模式强调依据湿地淤积速率及湿地生境演替状况，确定滚动开发规模。如以双台河口湿地为例，1989—1994 年，河西海岸线平均南移 2 730 km，每年平均 546 m，河东（不含上台河口入海口）南移 118 m，每年平均 23.6 m（肖笃宁等，2001）。在确定"渐进式"滚动开发规模和速度时，上述湿地淤长的数据将是重要的依据，开发规模应低于湿地淤长速率，维持自然湿地无净损失。这种开发模式下，物种生境的损失可以通过湿地生境自然更新机制得以补偿。由于注重了生境演替的连续性，这种开发模式有利于保护处于不同生境演替阶段的物种，从强调区域生物多样性保护角度来说，是一种比较合适的开发模式。另外，这种模式较适用于已具有一定开发规模，新生湿地资源已被相当程度利用的地区。

（2）"跨越式"滚动开发模式

在一些情况下，由于大规模农业开发的需求，则可以采取类似情景 A 较大规模的农业开发，并通过全区范围内大规模湿地调整措施补偿自然湿地的损失。这种"跨越式"农业开发较有利于统一规划水利灌溉、田间工程等配套设施，有利于集约化管理和经营。但这种开发模式的前提是滩涂部位必须淤积了足够的新生土地资源，以用来通过湿地调整手段弥补滚动开发的损失，另外，如区域类似于辽河三角洲湿地，具有重要的生物保护价值，则应评价物种分布的核心敏感区，物种对生境变化的调适能力和生境演变的速度和趋势。"跨越式"滚动开发模式边界原则上不应触动保护物种的核心生境，让物种有足够的空间和时间调整并利用通过湿地调整、生境补偿方式人工修复和再造的生境。这种方式可用于某些开发利用程度较低，具有较丰厚土地储备的地区。这种方式对生境演替的连续性会有一定干扰，并且生境补偿、生态系统修复与重建的理论基础并不完备，因此，这种开发模式对区域生物保护而言存在一定的风险，必须充分考虑保护物种的生境需求和对环境的适应能力。

（3）两种模式的结合

对于"淤长型"滨海湿地而言，从不同开发阶段和更长的时间尺度来看，两种模式似乎可做到一定程度的结合（图 1-25）。在开发初期,可采用类似情景 A 的"跨越式"滚动开发，如果土地后备资源十分充足，开发所处区域由于生境演替已远离保护物种

---

① 1 亩 =1/15 hm²。

核心区域，则甚至可采用情景 C 的开发模式，不必对生境进行补偿（由于生境本身没有损失）。在"跨越式"大规模滚动开发之后，一段时期内，可完全停止开发，让湿地自然淤长，或采取"渐进式"局部较小规模滚动开发，维持自然湿地数量的稳定。

如果湿地自然淤长超过"渐进式"滚动开发规模，一段时期后，又具有了一定数量的新生土地资源，则又可采取"跨越式"滚动开发模式。

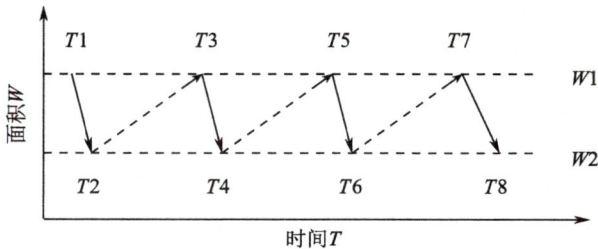

图 1-25  对淤长型滨海湿地交替采取"渐进式"和"跨越式"滚动开发模式

注：当新生湿地面积达到 $W1$ 时采取"跨越式"滚动开发模式，新生湿地面积降至 $W2$。一段时期内采取"渐进式"滚动开发模式，让自然湿地面积继续淤长至 $W1$ 时，再进行"跨越式"滚动开发。虚线箭头表示"渐进式"开发阶段，湿地面积逐渐增加，实线箭头表示"跨越式"滚动开发，新生湿地面积迅速减少。新生湿地面积维持在 $W2 \sim W1$ 波动。

## 1.6.2  滨海湿地生境补偿与水禽保护

随着水盐动态、湿地淤长导致的生境演替过程，辽河三角洲滨海湿地盐沼生境将逐渐过渡到半盐沼或淡水沼泽生境类型，这些生境类型依照不同质和量的对比关系沿海岸带呈环带状分布的格局，不同的生境类型往往分布着不同生态类群的水禽。依据辽河三角洲滨海湿地的自然特性和开发现状，依据湿地生境更新与调整的理论，对于滨海湿地鸟类的生境修复与补偿应强调利用生境自然更新与演替机制，而对于淡水鸟类生境则可更多采用人为生境调整手段，另外，对鸟类生境补偿应强调替代生境功能上的可置换性，同时必须严格限制早期演替系列和居间演替系列生境中的人为开发活动（李晓文等，1999b）。

黑嘴鸥、鸻鹬类等滨海湿地生境鸟类主要以滩涂、浅海（早期演替生境）分布的海洋无脊椎及虾蟹等甲壳类为食，其繁殖生境（翅碱蓬滩涂）是一种变化速度快、不稳定的居间演替生境。因此，在考虑这类生境更新与调整措施时，应注意整个生境演替系列的延续性与完整性。而丹顶鹤、雁鸭类和鹭类等鸟类实际上习惯于淡水环境，其繁殖与觅食生境主要为大面积分布的芦苇或香蒲沼泽，为具有一定稳定性和相对独立性的隐域性顶级植被，是由生境的进一步脱盐化及周期性的淡水灌溉形成。本区挡潮堤的修建已使堤内生境逐渐脱离原来滨海湿地演替过程，并越来越依赖于周期性淡水灌溉等人为措施。因此，在考虑对这类被侵占、破坏的生境进行修复或异地补偿时，主要考虑通过生境调整措施模拟、创造适宜的淡水生境，并尽量减少威胁鸟类生存的生境破碎化因素，而不必过多考虑整个生境演替系列。

湿地生境调整中生态补偿强调的是功能补偿及功能的可置换性，因此仅考虑面积相等是不够的，如辽河三角洲湿地（双台河口国家级自然保护区范围内），丹顶鹤生境由于行为破碎化因素造成的"隐性"损失为 370.15 km$^2$（物理破碎化后适宜生境面积减去行为破碎化后适宜生境面积），这部分芦苇沼泽作为造纸原料，不会损害经济价值，但却失去了作为丹顶鹤繁殖生境的功能。因此，在考虑生态补偿时，这部分没有被经济活动直接占用，却受经济活动影响而导致生境的"隐性"损失也不能忽略。总之，在考虑生境调整、生态补偿措施时，应通盘权衡可能产生的一系列生态后果。

## 1.6.3　保护区边界的动态调整

从较长时间尺度来看，类似黄河三角洲、辽河三角洲的"淤长型"滨海湿地保护区，其功能区的划分应该是动态的。这一方面由于河口湿地不断向海淤进，保护区的范围不断向外推移，随着自然植被演替，水禽的生境适宜性也发生变化，原有生境适宜性伴随植被演替过程将逐渐丧失，此时，保护的意义已不大（表 1-19）。因此，当演替至顶级植被后，可以将部分区域解除控制，让予经济开发，使其得到更合理的利用。这也是"滚动"开发、湿地调整的前提和理论基础。从这个意义上来说，保护区的范围划分及其相应的功能区划（核心区、缓冲区和过渡区）应该是动态的，但土地使用方式的转换必须慎重，必须充分研究演替速率，功能转换的速率必须小于演替速率，以保证保护区在自然位移过程中面积的相对稳定（李晓文等，1999a，2002）。

表 1-19　辽河三角洲滨海湿地生境演替与水禽生境保护

| 生境演替阶段 | 潮间带裸滩 | 潮上带翅碱蓬滩涂 | 芦苇沼泽及草甸 |
|---|---|---|---|
| 主要保护物种 | 鸻鹬类、黑嘴鸥的觅食生境 | 黑嘴鸥、鸻鹬类主要的繁殖与觅食生境 | 丹顶鹤、鹭类及雁鸭类的繁殖、觅食生境 |
| 土壤类型 | 潮滩盐土 | 草甸滨海盐土 | 沼泽土或草甸土 |
| 水盐动态 | 受潮汐周期性影响，盐渍化强烈，土壤含盐高 | 已摆脱潮水直接浸渍和海水侧向渗透的影响，但地下水位高，盐分含量仍较高 | 脱盐化过程强烈，土壤含盐量低 |
| 空间分布幅度 | 沿海岸呈环带状分布，范围较 | 分布范围狭窄 | 湿地主要生境类型之一，范围广阔 |
| 人为干扰状况 | 油田开发、水产养殖及修建挡潮堤、建海公路等，局部较严重 | 稻田开发、兴建水库、水产养殖及油田开采等，较严重 | 高强度的农业及油田开发造成生境破碎化 |

| 生境演替阶段 | 潮间带裸滩 | 潮上带翅碱蓬滩涂 | 芦苇沼泽及草甸 |
|---|---|---|---|
| 生境的稳定性 | 主要受河相堆积物及海洋动力学等物理因子影响，有一定的稳定性 | 处于居间演替系列，生境过渡性强，演替过程受多种物理及生物因素驱动，演替速度快，生境较脆弱 | 为滨海湿地的隐域性顶级植被，具有相对较高的稳定性 |

## 1.6.4　人类活动与生境保护的相容性

区域开发不可避免地将导致人类活动的加剧，但自然保护研究者往往只关注或强调人类活动对物种保护的负面影响，而忽视其潜在的有可能与物种保护相协调、相促进的一面，从而陷于对保护区进行"圈地式"绝对保护的陈旧理念（李晓文，1999b）。然而，从协调生物保护与区域开发，强调以人为主导构建人与自然积极平衡的生态建设角度出发，我们在重视并控制人为活动负面影响的同时，更应看到并发掘人类活动与自然保护潜在相容性的一面，使其互相促进、相互增益，这也是进行生态建设的基本前提和目的（肖笃宁，1994）。

从辽河三角洲双台河口国家级自然保护区的现状来看，围海造田、种植水稻、芦苇全面收割、夏季灌溉、早春烧荒、滩涂养虾和养蟹、石油开采等占用保护区大面积土地，改变了湿地性质，并造成环境污染和人为干扰，是与生物保护不相容的人为活动，但却是区域开发不可避免的代价，其规模和方式应统一规划、统一管理、严格控制。另外，保护区内芦苇沼泽春季灌水，维持了芦苇沼泽生态系统；早春破冰捕鱼，弃于冰面上的鱼、虾，为早春迁来的丹顶鹤、白鹳、红嘴鸥等迁徙早的鸟类提供了食物，这是与水禽保护相容的活动，对这种相容性活动同样也需要适度控制，避免走向其负面。

一些人类活动尽管对生物保护有较大的负面影响，但也蕴含着一些潜在相促进的积极因素，我们应充分挖掘并加以利用。如对拦潮堤的生态后果应从利和弊两方面仔细分析。尽管挡潮堤割裂了堤内外的生境联系，使堤内原黑嘴鸥适宜生境迅速退化，但如果不采取东岸滩涂稻田开发模式，而如情景A将堤内滩涂转变为芦苇沼泽，芦苇沼泽开发结合人工灌溉措施却能改善堤内丹顶鹤、雁鸭类等淡水生境鸟类，并且挡潮堤的兴建加快了堤外新生湿地的淤长速度，为黑嘴鸥等滨海鸟类提供了新的潜在生境。因此，关键是如何减轻其负面影响，充分利用对生态环境有利的一面，能更好地找到农业开发与生态保护的结合点。例如，可以充分利用挡潮堤上原有的防潮闸重新疏通与堤外海水交换，以加快生境恢复；在堤外继续修建人工岛，并将废弃的虾蟹田重新恢复为翅碱蓬滩涂，以补偿堤内黑嘴鸥生境的损失。

滩涂虾蟹田开发总体而言导致滩涂地区人为干扰的加剧，对黑嘴鸥等滩涂鸟类有较大负面影响，但虾蟹田丰富的食源也能成为黑嘴鸥和迁徙季节丹顶鹤的补充觅食地，特别是废弃的虾蟹田很容易转变为黑嘴鸥等滩涂鸟类的繁殖生境岛。实际上，双台河口保护区管理部门已将部分虾蟹田购回，废弃用作黑嘴鸥繁殖生境岛，已吸引一定数量的黑嘴鸥在此觅食繁殖，取得了良好的效果。

　　另外，人为调整的强度多大才能保持生境的自然性，既满足生物保护又兼顾经济开发的需要。更令人感兴趣的是，是否有可能在了解湿地生境更新、演替规律的前提下，通过更大规模的生境调整手段，有意识地引导、控制湿地生境更新、演替的速度和方向（肖笃宁等，2001）？胜利油田曾在黄河入海口处进行人工改道使泥沙有目的地堆积于浅海油田区淤积造陆，以便进行浅海油田开发，减少开采投资。能否借鉴这种方法，通过一定的入海流路调控措施改变泥沙淤积造陆的方向，最终使生境演替方向避开有重要经济价值的区域（如重要的油气田等），从而更大程度地缓解生物保护与资源开发利用的矛盾？这些还有待进一步研究。

## 1.7　结论与讨论

　　本章情景研究中包含了部分假设（如关于物种行为学的一些特性），有关湿地、植被组成的信息也不够详细。因此，模型模拟及评价的结果不宜视为对未来精确的预测。但至少理论上证明，在大规模经济开发同时兼顾自然保护利益的可能性，并提供了一套合理决策与评价的方法。实际上，情景研究对未来规划与决策的意义在于，由于不同的情景是经由同一种方式和过程予以评价和检验的，因此其结果具有较好的可比性，决策者可以通过对不同情景评价结果的比较来预断未来不同规划方案（情景）导致的后果。这样，当决策者面对未来的不确定性时，这些情景所提供的信息将帮助决策者减少决策的盲目性。

　　LEDESS 模型是一个典型的空间明晰化模型（Spatially Explicit Model，SEM），通过模型能系统地运用有关空间信息和生态学知识，并将结果予以空间直观表达，使决策者能形象地"看到"各种可能的土地利用和生境管理方式所造成的生态后果，从而提高决策的科学性（Tress，2003；Li et al.，2012）。然而，LEDESS 模型不是一个基于过程的机理性预测模型，而是一个基于规则（知识库）的专家模型，这类专家模型（景观生态决策与评价支持系统）的知识库由于同时整合了关于景观（生境）过程与景观管理的专家知识，对真正解决复杂的区域性资源与景观生态系统管理方面的问题将是一个非常有效的途径。LEDESS 模型在国外的运用主要针对以生态保护、自然增益（nature development）为目的的景观生态规划与评价（Harms，1995），本章首次将其介绍到国内并将其成功地运用于更大尺度以协调自然保护及经济开发为目的的区域景观规划与评价。显然，结合我国实际，这种大尺度的区域及景观规划与评价更具有现实意义（李晓文等，2001a，2001b，2001c）。实际上，我国大部分具有自然保护价值的区域都已或多或少地处于人为管理和不同程度的开发利用之中，人为活动的干预，导致对区域未来演变趋势的预测极其困难。不少人为活动较强烈区域（如城郊过渡带）未来的演变实际上主要取决于人们的规划，因此，对这些区域进行相关的情景研究，并做出相应的评价，所提供的决策信息将比单纯的预测更有价值（李晓文等，2002）。

　　我国不少地区与辽河三角洲类似，其区域景观都兼具有生态保护与资源开发等多重价值，而这些价值在同一时空条件下往往相互冲突，如何协调自然保护与区域开发，最大限度地发掘并实现景观所蕴含的多重价值，正是区域可持续发展的关键所在。本章推介并应用的情景研究方法、LEDESS 模型及湿地调整概念或许能提供一些启发性的思路、方法和途径。

## 参考文献

胡远满，舒莹，李秀珍，等 . 2004. 辽宁双台河口自然保护区丹顶鹤繁殖生境变化及其繁殖容量分析 [J]. 生态学杂志，（5）：7-12.

李晓文，胡远满 . 1999a. 景观生态学与生物多样性保护 [J]. 生态学报，19（3）：399.

李晓文，胡远满，肖笃宁 . 1999b. 论自然保护与资源开发的策略 [J]. 生态学杂志，（5）：45-51.

李晓文，肖笃宁，胡远满 . 2001a. 辽河三角洲滨海湿地景观规划各情景对指示物种生境适宜性的影响 [J]. 生态学报，21（4）：550-560.

李晓文，肖笃宁，胡远满 . 2001b. 辽河三角洲滨海湿地景观规划情景设计及其实施措施的确定 [J]. 生态学报，21（3）：353-364.

李晓文，肖笃宁，胡远满 . 2001c. 辽河三角洲滨海湿地景观规划各情景对指示物种生态承载力的影响 [J]. 生态学报，21（5）：709-715.

李晓文，肖笃宁，胡远满 . 2002. 辽河三角洲滨海湿地景观规划情景分析与评价 [J]. 生态学报，22（2）：224-232.

罗章仁，罗宪林 . 1998. 珠江口湿地演化与开发利用分析 [A]// 郎惠卿，等 . 中国湿地研究和保护 [M]. 上海：华东师范大学出版社：311-317.

王宪礼，布仁仓，胡远满，等 . 1996. 辽河三角洲湿地的景观破碎化分析 [J]. 应用生态学报，7（3）：299-304.

王宪礼，胡远满，布仁仓 . 1996. 辽河三角洲湿地的景观变化分析 [J]. 地理科学，16（3）：260-265.

肖笃宁 . 1994. 辽河三角洲的自然资源与区域开发 [J]. 自然资源学报，9（1）：43-50.

肖笃宁，李晓文 . 1998. 试论景观规划的目标、任务和基本原则 [J]. 生态学杂志，17（3）：46-52.

肖笃宁，李晓文，王连平 . 2001. 辽河三角洲滨海湿地资源景观演变与可持续利用 [J]. 资源科学，23（2）：31-36.

俞孔坚，李迪华，段铁武 . 1998. 生物多样性保护的景观规划途径 [J]. 生物多样性，6（3）：205-212.

俞孔坚 . 1998. 可持续环境与发展规划的途径及其有效性 [J]. 自然资源学报，13（1）：8-15.

朱晓东 . 1998. 江苏海岸湿地环境资源特征及其可持续发展战略 [A]// 郎惠卿，等 . 中国湿地

研究和保护 [M]. 上海：华东师范大学出版社：317-324.

Aspinall R, Pearson D. 2000. Integrated geographical assessment of environmental condition in water catchments: Linking landscape ecology, environmental modelling and GIS [J]. Journal of Environmental Management, 59(4): 299-319.

Bani L, Baietto M, Bottoni L, et al. 2002. The use of focal species in designing a habitat network for a lowland area of Lombardy, Italy [J]. Conservation Biology, 16(3): 826-831.

Barreto L, Ribeiro M C, Veldkamp A, et al. 2010. Exploring effective conservation networks based on multi-scale planning unit analysis: A case study of the Balsas sub-basin, Maranhão State, Brazil [J]. Ecological Indicators, 10(5): 1055-1063.

Bohnet I, Smith D M. 2007. Planning future landscapes in the Wet Tropics of Australia: a social–ecological framework [J]. Landscape and Urban Planning, 80(1): 137-152.

Carrick N A, Ostendorf B. 2007. Development of a spatial Decision Support System(DSS) for the Spencer Gulf penaeid prawn fishery, South Australia[J]. Environmental Modelling & Software, 22(2): 137-148.

Collinge S K. 1996. Ecological consequences of habitat fragmentation: implications for landscape architecture and planning [J]. Landscape and Urban Planning, 36(1): 59-77.

Crist P J, Kohley T W, Oakleaf J. 2000. Assessing land-use impacts on biodiversity using an expert systems tool [J]. Landscape Ecology, 15(1): 47-62.

Dunning J B, Stewart D J, Danielson B J, et al. 1995. Spatially explicit population models：current forms and future uses [J]. Ecological Applications, 5(1): 3-11.

Fernandes J P. 2000. Landscape ecology and conservation management - evaluation of alternatives in a highway EIA process [J]. Environmental Impact Assessment Review, 20(6): 665-680.

Foppen R P B, Reijnen R.1998. Ecological network in riparian systems: examples for Dutch sustainable management of river basins [M]. Leiden: Backhuys Publishers: 85-93.

Forman R T T, Collinge S K. 1996. The spatial solution to conserving biodiversity in landscapes and regions [M]//Conservation of faunal diversity in forested landscapes. Springer Netherlands: 537-568.

Forman R T T, Collinge S K. 1997. Nature conserved in changing landscapes with and without spatial planning [J]. Landscape and Urban Planning, 37(2)：129-135.

Forman R T T. 2000. Estimate of the area affected ecologically by the road system in the United States [J]. Conservation Biology, 14(1): 31-35.

Guisan A, Zimmermann N E. 2000. Predictive habitat distribution models in ecology [J]. Ecological Modelling, 135(2): 147-186.

Harms W B. 1995. Scenarios for nature development [A]// Schoute J F, Finke P A, Veeneklaas F R, et al. Scenario studies for the rural environment[M]. Amsterdam: Kluwer Academic Publishers.

Harms W B. 1999. Landscape fragmentation by urbanization in the Netherlands: options and ecological consequences [J]. Journal of Environmental Science, 11: 141-148.

Harms W B, Knol W C, Lankhorst J R. 2001. Modelling landscape changes in the Netherlands: The Central City Belt case study [A]// Mander U, Jongman R. Landscape Perspectives of Land Use Changes Advances in Ecological Sciences[M]. UK: WIT Press: 1-17.

Hawkins V, Selman P. 2002. Landscape scale planning: exploring alternative land use scenarios [J]. Landscape and Urban Planning, 60(4): 211-224.

Hu Y M, Xiao D N. 1999. Behavioral fragmentation of waterbird habitats and their landscape ecological design in Shuangtai-hekou National Nature Reserve, Liaoning [J]. Journal of Environmental Sciences, 11: 231-235.

Jantke K, Schneider U A. 2010. Multiple-species conservation planning for European wetlands with different degrees of coordination [J]. Biological Conservation, 143(7): 1812-1821.

Jessel B, Jacobs J. 2005. Land use scenario development and stakeholder involvement as tools for watershed management within the Havel River Basin [J]. Limnologica-Ecology and Management of Inland Waters, 35(3): 220-233.

Kati V, Devillers P, Dufrêne M, et al. 2004. Hotspots，complementarity or representativeness? Designing optimal small-scale reserves for biodiversity conservation [J]. Biological Conservation, 120(4): 471-480.

Lambeck R J. 1997. Focal species: a multi-species umbrella for nature conservation[J]. Conservation Biology, 11(4): 849-856.

Larsen E W, Girvetz E H, Fremier A K. 2007. Landscape level planning in alluvial riparian floodplain ecosystems: using geomorphic modeling to avoid conflicts between human infrastructure and habitat conservation [J]. Landscape and Urban Planning, 79(3): 338-346.

Lautenbach S, Berlekamp J, Graf N, et al. 2009. Scenario analysis and management options for sustainable river basin management：application of the Elbe DSS [J]. Environmental Modelling & Software, 24(1): 26-43.

Li X W, Liang C, Shi J B. 2012. Developing wetland restoration scenarios and modeling its ecological consequences in the Liaohe river delta wetlands, China [J]. CLEAN-Soil,Air,Water, 40(10): 1185-1196.

Mörtberg U M, Balfors B, Knol W C. 2007. Landscape ecological assessment: A tool for integrating biodiversity issues in strategic environmental assessment and planning [J]. Journal of Environmental Management, 82(4): 457-470.

Opdam P, Foppen R, Vos C. 2001. Bridging the gap between ecology and spatial planning in landscape ecology [J]. Landscape Ecology, 16(8): 767-779.

Palang H, Alumäe H, Mander Ü. 2000. Holistic aspects in landscape development: a scenario approach [J]. Landscape and Urban Planning, 50(1): 85-94.

Pallottino S, Sechi G M, Zuddas P. 2005. A DSS for water resources management under uncertainty by scenario analysis [J]. Environmental Modelling & Software, 20(8): 1031-

1042.

Pereira M, Segurado P, Neves N. 2011. Using spatial network structure in landscape management and planning: a case study with pond turtles [J]. Landscape and Urban Planning, 100(1): 67-76.

Rae C, Rothley K, Dragicevic S. 2007. Implications of error and uncertainty for an environmental planning scenario: a sensitivity analysis of GIS-based variables in a reserve design exercise [J]. Landscape and Urban Planning, 79(3): 210-217.

Reijnen R, Harms W B, Foppen R P B, et al. 1995. Ecological networks in river rehabilitation scenarios: A case study for the Lower Rhine, Lelystad, RIZA, Institute for Inland Water Management and Waster Water Treatment. Publications and reports of the project 'Ecological Rehabilitation of Rivers Rhine and Meuse', No. 58-1995.

Reynolds K M, Hessburg P F. 2005. Decision support for integrated landscape evaluation and restoration planning [J]. Forest Ecology and Management, 207(1): 263-278.

Roetter R P, Hoanh C T, Laborte A G, et al. 2005. Integration of Systems Network tools for regional land use scenario analysis in Asia [J]. Environmental Modelling & Software, 20(3): 291-307.

Sanderson E W, Redford K H, Vedder A, et al. 2002. A conceptual model for conservation planning based on landscape species requirements [J]. Landscape and Urban Planning, 58(1): 41-56.

Schoonenboom I J. 1995. Overview and state of the art of scenario studies for the rural environment [A]// Schoute J F, Finke P A, Veeneklaas F R, et al . Scenario studies for the rural environment [M]. Amsterdam: Kluwer Academic Publishers.

Schreider S Y, Mostovaia A D. 2001. Model sustainability in DSS design and scenario formulation: What are the right scenarios? [J]. Environment International, 27(2): 97-102.

Shearer A W, Mouat D A, Bassett S D, et al. 2006. Examining development-related uncertainties for environmental management: Strategic planning scenarios in Southern California [J]. Landscape and Urban Planning, 77(4): 359-381.

Sinclair A R E, Hik D S, Schmitz O J, et al. 1995. Biodiversity and the need for habitat renewal [J]. Ecological Applications, 5(3): 579-587.

Stolte J, Ritsema C J, Bouma J. 2005. Developing interactive land use scenarios on the Loess Plateau in China: presenting risk analyses and economic impacts [J]. Agriculture, Ecosystems & Environment, 105(1): 387-399.

Tress B, Tress G. 2003. Scenario visualisation for participatory landscape planning—a study from Denmark [J]. Landscape and Urban Planning, 64(3): 161-178.

Treweek J R, Hankard P, Roy D B, et al. 1998. Scope for strategic ecological assessment of trunk-road development in England with respect to potential impacts on lowland heathland [J]. Journal of Environmental Management, 53(2): 147-163.

Turner M G, Arthaud G J, Engstrom R T, et al. 1995. Usefulness of spatially explicit population models in land management [J]. Ecological Applications, 5(1): 12-16.

Van Apeldoorn R C, Knaapen J P, Schippers P, et al. 1998. Applying ecological knowledge in landscape planning: a simulation model as a tool to evaluate scenarios for the badger in the Netherlands [J]. Landscape and Urban Planning, 41(1): 57-69.

Veeneklaas F R, van den Berg L M. 1995. Scenario building: art, craft or just a fashionable whim? [A]// Schoute, J F, Finke P A, Veeneklaas F R, et al. Scenario studies for the rural environment [M]. Amsterdam: Kluwer Academic Publishers.

Zedler J B. 1996. Ecological issues in wetland mitigation: an introduction to the forum [J]. Ecological Applications, 6(1): 33-37.

Zhu X, Healey R G, Aspinall R J. 1998. A knowledge-based systems approach to design of spatial decision support systems for environmental management [J]. Environmental Management, 22（1）: 35-48.

# 第 2 章
# 衡水湖湿地保护与恢复多情景设置与
# 生态风险评估

## 2.1　研究背景与意义

湿地恢复的基础理论和方法及湿地恢复有效性评价一直是国际湿地研究的热点（Findlay，2002；Zedle，2000；Kaiser，2001；Richardson et al.，2005）。鉴于我国湿地严重破坏和退化的现实，国内湿地保护与恢复工作也得到政府和学术界的高度关注，并已陆续开展了不少湿地恢复工程项目。但由于相关基础研究和科技支撑环节薄弱，目前开展的湿地恢复工程多欠缺对湿地区域环境地学背景的细致分析，而目前单一方案湿地恢复也难以提供更多的决策支持信息。另外，不同湿地恢复方案对湿地区域植被、土壤和水环境等区域生态安全要素造成的长期影响也有所不同，但针对不同湿地恢复方案导致的湿地生态风险仍缺乏定量评估。因此，加强湿地生态恢复的科学规划，通过多情景分析，探索有效的湿地恢复方案和途径，对湿地恢复潜在风险进行管控，以确保湿地生物多样性和湿地生态系统的完整性，最终构建有利于生态环境持续改善的湿地区域生态安全格局已迫在眉睫（马克明等，2004）。

生态风险评价着眼于针对环境管理目标的不确定性对生态系统的影响评估，区别于生态影响评价的重要特征在于其强调风险源不确定性因素的影响，以及对生态系统结构和功能的整体作用和效应，而非对单一环境要素的影响。目前，国际上已将生态风险评价应用到保护区管理决策、恢复方案评估、公共准入政策制定、濒危物种保护行动等决策当中，其作用也日益显著（Serveiss et al.，2007；Wayne et al.，2004；Nakamura，2005；Astles，2006；Lemly，2007；Chow et al.，2005）。湿地生态风险是湿地生态系统及其组分所承受的风险，它指在一定区域内，具有不确定性的事故或灾害对湿地及流域生态系统可能产生的影响。湿地生态风险评价是研究、评价区域多种风险因子以及可能造成的生态风险事件所形成的或可能形成的对湿地种群、群落、生态系统以及流域景观不利影响的过程（陈辉等，2006）。目前，对于湿地生态风险评价的理论框架和技术路线已逐步完善，评价范围从局部水域扩展到流域尺度，风险源也从单一毒性物质风险源推广到包括自然、人为因素在内的综合风险，强调多风险源分析、空间的异质性以及区域尺度暴露及其评价后果的不确定性；针对多风险源的分析，通过构造湿地生态系统概念模型描述风险源 - 生态终点的生态过程（Salihoglu et al.，2004；Serveiss et al.，2004），风险受体也扩展到考虑不同生态系统等级水平的风险表征。其中，"相对风险模型"（Relative Risk Model，RRM）作为区域复合压力风险评估模型得到广泛应用（Landis et al.，2003，2007；Ayres，2003），RRM 模型采用分级系统对评价小区内的各类压力源及生境进行等级评定，通过分析风险源、生境和生态终点的相互作用关系，给出区域风险综合方法，实现了区域风险的定量化。目前，该模型已成功地应用于北美洲、南美洲和澳洲地区的淡水、陆地和海湾区，风险源类型扩展到污染物、外来物种、生境丧失、河流改道淤塞、温度和气候以及土地利用变化等多风险源组合（Landis et al.，2003，2007）。随着社会经济的发展，影响不同尺度湿地生态系统的社会经济驱动因子也日益复杂化，以往基于毒性物质剂量 - 效应关系、简单的风险指数的计算已不能准确评估区域综合风险，如何应用复合模型方法对多受体、多应力作用下的湿地生态系统综合风险进行定量化表征已成为研究焦点，特别是在非突发性风险以及非毒性、长期累积性风险评估的研究已得到越来越多的关注。同时，在生态系统各等级水平上，开展土地利用等人类活动导致的区域生物多样性的风险评价也是亟须加强的方面。

　　目前，国内大部分湿地恢复的土地利用规划对生态学要求及生态空间策略的应用仍比较欠缺，对湿地恢复的土地利用规划后评价仍多限于定性或概率性评价，也缺乏对湿地生境丧失、环境污染等生态危害影响的隐蔽性、累积性、长期性以及对流域性影响等定量评估。而湿地生态风险评价就是研究、评价区域多种风险因子以及可能造成生态风险的事件形成的或可能形成的对湿地种群、群落、生态系统以及流域景观的不利影响的过程（陈辉等，2006）。而国际上应用生态风险评价到保护区管理决策、恢复方案评估、公共准入政策制定、濒危物种保护行动等决策部门，风险评价作用日益显著（Serveiss et al.，2007；Landis et al.，2004；Nakamura et al.，2005；Kati et al.，2004；Astles et al.，2006；Lemly et al.，2007；Chow et al.，2005）。因此，有必要在加强对湿地区域生态系统机理和过程的研究的同时，确立湿地风险评价制度，建立起湿地突发事件应急预案安全机制，将湿地恢复与风险评价手段结合起来，确保湿地生态系统的可持续管理。

　　衡水湖国家级自然保护区位于河北省衡水市，北倚衡水市区，南靠冀州市区，地理位置为东经 115°27′50″—115°42′51″，北纬 37°31′40″—37°41′56″，于 2002 年被批准建立国家级自然保护区。自然保护区规划总面积 26 808 hm²，其中衡水湖水域面积5 986.88 hm²，最大蓄水能力为 1.88 亿 m³。其宽广的水域和丰富的湿地植被，成为众多候鸟南北迁徙不同路线的密集交会区。据调查统计，在衡水湖栖息的鸟类达 286 种，隶属于 17 目 47 科，属于国家 I 级重点保护动物的鸟类有 7 种，即丹顶鹤、白鹤、东方白鹳、黑鹳、大鸨、金雕、白肩雕；属于国家 II 级重点保护动物的鸟类有 43 种。在《中日保护候鸟及其栖息环境协定》中，保护鸟类共有 227 种，本区有 151 种，占总种数的 66.5% ；在《中澳保护候鸟及其栖息环境的协定》中，保护鸟类有 81 种，本区有 40 种，占总种数的 49.4%。随着白洋淀湖泊湿地的退化，衡水湖区已成为华北面积最大、保存最完整的淡水湿地生态系统。衡水湖国家级自然保护区是国家重点保护鸟类极其理想的栖息地之一，也是华北平原唯一保持完整的由草甸、沼泽、滩涂、水域、林地等多种生境类型组成的内陆淡水湿地生态系统。无论是从保护对象的特殊性、稀有性还是典型性上，衡水湖国家级自然保护区都具有十分重要的保护价值（黎聪等，2008）。然而，保护区内人口密度较大，农业生产、工业生产、居民生活等人类干扰活动破坏了原有的自然湿地生态系统的完整性，蚕食了部分湿地生境。加之部分城市污水输入，致使局部水体污染和富营养化严重，湿地生物多样性和生态系统服务功能受到威胁（黎聪等，2009，2010）。

本章借鉴欧洲土地、环境规划与管理中流行的土地利用"情景"分析方法对保护区湿地恢复、生境改造方案进行多目标情景设计，最后通过对各恢复情景导致的区域生态风险进行评价，结合生态风险空间格局进行比选，从区域生态风险和生态需水的角度，最终构建与湿地及生物多样性保育相协调的区域土地利用和水资源配置的安全格局，并为衡水湖湿地恢复及其实施方案提供科学依据。同时，本章将湿地恢复多情景设置目标和方法设计与湿地生态风险评估相结合，以期为湿地恢复工程的设计与评价提供指导。

## 2.2　湿地恢复与生境改造情景设置目标和方法

由于区域湿地生境植被过程取决于自然生态单元等立地无机自然条件以及相应的管理方式，而自然生态单元与植被或地表覆盖类型的不同组合和匹配方式决定着生境结构，进而确定其生境适宜性。因此，选取水位、坡度和土地利用 / 植被覆盖 3 个湿地生境要素作为湿地恢复与生境改造对象，以要素间不同组合所构成的生境适宜性单元为分析评价不同湿地恢复情景的基本单元（张杰等，2005 ；李晓文等，2001，2005）。衡水湖国家级自然保护区土地利用分类基于 2006 年 Spot5 影像，经几何校正、配准后通过目视解译进行监督分类获取土地利用信息。为减少分类误差，同时考虑不同土地利用程度的差异，将一些附属或难以区分的类型予以归并，最终将研究区的土地利用划分为如下 8 种类型：1—自然水体 ；2—芦苇 / 香蒲群落 ；3—芦苇 / 碱蓬群落 ；4—柽柳灌丛 ；5—农地 ；6—林地 ；7—居民地 ；8—裸地。地表高程数据来自 2000 年版的 1 ：10 000 地形数据，湖区水下高程则通过野外实测，利用 GIS 软件将控制点数据生成点图层，并利用 Geostastical Analyst 模块的 ordinary kriging 差值方法生成保护区 DEM 图。

基于社会经济现状和制约条件，衡水湖湿地恢复与生境改造基于如下前提：①尽量减少湿地恢复所需要的社会经济成本，最大限度地减少移民搬迁 ；②除湿地恢复及生境改造所涉及区域外，土地利用和主要道路交通系统仍维持原状 ；③参照衡水湖国家级自然保护区功能区划对人为活动管理和限制的要求 ；④考虑蓄水防洪、湿地生物多样性保育需求的同时，兼顾适度人类经济活动的土地利用需求（居民点、水产养殖和其他农业活动等），构建最大限度地缓解湿地生态保护与人类经济活动的湿地恢复格局。

湿地恢复与生境改造的流程如下：①通过 DEM 模型对衡水湖不同水位高程的淹没范围及相应的湿地恢复与生境改造的适宜性进行分析，初步确定湿地恢复、生境改造的景观目标和潜在区域，综合考虑蓄水防洪、生物多样性保护需求及湿地和周边区域土地利用需求对衡水湖湿地恢复进行多目标情景设计；②在适应性分析的基础上，建立 DEM、土地利用等空间数据库，确定不同高程和坡度的湿地恢复与生境改造目标；③基于高程和坡度不同组合形成的自然生态单元，并考虑土地利用类型要素，确定湿地恢复、生境改造与景观综合整治的目标，最后根据实地调研结果以及保护区功能区划情况对各情景恢复与改造目标进行调整；④对比规划目标与土地利用现状，确定实现各情景的措施及其涉及的空间范围。

## 2.3    湿地恢复与生境改造的适宜性分析

### 2.3.1    恢复水位的确定

针对指示物种生境适宜性和湿地保育需求，考虑水体深度和地表覆盖物的组合，兼顾周围土地利用现状，初步确定湿地恢复、生境改造的目标和潜在区域。湿地恢复与生境改造的适宜性分析主要基于高程、坡度和土地利用类型三者之间不同组合类型（张杰等，2005；李晓文等，2005）。

根据水文监测数据可知衡水湖历年平水位在 19 ～ 21 m 波动（图 2-1），通过 DEM 模型模拟不同恢复水位高程时衡水湖区所淹没的范围，在 21.5 m 时出现较大转折，而

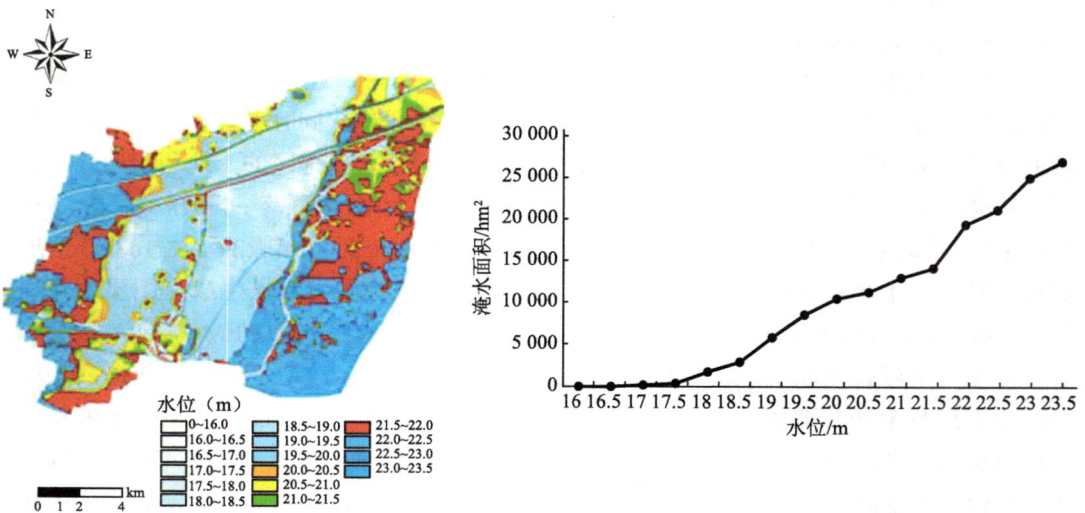

图 2-1    衡水湖湿地面积与水位关系

目前衡水湖的设计蓄水位为 21 m，确定湿地恢复适宜恢复水位为 21 m。据调查，洪泛区为区内碱蓬盐沼主要分布地区，单位面积鸟类种群数量最大，常见有大群鸻鹬类涉禽在此栖息，为了保留尽可能多的滩涂生境和提高区内生境多样性，结合淹没分析确定洪泛区恢复适宜水位为 19 m。

## 2.3.2　自然生态单元的确定

高程与坡度的不同组合，构成湿地恢复的基本自然生态单元。水位作为湿地恢复的重要因子，根据衡水湖湿地演替与水位关系，将黄海高程 21 m 以下的湿地敏感区按水位划分为深水域（15.5 ～ 19 m）、浅水域（19 ～ 19.5 m）和消落区（19.5 ～ 21 m）。坡度也是湿地恢复与生境改造的一个重要因子，从 DEM 提取坡度信息，将坡度划分为缓坡（0° ～ 10°）、一般陡坡（10° ～ 35°）和陡坡（35° ～ 60°）3 个等级（张杰等，2005）。综上所述，划分出的湿地区域的自然生态单元见表 2-1。

表 2-1　衡水湖湿地自然生态单元

| 海拔高程（黄海） | 缓坡<br>（0° ～ 10°） | 一般陡坡<br>（10° ～ 35°） | 陡坡<br>（35° ～ 60°） |
| --- | --- | --- | --- |
| 深水域（15.5 ～ 19 m） | 缓坡深水域 | 一般陡坡深水域 | 陡坡深水域 |
| 浅水域（19 ～ 19.5 m） | 缓坡浅水域 | 一般陡坡浅水域 | 陡坡浅水域 |
| 消落带（19.5 ～ 21 m） | 缓坡消落带 | 一般陡坡消落带 | 陡坡消落带 |

## 2.3.3　湿地恢复与生境改造目标的确定

高程与坡度一样的地区，不同的土地利用方式其湿地恢复与生境改造的适宜性差异较大。将土地利用类型与高程 / 坡度组合的自然生态单元结合，构成湿地生境适宜性单元的基本评价单元。结合湿地水禽的生境需求，依据生境适宜性单元确定生境改造目标及相应的措施。为便于分析，根据湿地区域高程、坡度及社会经济活动空间分布的关系，建立不同高程和坡度对应湿地生境改造与管理目标的数据库（表 2-2）。

表 2-2　基于湿地高程的湿地功能分区及生境管理目标和改造目标

| 黄海高程 | 功能分区 | 生境管理目标 | 生境规划与改造目标 |
| --- | --- | --- | --- |
| 东湖、西湖 / 15.5 ～ 19.5 m；洪泛区 /15.5 ～ 18.5 m | 湿地水体保护区 | 游禽的主要栖息生境，保护自然水体，严禁污染物排放和倾倒废弃物，鸟类活动季节严格控制人为活动 | 开阔水域、浅水沼泽 |
| 东湖、西湖 / 19.5 ～ 20 m；洪泛区 /18.5 ～ 19 m | 湿地消落带保育区 | 涉禽活动的生境，鸟类活动季节严格控制人为活动，严禁污染物排放和倾倒废弃物 | 缓坡浅滩、浅水沼泽 |

| 黄海高程 | 功能分区 | 生境管理目标 | 生境规划与改造目标 |
|---|---|---|---|
| 东湖、西湖/20～21 m；洪泛区/19～20 m | 湿地保育缓冲区 | 鸟类的补充觅食地和停歇地，鸟类活动季节控制人为活动的干扰和污染物的排放 | 湿草甸、牧草地、碱蓬盐沼、柽柳灌丛 |
| 东湖、西湖/21～23 m；洪泛区/20～23 m | 湿地生态经济区 | 湿地生境主要的干扰源，严禁对湿地生境的侵占，控制生境破碎化的影响和农药、化肥等面源污染 | 生态农业用地、生态林地（人工经济林、防护林）、生态城镇、粗放农用地 |
| 23～28 m | 人为活动控制区 | 控制人为干扰，特别是生活污水和垃圾排放对湿地的影响，控制基础设施对环境的破坏 | 生态林地（护坡灌丛、防护林）、生态农业用地、柽柳灌丛、生态城镇 |

　　湿地高程高于 21 m 的区域主要为一些丘岗地区，以农田和林地为主，与湿地没有直接的联系，但是该区因化肥、农药等产生的面源污染随地表径流输入湿地区域易造成富营养化和水体污染，局部陡坡也易造成水土流失、湿地淤积等生态风险，因此，这一地区主要通过种植结构调整、植被恢复等生境管理措施预防和控制非点源污染与水土流失。

## 2.4　湿地恢复与生境改造情景设置

　　通过前期对衡水湖湿地恢复适宜性的分析，在满足年调蓄水量为 3.14 亿 $m^3$ 的条件下，湿地恢复初步考虑 3 种情景模式：①湿地恢复为主，生境改造为辅，基本不改变湿地原来的地形地貌。区内东湖和西湖水位恢复到 21 m，并控制 19.5～21 m 水位区间为季节性消落带，另外滏东排河和滏阳新河之间的泛洪区水位恢复到 19 m，滏阳新河以北则保持原状，生境质量改善以湿地恢复为前提，除水位调控等生境管理措施外，基本不采取生境改造工程措施。该预案利于湿地生态系统、水禽生境的自然发育和改善，但由于淹没范围较大，会造成较大经济损失，移民搬迁的压力也较大；②生境改造为主，湿地恢复为辅。该情景使东湖蓄水到 21 m，保持在 19.5～21 m 季节波动，滏东排河和滏阳新河之间的泛洪区恢复水位到 19 m，保持 18.5～19 m 波动，为优化生境质量，依照不同生境适宜性单元实施生境改造措施。滏阳新河以北、西湖地区以生境改造措施为主，通过湿地生境和地形改造措施扩大蓄水量并使水禽生境质量得以改善，该情景限制了湿地生态系统的恢复与扩展过程，但移民搬迁压力及对周边农业生产等社会经济活动造成的损失均较小；③湿地恢复与生境改造并重。东湖恢复水位到 21 m，保持 19.5～21 m 为季节性消落带，西湖恢复水位到 19 m，保持 19～20 m 为季节性消落带，东湖、西湖实施湿地恢复的同时还采取一定的配套生境改造措施；滏东排河和滏阳新河之间的泛洪区保持现状；滏阳新河以北以生境改造为主。该方案同时利用湿地自然生态恢复机制和人类生态建设的积极作用，其湿地恢复的规模和生境改造的强度介于两者之间，同时其利弊也将介于两者之间。现状作为参考本底予以对比分析，各情景设置下的总体目标、实施策略和湿地调整面积及生境改造面积见表 2-3。

表 2-3　各情景总体目标与实施措施

| 情景 | 总体目标 | 实施策略 | 湿地调整面积 / hm² | 生境改造面积 / hm² |
|---|---|---|---|---|
| 1. 湿地恢复为主，生境改造为辅 | 在调水工程的基础上，以湿地恢复为主要目标，尽可能地恢复较多湿地面积，尽少触及移民搬迁 | 通过流域范围内大规模的调水工程对湿地生境进行恢复与补偿，以建立涵闸来控制水位为主要措施，辅以必要的清淤、退田（林）还湖等手段，核心区辅以相应的生境管理措施 | 5 579.95 | 15 167.21 |
| 2. 生境改造为主，湿地恢复为辅 | 基于现状的基础上，以生境改造为主，优化生境质量，以尽量减少、补充农业开发对生境造成的破坏，核心区考虑移民搬迁 | 不涉及大范围土地利用方式的改变，以生境改造措施对生境进行补偿与优化，辅以相应的生境管理手段 | 4 716.76 | 19 730.23 |
| 3. 湿地恢复与生境改造并重 | 在湿地恢复与生境改造共同作用的基础上，扩大湿地面积，优化栖息地生境质量，核心区考虑移民搬迁 | 通过流域内大规模调水工程和移民搬迁工程对生境进行恢复，沟通几个湖区的水文联系，配以相应的生境改造措施进一步优化 | 4 889.12 | 15 741.92 |

　　针对 3 种情景设置的自然生态单元组合类型，基于各预案协调保护区发展与湿地保护目标差异，同时考虑现实可行性，确定保护区湿地恢复与生境改造目标见表 2-4，对应的空间分布见图 2-2。通过对比各情景恢复目标与实际的生态单元类型，可供采取的改造措施相应地有 18 种，3 种情景具体实施措施的面积及其空间分布见图 2-3。其中情景 1 涉及的生境改造面积最小，仅包括必要的清淤、退田（林）还湖和生态移民等措施，主要分布在北部洪泛区、东湖和原西湖部分区域；情景 2 采取的生境改造面积最大，以种植结构调整、清淤和植被恢复等措施为主，主要分布在原西湖干旱低洼地区以及高程大于 21 m 的堤坝和道路周边区域；情景 3 的湿地恢复和生境改造规模均大于情景 2，取土清淤、建立人工觅食地、种植结构调整为主要措施。总体而言，退田（林）还湖、缓坡改造、清淤是湿地区域最重要的生境改造措施。湿地恢复导致湿地区域土地利用变化，各恢复情景形成的新的土地利用格局和面积比较见图 2-4 和表 2-5。

表 2-4  各情景的湿地恢复与生境改造目标及相应的调整措施

| 湿地恢复与生境改造目标 | | 规划面积 / hm² | 生境改造措施 |
| --- | --- | --- | --- |
| 缓坡开阔水域 | 情景 1 | 5 875.75 | 清淤、退林（田）还湖、生态移民 |
| | 情景 2 | 3 870.66 | 清淤、退林（田）还湖、生态移民、取土提高水位 |
| | 情景 3 | 4 377.74 | 清淤、退林（田）还湖、生态移民、取土提高水位 |
| 缓坡浅水沼泽 | 情景 1 | 1 517.67 | 退林（田）还湖、生态移民 |
| | 情景 2 | 1 621.89 | 缓坡改造、退林（田）还湖、生态移民 |
| | 情景 3 | 1 858.25 | 退林（田）还湖、生态移民、缓坡改造、退林（田）还湖结合缓坡改造、生态移民结合缓坡改造 |
| 柽柳灌丛 | 情景 1 | 5.12 | |
| | 情景 2 | 12.15 | |
| | 情景 3 | 9.77 | |
| 缓坡浅滩 | 情景 1 | 1 932.91 | 退林（田）还湖、生态移民 |
| | 情景 2 | 663.59 | 退林（田）还湖、退林（田）还湖结合缓坡改造 生态移民、生态移民结合缓坡改造 |
| | 情景 3 | 684.58 | 退林（田）还湖、退林（田）还湖结合缓坡改造 生态移民、生态移民结合缓坡改造 |
| 缓坡湿草甸 | 情景 1 | 1 044.04 | |
| | 情景 2 | 0.72 | 缓坡改造 |
| | 情景 3 | 1 534.05 | 生态移民结合植被恢复、生态移民结合缓坡改造 植被恢复结合缓坡改造、退林（田）还草结合缓坡改造 |
| 牧草地 | 情景 2 | 428.64 | 植被恢复、退林（田）还草 |
| | 情景 3 | 0.01 | 植被恢复、退林（田）还草、生态移民结合植被恢复 |
| 粗放农用地 | 情景 1 | 139.45 | |
| | 情景 2 | 2 175.14 | 建立人工觅食地 |
| | 情景 3 | 84.9 | 建立人工觅食地 |
| 生态林地 | 情景 1 | 2 599.46 | 农林业种植结构调整 |
| | 情景 2 | 5 147.91 | 农林业种植结构调整 |
| | 情景 3 | 2 377.66 | 农林业种植结构调整 |
| 碱蓬盐沼 | 情景 2 | 104.05 | |
| | 情景 3 | 114.86 | |
| 生态农业用地 | 情景 1 | 9 422.71 | 农林业种植结构调整 |
| | 情景 2 | 10 843.8 | 农林业种植结构调整，注意化肥、农药和地膜污染控制 |
| | 情景 3 | 11 268.35 | 农林业种植结构调整 |
| 生态城镇 | 情景 1 | 1 264.3 | 生态移民、生态移民结合水位控制 |
| | 情景 2 | 1 643.91 | 生态移民 |
| | 情景 3 | 1 424.96 | 生态移民、生态移民结合水位控制 生态移民结合植被恢复 生态移民结合缓坡改造 |

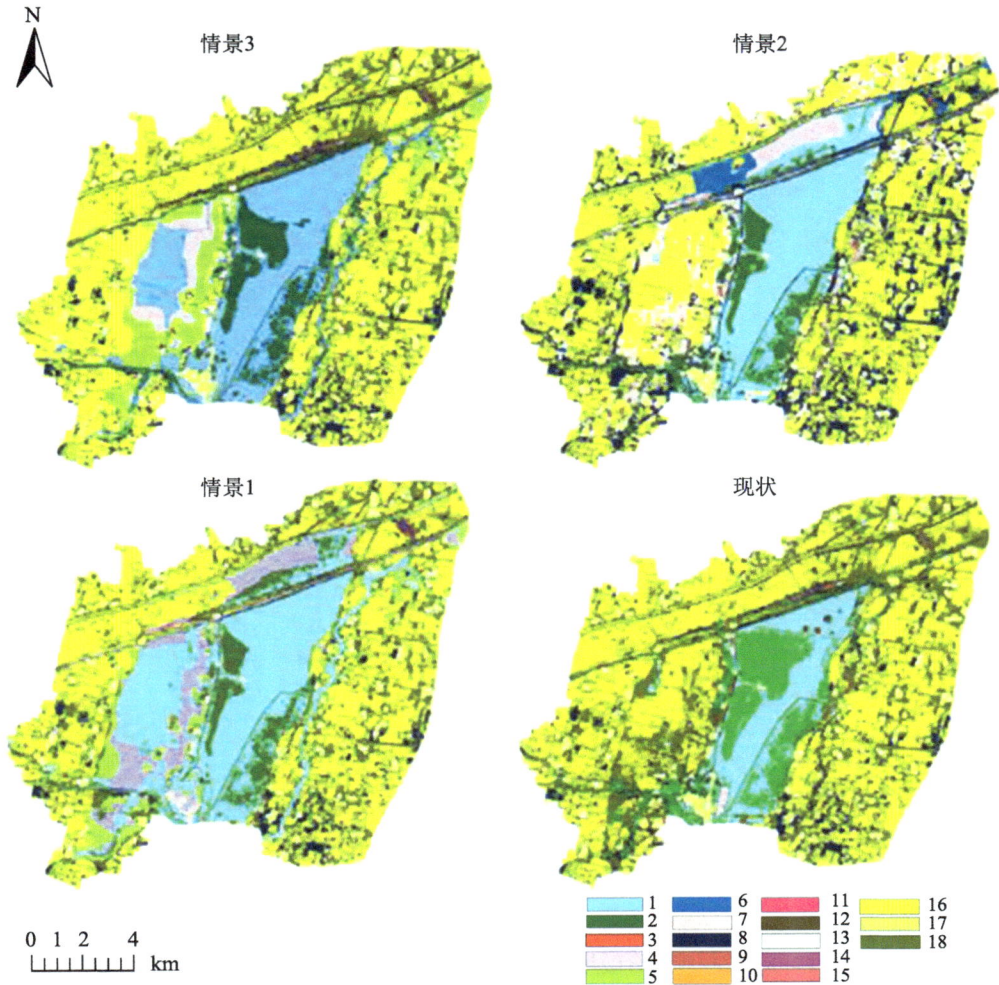

**图 2-2　各情景湿地恢复与生境改造目标空间分布**

注：1—缓坡开阔水域（包括鱼塘等人工水体）；2—缓坡浅水沼泽；3—柽柳灌丛；4—缓坡浅滩；5—缓坡湿草甸；6—牧草地；7—粗放农用地；8—生态林地（人工经济林、生态防护林、护坡灌丛）；9—碱蓬盐沼；10—一般陡坡开阔水域；11—一般陡坡浅水沼泽；12—一般陡坡滩；13—一般陡坡草甸；14—陡坡开阔水域；15—陡坡浅滩；16—生态农业用地；17—生态城镇；18—裸地。

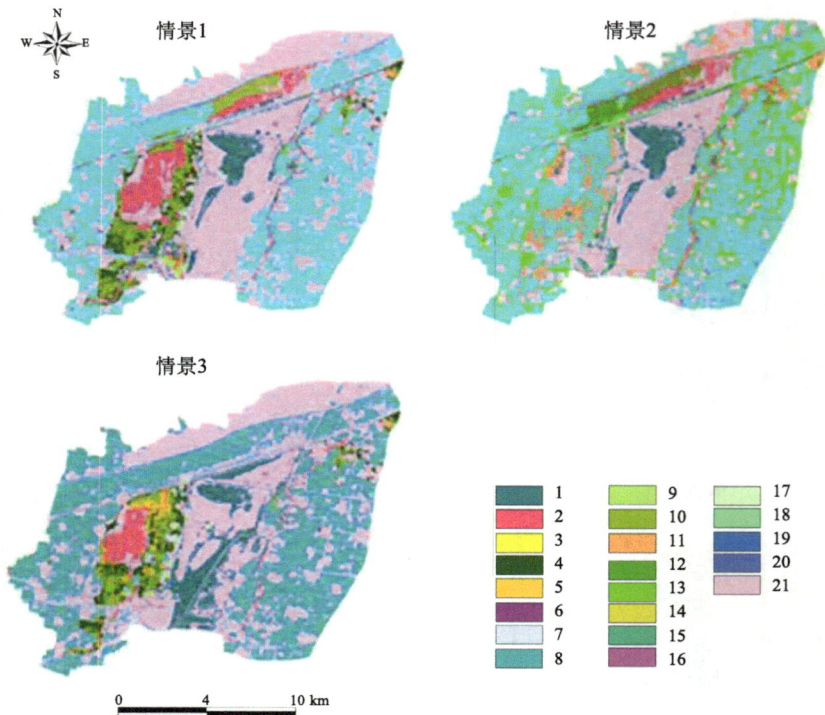

**图 2-3　各情景湿地恢复与生境改造措施空间分布**

注：1—清淤；2—退林（田）还湖；3—生态移民；4—控制水位；5—退林（田）还湖结合水位控制；6—生态移民结合水位控制；7—取土提高水位；8—种植结构调整；9—建立人工觅食地；10—退林（田）还草、控制水位；11—生态移民结合植被恢复；12—退田（林）还草；13—植被恢复；14—缓坡改造；15—退林（田）还湖结合缓坡改造；16—生态移民结合缓坡改造；17—水位控制结合缓坡改造；18—退林（田）还草结合缓坡改造；19—水位控制、植被恢复结合缓坡改造；20—植被恢复结合缓坡改造；21—不采取措施。

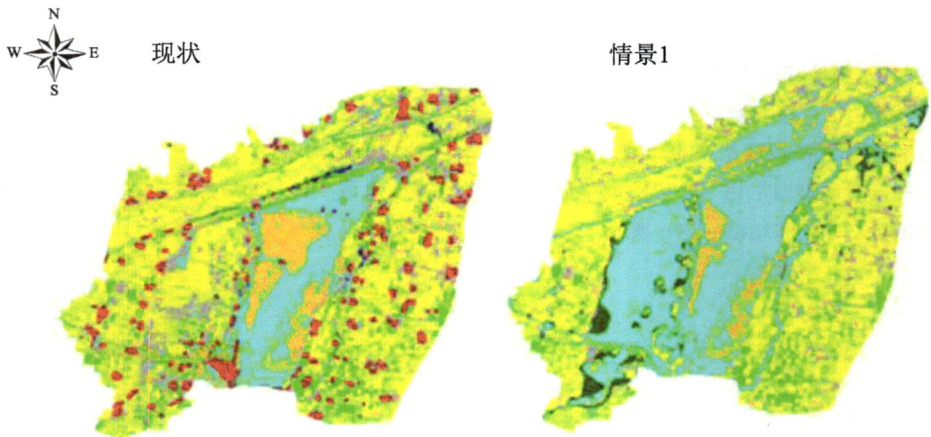

情景2　　　　　　　　　　　　　情景3

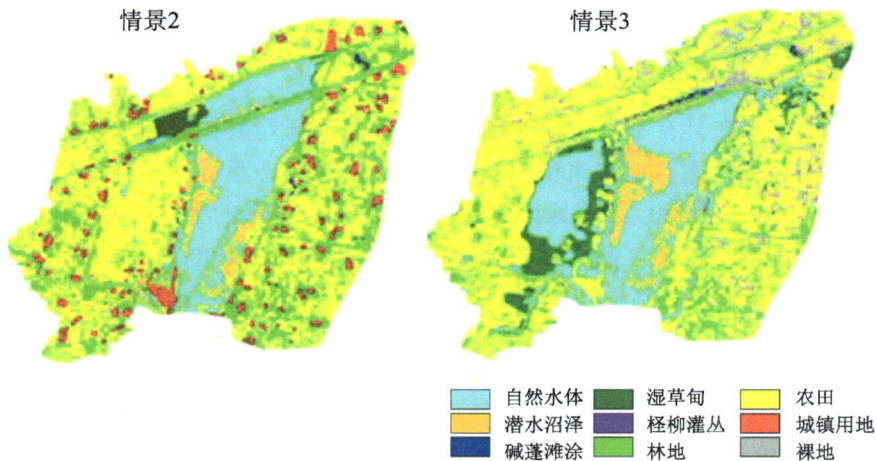

自然水体　　湿草甸　　农田
潜水沼泽　　柽柳灌丛　　城镇用地
碱蓬滩涂　　林地　　裸地

**图 2-4　衡水湖国家级自然保护区基于现状和恢复情景的土地利用类型与分布**

**表 2-5　不同恢复情景导致的土地利用类型和面积对比**　　　　　单位：hm²

| 土地利用类型 | 情景 1 | 情景 2 | 情景 3 | 现状 |
|---|---|---|---|---|
| 自然水体 | 7 901.68 | 4 534.87 | 5 011.26 | 2 587.40 |
| 浅水沼泽 | 1 528.43 | 1 621.89 | 1 844.45 | 2 219.33 |
| 碱蓬盐沼 | 0 | 104.05 | 113.82 | 156.09 |
| 湿草甸 | 1 049.51 | 429.36 | 1 517.64 | 0 |
| 柽柳灌丛 | 5.12 | 12.15 | 9.69 | 23.43 |
| 林地 | 1 865.14 | 5 147.91 | 2 356.11 | 2 599.46 |
| 农田 | 9 562.16 | 13 018.94 | 11 232.99 | 11 775.17 |
| 居民地 | 1 264.30 | 1 643.91 | 1 411.37 | 1 656.44 |
| 裸地 | 3 348.39 | 11.65 | 3 027.40 | 5 507.41 |

## 2.5　不同情景生态风险的受体与风险源分析

　　受体是指生态系统中可能受到的来自风险源不利作用的组成部分。受体分析包括受体的选择和生态终点（ecological endpoint）的选取。鉴于区域生态系统的复杂性，通常选取那些对风险因子的作用较为敏感，或在生态系统中具有重要作用和地位的关键物种、种群、群落或重要生态过程作为风险因子作用的受体，用受体的风险来推断、分析或代表整个区域的生态风险（付在毅等，2001）。对于物种而言，受体的选取依据为：①在区域生态系统的食物链和食物网中地位重要；②对环境质量要求较高，对环境变化比较敏感；③国家重点保护物种、濒危物种、本区特有种或区域内某一生境、生态系统的标志性物种。根据这一标准，选取灰鹤、鹬鸻类和雁鸭类等衡水湖湿地区域代表性水禽为风险受体。同时，自然灾害和人为干扰风险是通过对生境的作用而对水禽施加影响，生境是连接风险源与受体（鸟类）的纽带，其状况可以反映区域生态环境的质量。因此，也将生境作为区域生态风险评价的受体。

生态终点是指在具有不确定性的风险源作用下，风险受体可能受到的损害，以及由此而发生的区域生态系统结构和功能的损伤，表征生态系统受不确定性危害因素作用而导致的结果。生态终点必须是具有生态学或社会学意义的事件，应可量度、可观测，具有清晰、可操作的定义，便于预测和评价（Barnthouse，1988）。对于陆域生态系统来说，潜在的生态终点包括植被覆盖、森林生产力的变化及某一物种的出现和消失等。能定量表征干扰对生态系统影响的景观格局指数，如优势度、蔓延度、破碎度等，也可在区域生态风险评价中用来度量生态终点。在衡水湖湿地区域，可能的生态终点包括丹顶鹤、灰鹤等珍稀濒危水禽种群数量的减少，主要栖息地生境类型的减少等。

"风险源分析"是指对区域生态系统或其组分产生的干扰进行识别、分析和度量。按照风险发生来源，区域生态风险源可分为自然或人为因素风险源（弓晓峰等，2006）：自然风险源指区域性的自然灾害，主要包括干旱、热带气旋、虫灾、地震、风暴潮等；人为风险源指具有危害或干扰区域生态系统的人为活动或风险事件，如土地利用开发、水体污染、化学物质泄漏、溢油、火灾、近海赤潮等。按照风险发生过程，区域生态风险可分为突发性风险和非突发性风险（王小龙，2006）：突发性风险是指环境中有毒有害物质突发性（或事故性）泄漏排放至环境中，或是突发自然灾害而对人类健康与安全和生态系统造成危害，如化学/有毒物质泄漏、溢油、火灾以及近海赤潮等，这类风险源可以用风险事件的发生概率来描述；非突发性风险包括低浓度有毒有害物质持续排放对环境污染的累积效应及导致的生态系统风险，或人类开发活动如土地利用等对生态系统产生的压力以及由此而造成的潜在生态危害等，一般无法直接用风险源发生概率来描述，可以借助风险表征模型从死亡率、致病率和生境损失率等角度进行评估（王志霞，2007）。

本章选取居民用地扩张和道路交通活动为衡水湖国家级自然保护区主要风险源，这也是造成衡水湖湿地水禽生境破碎化最主要的人为干扰因素。采用人类开发活动对湿地鸟类及其生境造成的危害百分比（effect percent）——生境损失率来表征风险事件产生的影响概率（陈辉等，2005；Yoshiyama et al.，1998）。由于研究资料的缺乏，难以对所有湿地鸟类及其生境变化进行研究，故选取指示种来评价风险源对物种及其生境的风险大小，指示种的选取必须遵循如下标准：①其栖息生境具有代表性；②与同类群其他物种相比，对人为干扰及环境变化敏感，种群生存力脆弱；③处于濒危受胁状态，具有重要的保护价值。选取灰鹤作为衡水湖湿地鸟类生境的指示物种，一方面，因为鹤类对生境破碎化、植被演替等湿地环境变化非常敏感；另一方面，它代表了衡水湖湿地最典型的水禽生态类群——以芦苇沼泽为主要栖息生境的浅水沼泽鸟类生态类群。

根据野外调查资料，并结合国内相关鹤类生境研究（Gallego et al.，2007），对不同人类风险源对生境的风险影响概率进行统计。选取 100 m×100 m 基本网格单元计算每个网格内的风险影响概率。

风险影响概率（Yoshiyama et al.，1998）：

$$P_k=1-（1-\mathrm{PE}_{kr}）（1-\mathrm{PE}_{ku}）\tag{2-1}$$

式中，$P_k$ 为区域内风险小区 $k$ 的联合风险影响概率；$\mathrm{PE}_{kr}$ 为道路导致的灰鹤生境损失率；$\mathrm{PE}_{ku}$ 为居民点导致的灰鹤生境损失率。风险影响概率指数在这里指的是道路交通及居民点共同导致生境的损失率。

## 2.6 不同情景生态风险的危害与暴露分析

### 2.6.1 生态指数

暴露分析主要是研究风险源在评价区域中的分布、流动及其与风险受体之间的接触暴露关系，这种关系可通过生态风险的暴露与响应概念模型（conceptual model）来表达。一个完整的概念模型至少应该包括风险（或压力）源、生态压力的接触暴露途径以及相应的生态终点三个部分（Hayes et al.，2004），由风险暴露响应途径可以构建一个风险源 - 压力 - 生境 - 生态终点的概念性模型。衡水湖湿地保护区内缓坡开阔水域、缓坡浅水沼泽、缓坡浅滩、缓坡湿草甸和碱蓬群落的风险源主要来自城镇用地，包括居民用地和道路交通，其压力主要来自城镇用地对生境的破坏、点源 / 面源污染、道路交通对生境的物理扰动等。

危害分析主要是以定性或定量的方式确定风险源对生态系统及其风险受体的损害程度。危害分析过程中，区域潜在受损程度定量化表达方法的构建是危害分析的关键，也是区域生态风险评价的核心部分。本章采用生态指数和脆弱度指数对风险源造成的潜在危害进行定量分析。其中，生态指数反映不同生态系统的生态意义和地位，脆弱度反映不同生境的受损性。

一般而言，保护区内生态系统价值比较高的区域为珍稀濒危物种集中分布区。同时，这些区域栖息地破碎化程度较低，生境斑块连通性较强。本章从生境斑块适宜物种的濒危保护等级、物种多样性和生境斑块连接度来综合表征生态指数，其关系表达为：

$$h_{ki}=u_1r_1+u_2r_2+u_3r_3\tag{2-2}$$

式中，$h_{ki}$ 为区域内第 $k$ 个风险小区 $i$ 类生境的生态指数；$r_1$、$r_2$、$r_3$ 依次为标准化后的物种保护指数、物种多样性指数、生境斑块连接度指数值；$u_1$、$u_2$、$u_3$ 均为权重值，通过层次分析法确定权重取值分别为 0.799、0.158、0.072。

上述关系式中，物种保护指数计算公式为（付在毅等，2001）：

$$C_i=\sum_{j=1}^{n}l_j\frac{u_{ij}}{u_j}\tag{2-3}$$

式中，$C_i$ 为 $i$ 类生态系统的物种保护指数；$l_j$ 为 $j$ 级保护物种在本区的生态权重，该权重综合考虑 IUCN 濒危等级及濒危种群规模；$u_{ij}$ 为某一网格 $i$ 类生态系统中 $j$ 级保护物种种数；$u_j$ 为网格（评价单元）中 $j$ 级保护物种种数。另外，物种多样性指数计算公式为：

$$V_i = \frac{M_i}{M} \tag{2-4}$$

式中，$V_i$ 为 $i$ 类生态系统的物种多样性指数；$M_i$ 为某一生境类型分布的湿地鸟类数；$M$ 为保护区湿地鸟类总数。研究中所选取的物种为湿地鸟类，主要是湿地水禽以及部分以湿地为主要生境的鸟类（如震旦鸦雀、东方大苇莺等），共有 125 种，根据衡水湖野外水禽生境调查数据资料分析其潜在生境的适宜性。

生境斑块连接度指数计算公式为（Liang et al.，2012）：

$$PX_i = \sum_{i=1}^{n}\left[ \frac{A(i)/NND(i)}{\sum_{i=1}^{n} A(i)/NND(i)} \right]^2 \tag{2-5}$$

式中，$PX_i$ 为 $i$ 类系统的连接度指数，主要用来描述景观中同类斑块联系程度；$A(i)$ 为斑块 $i$ 的面积；$NND(i)$ 是斑块 $i$ 到其相邻斑块的最小距离。以每个斑块向外作 500 m 的缓冲区，计算此区域的同类斑块的连接度指数作为此斑块所占网格的连接度指数，如果该网格包括多个斑块指数，则以面积加权（即该网格内各斑块面积占网格面积比例）计算网格综合指数。最终，根据生态指数计算公式可以得出各生境单元的生态指数和基于网格的综合生态指数，并予以空间表征（图 2-5）。可以看出，现状生态指数低值区域最多，情景 3（湿地恢复与生境改造并重）生态指数高值区面积最大，情景 1（湿地恢复为主）次之，情景 2（生境改造为主）生态指数高值区仅高于现状。各情景中缓坡湿草甸、缓坡浅滩这两种生境的生态指数较高，缓坡开阔水域次之，然后为缓坡浅水沼泽。情景 3 和情景 1 通过湿地恢复出现较多的缓坡浅滩和开阔水域生境，是湿地优势水禽鸻鹬类和雁鸭类的重要生境类型。另外，较高的生境破碎化程度导致缓坡浅水沼泽这一重要生境类型的生态指数偏低。

情景3                                    情景2

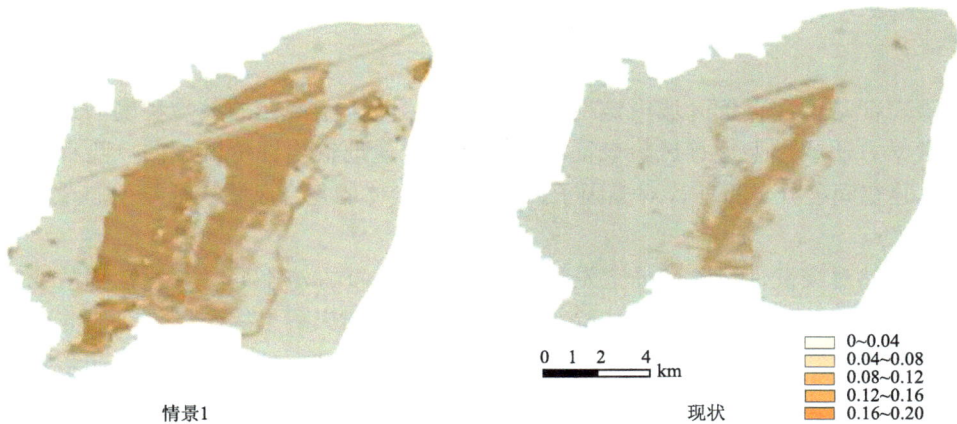

情景1　　　　　　　　　　　　　　　　　　　现状

0 1 2　　4 km

0~0.04
0.04~0.08
0.08~0.12
0.12~0.16
0.16~0.20

图 2-5　衡水湖湿地恢复预案与现状的综合生境生态指数

## 2.6.2　生境脆弱度指数

　　生境脆弱性与生境在生态系统中所处的演替位置有关，一般情况下，处于初级演替阶段、食物链结构简单、生物多样性指数小的生境较为脆弱，而受人为作用强、可以通过管理输入负熵的生境类型，如农业用地、城镇比其他生境类型要稳定。通过专家判断，对生境脆弱性程度进行排序并予以赋值，归一化处理后评估各生境的脆弱度指数。

　　在衡水湖区域，最脆弱的生境类型是翅碱蓬群落，作为次生盐渍化的先锋生境类型，翅碱蓬的出现提高了土壤养分，增加了地表的覆盖率，为后续生境演替过程提供了条件。如有柽柳种源的地方逐渐演替为柽柳灌丛；有獐茅伴生的翅碱蓬群落逐渐发育成獐茅群落；低洼处，伴生植物芦苇逐渐成为建群种，进而演替为芦苇群落，柽柳、獐茅群落。通过泌盐作用及枯枝落叶的积累，降低了土壤的含盐量，提高了土壤的肥力，逐渐演替为蒿类、狗尾草、白茅为主的杂草群落，在这样的环境下，随着地势的抬高和降水的淋溶作用，土壤已基本脱盐，一部分被以刺槐林为主的森林植被代替，一部分开垦为农田。因此，本地生境类型的脆弱度排序应该为：（碱蓬盐沼 - 柽柳灌丛 - 湿草甸 - 一般陡坡草甸）（0.222）＞（芦苇蒲草 - 一般陡坡沼泽）（0.194）＞（缓坡浅滩 - 一般陡坡滩 - 陡坡浅滩）（0.167）＞（开阔水域 - 一般陡坡开阔水域 - 陡坡开阔水域）（0.139）＞（粗放农用地 - 牧草地）（0.111）＞（生态农业用地 - 生态林地 - 裸地）（0.083）＞生态城镇（0.056）。

## 2.7    各恢复情景生态风险的空间表征

风险表征是指在评价区域内定性或定量描述风险因子潜在的风险程度的过程，一般借助数学方法或模型进行风险表征，可以直观定量地输出评价区域的风险程度及各区域的风险空间差异。目前，对多因子风险源/多受体的复合风险表征是生态风险评价的热点和难点。

目前，针对突发性风险和非突发性风险的风险表征方法不同，突发性事故或灾害风险一般通过风险发生的概率和风险事件发生带来的损失后果综合表征，而非突发性风险的风险表征一般无法描述风险的发生概率，更多的是一种累积性的潜在影响。从暴露起点出发，根据风险源 - 生境 - 生态终点由上而下对风险评价因子进行相对风险等级划分，通过暴露响应途径建立风险表征模型，最终形成多风险源、多受体的复合风险表征。其中，相对风险评价模型（relative risk assessment）在复合风险评价中应用广泛，通过对风险源强度、生境密度和暴露与响应系数分别进行相对风险等级划分从而实现联合风险表征。本章通过建立风险事件发生的后果与风险影响概率之间的关系进行风险表征，风险表达式为：

$$R_k = \sum_{i=1}^{n} (S_i/S)h_{ki} \cdot f_i \cdot P_k \tag{2-6}$$

式中，$R_k$ 为区域内第 $k$ 个风险小区的生态风险指数（依 Natural Break 法则分为 5 个等级，其中高风险值 > 0.12）；$S_i$ 为区域内第 $k$ 个风险小区 $i$ 类生境的面积；$S$ 为风险小区面积；$h_{ki}$ 为区域内第 $k$ 个风险小区 $i$ 类生境的生态指数；$f_i$ 为区域内 $i$ 类生境的脆弱度指数；$P_k$ 为区域内第 $k$ 个风险小区的联合风险影响概率。本章通过构建基于 1 hm$^2$ 评价单元的区域风险表征模型，定量计算出单一生境单元类型受联合风险作用下的风险压力以及区域综合生态风险压力，从而实现对衡水湖国家级自然保护区多风险源多风险受体的风险表征，并为实施不同水平的风险管理提供决策方向和依据。

各生境类型风险值呈现缓坡湿草甸 > 缓坡浅滩 > 开阔水域 > 缓坡浅水沼泽趋势（表2-6）。这是由于缓坡湿草甸和缓坡浅滩均处于开阔水面外沿区域或河道周围，受人为干扰活动影响较大，特别是冀码渠和冀吕渠两旁的缓坡湿草甸靠近冀州中心城镇，生境风险较大，不适宜作为鸟类的主要栖息生境。西湖湿地恢复区西侧居民点分布较多，导致该区域缓坡湿草甸和缓坡浅滩生境风险也较大。

表 2-6    不同恢复情景导致的主要生境类型生态风险比较

| 情景 | 缓坡开阔水域 | | 缓坡浅水沼泽 | | 缓坡浅滩 | | 缓坡湿草甸 | |
|---|---|---|---|---|---|---|---|---|
| | 面积/hm$^2$ | 风险比例/% | 面积/hm$^2$ | 风险比例/% | 面积/hm$^2$ | 风险比例/% | 面积/hm$^2$ | 风险比例/% |
| 现状 | 2 488.87 | 0.79 | 2 205 | 0.37 | 88.96 | 7.45 | 0 | 0 |
| 情景 1 | 5 875.75 | 3.29 | 1 517.67 | 2.16 | 1 932.91 | 9.42 | 1 044.04 | 17.6 |
| 情景 2 | 3 870.66 | 0.83 | 1 621.89 | 0.72 | 663.59 | 3.97 | 0.72 | 0 |
| 情景 3 | 4 377.74 | 2.96 | 1 858.25 | 1.92 | 684.58 | 10.29 | 1 534.05 | 14.13 |

　　综合生态风险空间分布特征（图 2-6、图 2-7）表明，现状和情景 2 综合生态风险较低，这主要是由于本身生境价值和敏感程度相对较低，同时情景 2 采取了一系列生态移民、废弃道路和缓坡改造措施，在局部区域降低了现状生态风险值。现状的较高风险位置

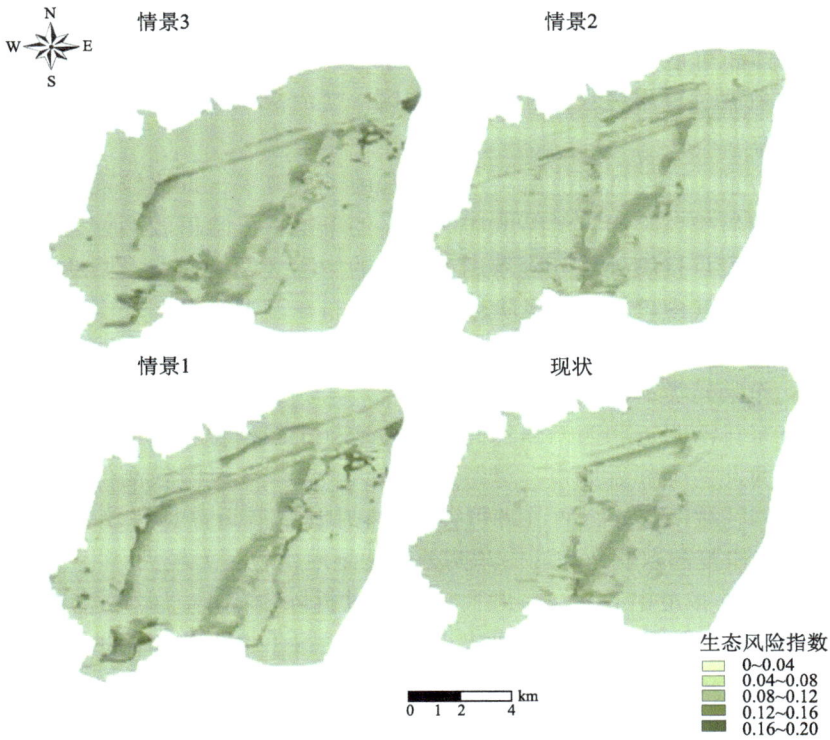

图 2-6　衡水湖湿地恢复各情景与现状的生态风险空间分布

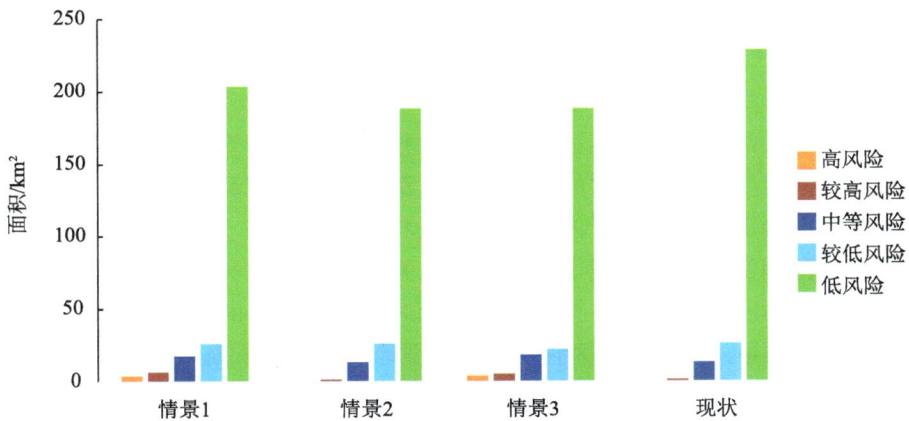

图 2-7　衡水湖湿地恢复各情景与现状的生态风险等级

出现在盐河故道和滏东排河南堤的碱蓬盐沼生境区域，特别是滏东排河南堤区域，单位面积鸟类种群数量最大，常见有大群鸻鹬类在此栖息。而这两个区域的道路密度都较高，人为活动比较频繁，而碱蓬盐沼生境较敏感，所受风险压力较大。同时，在湖中村周边、中隔堤西侧和冀州小城邻近东湖的鱼塘区域有部分水域和湿草甸交接区域风险值也偏高。情景2的风险较高位置出现在北部洪泛区湿草甸生境区域，中隔堤西边分布有不少水体和草甸植被，而此处坐落有将近13个村庄，生境压力较大。同时，处于冀州小城的鱼塘位置周边水体和沼泽分布区，盐河故道周边恢复的水体和粗放农用地区域所受压力也不小。

情景1和情景3生态风险值偏高，主要是由于恢复了一批比较重要同时也较敏感的生境类型，较易受风险源（道路或居民点）的干扰，风险值较高位置主要分布在湿地区域边缘与居民点接壤处、分隔东湖和西湖的中隔堤两旁以及滏阳新河、滏东排河和盐河故道两旁。其中，情景1风险较高位置分布在西湖恢复区外围缓坡浅滩和湿草甸新兴湿地区域，西边众多村庄分布，人为压力较大。盐河故道两边分布有不少浅滩和草甸生境，作为鹤类和鹳类的主要栖息生境，与城镇用地矛盾比较突出。同时在保护区东北角滏东排河附近和西南角冀码渠两边均处于较低位置，比较容易恢复成浅滩和草甸生境，而此两处邻近城市，道路压力较大。情景3风险较高位置分布在西湖恢复区西北角浅滩区域，此处距离道路和居民点集中区域较近，具有较高的风险。同时，衡水湖保护区新恢复的东北角和西南角两处低洼湿地生境压力较大。

通过生态搬迁移走中心村——顺民庄并通过拆除中隔堤，实施湿地恢复措施后，仅情景2中缓坡浅滩高风险区域比现状小，其余情况下情景1和情景3的高风险区域比现状均要大，其中恢复缓坡湿草甸所要承受的风险最大（表2-6）。这表明了此次恢复所要关注的问题，即通过湿地恢复和生境改造增加的适宜生境，尽管具有较高的生态价值，但生态脆弱性也较高，如何配套相关措施确保对新恢复生境的保护，是进行湿地恢复规划时必须重视的问题。

## 2.8  针对湿地恢复情景的生态风险管理

风险评价的最终目的是依据评价结果采取相应的决策和管理措施降低风险，需要根据评价结果，对生态风险较大的区域和压力源提出风险规避的方法和手段，以达到降低区域生态风险的目的。对于内陆湿地开发利用风险而言，其风险管理措施可以归纳为控制压力源和污染源在环境中的暴露，加强对人类开发利用活动相关压力源的管理，制订生态受体减轻危害的防护措施等。针对衡水湖湿地的风险管理可以为其湿地可持续利用提供指导，并为保护区管理者提供湿地环境管理依据。

风险评价的结果表明，现状的湿地鸟类适宜生境质量偏低，生境类型以开阔水域和浅水沼泽为主。现状不同生境类型中，缓坡浅滩是风险最大的生境单元类型，其次为缓坡开阔水域和缓坡浅水沼泽。缓坡浅滩高风险区主要分布在东湖东西两岸、湖中村周边水域。东西湖岸附近居民点密集，农田广布，阡陌纵横，人为干扰频繁。针对此类生境，可以通过生态补偿措施逐步引导农民进行适度退田还湖，或对农田实施粗放化管理，使之成为水禽的补充觅食地。同时，在水禽迁徙季节，应限制、指导人为活动，减轻人为活动干扰。衡水湖沿着中隔堤一直到冀州小城，堤岸两边开阔水域所受人为干扰也比较大，由于中隔堤实际上为保护区到冀州小城的公路，同时也是通往顺民庄村的必经之路，因此尽管处于保护区的核心区，仍有不少车辆和行人通行，此处理应严格限制人类活动，特别是在湿地水禽繁殖、迁徙季节干扰较大。因此，建议尽早实施促进衡水湖唯一"湖中村"——顺民庄的移民搬迁或就地提升改造方案。这两种方案各有利弊，整体搬迁受政策、资金、土地等多方面限制；而提升改造需要综合考虑保护衡水湖生态环境的大局，因此方案选择也需要慎重。

现状的区域综合风险较低，高风险值分布区位于冀州小城与水域连接处、盐河故道周边以及北部洪泛区碱蓬盐沼湿地区域，针对冀州小城的管理应从长远角度考虑，寻求与保护区生态与景观相适宜的土地利用方式，如通过保留古城历史街区和有较大保护价值的特色风貌区或聚居区，形成与保护区自然景观交相辉映的生态 - 人文景观。盐河故道周边居民地集中分布，风险值也相对较高，虽然长期处于半干涸状态，但水域景观连接度较高。另外，北部洪泛区湖滩生境也是水禽重要栖息地，但受到滏东排河北堤交通活动干扰，建议部分路段可以进行重新调整以避开核心生境。

## 2.9　结论与讨论

（1）情景 1（湿地恢复为主）通过湿地恢复显著增加了缓坡浅滩、缓坡开阔水域和缓坡浅水沼泽等生境类型，优化了保护区的雁鸭类水禽生境，其物种保护指数和物种多样性高值区面积最广；同时，其高生态风险值分布范围最广，主要分布在西湖恢复区外围、盐河故道两旁和保护区东北滏东排河附近和西南角冀码渠两边低洼处，这些区域邻近村庄或城市，道路密度较高，人为干扰最大。总之，情景 1 有利于湿地生态系统、水禽生境的自然发育和改善，同时由于淹没范围较大，会对当地农业生产造成较大经济损失，移民搬迁的压力也最大。

（2）情景 2（生境改造为主）的风险高值区位于北部洪泛区，中隔堤西部区域和盐河故道两边，均位于居民点集中区域附近。由于通过生境改造措施新增了较多缓坡浅滩生境，其综合风险值高于现状，但低于所有情景。该情景通过一定的生境改造措施提升了濒危水禽栖息地质量和生境适宜性。该情景对周边农业生产造成的损失较小，移民搬迁的压力也较小；但由于仅限于地形地貌改造，湿地整体扩展程度有限，对生境改善程度受水文条件制约。

（3）情景 3（湿地恢复与生境改造并重）高风险值范围在 3 个调整方案中处于中等水平，其风险较高位置分布在西湖恢复区西北角浅滩区以及距离道路和居民点集中区域较近的东北和西南湿地恢复区。通过湿地恢复和生境改造增加了大面积的缓坡浅滩生境，为衡水湖珍稀濒危鹤类、鹬鸻类涉禽提供了广阔的栖息生境。该情景同时利用湿地自然生态恢复机制和人类生态建设的积极作用，但其湿地恢复的规模和生境改造同时开展，所导致的社会经济成本代价也较高。

（4）现状高风险值分布区比所有情景都小，较高风险位置出现在盐河故道和滏东排河南堤的碱蓬盐沼生境区域，"湖中村"（顺民庄）周边、中隔堤西侧和冀州小城邻近东湖区域。生态需水压力在四个方案中也最小。

（5）3种情景在不同程度上增加了水禽适宜生境的同时，风险程度均高于现状。因此，如何降低新增湿地的生态风险成为保护区管理部门面临的挑战。就现状的风险管理而言，严格限制保护区核心区的人为生产活动，调整核心区道路，加快"湖中村"生态移民，农用地实行粗放生态友好管理模式，恢复盐河故道和冀码渠的水系流动和清淤工作等，都是缓解衡水湖生态风险的潜在措施。就生态情景而言，较小规模的湿地恢复配合生境改造（情景3）能使生境得到显著改善，同时较好地控制了社会经济成本和生态风险，是一个值得推荐的方案。

（6）由于缺乏保护区土壤类型、植物群落组成等基础数据，本章进行情景设计时构建自然生态单元主要考虑高程、坡度和土地利用类型3个自然因子。另外，本章主要探讨人为开发活动等非突发性风险，无法用发生概率来描述，模型中用生境损失率替代了风险发生概率来表征风险事件发生的频率和强度，为非突发性复合风险源概率分析提供了一定的参考。

（7）我国不少具有自然保护价值的区域都已处于人为管理和不同程度的开发利用之中，未来的土地利用、景观演变更多地取决于人类对土地资源的利用和规划意图。因此，单纯对土地利用、景观变化趋势进行预测是非常困难的，并且意义有限。本章将情景研究方法与区域生态风险评价模型相结合，形成了一套相对系统、完善的区域湿地恢复规划与评价的途径与方法，综合自然生态单元、植被演替、综合生境适宜性因素构建空间数据库，使湿地恢复工程所需的措施和具体方位直观明确，对我国人口稠密区湿地保护工程规划和实施具有较强的方法论指导和借鉴意义。

## 参考文献

陈辉，刘劲松，曹宇，等. 2006. 生态风险评价研究进展 [J]. 生态学报，26（5）：1558-1566.

陈辉，李双成，郑度. 2005. 基于人工神经网络的青藏公路铁路沿线生态系统风险研究 [J]. 北京大学学报：自然科学版，41（4）：586-593.

付在毅，许学工，林辉平，等. 2001. 辽河三角洲湿地区域生态风险评价 [J]. 生态学报，21（3）：365-373.

弓晓峰，陈春丽，周文斌，等. 2006. 鄱阳湖底泥中重金属污染现状评价 [J]. 环境科学，27（4）：732-736.

黎聪，李晓文，郑钰，等. 2008. 衡水湖湿地景观格局演变分析 [J]. 资源科学，30（10）：

1571-1578.

黎聪，李晓文. 2010. 衡水湖基于湿地恢复的生态风险评价 [J]. 环境科学学报，30（6）：1312-1321.

黎聪，王冀，李晓文，等. 2009. 衡水湖自然保护区湿地恢复预案的生态环境需水研究 [J]. 资源科学，31（5）：772-779.

李晓文，赵振坤，罗菊春. 2005. 涨渡湖湿地恢复与生境改造对水禽生境的影响 [J]. 资源科学，27（6）：112-117.

李晓文，肖笃宁，胡远满. 2001. 辽河三角洲滨海湿地景观规划各情景对指示物种生境适宜性的影响 [J]. 生态学报，21（4）：550-560.

马克明，傅伯杰，黎晓亚，等. 2004. 区域生态安全格局：概念与理论基础 [J]. 生态学报，24（4）：761-768.

王小龙. 2006. 海岛生态系统风险评价方法及应用研究 [D]. 北京：中国科学院.

王志霞. 2007. 区域规划环境风险评价理论、方法与实践 [M]. 上海：同济大学出版社.

张杰，赵振坤，李晓文. 2005. 湿地恢复与生境改造的规划设计——以武汉市郊涨渡湖为例 [J]. 资源科学，27（4）：133-139.

Astles K L, Holloway M G, Steffe A, et al. 2006. An ecological method for qualitative risk assessment and its use in the management of fisheries in New South Wales，Australia[J]. Fisheries Research, 82(1)：290-303.

Barnthouse L W, Suter G W. 1986. User's manual for ecological risk assessment. Oak Ridge National Lab., TN (USA).

Chow T E, Gaines K F, Hodgson M E, et al. 2005. Habitat and exposure modelling for ecological risk assessment: A case study for the raccoon on the Savannah River Site [J]. Ecological Modelling, 189(1)：151-167.

Findlay S E G, Kiviat E, Nieder W C, et al. 2002. Functional assessment of a reference wetland set as a tool for science，management and restoration[J]. Aquatic Sciences-Research Across Boundaries, 64(2)：107-117.

Gallego J B, Novo F G. 2007. High-intensity versus low-intensity restoration alternatives of a tidal marsh in Guadalquivir estuary[J]. Ecological Engineering, 30：112-121.

Hayes E H, Landis W G. 2004. Regional ecological risk assessment of a near shore marine environment: Cherry Point，WA[J]. Human and Ecological Risk Assessment,10(2)：299-325.

Kaiser J. 2001. Wetlands restoration: recreated wetlands no match for original[J]. Science, 293 (5527)：25.

Landis W G, Duncan P B, Hayes E H, et al. 2004. A regional retrospective assessment of the potential stressors causing the decline of the Cherry Point Pacific herring run[J]. Human and Ecological Risk Assessment, 10(2)：271-297.

Landis W G, Wiegers J K. 2007. Ten years of the relative risk model and regional scale ecological risk assessment[J]. Human and Ecological Risk Assessment, 13(1)：25-38.

Landis W G. 2003. Twenty years before and hence: ecological risk assessment at multiple scales with multiple stressors and multiple endpoints[J].Human and Ecological Risk Assessment, 9(5)：1317-1326.

Lemly A D. 2007. A procedure for NEPA assessment of selenium hazards associated with mining[J]. Environmental Monitoring and Assessment, 125(1)：361-375.

Liang C，Li X W. 2012. The Ecological sensitivity evaluation in Yellow River Delta National Natural Reserve[J]. CLEAN – Soil, Air, Water, 40(10)：1197-1207.

Nakamura F, Inahara S, Kaneko M. 2005. A hierarchical approach to ecosystem assessment of restoration planning at regional，catchment and local scales in Japan[J]. Landscape and Ecological Engineering, 1(1)：43-52.

Richardson C J, Reiss P, Hussain N A. 2005. The Restoration Potential of the Mesopotamian Marshes of Iraq[J]. Science, 307 (5713)：1307.

Salihoglu G, Karaer F. 2004. Ecological risk assessment and problem formulation for Lake Uluabat, a Ramsar State in Turkey[J]. Environmental Management, 33(6)：899-910.

Serveiss V B, Dow D, Valiela I. 2004. Using ecological risk assessment to identify the major anthropogenic stressor in the Waquoit Bay Watershed, Cape Cod, Massachusetts[J]. Environmental Management, 33(5)：730-740.

Serveiss V B, Ohlson D W. 2007. Using ecological risk assessment principles in a source water protection assessment[J]. Human and Ecological Risk Assessment, 13(2)：402-417.

Yoshiyama R M, Fisher F W, Moyle P B. 1998. Historical abundance and decline of Chinook salmon in the Central Valley region of California [J]. North American Journal of Fisheries Management, 18(3)：487-521.

Zedler J B. 2000. Progress in wetland restoration ecology [J]. Trends in Ecology & Evolution, 15(10)：402-407.

# 第 3 章
# 黄淮海湿地基于系统保护规划的
# 生物多样性保护格局优化

## 3.1 研究背景与意义

湿地既是地球上生物多样性资源最丰富的生态系统类型之一，也是遭受人类破坏最为严重的生态系统类型之一。一般而言，除部分滨海湿地外，大部分内陆湿地都具有流域结构，且可以划分为相互依存、相互联系的河流湿地（riverine）与非河流湿地（non-riverine）两大类型（Nel et al.，2009）。目前，国际上区域尺度生物多样性和生态系统保护规划主要针对陆域生态系统，湿地生态系统作为陆域生态系统的组分往往被简化为以湖泊、沼泽、滨海等少数几类非河流湿地类型为主的系统，忽略了河流 - 湖泊 - 沼泽 - 滨海河口等多类型湿地系统的复杂性和完整性（Abell et al.，2002，2007；Sarkar et al.，2002；Cowling et al.，2003；Ausseil et al.，2011）。即使是目前国际上流行的区域优先性保护评估及系统保护规划，也没有将河流与非河流等多类型湿地系统作为保护目标，开展整体格局优化研究（Margules et al.，2000；Rodrigues et al.，2004；Pressey et al.，2007；Knight et al.，2008）。近年来，澳洲学者将系统保护规划运用于河流湿地生态系统，发表了不少高水平案例研究（Linke et al.，2007，2008，2011，2012；Hermoso et al.，2011a，2011b，2012；Bush et al.，2014），但基于整合河流与非河流湿地保护目标的综合格局优化研究仍未见报道（Linke et al.，2007，2008；Nel et al.，2007；Klein et al.，2009；Hermoso et al.，2009）。显然，河流与非河流湿地在保护规划中的各自孤立，割裂了两者在流域系统内相互联系、相互依存的关系（Linke et al.，2011，2012；Hermoso et al.，2012）。

不同于陆地生态系统，在湿地系统的保护规划中，流域连接性（connectivity）是一个必须考虑的关键因素，包括流域单元上下游之间的纵向连接性（longitudinal connectivity）、河流主干与其支流以及河段与所属流域单元汇流过程的横向连接性（lateral connectivity）以及地表水与地下水之间的垂向连接性（vertical connectivity）

（Hermoso et al.，2011a，2012）。目前国内外学者基于河流纵向连接性与横向连接性的系统保护规划研究已有不少案例研究（Linke et al.，2007，2008，2011，2012；Hermoso et al.，2011a，2012）。但对包括河流与非河流湿地类型和三维连接性（纵行 - 横向 - 垂向）为保护目标的流域湿地系统保护规划研究仍然欠缺，应当成为淡水湿地保护规划未来关注的焦点（Asmyhr et al.，2014；Nel et al.，2007；Linke et al.，2009；宋晓龙等，2011，2012）。

在干旱或半干旱区域，湿地生境及其生物多样性相当程度上由地表水 - 地下水之间的水文联系所维持（Sophocleous，2002），因此，这些区域湿地系统保护规划中，垂向连接性同样重要，但其难点在于如何定量表征地表水 - 地下水水文连通效应（Linke et al.，2012）。总之，流域湿地系统所具有的类型多样性和上下游之间的生态水文过程复杂性完全不同于陆域生态系统，以往基于陆域生态系统的保护规划与格局优化理论不能适用于流域湿地保护规划的理论和实践。因此，迫切需要建立适用于宏观尺度上流域湿地保护评估的理论和方法构架，该理论方法构架除关注湿地生物类群水平多样性保护外，同时应重视对湿地生态系统类型多样性的保护（Linke，2008；Klein et al.，2009；Hermoso et al.，2009；Amis et al.，2009）。

黄淮海区域主体是由黄河、淮河与海河及其支流冲积而成的黄淮海平原以及与其相毗连的鲁中南丘陵和山东半岛组成，涉及北京、天津、河北、河南、山东、江苏和安徽等 7 个省（市），面积 48.4 万 $km^2$（图 3-1）。地势起伏平缓，地貌类型以广阔的低海拔平原为主，包括部分低山丘陵区域。黄淮海地区冬季干燥寒冷，夏季高温多雨，春季干旱少雨，蒸发强烈，其中部和北部属暖温带季风气候，四季变化明显；南部淮河流域处于向亚热带过渡地区。北部海河、黄河流域年降水量 500 ~ 800 mm，南部淮

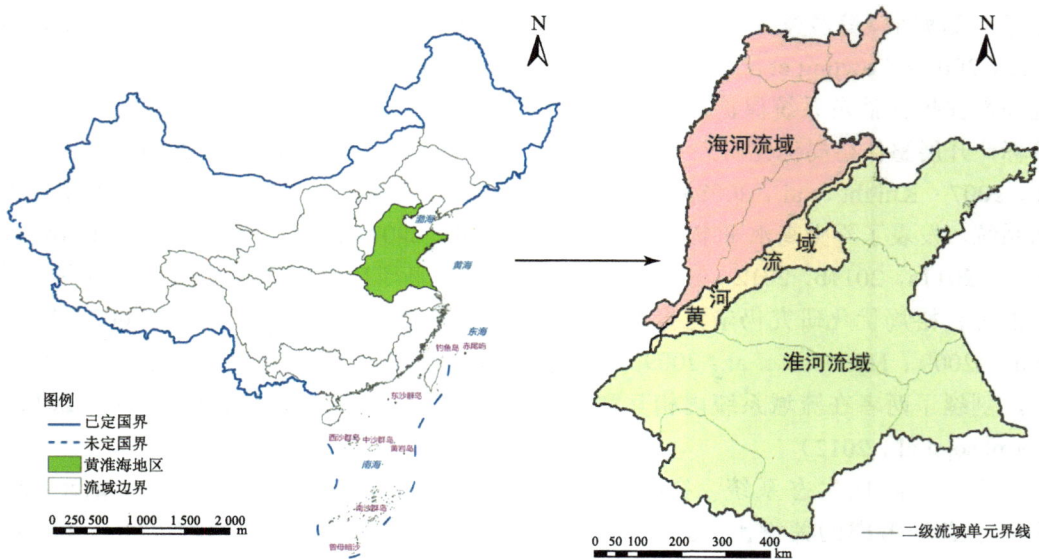

图 3-1　黄淮海地区地理位置

河流域年降水量 800 ～ 1 000 mm，降水年际变化较大，年相对变率达 20% ～ 30%。黄淮海地区为我国严重缺水地区，尤其是海河流域，其人均水资源量仅为 335 m³/a，不足全国的 1/6。地表水时空分布不均，地下水已成为该区经济社会可持续发展的重要支柱。北部平原区地下水天然资源为 227.4 亿 m³/a，浅层地下水可开采资源 168.3 亿 m³/a，深层地下水可开采资源 24.2 亿 m³/a。为解决黄淮海，特别是京津地区水资源短缺的问题，实施了贯穿黄淮海地区的南水北调东线和中线工程，并与黄淮海三条自然河流形成独具特色的"三横两纵"自然 - 人工湿地网络格局（杨志峰等，2006）。黄淮海地区湿地类型多样，包括滨海滩涂湿地、淡水沼泽湿地、河流湿地、湖泊湿地、河口湿地、沼泽化草甸等天然湿地类型，发挥着重要的生态系统服务功能。其中重要的河口滨海湿地——黄河三角洲以及大丰麋鹿国家级自然保护区等被列入国际重要湿地名录。黄淮海湿地生物多样性资源丰富，水鸟约 200 种，数量以百万计。为保护其丰富的湿地生物多样性，截至 2010 年，黄淮海地区已建立包括白洋淀、衡水湖、七里海、河南黄河故道、黄河三角洲、北大港、南大港和团泊洼等典型湿地在内的 52 处各级湿地保护区，面积大约 17 113 km²，其中国家级湿地保护区 12 处。

另外，黄淮海地区是我国政治、经济和文化中心，以京津唐为主的城市群城市化发展非常迅猛，道路密度、人口密度为全国最高的区域之一。该区域还聚集着全国重要的石油化工、盐化工基地和钢铁基地，综合港口和煤炭运输港口，以及密集的交通和物流中心，区域经济密度、海岸线利用率、建设用地扩展速度等居全国前列且不断增长，是典型的高强度开发区域，区域开发与资源环境保护矛盾非常突出（陈克林，2006）。持续高强度的开发建设，使区域湿地遭受城市化、农业与油田开发、水产养殖、道路与水利工程等基础设施建设的影响，造成自然湿地被侵占、割裂，滨海湿地性质发生改变，湿地退化程度不断加剧，区域可持续发展能力以及生态安全受到威胁（黎伟，2009）。

本章立足于我国湿地保护区建设和湿地保护战略的迫切需求，以地处我国社会经济发展重心之一，同时生态环境又比较脆弱、生物多样性和生态系统服务价值巨大的黄淮海地区湿地系统为研究对象，以保护生物学、景观生态学等相关理论方法为指导，基于野外调研、遥感和地理信息系统等手段，依托系统保护规划的理论、方法和技术手段，结合预案分析方法，探索区域生物多样性保护优化格局，将系统保护规划理论方法应用于黄淮海地区湿地保护格局优化研究，构建基于三维（纵向、横向和垂向）连接性和黄淮海跨流域湿地系统保护优化格局，为黄淮海地区湿地系统保护与可持续发展提供科学依据和决策信息。

## 3.2　系统保护规划

系统保护规划方法是在生物多样性热点区域（hotspots）分析（Myers，1990；Myers et al.，2000）、保护空缺（Gap）分析（Myers et al.，2000；Peterson et al.，2000）

和生态区生物多样性保护（ERBC）等理论方法基础上发展而来（Powell et al.，2000；Olson et al.，1998），是当前自然保护规划发展的最新阶段（Pressey et al.，1993；Margules et al.，2000）。系统保护规划突出强调物种或生境类型等不同生物多样性保护目标的代表性（representativeness）和互补性（complementarity）以及对生态过程可持续性的维护。同时，要求明确保护目标，并考虑保护成本代价，通过空间格局优化模型探索以最小成本有效保护区域生物多样性的优化格局（Margules et al.，2000）。该方法自提出近 20 年来已广泛应用于陆域生态系统，近年来部分学者强调流域单元的连接性和流域过程的可持续性原则，将其运用于淡水流域湿地系统保护规划，取得了突出的研究成果。近 10 年，以澳洲学者为代表的淡水流域系统保护规划和格局优化研究成果引起国际关注。这些成果基于互补性、充分性（adequacy）、代表性和高效性（efficiency）等系统保护规划原则，进一步强调流域湿地的多维（纵向 - 横向 - 垂向）连接性等流域湿地过程的保护，通过设定合理的保护目标和选择代表性的保护对象，确定对整体保护格局贡献率高同时耗费成本低的保护格局要素，从而确定流域湿地系统具有不可替代性的优先保护格局（Linke et al.，2007，2008，2011，2012；Heiner et al.，2011；Hermoso et al.，2011a，2012；Turak et al.，2011）。

　　系统保护规划经典案例为对南非好望角生态区的系列研究（Balmford，2003；Kerley，2003；Pressey et al.，2007；Polasky，2008；Rouget et al.，2003；Levin et al.，2013），但这些案例多针对陆域生态系统，近年来将其推广到河流和淡水生态系统（Linke et al.，2008；Klein et al.，2009；Hermoso et al.，2011a）以及两者系统保护规划的整合（Amis et al.，2009）。经过 10 余年的发展，系统保护规划理论方法已逐渐完善，在国际上引起了广泛关注，保护生物学国际会议也多次举办了系统保护规划的专题讨论和培训，其研究成果还陆续发表在相关领域国际权威学术期刊上（Margules et al.，2000；Cowling et al.，2003；Carwardine et al.，2007；Knight et al.，2008；Polasky 2008；Rodrigues et al.，2004；Dinerstein et al.，2007；Wilson et al.，2006；Pressey et al.，2007）。2007 年剑桥大学出版社出版的专著 *Systematic Conservation Planning* 详细地介绍了系统保护规划方法的原理、技术、步骤以及相关案例（Margules et al.，2007），同年，自然保护领域权威期刊 *Conservation Biology* 通过专辑全面反映了欧洲系统保护规划的研究成果（Rondinini et al.，2007）。

　　系统保护规划方法是一个空间决策优化模型，一般采用迭代运算（如退火算法），识别出生物多样性上具有不可替代价值的优先保护格局，从而以最小的花费最大限度地保护生物多样性。具体操作中，通过选取有代表性的物种、生境或生态系统以及生态过程作为保护对象，在特定保护水平（如保护潜在生境的不同比例等）驱动下，基于空间规划单元（planning units），利用相关优化软件（如 c-plan、Marxan、Marxan with Zonation 等）计算各规划单元的不可替代性值（irreplaceability），依据不可替代性大小识别出未受保护的重要的生态功能区和生物多样性热点区域（Margules et al.，2000，2007；Ball et al.，2009）。随着世界范围内的推广应用，系统保护规划方法的理论逐渐成熟，代表性、不可替代性、互补性、连接性（connectivity）和聚集性（compactness）

等概念是系统保护规划方法理论的核心思想，理解这些概念对于正确把握和使用系统保护规划方法具有重要作用。

（1）代表性

代表性是系统保护规划方法筛选保护对象的核心原则。由于生物多样性的复杂性及现有资料和数据的限制，通常研究中很难获得所有物种、群落和生态系统的信息，所以必须从中选择最适合代表当地生物多样性的物种、群落或者生态系统作为保护对象，从而使研究结果能较好地代表区域的实际情况（Margules et al.，2000，2007）。

（2）不可替代性

不可替代性是系统保护规划的核心概念。不同于以往研究采用的物种指数或者压力指数等，不可替代性是一个综合的概念。它是综合考虑区域所有相关信息而得出的一个生物多样性重要性表征，凸显了该方法的系统性思想。不可替代性很好地反映了区域生物多样性的重要性，若某区域的不可替代性值很高，就说明该区域的保护价值高，保护这个区域可以很好地保护生物多样性，所以实际操作中就应优先进行保护（Margules et al.，2000，2007）。

（3）互补性

互补性是优化保护策略的根本原则。该原则首先基于已有的保护区，然后对各区域的生物多样性进行量化评价，优先选定生物多样性值最高的作为第一优先保护区域，次优先保护区域的选择要能对第一个优先保护区域生物多样性发挥最大的增补效益，第三优先保护区域则必须对前两个优先保护区域生物多样性等保护目标发挥最大的增补效益，以此类推，直至达到某一设定的保护水平（如覆盖物种生境30%）。显然，保护水平越高，优选的不可替代性格局面积就越大（Margules et al.，2007）。

（4）连接性

连接性是系统保护规划方法考虑生态过程的着眼点，同时也强调了生态网络保护思想。系统保护规划方法目的不仅是通过分析确定出需要优先保护的区域，更重要的是通过将识别出的优先保护区和现有保护区连接起来构成高效的生态保护网络。随着系统保护规划方法在湿地／水生生态系统领域的应用推广，连接性显得更为重要，包括湿地区域流域单元纵向－横向－垂向等多维连接性（Higgins et al.，2005；Nel et al.，2009）。

（5）聚集性

从广义上说，聚集性也是连接性，它是连接性的另一种表现形式。聚集性主要用于系统保护规划研究的保护格局调整，聚集性越大，保护格局越集中，越利于实际的管理操作。因此，基于该准则，运用系统保护规划方法时，可以得到一个布局相对集中的保护体系。

系统保护规划方法主要包括以下几个步骤：

（1）确定规划单元

系统保护规划方法是基于一定大小的规划单元进行的，对于规划单元，可以是网格（grids）、六边形（hexagons）或者其他环境单元（environmental units），比如集水区（watersheds/catchments）（图 3-2）。

| 网格 | 六边形 | 环境单元 |
|------|--------|----------|

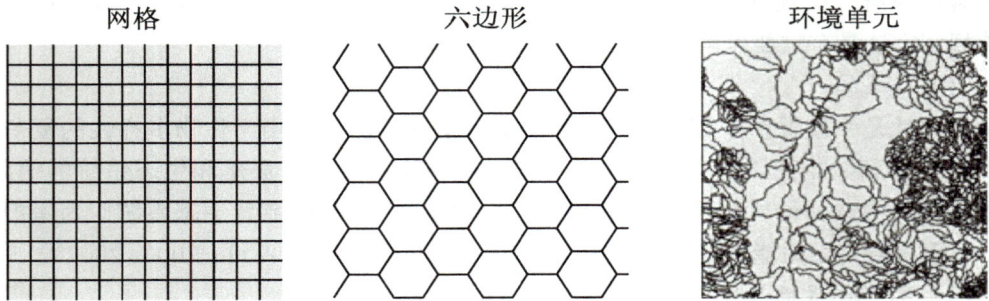

**图 3-2　系统保护规划研究常用的 3 种形式的规划单元**

（2）确定保护对象（指示对象）

根据系统保护规划方法的代表性原则，在筛选保护对象时尽可能选择能够代表当地生物多样性的要素。生物多样性包括从物种多样性到生态系统多样性的不同层次，所以在确定保护对象时一般采用粗筛—细筛策略。保护生物学界广泛认为，粗筛策略是通过选择区域内具有代表性的生态系统类型作为保护对象加以保护，从而可以有效地保护栖息其中的大部分常见种，产生和维持生物多样性格局的生态过程，以及相关的环境因子（Hunter，1991；Higgin et al.，2005）；细筛策略是将粗筛策略中可能遗漏的重要物种选择为保护对象，这些物种往往是珍稀、濒危或特有种等（Thieme et al.，2007）。

（3）设定保护目标

保护目标是在确定保护对象后，针对每一保护对象在某一特定范围内所设定的量化保护程度指标（或者是保护对象的数量，或者是保护对象的分布范围）以维持其长期存在和发展。比如生态系统在某一区域内面积的保护比例，或者物种在某一区域内的最小可存活种群数量。

（4）保护成本分析

确定生物保护单元，不仅要求满足保护目标，还也要考虑选择该规划单元的成本代价。研究中，由于受实际数据限制，没有保护代价的直接数据，一般用人为干扰因子（路网、居民点、油田等）来代替，通过标准化并叠加得出成本代价指数。代价指数越大，选择该区域作为新保护地的代价就越大。从另一角度来说，成本代价指数也可称为生态完整性指数，二者互为倒数。人为干扰越大，保护代价越高，则生态完整性指数就越低，所以该指数也可以作为评估一个地区生态完整性或者偏离自然状态程度的指标。

（5）生物保护重点区域或者保护空缺识别

基于系统保护规划思想，将以上结果、数据输入 Marxan 空间优化模型，得出规划单元的不可替代性值。依据不可替代性大小，识别出优先保护的区域作为保护空缺，并与现有保护区整合构成有效的保护体系。

Marxan 模型是目前系统保护规划中应用比较广泛的空间优化软件，该模型是基于互补性的原则和模拟退火算法（Simulate Anneal Arithmetic，SAA）的原理设计，通过迭代运算，反复筛选，直至选出最优的规划单元，以满足保护目标。相对于其他规划模型来说，Marxan 模型最大的特点就是考虑了连接性因素。2009 年 4 月，Marxan 模型最新版本 Zonae Cogito（ZC）发布，该最新版本不仅考虑了连接性，还集成了地理信息系统（GIS）界面（图 3-3），从而更便于操作使用。目前，Maxan 模型不仅可用于陆生生态系统，也被广泛应用于河流 / 水生生态系统和海洋生态系统的保护规划研究。Marxan 模型还可以通过边缘效应调节器（Boundary Length Modifer，BLM）来调整保护格局的聚集性，使选出的规划单元相对集中，不会过于分散，从而也便于实际操作管理。同其他同类模型相比，这是 Marxan 模型的另一优点。

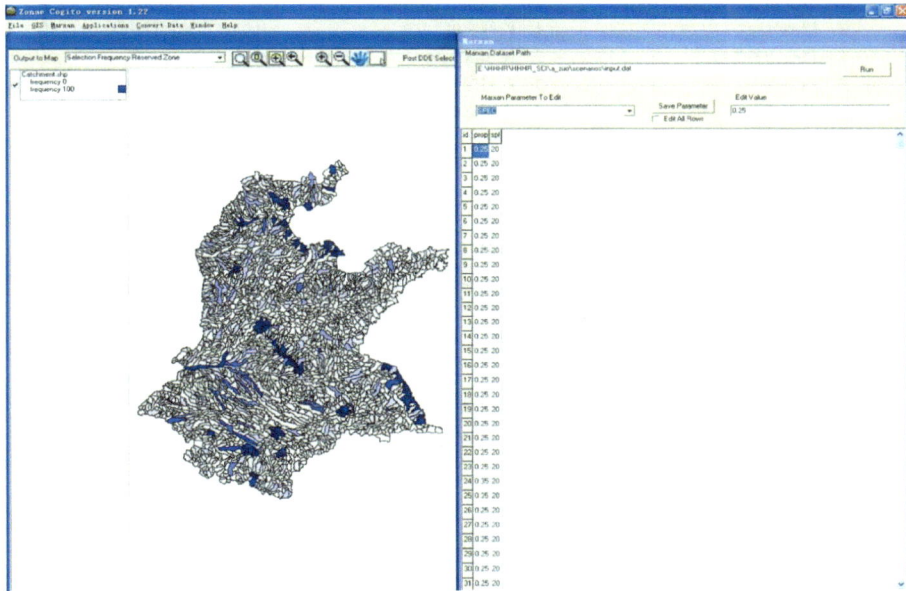

图 3-3　Marxan（Zonae Cogito，ZC）模型界面

## 3.3　研究方法与技术路线

### 3.3.1　技术路线

　　本章以集水区为保护规划单元，综合考虑河流湿地生态系统、非河流湿地生态系统、保护物种分布、地下含水层、南水北调跨流域调水工程、已有湿地保护信息和路网、居民分布、水坝等社会经济因素，以 3D 连接性为原则，在湿地现状评估基础上，运用目前国际上广泛使用的系统保护规划的理论和方法，利用 Marxan 空间优化模型，通过湿地系统保护规划多预案综合对比，识别湿地保护空缺，并与现有湿地保护体系相结合，构建跨流域湿地系统保护优化体系，最后对湿地保护区格局优化及其未来新建湿地保

护区与湿地保护区调整提出相关建议。具体技术路线见图3-4。

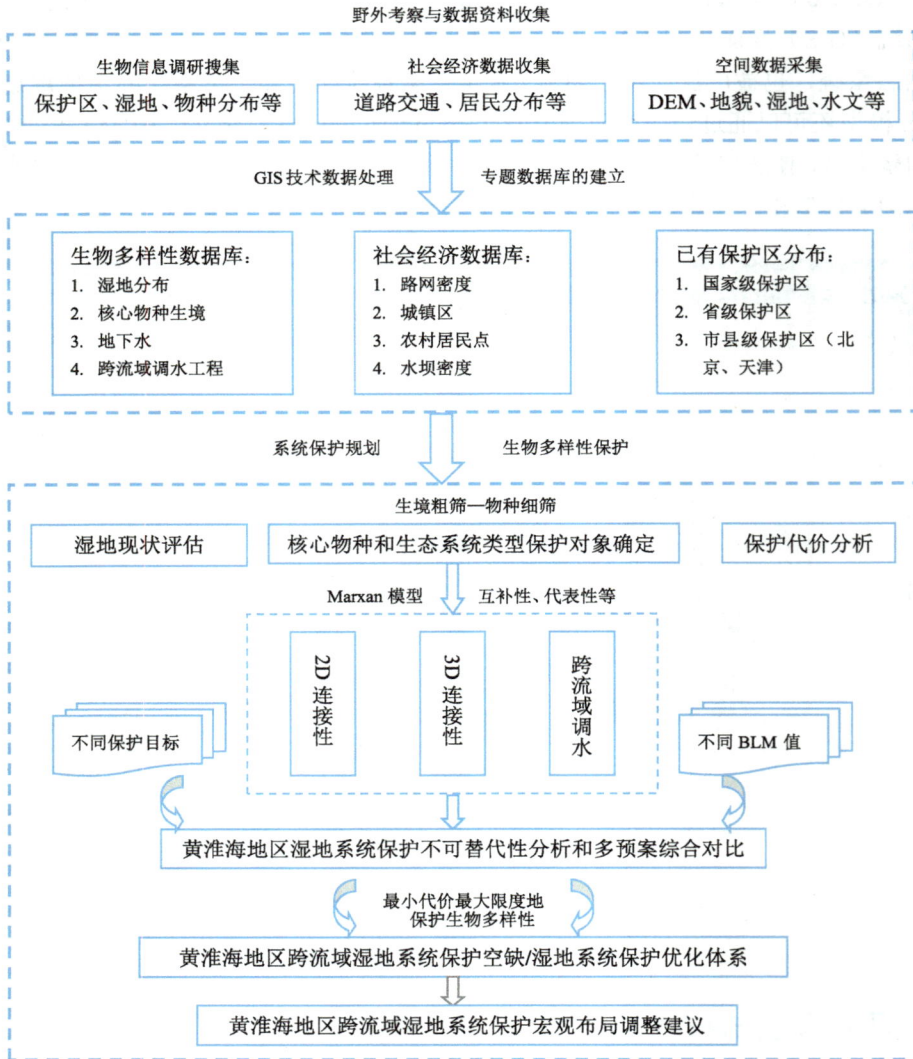

**图3-4　黄淮海地区跨流域湿地系统保护体系优化技术路线**

## 3.3.2　数据来源及处理

　　所需数据来源包括 90 m 分辨率 DEM 数据（SRTM）、1∶250 000 数字水系图、湿地鸟类分布数据、湿地类型分布与湿地保护区分布数据、地下水分布数据、全国水资源分区、土地利用类型和地貌分布图等。其中，DEM 数据基于 WWF 开发的基础水文数据 HydroSheds，湿地分布数据来源于中国科学院遥感应用研究所（牛振国等，

2009），湿地保护区数据从相关管理部门（如省林业厅及保护区管理局等）获取，全国水资源分区、土地利用和地貌类型数据来源于中科院资源环境科学数据中心（http：//www.resdc.cn/），全国公路、铁路、水坝、城镇和农村居民点、主要流域水系分布和全国县域行政区划数据来源于国家基础地理信息中心（http：//www.ngcc.cn），南水北调东线和中线相关数据（输水线、调蓄枢纽分布等）来源于南水北调工程建设委员会办公室，然后再利用 GIS 矢量化成空间数据。

　　基于 SRTM 90 m 分辨率 DEM 数据和 1：250 000 数字水系图（图 3-5），利用美国得克萨斯州立大学奥斯汀分校水资源研究所联合美国环境研究所开发的 ArcHydro 工具提取河网信息和集水区。由于 DEM 空间分辨率和 DEM 制作过程中的系统误差会对流域信息提取造成影响，所以在使用 DEM 之前，要对其进行预处理。利用 ArcHydro 工具对 DEM 进行"burn-in"主干河网和填平洼地预处理，其中"burn-in"主干河网是为了使自动提取的河网与实际河网相吻合，而将河道所在网格的高程值人为降低一定数值的预处理方法，这样就相当于把实际河网嵌入 DEM 中了；填平洼地就是将 DEM 中的洼地填平，使之成为一个具有"水文学意义"的 DEM，从而保证从 DEM 中提取河网的连续性。

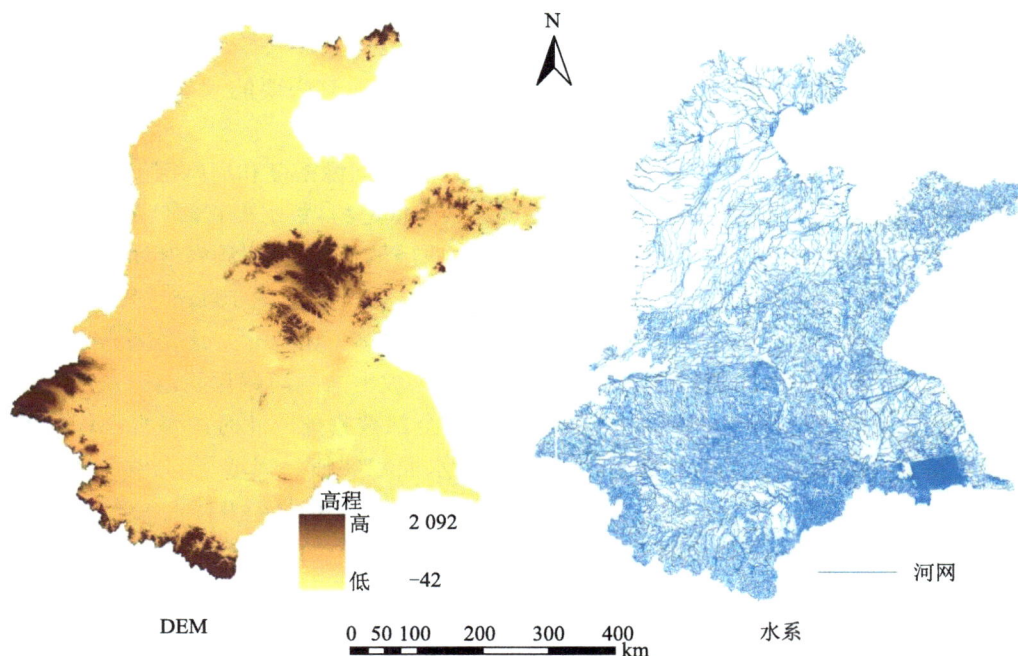

图 3-5　黄淮海地区 90 m DEM 数字高程图和 1：250 000 水系

　　利用 ArcHydro 工具从经过预处理后的 DEM 中提取流域信息，主要包括确定水流流向、生成汇流栅格图、设定最小集水面积阈值、提取河网信息和划分集水区 5 个步骤。其中，基于汇流栅格图而设定的某一最小面积阈值对提取流域信息的详细程度有重要影响。因为 DEM 中某一栅格点若能够形成水系，则必须存在一定上游给水区的支撑，因此可以给定一个适当的最小水道集水面积阈值（O'Callaghan et al.，1984；李翀等，2004），上游汇水面积等于最小水道集水面积阈值的栅格点定义为水道的起始点，上游汇水面积大于最小水道集水面积阈值的栅格点定义为水道，ArcHydro 正是基于这个概念来定义河网的，将汇流栅格图中所有大于或等于最小水道集水面积阈值的栅格提取出来，即得到了河网。由此可见，集水面积阈值的选取对基于栅格 DEM 提取的流域河网影响很大。

一般而言，集水面积阈值越大，水流累积栅格图层中超过集水面积阈值的栅格就越少，河道起始点的位置会向流域地势平坦处"退缩"，河长就相应地缩短；同时所提取的河流级别也会变高，河道数目就会越来越小。因此，本章选取河源密度和河网密度参数来确定合理的流域集水面积阈值。依次设定集水面积阈值为 10 km²、20 km²、30 km²、40 km²、50 km²、60 km²、70 km²、80 km²、90 km²、100 km²、110 km²、130 km²、150 km²、200 km² 来提取河网信息，分别计算河网密度和河源密度，得出集水面积阈值与河源密度和河网密度关系图来确定合理的集水面积阈值（图 3-6、图 3-7）。按照不同集水面积阈值提取的数字流域河网的特征会有所变化，随着集水面积阈值从 10 km² 增至 200 km²，流域总面积变化不大，而河源数则由 28 614 个减至 1 368 个，总的河长也由 118 595.8 km 减少到 31 183.3 km。随着集水面积阈值的增大，河源数和总河长都表现为不同程度的减少。因此，集水面积阈值大小决定了河网的详细程度，通过敏感性分析确定一个相对合理的集水面积阈值是很有必要的（易卫华等，2008；Thieme et al.，2007）。

从图 3-7 中可以看出，当集水面积阈值比较小时，河源密度和河网密度很大；随着集水面积阈值变大，河源密度和河网密度出现较大降低趋势，集水面积阈值为 70 km² 时，这种趋势开始变得平缓；集水面积阈值由 10 km² 增至 70 km²，河源密度和河网密度分别减少了 0.051 6 km/km² 和 0.144 1 km/km²，而集水面积阈值由 70 km² 增至 200 km²，河源密度和河网密度分别减少了 0.005 1 km/km² 和 0.036 3 km/km²。这是因为集水面积阈值变大，河道起始点向流域地势平坦处"退缩"，坡地上的河网逐渐消失，伪河道被删除；当全部的坡地河网被移除时，伪河道也就全部被删掉，此时的集水面积阈值是一个临界值（图 3-7）。因此，基于 70 km² 的集水面积阈值，提取了 3 194 个集水区，平均面积为 152 km²；相应地也提取了 3 194 条河流，总长度为 48 951.33 km（图 3-8）。

国内外基于 DEM 提取流域信息大多选择在受人类活动影响较小的山地丘陵地区，这是由于采用 D8 单流向算法提取河网时（O'Callaghan et al.，1984），平坦区域河流流动的随机性大，有些河道呈辫状或不规则环状，水流流向的不确定。由于 D8 算法无法模拟多流向的河流，导致提取的水系一般比较平直，从而生成许多与实际不符的伪河网。对于平坦区的处理，一直是相关研究的热点和难点，不同的学者提出了许多不同的方法（Tribe，1992），这些方法各有优点和缺点，但未形成有效的方法。而本章采用"burn-in"主干河网对 DEM 预处理的方法，使实际的河网信息嵌入 DEM 中，在一定程度上增加了提取结果的准确性。

集水面积，阈值：70 km²

集水面积，阈值：200 km²

集水面积，阈值：50 km²

集水面积，阈值：150 km²

集水面积，阈值：30 km²

集水面积，阈值：130 km²

集水面积，阈值：10 km²

集水面积，阈值：100 km²

图 3-6　河网特征与集水面积阈值关系

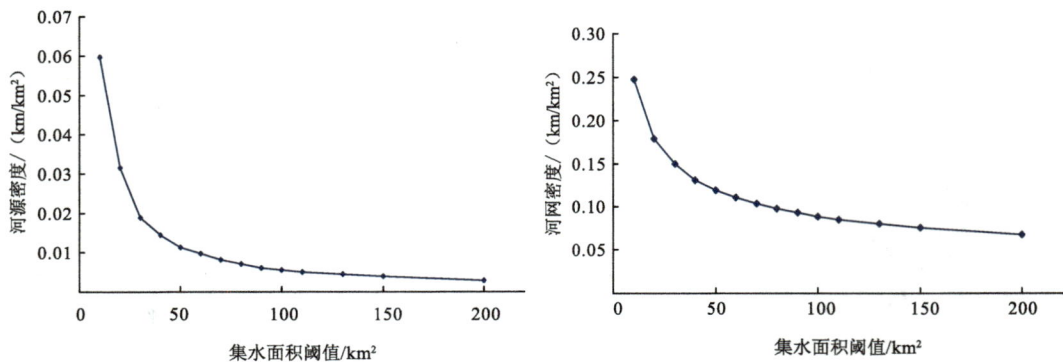

图 3-7　河源密度、河网密度与集水面积阈值关系

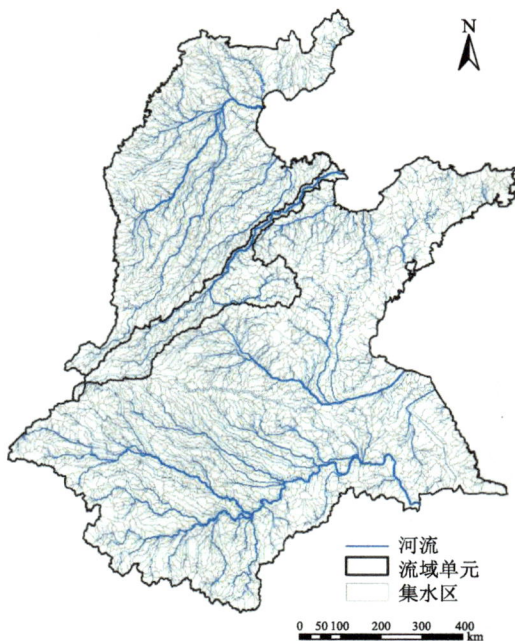

图 3-8　黄淮海地区流域单元划分结果

### 3.3.3　保护对象筛选

**（1）河流湿地生态系统**

国际上，系统保护规划领域有关河流湿地生态系统分类方案的研究很多，比如，美国大自然保护协会（The Nature Conservancy，TNC）开发了一套分类体系（Boon et al.，1998；Higgins et al.，2005；Kingsford et al.，2005）。尽管如此，目前尚未有统一的分类方案（Frissell et al.，1986；Naiman et al.，1992；Fausch et al.，2002）。本章采用的

河流湿地生态系统分类方案是在 TNC 河流湿地生态系统分类方法，综合相关研究的基础上，依托现有数据和研究区实际情况确定。首先采用 Strahler 水系系统分级规则（Strahler，1957），将基于 DEM 提取的河网进行分级（图 3-9），然后结合河网所处的一级流域单元及地貌类型进行划分。由于初次分类的结果可能会得出较多的类型，分类系统较为复杂，不利于实际操作，所以通过相关性分析和聚类分析对初次分类结果进行修改，比如剔除数量少的类型、合并相关的类型等。

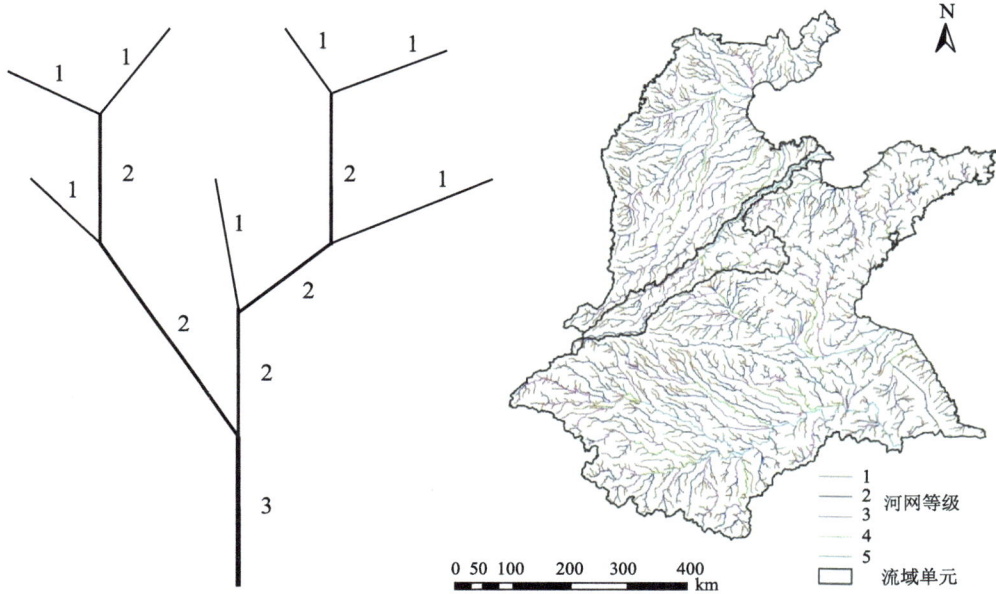

图 3-9　Strahler 水系系统分级规则及黄淮海区域河网分级

Strahler 分级系统是将所有河网弧段中没有支流的河网弧段分为第 1 级，两个 1 级河网弧段汇流成的河网弧段为第 2 级，如此下去分别为第 3 级、第 4 级，一直到河网出水口。在这种分级中，当且仅当同级别的两条河网弧段汇流成一条河网弧段时，该弧段级别才会增加，对于那些低级弧段汇入高级弧段的情况，高级弧段的级别不会改变，这也是比较常用的一种河网分级方法，本章依据该方法共将河网划分成 5 个等级（图 3-10）。

根据研究区实际情况，综合考虑影响河网的地貌因素（海拔高度和地面起伏度）划分了 6 种地貌类型：低海拔平原、低海拔丘陵、低山、高海拔平原、高海拔丘陵和高山（表 3-1、图 3-10）。

综合河网等级、地貌类型以及三个大流域单元划分，最后确定了黄淮海地区河流湿地生态系统分类方案（表 3-2）。依据该分类方案，最终划分了 23 种河流湿地生态系统类型（图 3-11）。

表 3-1    地貌类型划分依据

| 海拔 | 低海拔（＜1 000 m） | 高海拔（＞1 000 m） |
|---|---|---|
| 平原（＜30 m） | 低海拔平原 | 高海拔平原 |
| 丘陵（30～200 m）` | 低海拔丘陵 | 高海拔丘陵 |
| 山地（＞200 m） | 低山 | 高山 |

表 3-2    河流湿地生态系统分类方案（流域单元代码 - 地貌类型代码 - 河网等级代码）

| 流域 | 流域单元代码 | 地貌类型 | 地貌类型代码 | 河网等级 | 河网等级代码 |
|---|---|---|---|---|---|
| 海河 | 1 | 低海拔平原 | 11 | 河源 | 1 |
| 黄河 | 2 | 高海拔平原 | 12 | 小河 | 2 |
| 淮河 | 3 | 低海拔丘陵 | 31 | 大河 | 3 |
| | | 高海拔丘陵 | 32 | 主要支流 | 4 |
| | | 低山 | 40 | 干流 | 5 |
| | | 高山 | 50 | | |

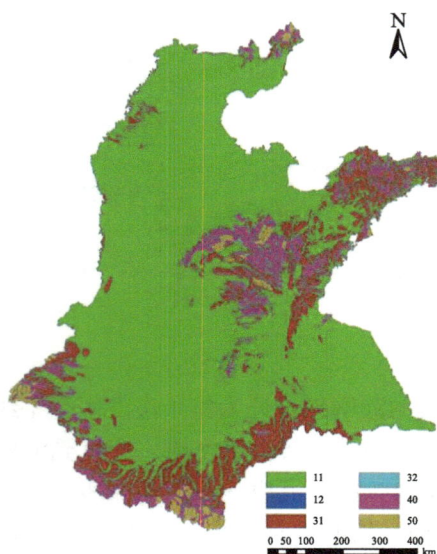

图 3-10    黄淮海区域地貌类型
（代码见表 3-2）

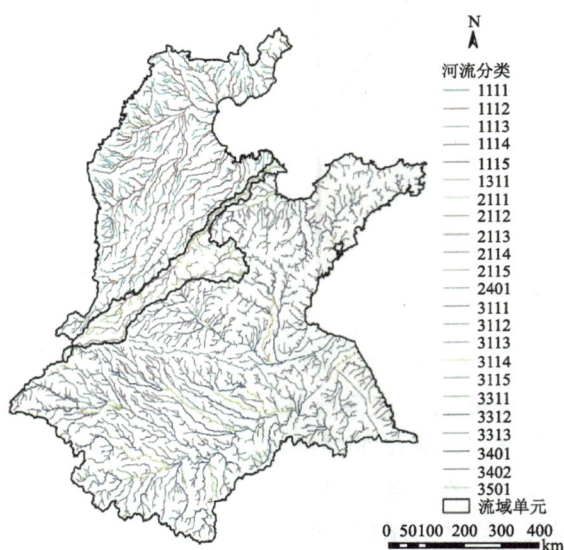

图 3-11    黄淮海河流湿地生态系统类型
（代码见表 3-2）

（2）非河流湿地生态系统

湿地数据主要利用了中国科学院遥感应用研究所编制的2008年全国湿地分布数据，基于该湿地分类系统，同时为体现区域特色（滨海湿地、淡水沼泽等），最后划分成了滨海滩涂、滨海沼泽、其他滨海湿地、河漫滩、湖泊湿地、淡水沼泽、库塘和滨海养殖/盐田8种非河流湿地类型（图3-12）。本章仅考虑自然或半自然湿地，但对于滨海养殖和盐田人工湿地来说，由于其也是鸟类的重要停歇地、觅食地，尤其是在鸟类迁徙季节，故将其纳入保护范围。

（3）目标保护物种

对于河流和非河流湿地生态系统来说，恰当的目标保护物种是鱼类和水鸟。但由于基础数据的限制，只收集到了部分鸟类数据。因此，对于保护物种的确定，考虑物种生境的代表性，结合专家意见，从被列为《IUCN 红色名录》的水鸟中选取了 16 种特色种、珍稀濒危种作为指示保护物种（表 3-3、图 3-13）。

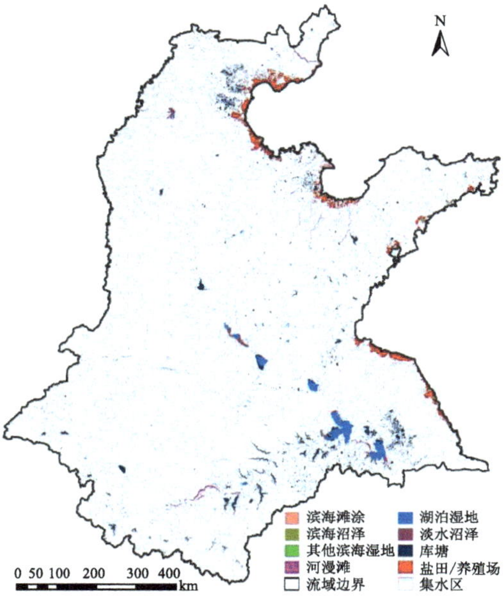

图 3-12  黄淮海非河流湿地生态系统类型分布

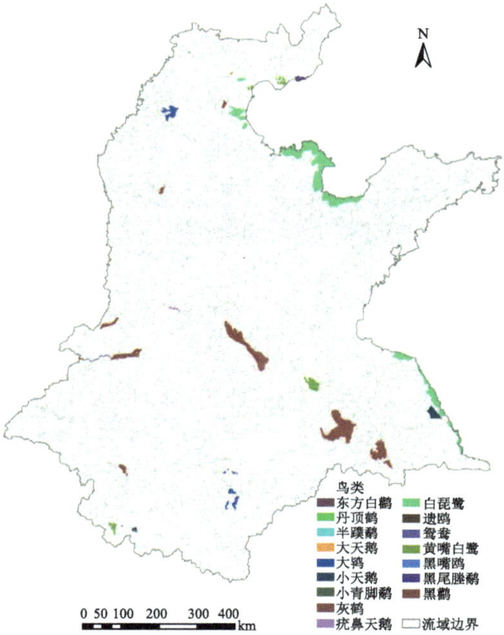

图 3-13  黄淮海区域目标保护物种分布

表 3-3  作为保护对象列入《IUCN 红色名录》的水鸟

| 序号 | 鸟类 | 拉丁名 | 《IUCN 红色名录》 |
|---|---|---|---|
| 1 | 黄嘴白鹭 | *Egretta eulophotes* | 易危 VU |
| 2 | 白琵鹭 | *Platalea leucorodia* | 普通 LC |
| 3 | 东方白鹳 | *Ciconia boyciana* | 濒危 EN |
| 4 | 黑鹳 | *Ciconia nigra* | 普通 LC |
| 5 | 大天鹅 | *Cygnus Cygnus* | 普通 LC |
| 6 | 小天鹅 | *Cygnus columbianus* | 普通 LC |
| 7 | 疣鼻天鹅 | *Cygnus olor* | 普通 LC |
| 8 | 鸳鸯 | *Aix galericulata* | 普通 LC |
| 9 | 丹顶鹤 | *Grus japonensis* | 濒危 EN |
| 10 | 灰鹤 | *Grus grus* | 普通 LC |
| 11 | 大鸨 | *Otis tarda* | 易危 VU |

| 序号 | 鸟类 | 拉丁名 | 《IUCN 红色名录》 |
|:---:|:---:|:---:|:---:|
| 12 | 小青脚鹬 | *Tringa guttifer* | 濒危 EN |
| 13 | 半蹼鹬 | *Limnodromus semipalmatus* | 近危 NT |
| 14 | 黑尾塍鹬 | *Limosa limosa* | 近危 NT |
| 15 | 黑嘴鸥 | *Larus saundersi* | 易危 VU |
| 16 | 遗鸥 | *Larus relictus* | 易危 VU |

（4）浅层地下水

由于研究区大部分位于我国华北缺水地区，地下水超采、水质污染现象严重；另外，随着系统保护规划方法的发展，相关研究不仅限于地表水系，浅层地下水层由于利于地表湿地生态系统的有效保护而开始受到关注。本章基于中国地质科学院水文地质环境地质研究所的地下水数据，从地下水可利用角度，综合地下水资源分区、地下水资

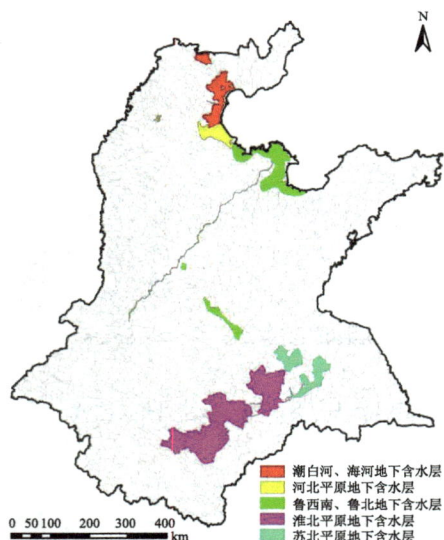

图 3-14　黄淮海区域地下含水层分布　　　图 3-15　黄淮海跨流域调水（南水北调）工程

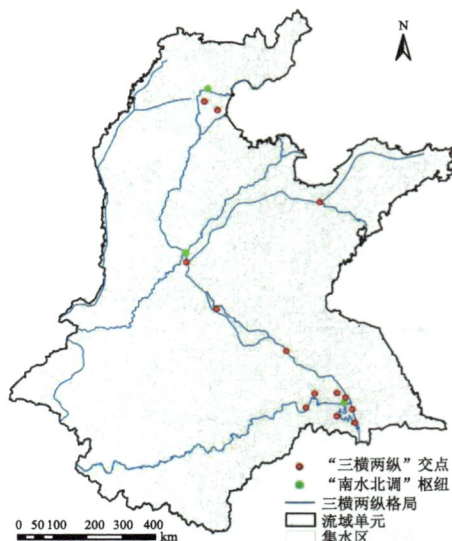

源量和地下水开采利用程度提取有效的地下含水层分布区（图 3-14）。

（5）跨流域调蓄枢纽

黄淮海地区黄河、海河、淮河 3 条河流与南水北调中线、东线工程相互联系使各湿地系统组分相互关联、耦合，形成一个有效完整的湿地系统，发挥着重要的生态功能。因此，从 1：250 000 全国水系图中提取出黄淮海河 3 条横向河流，然后与南水北调东线、中线两条纵向线路整合一起，同时考虑跨流域调水路线上重要的调蓄枢纽和连接交点（图 3-15），将其都作为重要的保护对象，这也是对粗筛—细筛保护对象策略的一个重要补充。

最终选取 23 种河流湿地生态系统类型、8 种非河流湿地生态系统类型、16 种《IUCN 红色名录》鸟类、5 个可利用地下水分布区，以及南水北调跨流域调水工程调蓄节点作为保护对象。保护目标设置突出以下三个方面创新性：①整合河流与非河流湿地生态系统；②整合纵向、横向和垂向三向连接度；③强调跨流域调水工程塑造的区域淡水河流湿地网络保护。

### 3.3.4　保护代价分析

在系统保护规划研究中，保护代价分析也可称为生态完整性分析或生境适宜性分析。其中代价指数与完整性指数是互为倒数的，保护代价越高就说明区域的生态完整性越差，受到的人为影响也越大，相对来说其生物多样性的适宜程度就越低。由于直接度量黄淮海地区内保护代价是不可能的，所以用人为干扰作为间接指标来代替。本章使用了能反映人类干扰的社会经济空间数据来计算每个集水区的保护代价指数。考虑研究区的实际情况以及数据的可获得性，选取了公路、铁路、城镇、农村居民点和水坝作为计算保护代价的间接因子（表 3-4）。其中保护区作为保护代价指数的补充，用来对由人为干扰因子得出的保护代价进行调整。基于保护区覆盖面积比所做调整能减少保护代价，增加相对生态完整性指数，这是因为受到保护的区域有利于景观和生态过程的维持。

首先，将每个因子的度量标准化为 0 ~ 1，然后乘以权重系数，再相加，即得每个集水区的保护代价指数。其次，再将基于公路、铁路、水坝、农村居民点和城镇分布得出的保护代价指数用保护区覆盖面积来调整，得到最终保护代价指数分布（图 3-16）。计算公式为（宋晓龙，2011）：

$$C = \sum_{j=1}^{n} \left( \frac{V_i - V_{i,\min}}{V_{i,\max} - V_{i,\min}} W_i \right) \tag{3-1}$$

$$C' = C(1 - 0.5R) \tag{3-2}$$

式中，$V_i$ 为每个集水区内因子 $i$ 的度量值；$W_i$ 为因子 $i$ 的权重；$j$ 为每个集水区内因子的个数；$C$ 为每个集水区调整前的代价值；$C'$ 为每个集水区经过保护区调整后的代价值；$R$ 为每个集水区内被保护区覆盖的面积比。

表 3-4　各影响因子的度量和权重

| 因子 | 度量（每个集水区） | 权重系数 |
|---|---|---|
| 公路 | 公路长度 / 河流长度 | 1 |
| 铁路 | 铁路长度 / 河流长度 | 1 |
| 城镇 | 城镇面积 / 集水区面积 | 5 |
| 农村居民点 | 农村居民点个数 / 集水区面积 | 5 |
| 大坝 | 大坝个数 / 集水区面积 | 20 |

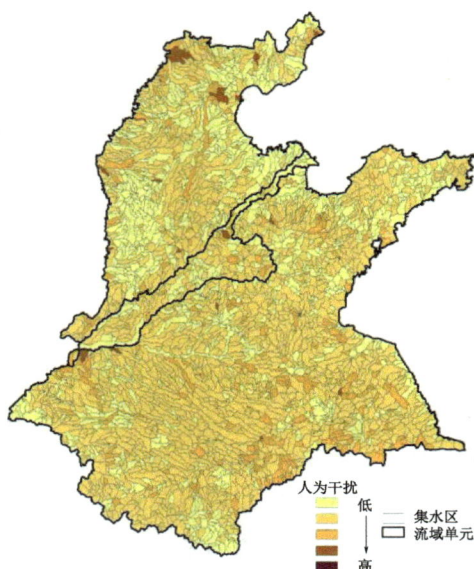

图 3-16　黄淮海流域湿地保护代价指数分布

## 3.3.5　跨流域湿地系统保护优先格局模拟

在现有湿地保护状况评估基础上，基于 3 194 个集水区规划单元，选取 23 种河流湿地、8 种非河流湿地生态系统类型、16 种《IUCN 红色名录》鸟类、5 个可利用地下水分布区，以及跨流域调水工程为保护对象，并针对河流与非河流湿地生态系统类型以及物种分布范围，设定一系列保护比例（10%、15%、20%、25%、30%、35%、40%、45%、50%、55%、60%、65%、70%）；基于 2D 连接性（横向连接性和纵向连接性）和 3D 连接性（横向连接性、纵向连接性和垂向连接性）原则，综合对比各个湿地系统保护规划预案，得出一个相对合理的保护方案；然后再与基于跨流域调水工程的湿地系统保护方案和现有湿地系统保护体系整合，构建黄淮海地区跨流域湿地系统保护优化体系。综合对比基于 2D 连接性、3D 连接性的保护方案，然后再同基于跨流域调水工程的湿地系统保护方案整合，最终得到黄淮海地区跨流域湿地系统保护的优化体系。

由于调水工程不仅在湿地生物多样性保护方面发挥着重要作用，同时其在维持黄淮海地区正常的社会经济活动等生态系统服务功能方面也发挥着不可替代的作用。因此，对于该部分不再进行多目标的预案对比，直接将其保护目标设定为 50%；另外，由于调水工程就是由线状河流相互连接而成，最终选取的规划单元也沿着该格局分布，因此，研究中也不需要 BLM 调整的敏感性分析。

## 3.4　湿地资源分布现状及其保护状况

从各湿地类型所占比重来看，黄淮海地区内库塘、养殖／盐田、湖泊湿地和河流湿地为主要湿地类型，面积分别为 5 990.15 km²、5 621.56 km²、4 685.9 km² 和 4 518.27 km²，而滨海湿地（滨海滩涂、滨海沼泽和其他滨海湿地）、淡水沼泽和泛洪湿地面积较少，分别仅占湿地总面积的 3% ～ 4%（表 3-5）。由于黄淮海地区主要是由黄河、淮河和海河三大水系及其支流冲积而成，所以区域内河流湿地和湖泊湿地面积较大。另外，由于黄淮海地区社会经济活动高度频繁和集中，很多滨海湿地和内陆淡水湿地被开发用于水产养殖、晒盐等，因此，造成该区域内库塘和水产养殖场等半自然湿地面积比重较大；同时，大量的社会经济活动也造成了区域滨海湿地、淡水湿地的减少。

表 3-5　黄淮海地区湿地类型面积、比例及其保护状况

| 湿地类型 | 面积 /km² | 比例 /% | 受保护面积 /km² | 受保护百分比 /% |
|---|---|---|---|---|
| 洪泛湿地 | 615.43 | 3.10 | 57.61 | 9.36 |
| 养殖／盐田 | 5 621.56 | 28.34 | 1 315.41 | 23.40 |
| 淡水沼泽 | 708.41 | 3.57 | 438.15 | 61.85 |
| 库塘 | 5 990.15 | 30.19 | 961.34 | 16.05 |
| 滨海滩涂 | 623.59 | 3.14 | 346.20 | 55.52 |
| 滨海沼泽 | 95.09 | 0.48 | 49.78 | 52.35 |
| 湖泊湿地 | 3 363.29 | 16.95 | 570.66 | 16.97 |
| 河流湿地 | 2 668.63 | 13.45 | 141.22 | 5.29 |
| 其他滨海湿地 | 152.57 | 0.77 | 13.41 | 8.80 |
| 所有湿地 | 19 838.72 | 100.00 | 3 893.78 | 19.63 |

从各湿地的保护状况来看，淡水沼泽湿地、滨海滩涂和滨海沼泽的受保护比例相对较高，分别为 61.85%、55.52% 和 52.35%；其次是养殖／盐田（23.40%）、湖泊湿地（16.97%）和库塘（16.05%）；而被纳入保护范围的洪泛湿地和其他滨海湿地则相对较少，约占 9.36% 和 8.80%。对于河流湿地，其受到保护的面积最少，仅有 141.22 km²，只占其总面积（2 668.63 km²）的 5.29%。由于黄淮海地区地理位置的特殊性，造就了沼泽湿地和滩涂湿地生物保护价值的重要性，所以相对其他湿地类型，其受保护的比重较大。但是，从湿地类型所占比重来看，沼泽湿地和滩涂湿地所占比重相对较小，从而导致黄淮海地区整个湿地系统保护比重不是很高，约 20%。

图 3-17 显示，尽管已有相当数量的湿地受到保护，且也有相对较大比例面积的代表性湿地（沼泽湿地和滩涂湿地）位于自然保护区内，但总体来说，黄淮海地区湿地保护体系在长期有效维持湿地生物多样性方面仍有较大需要完善的空间。尚有许多重要湿地游离于保护区系统之外，遭受着农业开发、城市化过程等人类活动的影响，现在湿地保护区系统需进一步优化。

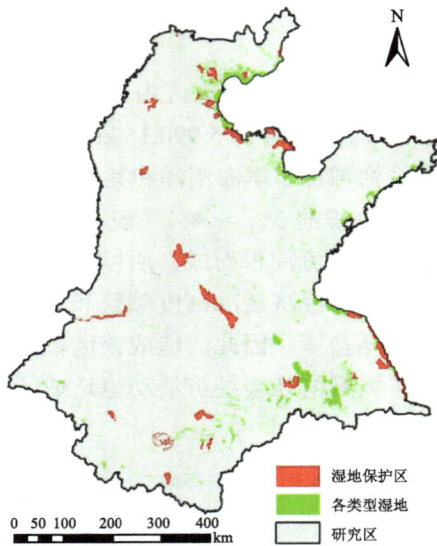

图 3-17    现有湿地保护区和湿地分布

## 3.5    基于 2D/3D 连接性的湿地保护优先格局及其保护空缺

不同保护水平格局优化模拟结果表明（图 3-18）：随着保护比例增加，选出的优化格局规划单元也随之增多。图 3-19 与图 3-20 分别为基于 2D 连接性和 3D 连接性，不同保护目标水平下湿地保护代价与被选规划单元数量的关系曲线。显然，随着保护比例的增加，保护代价以及选出的规划单元边界长度也在相应地增加，但二者增加的趋

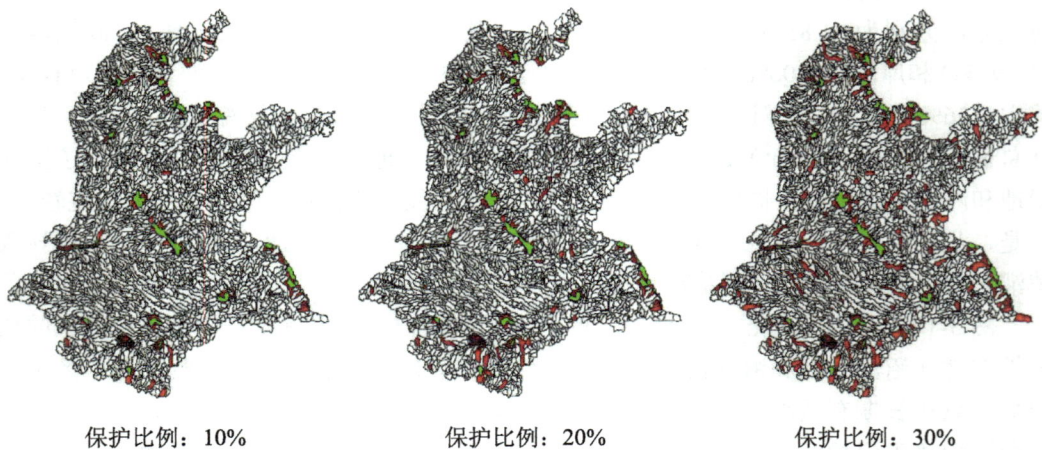

保护比例：10%                              保护比例：20%                              保护比例：30%

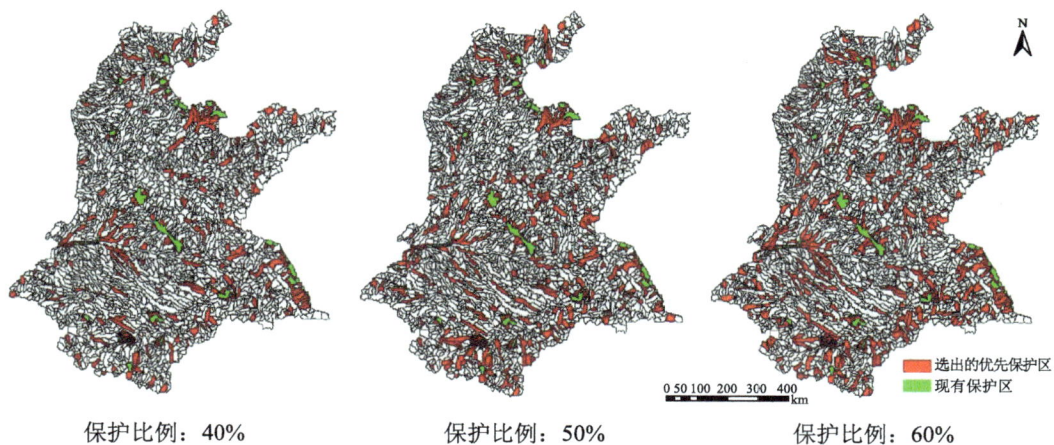

图 3-18 黄淮海湿地基于不同比例保护目标的湿地保护优先格局模拟

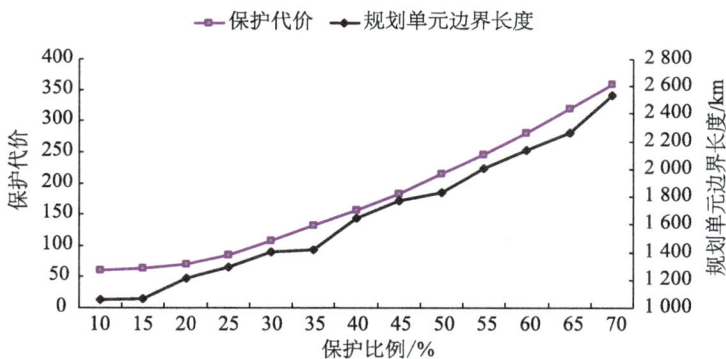

图 3-19 2D 情景下不同水平保护比例与保护代价和规划单元的关系

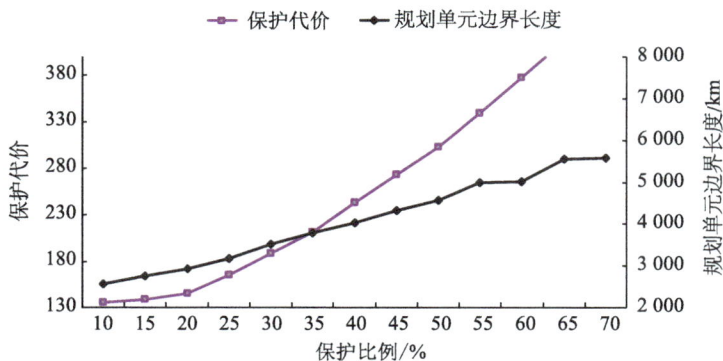

图 3-20 3D 情景下不同水平保护比例与保护代价和规划单元的关系

势不同。比较不同保护比例水平 2D 与 3D 保护成本（图 3-21），不同保护比例基于 3D 连接性比基于 2D 连接性优化格局的保护代价高，且均随着保护比例增加而增加；但基于 3D 连接性选取的规划单元也显著多于基于 2D 连接性优化格局（图 3-22）。以单位成本所选出的规划单元进行比较（图 3-23），结果表明：3D 比 2D 优化格局在不同保护比例水平上的保护效率均更高，可见基于 3D 连接性构建湿地系统保护优化体系不仅必要，而且从成本效应角度分析也是可行的；同时，随着保护比例的增加，2D 与 3D 在 20% 处出现拐点，故从规划单元平均花费来衡量保护效率，合理的保护比例应为 20%。

实际上，现有湿地整体保护比例已达到 19.63%，十分接近 20% 的合理湿地保护比例，这一方面表明黄淮海湿地保护已具备一定成效，但也说明其保护体系内，各湿地类型保护比例差异过大、不均衡，也说明保护格局调整优化的必要性。为调整保护格局，进一步提高保护比例同时避免过高成本代价，将黄淮海湿地保护合理比例调整到 30%，这样尽管使保护效率有所降低，但能将现有湿地保护格局所占比例继续提升

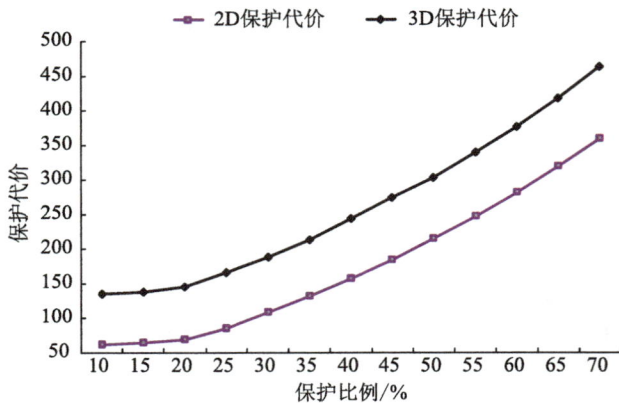

图 3-21　2D 与 3D 情景下不同水平保护比例与成本代价的关系

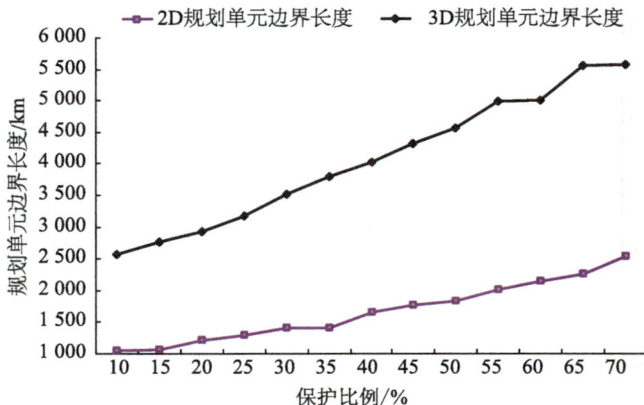

图 3-22　2D 与 3D 情景下不同保护比例与规划单元关系

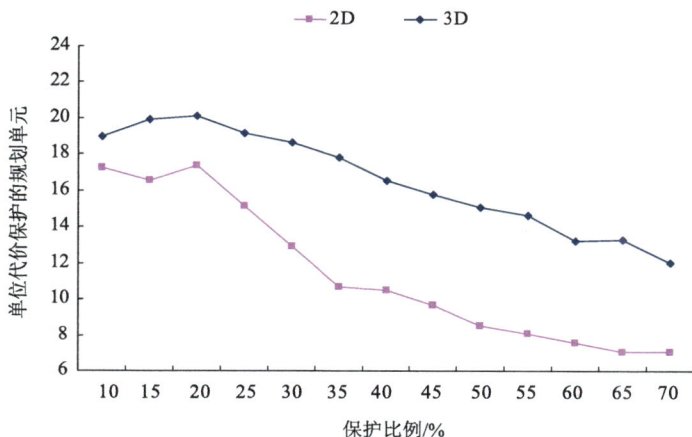

图 3-23　2D 与 3D 不同水平保护比例下单位成本所选出的规划单元数量比较

10%，同时优化了湿地保护格局，也契合 IUCN 对陆地生态系统保护目标设置的相关建议（Seambloom et al.，2002）。

　　基于 3D 连接性的湿地系统保护优先格局（30% 保护比例），进一步将跨流域调水工程与黄河、淮海和海河水系之间形成的调蓄枢纽作为保护对象，最终得到黄淮海地区跨流域湿地系统保护优化体系，并与已有保护体系对比，评估优化保护体系的有效性并确定保护空缺。依据 Marxan 计算结果将规划单元（亚流域单元）不可替代性值（0～1）从高到低均分为 5 个等级（表 3-6、图 3-24）。较高保护价值地区（$0.6 \leq I < 1$），其区域总面积是 17 564.45 km²，其中不可替代性最高（$0.8 \leq I < 1$）的区域面积为 15 357.37 km²，占 5.52%；一般保护价值区（$0.4 \leq I < 0.6$）面积为 21 515.53 km²，约占 7.74%；而较低保护价值区和低保护价值区的面积较高，分别占 11.45% 和 74.50%。

表 3-6　湿地系统保护不可替代性等级划分

| 保护价值区划 | 不可替代性值 | 面积 /km² | 所占比例 /% |
| --- | --- | --- | --- |
| 低保护价值区 | $0 < I < 0.2$ | 207 111.28 | 74.50 |
| 较低保护价值区 | $0.2 \leq I < 0.4$ | 31 822.93 | 11.45 |
| 一般保护价值区 | $0.4 \leq I < 0.6$ | 21 515.53 | 7.74 |
| 较高保护价值区 | $0.6 \leq I < 0.8$ | 2 207.08 | 0.79 |
| 高保护价值区 | $0.8 \leq I < 1$ | 15 357.37 | 5.52 |

　　依据不可替代性大小，优先选择游离于现有保护体系之外，且不可替代性值高的规划单元作为新保护区，即保护空缺。在不可替代性基础上，将保护空缺进一步划分为一般保护空缺和优先保护空缺，本章将 2D、3D 以及考虑跨流域调水输水线保护形成的共有优先格局作为优先保护空缺，而上述保护策略分别形成的优先格局则为一般保护空缺（图 3-24）。保护空缺整体上是围绕已有保护区，其中优先保护空缺面积为 16 074.69 km²，占所有保护空缺的比例为 22.27%，优先保护空缺紧邻现有保护区，一

般保护空缺则分布在已有保护区和优先保护空缺的周围，空间格局较为松散。从保护价值而言，优先保护空缺内的湿地都应优先纳入新建保护区范围；着眼长远，则一般保护空缺内的湿地也应受到关注，从而强化流域湿地系统的整体保护，可以通过湿地公园、保护小区等形式加强对一般保护空缺的保护。

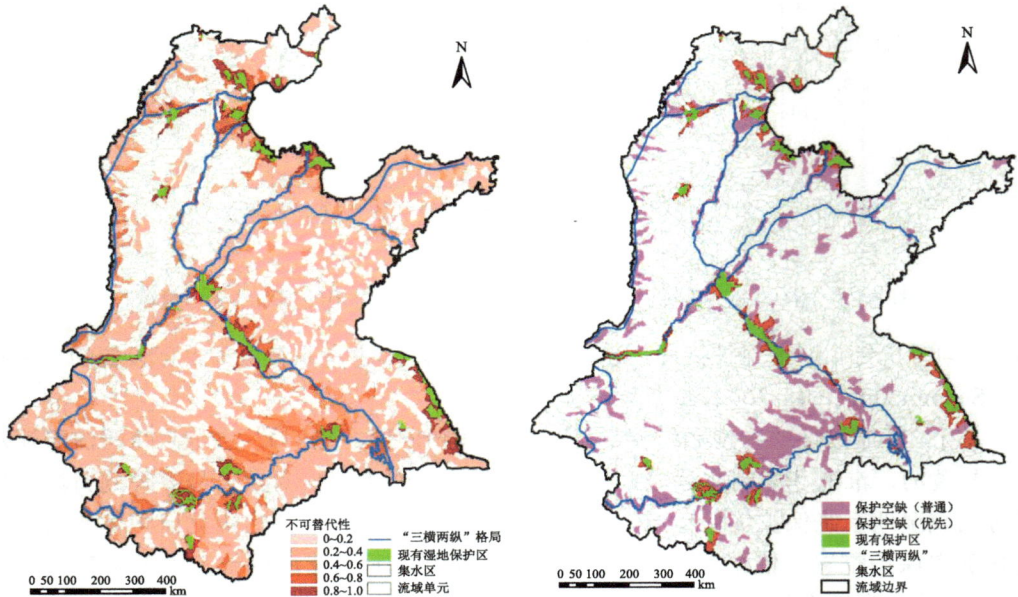

**图 3-24　黄淮海地区跨流域湿地系统保护优化体系**

　　由于以集水区为规划单元，所以保护空缺的面积是所选择的集水区面积，显著高于保护空缺内的湿地面积。为正确评估格局优化效果，应将保护空缺所保护的湿地面积及其比例作为参考依据。表3-7及图3-25显示，优先保护空缺内所有湿地的保护比例为8.15%。淡水沼泽、滨海滩涂和滨海沼泽这3种湿地类型优先格局所占比例仅为2.96%、3.67%和5.50%，对比3种类型在已有的保护体系中均超过50%的保护比例，表明目前这三类湿地受到的保护状态相对较好，保护空缺很少。水产养殖/盐田和湖泊湿地所占比例分别为12.12%和10.27%，对比两者在已有保护体系中23.40%和16.97%的保护比例，表明湖泊湿地保护应继续强化，同时应充分考虑人工湿地的生态保护价值。实际上，水产养殖/盐田（特别是滨海区域）往往也是水禽重要的补充觅食地，通过合理的生境管理措施，可以强化其所具有的栖息地功能。另外，河流作为线状湿地，尽管优先保护空缺中含有河流湿地的规划单元数量较多，但是其面积保护比例仍较低（4.62%）。洪泛湿地主要为内陆河漫滩类型，往往伴随河流湿地也呈线状分布，所以其受保护空缺类似于河流湿地。

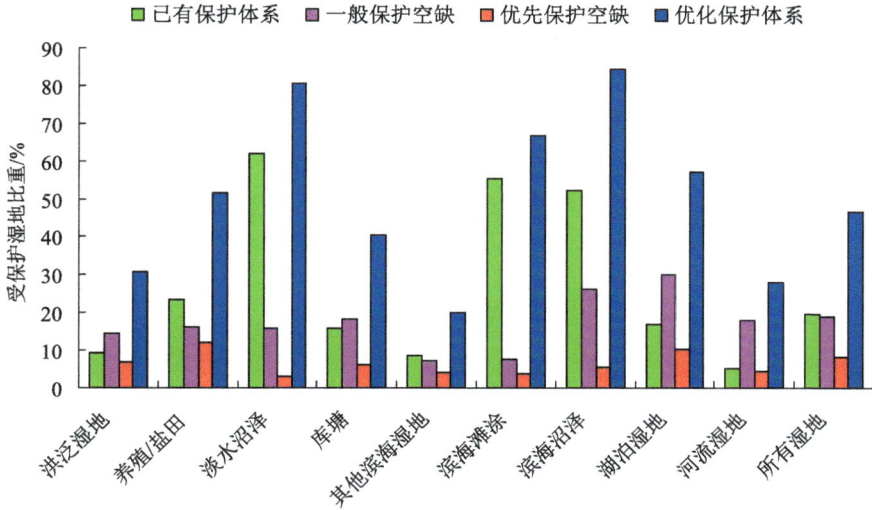

图 3-25　黄淮海地区湿地系统优化保护体系所保护的湿地

表 3-7　黄淮海地区湿地系统优化保护体系所保护的湿地

| 湿地类型 | 已有保护体系<br>受保护百分比 /% | 优先保护空缺<br>受保护百分比 /% | 一般保护空缺<br>受保护百分比 /% | 优化保护体系<br>受保护百分比 /% |
|---|---|---|---|---|
| 洪泛湿地 | 9.36 | 6.95 | 14.62 | 30.93 |
| 养殖 / 盐田 | 23.40 | 12.12 | 16.16 | 51.68 |
| 淡水沼泽 | 61.85 | 2.96 | 15.77 | 80.58 |
| 库塘 | 16.05 | 6.15 | 18.27 | 40.47 |
| 滨海滩涂 | 55.52 | 3.67 | 7.56 | 66.75 |
| 滨海沼泽 | 52.35 | 5.50 | 26.46 | 84.31 |
| 湖泊湿地 | 16.97 | 10.27 | 30.04 | 57.28 |
| 河流湿地 | 5.29 | 4.62 | 17.99 | 27.90 |
| 所有湿地 | 19.63 | 8.15 | 19.05 | 46.83 |

　　一般保护空缺内所有湿地的保护比重为 19.05%。相对于优先保护空缺来说，一般保护空缺内各湿地保护比重差别不是太大，大多在 15% ～ 20%，比如洪泛湿地（14.62%）、养殖 / 盐田（16.16%）、淡水沼泽（15.77%）、库塘（18.27%）和河流湿地（17.99%）。而湖泊湿地的保护比重仍很大（30.04%），因此，长远来看，湖泊湿地保护还应继续受到关注。滨海沼泽的保护比重为 26.46%，表明滨海沼泽湿地的现有保护格局还需要优化调整；滩涂等其他滨海湿地类型比例均较小，与其在优先保护空缺中的情况类似。

　　黄淮海湿地最终跨流域保护格局优化体系中，除淡水沼泽、滨海滩涂和滨海沼泽的保护状况在原有基础上进一步优化外，湖泊湿地的保护格局比例提升最大，库塘等人工湿地保护状况也有明显提升。河流湿地、洪泛湿地在保护格局中的比例分别为27.9%和30.93%。总体而言，黄淮海地区湿地系统保护体系经过优化后，除个别类型湿地（如线性河流湿地）略低于所设定的保护目标外，整体保护状况上有较大改观，总体受保护比例由现在的20%左右增长到46.83%，而各湿地保护状况也都有不同程度的增幅，优化体系中受保护比重大多都在40%以上（表3-7、图3-25）。

## 3.6    湿地保护体系宏观布局调整建议

在优先保护格局和保护空缺分析基础上，对黄淮海区域现有湿地保护体系可以考虑如下三个方面优化调整措施：①对于面积较大且相对独立的优先保护空缺应建立高等级的保护体系（如国家级自然保护区或国际重要湿地等），实施抢救性保护；②对于一般保护空缺，特别是围绕保护区的一般保护空缺，可以建立相对较低等级的湿地保护体系，如国家湿地公园、保护小区等，并可适度开展生态旅游等湿地资源利用方式，同时也可以一定程度上减轻人为干扰，对核心保护区发挥生态缓冲作用；③对于紧邻已建保护区的优先保护空缺，可以通过保护区范围调整将周边优先保护空缺纳入；④如果为级别较低的保护区（省市级），则建议同时提升保护级别（如省级提升为国家级）。

黄淮海湿地保护优先空缺共涉及28县（市）。其中已建立保护区的县（市）有16个，共涉及13个湿地保护区（表3-8），分布在江苏（4个）、天津和河北（各3个），河南、山东和安徽（各1个）；而游离于保护区系统之外的优先保护空缺共涉及12个县（市）（表3-9），分布在河南和江苏（各3个）、天津和安徽（各2个）、河北和山东（各1个）。这些区域是近期湿地系统保护研究优先关注的对象。

对于湿地保护一般空缺来说，共涉及22个县（市）（表3-10、表3-11）。其中已建立保护区的县（市）有4个，涉及4个湿地保护区，分布在安徽（2个）、河南和山东（各1个）；而游离于保护区系统之外的一般保护空缺共涉及18个县（市），分布在安徽（9个）、山东（6个）、江苏（2个）、河南（1个）。显然未来长远时期内湿地系统保护研究的重点是新建湿地保护区，且主要集中在安徽和山东境内。

表 3-8    基于优先保护空缺的湿地系统保护区调整名录

| 序号 | 行政位置 | 保护区名称 |
|---|---|---|
| 1 | 天津武清区 | 天津大黄堡湿地自然保护区 |
| 2 | 天津静海县 | 天津市团泊鸟类自然保护区 |
| 3 | 天津宁河 | 天津古海岸与湿地国家级自然保护区 |
| 4 | 河北唐海县 | 河北省唐海湿地省级自然保护区 |
| 5 | 河北黄骅市 | 河北南大港湿地和鸟类自然保护区 |
| 6 | 河北海兴县 | 河北海兴湿地保护区 |

| 序号 | 行政位置 | 保护区名称 |
|---|---|---|
| 7 | 河南淮滨县 | 河南淮滨淮南湿地自然保护区 |
| 8 | 山东东营市 | 山东黄河三角洲国家自然保护区 |
| 9 | 江苏大丰市 | 江苏大丰麋鹿自然保护区 |
| 10 | 江苏泗洪县、洪泽县 | 江苏泗洪洪泽湖自然保护区 |
| 11 | 江苏滨海县、响水县、盐都县、射阳县 | 江苏盐城自然保护区 |
| 12 | 江苏泗洪县 | 江苏向阳水库自然保护区 |
| 13 | 安徽霍邱县 | 安徽霍邱东西湖自然保护区 |

表 3-9　黄淮海地区湿地系统优先保护空缺

| 序号 | 行政位置 | 湿地名录 |
|---|---|---|
| 1 | 天津宝坻区 | 潮白新河、青龙湾河和蓟运河 |
| 2 | 天津市辖区 | 卫南洼 |
| 3 | 河北丰南市 | 滨海湿地 |
| 4 | 河南固始县 | 淮河湿地 |
| 5 | 河南潢川县 | 寨河、潢河、白露河和春河 |
| 6 | 河南原阳县 | 黄河湿地 |
| 7 | 山东东明县 | 黄河湿地 |
| 8 | 江苏高邮市 | 高邮湖 |
| 9 | 江苏宿豫县 | 骆马湖 |
| 10 | 江苏新沂市 | 骆马湖 |
| 11 | 安徽阜南县 | 蒙洼 |
| 12 | 安徽天长市 | 女山湖 |

表 3-10　基于一般保护空缺的湿地系统保护区调整名录

| 序号 | 行政位置 | 保护区名称 |
|---|---|---|
| 1 | 河南商城市 | 河南商城鲇鱼山自然保护区 |
| 2 | 山东青岛市 | 山东即墨海洋生物自然保护区 |
| 3 | 安徽颍上县 | 安徽颍上八里河自然保护区 |
| 4 | 安徽五河县 | 安徽五河沱湖自然保护区 |

表 3-11　黄淮海地区湿地系统保护一般保护空缺

| 序号 | 行政位置 | 湿地名录 |
|---|---|---|
| 1 | 河南鲁山县 | 昭平湖 |
| 2 | 山东潍坊市辖区 | 莱州湾滨海湿地 |

| 序号 | 行政位置 | 湿地名录 |
|---|---|---|
| 3 | 山东寿光市 | 莱州湾滨海湿地 |
| 4 | 山东莱州市 | 莱州湾滨海湿地 |
| 5 | 山东广饶县 | 莱州湾滨海湿地 |
| 6 | 山东昌邑市 | 莱州湾滨海湿地 |
| 7 | 山东利津县 | 刁口湾湿地 |
| 8 | 江苏金湖县 | 白马湖、宝应湖和柳树湾湿地 |
| 9 | 江苏宝应县 | 宝应湖和白马湖 |
| 10 | 安徽寿县 | 瓦埠湖和安丰塘 |
| 11 | 安徽明光市 | 女山湖、花园湖和七里湖 |
| 12 | 安徽金寨县 | 响洪甸水库和梅山水库 |
| 13 | 安徽淮南市市辖区 | 高塘湖、十涧湖和泉大湿地公园 |
| 14 | 安徽怀远县 | 天河湖和四方湖 |
| 15 | 安徽固镇县 | 张家湖 |
| 16 | 安徽凤阳县 | 高塘湖和花园湖 |
| 17 | 安徽凤台县 | 焦岗湖 |
| 18 | 安徽长丰县 | 高塘湖和瓦埠湖 |

## 3.7　结论与讨论

本章以黄淮海地区湿地系统为研究对象，以集水区为保护规划单元，综合考虑确定的保护对象和保护代价，以 3D 连接性为原则，在湿地现状评估基础上，运用系统保护规划方法，通过湿地系统保护多预案综合对比，识别湿地保护空缺，并与现有湿地保护体系相结合，构建跨流域湿地系统保护优化体系；然后，在此基础上，提出湿地保护体系宏观布局的调整策略。结果表明：

（1）黄淮海地区库塘、养殖／盐田、湖泊湿地和河流湿地为主要湿地类型，滨海湿地、淡水沼泽和泛洪湿地面积较少。但是淡水沼泽湿地、滨海滩涂和滨海沼泽的受保护比重相对较高，分别为 61.85%、55.52% 和 52.35%；而对于河流湿地、洪泛湿地、其他滨海湿地受保护比重相对较少。总体而言，整个黄淮海地区湿地保护比例不是很高（约20%），尚有许多重要湿地游离于保护区系统之外，可能遭受着人类活动的影响，已有湿地保护区系统尚不完善，需进一步优化。

（2）通过综合对比基于 2D 连接性和基于 3D 连接性的保护方案，得出基于 3D 连接性的保护方案尽管总体花费较高，但其保护的优先格局范围明显较大，其以单位规划单元花费衡量的保护效率反而较基于 2D 连接性的方案高；特别是考虑黄淮海地区浅层地下水保护的特殊意义，所以 3D 连接性的保护方案更具有现实意义。

（3）将基于 3D 连接性与基于跨流域调水工程的湿地系统保护方案综合，得出跨流域湿地系统保护优化体系。依据不可替代性和连接性原则，确定了湿地系统保护空缺，并将其分为优先保护空缺和一般保护空缺。最后，同已有保护体系的综合对比来评估优化保护体系的效用，发现黄淮海地区湿地系统保护体系经过优化后，湿地保护状况整体上有较大改观，其中所有湿地类型受保护比重由现在的 20% 左右增长到 46.83%，而其他湿地类型也都有不同程度的增幅，优化体系中受保护比重大多在 40% 以上。另外，无论是从近期还是长远来看，黄淮海区域河流湿地保护都应给予较多的关注。

（4）将湿地保护优化体系具体到县域单元，提出了黄淮海地区跨流域湿地保护体系宏观布局调整策略，共涉及 50 个县（市）。从优先性角度分析，16 个县（市）内的 13 个已有湿地保护区需要优先进行调整，12 个县（市）需要优先新建湿地保护区；在此之后，4 个县（市）内的 4 个已有湿地保护区则可进行调整，18 个县（市）需要新建湿地保护区。另外，近期部分已有湿地保护区的调整是黄淮海地区湿地系统保护的重点，同时适当新建部分湿地保护区；而未来长远时期内，建立新的湿地保护区则是黄淮海地区湿地系统保护的关注方向。

## 参考文献

陈克林 . 2006. 黄渤海湿地与迁徙水鸟研究 [M]. 北京：中国林业出版社 .

黎伟 . 2009. 环渤海沿岸湿地保护措施 [J]. 林业调查规划，34（2）：100-103.

李翀，杨大文 . 2004. 基于栅格数字高程模型 DEM 的河网提取及实 [J]. 中国水利水电科学研究院学报，2（3）：208-214.

牛振国，宫鹏，程晓，等 . 2009. 中国湿地初步遥感制图及相关地理特征分析 [J]. 中国科学：D 辑，39（2）：188-203.

宋晓龙，李晓文，张明祥，等 . 2011. 基于连线性考虑的湿地生态系统保护多预案分析——以黄淮海地区为例 [J]. 生态学报，31（24）：7397-7407.

宋晓龙，李晓文，张明祥，等 . 2012. 黄淮海地区跨流域湿地生态系统保护网路体系优化 [J]. 应用生态学报，23（2）：475-482.

杨志峰，崔保山，黄国和，等 . 2006. 黄淮海地区湿地水生态过程、水环境效应及生态安全调控 [J]. 地球科学进展，21（11）：1119-1126.

易卫华，杨平 . 2008. 基于 DEM 数字河网提取时集水面积阈值的确定 [J]. 江西水利科技，34（4）：259-262.

Abell R, Thieme M, Dinerstein E, et al. 2002. A source book for conducting biological assessments and developing biodiversity visions for ecoregion conservation Volume Ⅱ : freshwater ecoregions. World Wildlife Fund, Washington, DC.

Abell R, Allan J D, Lehner B. 2007. Unlocking the potential of protected areas for freshwaters [J]. Biological Conservation, 134(10)：48-63.

Amis M A, Rouget M, Lotter M, et al. 2009. Integrating freshwater and terrestrial priorities in conservation planning [J]. Biological Conservation, 142(10): 2217-2226.

Asmyhr M G, Linke S, Hose G, et al. 2014. Systematic Conservation Planning for groundwater ecosystems using Phylogenetic Diversity [J]. PLoS ONE, 12: 1-15.

Ausseil A G, Chadderton W L, Gerbeaux P. 2011. Applying systematic conservation planning principles to palustrine and inland saline wetlands of New Zealand [J]. Freshwater Biology, 56: 142-161.

Ball I R, Possingham H P, Watts M. 2009. MARXAN and relatives: software for spatial conservation prioritisation[A]// Moilanen A, Wilson K A, Possingham H P. Spatial conservation prioritisation: quantitative methods and computational tools[M]. Oxford: Oxford University Press: 185-195.

Balmford A. 2003. Conservation planning in the real world: South Africa shows the way [J]. Trends in Ecology & Evolution,18(9): 435-438.

Boon P J, Wilkinson J, Martin J. 1998. The application of SERCON (System for Evaluating Rivers for Conservation) to a selection of rivers in Britain [J]. Aquatic Conservation: Marine and Freshwater Ecosystems, 8(4): 597-616.

Bush A, Hermoso V, Linke S, et al. 2014. Freshwater conservation planning under climate change: demonstrating proactive approaches for Australian Odonata [J]. Journal of Applied Ecology, 51:1273-1281.

Carwardine J, Rochester W A, Richardson K S, et al. 2007. Conservation planning with irreplaceability: does the method matter? [J]. Biodiversity and Conservation, 16(1): 245-258.

Cowling R M, Pressey R L, Rouget M, et al. 2003. A conservation plan for a global biodiversity hotspot: the Cape Floristic Region [J]. South Africa Biological Conservation, 112: 191-216.

Dinerstein E. 2007. Global and local conservation priorities [J]. Science, 318(5855): 1377-1382.

Fausch K D, Torgersen C E, Baxter C V, et al. 2002. Landscapes to riverscapes: bridging the gap between research and conservation of stream fishes: A continuous view of the river is needed to understand how processes interacting among scales set the context for stream fishes and their habitat [J]. AIBS Bulletin, 52(6): 483-498.

Fleury A M, Brown R D. 1997. A framework for the design of wildlife conservation corridors with specific application to southwestern Ontario [J]. Landscape and Urban Planning, 37(4): 163-186.

Forman R T T. 1995. Some general principles of landscape and regional ecology [J]. Landscape Ecology, 10(3): 133-142.

Frissell C A, Liss W J, Warren C E, et al. 1986. A hierarchical framework for stream habitat classification: viewing streams in a watershed context [J]. Environmental Management, 10(2): 199-214.

Heiner M, Higgins J, Li X H, et al. 2011. Identifying freshwater conservation priorities in the

Upper Yangtze River Basin [J]. Freshwater Biology, 56: 89-105.

Heino J, Mykrä H. 2006. Assessing physical surrogates for biodiversity: Do tributary and stream type classifications reflect macroinvertebrate assemblage diversity in running waters?[J]. Biological Conservation, 129(3): 418-426.

Hermoso V, Linke S, Prenda Marín J, et al. 2011a. Addressing longitudinal connectivity in freshwater systematic conservation planning [J]. Freshwater Biology, 57: 56-70.

Hermoso V, Pantus F, Olley J, et al. 2011b. Systematic planning for river rehabilitation: integrating multiple ecological and economic objectives in complex decisions [J]. Freshwater Biology, 57: 1-9.

Hermoso V, Kennard M J, Linke S. 2012. Integrating multi-directional connectivity requirements in systematic conservation planning to prioritise fish and water bird habitat in freshwater systems [J]. Diversity and Distributions, 18: 448-458.

Higgins J V, Bryer M T, Khoury M L, et al. 2005. A freshwater classification approach for biodiversity conservation planning [J]. Conservation Biology, 19(2): 432-445.

Kerley G I, Pressey R L, Cowling R M, et al. 2003. Options for the conservation of large and medium-sized mammals in the Cape Floristic Region hotspot, South Africa [J]. Biological Conservation, 112(1): 169-190.

Klein C, Wilson K, Watts M, et al. 2008. Incorporating ecological and evolutionary processes into continental - scale conservation planning [J]. Ecological Applications, 19(1):206-217.

Knight A T, Cowling R M, Rouget M, et al.2008. Knowing but not doing: selecting priority conservation areas and the research–implementation gap [J]. Conservation biology, 22(3): 610-617.

Levin N, Watson J E, Joseph L N. 2013. A framework for systematic conservation planning and management of Mediterranean landscapes [J]. Biological Conservation, 158: 371-383.

Linke S, Pressey R L, Bailey R C, et al. 2007. Management options for river conservation planning: condition and conservation revisited [J]. Freshwater Biology, 52(5):918-938.

Linke S, Norris R H, Pressey R L. 2008. Irreplaceability of river networks: towards catchment-based conservation planning [J]. Journal of Applied Ecology, 45(5):1486-1495.

Linke S, Turak E, Nel J. 2011. Freshwater conservation planning: the case for systematic approaches [J]. Freshwater Biology, 56: 6-20.

Linke S, Kennard M J, Hermoso V, et al. 2012. Merging connectivity rules and large scale condition assessment improves conservation adequacy in a tropical Australian river [J]. Journal of Applied Ecology, 49: 1036-1045.

Margules C R, Pressey R L. 2000. Systematic conservation planning [J]. Nature, 405(6783): 243.

Margules C R, Sarkar S. 2007. Systematic conservation planning [M]. Cambridge: Cambridge University Press.

Myers N, Mittermeier R A, Mittermeier C G, et al. 2000. Biodiversity hotspots for conservation priorities [J]. Nature, 403(6772): 853.

Myers N. 1990. The biodiversity challenge: expanded hotspots analysis [J]. The environmentalist, 10(4): 243-256.

Naiman R J, Lonzarich D G, Beechie T J, et al. 1992. General principles of classification and the assessment of conservation potential in rivers [J]. River Conservation and Management: 93-123.

Nel J L, Roux D J, Abell R, et al. 2009. Progress and challenges in freshwater conservation planning [J]. Aquatic Conservation, Marine and Freshwater Ecosystems, 19(4): 474-485.

Nel J L, Roux D J, Maree G, et al. 2007. Rivers in peril inside and outside protected areas: a systematic approach to conservation assessment of river ecosystems [J].Diversity and Distributions, 13(3): 341-352.

O'Callaghan J F, Mark D M. 1984. The extraction of drainage networks from digital elevation data [J]. Computer Vision, Graphics and Image Processing, 28(3): 323-344.

Olson D M, Dinerstein E. 1998. The Global 200: a representation approach to conserving the Earth's most biologically valuable ecoregions [J]. Conservation Biology, 12(3): 502-515.

Peterson A T, Egbert S L, Sánchez-Cordero V, et al. 2000. Geographic analysis of conservation priority: endemic birds and mammals in Veracruz, Mexico [J]. Biological Conservation, 93(1): 85-94.

Polasky S. 2008. Why conservation planning needs socioeconomic data [C]. Proceedings of the National Academy of Sciences, 105(18): 6505-6506.

Powell G V N, Barborak J, Rodriguez M. 2000. Assessing representativeness of protected natural areas in Costa Rica for conserving biodiversity: a preliminary gap analysis [J]. Biological Conservation, 93(1): 35-41.

Pressey R L, Humphries C J, Margules C R, et al. 1993. Beyond opportunism: key principles for systematic reserve selection [J]. Trends in Ecology & Evolution, 8(4): 124-128.

Pressey R L, Cabeza M, Watts M E, et al. 2007. Conservation planning in a changing world [J]. Trends in Ecology & Evolution, 22(11): 583-592.

Rodrigues A S L, Andelman S J, akarr M I, et al. 2004. Effectiveness of the global protected area network in representing species diversity [J]. Nature, 428(6983): 640-643.

Sarkar S, Aggarwal A, Garson J, et al. 2002. Place prioritization for biodiversity content [J]. Journal of Biosciences, 27(4): 339-346.

Seabloom E W, Dobson A P, Stoms D M. 2002. Extinction rates under nonrandom patterns of habitat loss [J]. PNAS, 99: 11229-11234.

Sophocleous M. 2002. Interactions between groundwater and surface water: the state of the science [J]. Hydrogeology Journal, 10(1): 52-67.

Strahler A N. 1957. Quantitative analysis of watershed geomorphology [J]. Eos,Transactions American Geophysical Union, 38(6): 913-920.

Thieme M, Lehner B, Abell R, et al. 2007. Freshwater conservation planning in data-poor areas:

an example from a remote Amazonian basin (Madre de Dios River, Peru and Bolivia) [J].
　　Biological Conservation,135(4): 484-501.

Tribe A. 1992. Automated recognition of valley lines and drainage networks from grid digital
　　elevation models: a review and a new method [J]. Journal of Hydrology, 139(4): 263-293.

Turak E, Ferrier S, Barrett T. 2011. Planning for the persistence of river biodiversity: exploring
　　Multidirectional connectivity for conservation planning [J]. Diversity and Distributions, 18:
　　448-458.

Wilson K A, McBride M F, Bode M, et al. 2006. Prioritizing global conservation efforts [J].
　　Nature, 440(7082): 337.

# 第 4 章
# 黄淮海湿地生态系统服务功能保护格局优化

## 4.1 研究背景与意义

生态系统服务功能支撑着人类社会和地球物种的发展，而全球生态系统及其服务功能受胁退化严重削弱了全球大多数区域的可持续发展的资源环境基础（Balvanera et al.，2006；Kremen et al.，2005）。有研究表明，生态系统服务和生物多样性之间存在相互关联，在某种程度上生物多样性为生态系统服务功能提供了支撑功能；同时生态系统的生境支持功能又为生物多样性的可持续性提供了保障（Naidoo et al.，2006）。然而，不少研究也表明生物多样性和生态系统服务功能之间的非相关性，特别是某些生态系统服务支持和调节功能是由很多生态系统因子共同决定的，如蓄水调洪服务是由景观、土地利用和管理方式等生物和非生物因素共同决定的（Guo et al.，2001；Maitre et al.，2007）。Chan 等（2006）在区域尺度上研究了美国加利福尼亚地区生物多样性与生态系统服务功能的空间关联，发现两者之间的相互关系和空间重叠程度都不高；在全球尺度上，Turner 等的研究表明，尽管全球不同类型生物保护优先区与生态系统服务存在明显的空间重叠，生物多样性也只与某些类型生态系统服务区域存在空间耦合关系，且具有明显的尺度依赖性（Turner et al.，2007）。制订兼顾生物多样性和生态系统服务功能的综合保护规划对于区域自然资源有效保护意义重大，需要进一步通过案例研究揭示生物多样性保护格局对不同类型生态系统服务功能的支撑作用，阐明生物多样性不同组分与生态系统服务各功能类型和要素之间的相互关联和耦合机制，明确生物多样性保护格局多大程度上能支撑和保障生态系统服务功能的发挥（Christian et al.，2009）。

生态系统服务功能和生物多样性可持续都是人类存在发展的重要资源基础，而两者之间的耦合关系复杂，存在不确定性。因此，有必要识别生态系统服务功能的"热点地区"，并制订相应的保护规划以确保对生态系统服务功能的持久性，确定生态系统服务功能保护优先格局也是进一步制订整合生态系统服务和生物多样性保护综合规划所必需的。目前生态系统服务功能保护研究多限于陆域生态系统（Robin，2008；Zhang et al.，2007；Sweeney et al.，2004；Swift et al.，2004；Nelson et al.，2009；Lavorel et al.，2011），即便涉及湿地区域，也多采用陆域生态系统保护规划构架，忽视了流域湿地系统具有纵向、横向和垂向多维连接性特点，且相关研究集中于湖泊、沼泽、滨海等非河流湿地类型（Worms et al.，2006；Hershner et al.，2008；Likens，2009），缺少对河流生态系统服务功能进行评估及保护规划研究案例，因此，建立适用于流域湿地，特别是整合河流与非河流湿地生态系统服务功能评估及保护格局优化方面研究，是有待深入开拓的研究方向。

黄淮海地区是我国社会经济发展重心之一，湿地类型多样，生物多样性和生态系统服务价值巨大。同时，区域城市化扩展、农业土地利用过程剧烈，生态环境脆弱。人类活动长期、累积性的干扰使得区域湿地生态系统服务功能和生物多样性均受到严重威胁，在已有基于湿地生物多样性的保护体系建设基础上，如何识别湿地生态系统服务功能保护的关键格局，分析其与湿地生物多样性的空间耦合机制，最终建立整合湿地生态系统服务功能和生物多样性关键格局，同时兼顾社会经济成本代价的区域湿地生态系统综合优化格局，已成为黄淮海区域可持续发展值得关注的重要论题。

基于上述研究背景，本章研究内容包含如下两个方面：

（1）黄淮海平原湿地生态系统服务功能现状评估与分析。突出流域湿地连接性的本质特征，首先整合河流与非河流湿地生态系统服务功能的评估方法，在生态系统服务功能与生物多样性空间耦合性分析的基础上，评估现有保护区对生态系统服务功能的支持程度。由于河流具有上下游传递效应，水动力、水质、水量、营养物质的迁移转化都随空间发生改变，这与其他类型湿地有着极大的差别，因此，在分析湿地生态系统服务功能时，需要将其单独考虑。为便于开展湿地生态系统服务功能评估，本章基于全国湿地分类数据，将湿地分为河流与非河流湿地类型，分别计算其生态系统服务功能；再将二者结合，得到了横向和纵向考虑（2D）的湿地生态系统服务价值现状。为了提高生态系统服务功能的可持续性，还将地下水对于地表湿地的支持性和连接性纳入考虑，评价了基于横向、纵向和垂向（3D）的优化后的湿地生态系统服务价值现状。由于目前大多数湿地保护区是为保护生物多样性而设立，因此结合现有湿地保护区分布情况，分别对 2D 和 3D 的生态系统服务功能与保护现状进行叠加，分析现有保护区对生态系统服务功能的支持程度。

（2）黄淮海湿地生态系统服务功能系统保护规划研究。首先借鉴保护生物学相关理论方法和系统保护规划理论，基于 De Groot 等（2002）提出的生态系统服务功能主要类型，选择了地表径流、地表水调节、固碳和生境支撑 4 种生态系统服务功能作为保护格局优化对象，运用系统保护规划理论和方法建立黄淮海地区生态系统服务功能保护优先格局，该格局能以最小的代价最大限度地保护区域湿地生态系统服务功能（Benis N et al.，2011）；然后再进一步分析湿地生物多样性和生态系统服务功能格局空间耦合特征，探索耦合优化湿地生态系统服务功能和生物多样性的综合保护体系。

## 4.2　研究方法与技术路线

### 4.2.1　数据来源及处理

所需数据来源包括 90 m 分辨率 DEM 数据（SRTM）、1∶250 000 数字水系图、湿地鸟类分布数据、湿地类型分布与湿地保护区分布数据、地下水分布数据、全国水资源分区、土地利用类型和地貌分布图、土壤分布图以及全国县域行政区划图等。其中，DEM 空间数据采用了由 WWF 开发的基础水文数据——HydroSheds；湿地保护区分布数据主要来源于当地管理部门、参考文献和专家知识；湿地分布数据来源于中国科学院遥感应用研究所；土地利用类型分布数据、土壤数据、地貌数据来源于中国科学院地理科学与资源研究所；1∶250 000 水系数据和全国县域行政区划数据主要来源于国家基础地理信息中心；中国土壤数据与中国年平均降雨图数据均来自中国科学院科学数据库；地下水数据来源于中国地质科学院水文地质环境地质研究所。

与第 3 章相同，河流湿地网络提取采用 Strahler 水系系统分级规则划分成 5 个等级及非河流湿地包括湖库、淡水沼泽、滨海湿地等 3 种类型，需要分别计算其生态系统服务功能。同时，为体现流域的连接性，空间规划单元与第 3 章一样，采取集水单元（亚流域单元）。

### 4.2.2　河流及非河流湿地生态系统服务功能评估方法

径流是河流生态系统（河流湿地）传递能量的主要方式，河流生态系统服务功能也是以径流量为载体。因此，河流湿地生态系统服务功能主要依据径流及河网密度（周洪建等，2008；Paul L Ringold et al.，2009）进行评价，其评估公式如下：

$$\mathrm{ES_r} = \alpha \sum_{i=1}^{n} \mathrm{ES_{ruf}} + \beta \mathrm{ES_{rd}} \tag{4-1}$$

式中，$\mathrm{ES_r}$ 为河流湿地生态系统服务功能价值，其计算结果在空间上通过 GIS-Natural break 算法予以分级表示；$\mathrm{ES_{ruf}}$ 为径流量表征的生态系统服务功能价值；$\mathrm{ES_{rd}}$ 为河网密度表征的生态系统服务功能价值；$n$ 为流域单元数量；$\alpha$、$\beta$ 分别为径流量和河网密度的评价指标权重。受径流数据资料所限，采用美国农业部水土保持局开发的无资料区径流量和洪峰流量 SCS 经验模型（Raw et al.，1992），估算每个流域单元内的径流量，作为径流调节等生态系统服务价值的替代因子，该模型可用于计算不同土地利用方式、不同土壤类型以及不同降水条件下的地表径流，其计算公式如下：

$$S = \frac{25\,400}{\mathrm{CN}} - 254 \tag{4-2}$$

式中，$S$ 为估算的集水单元径流量；CN 为土壤潜在入渗量，反映了流域前期土壤湿润程度（AMC），取决于集水单元的土壤质地、土地利用方式、降水量和土壤含水量。由于缺乏实测数据，CN 值通过查找美国农业部水土保持局制定的 CN-AMC 表来确定，AMC 值则参照美国农业部水土保持局三级划分指标，采用年平均降水作为划分标准。本章中 AMC 取值考虑了黄淮海区域所代表的半干旱季节性降水特征、土壤质地和前期降雨条件等，土壤类型、土地利用方式、降水量等数据从中科院资源环境数据库获取。

黄淮海区域非河流湿地主要包括淡水沼泽、滨海湿地和湖库等类型。参照国内外相关研究（Wilson et al.，1999；Nelson et al.，2009；Costanza et al.，1997；欧阳志云等，1999；赵同谦等，2003；徐玉梅等，2006），针对非河流湿地不同类型，本章在 Costanza 等提出的生态系统服务功能类型的基础上，根据我国黄淮海地区湿地生态系统特征，选择了一系列相关生态系统服务功能（表 4-1），参照相关文献中不同生态系统服务功能评估方法（Eade et al.，1996；Naidoo et al.，2008），估算不同类型非河流湿地的不同生态系统服务功能。

**表 4-1　黄淮海地区非河流湿地生态系统服务功能**

| 非河流湿地 | 水源供给 | 水量调蓄 | 土壤持留 | 水质净化 | 物质生产 | 生物生境 | 固碳 | 文化娱乐 |
|---|---|---|---|---|---|---|---|---|
| 湖库 | √ | √ | √ | √ | √ | | | |
| 淡水沼泽 | | | √ | | | √ | √ | |
| 滨海湿地 | | | | √ | | √ | | √ |

非河流湿地生态系统服务功能的评估公式：

$$ES_i = \sum_{j=1}^{n} (\alpha_j \times A_{ij} \times ES_j)$$
(4-3)

式中，$ES_i$ 为第 $i$ 个集水区单元的生态系统服务功能；$\alpha_j$ 为第 $j$ 种湿地类型所占权重；$n$ 为湿地类型数量；$A_{ij}$ 为第 $i$ 个集水区单元内第 $j$ 种湿地类型的面积；$ES_j$ 为单位面积的第 $j$ 类湿地生态系统服务功能价值。

借助系统保护规划方法，选择关键的生态系统服务功能优化目标进行湿地生态系统服务功能空间规划，旨在以最小的保护代价最大限度地保护多类型生态系统服务功能。本章在基于 De Groot R 等（2002）提出的生态系统服务功能类型的基础上，选择了地表径流、地表水调节、固碳和生境支撑 4 种典型的湿地生态系统服务功能作为格局优化目标，设定保护成本，迭代计算后得出生态系统服务功能保护格局。然后将生态系统服务功能的多样性也作为优化目标，迭代计算后建立生态系统服务功能保护综合优化格局。

### 4.2.3  不同类型生态系统服务功能优化目标值设定

分析现状 SCS 径流模型模拟结果，本区域内大部分径流量集中在局部区域，即 50% 的径流量仅由 27% 的区域产生。因此，以 SCS 模型得出的地表径流量作为该项湿地生态系统服务功能的替代评估值，对各湿地单元的径流调节服务功能大小划分等级。通常系统保护规划中将较高等级的规划单元（4 ～ 6 等级）设定为热点地区（hotspots），经过计算，黄淮海地区这些区域的总计径流量至少为 5 560 m³。考虑对这些地表径流热点地区实施全面保护也不现实，为了设定合适的保护目标，以地表径流为主要对象，选取一系列目标（10% ～ 80%）进行保护效益（即上述不同保护比例所对应的保护成本）的敏感性分析，最终确定 60% 的热点地区面积作为径流调节功能的保护比例。

作为区域湿地系统的重要组分，浅层地下水通过水文垂直连通对地表湿地系统生态需水发挥着重要的调节作用。流域单元的水源涵养和水文调节功能与存储在土壤的浅层地下水资源量密切相关（Mccarthy，2006），地下水对地表径流的补给作用直接影响了流域单元的地表水量。黄淮海平原大部分位于我国华北水资源匮乏区域，地下水超采导致地下水补给不足，水位持续下降；同时，根据收集的地下水水质空间分布数据，由于土壤和地表水体污染的渗透，地下水水质污染严重，达到可直接饮用水质标准的不足 20%（杨志峰等，2006）。

考虑黄淮海区域地下水 - 地表水水文连通效应对区域湿地生态系统长期维持的重要性，以及地下水水质对区域生态环境和人体健康的重要影响，本章基于地下水水质分布（图 4-1），从地下水对表层湿地生态系统生态需水和水质影响角度，以地下水质量分级表征地表水调节功能，将地下水质量分区作为该生态系统服务功能的替代计量因子，并设定地表水 - 地下水调节热点区域为可饮用地下水和适当处理后可饮用地下水所处集水单元。根据地下水质量分级，考虑黄淮海区域地下水资源的极端匮乏和生态系统服务功能的重要性，设定如下保护目标：直接可饮用的地下水保护 100%，适当处理后可饮用地下水保护 80%，对不可饮用但工业可用的地下水保护 50%，考虑对不可饮用但工业可用的地下水的保护是为了强调未来对其水质改善和修复的可能。

针对不同地貌类型湿地的研究表明：冲积平原的固碳能力大于洼地平原，其他类型湿地的固碳能力排序为：淡水沼泽＞滨海＞湖库，海拔高的湿地固碳能力强于位于海拔低区域的湿地类型（Scott D et al.，2006），河流湿地的固碳能力几乎为零（Andy Bullock et al.，2003）。因此，可以基于海拔高度、地面起伏度、坡度等地貌因子和不同类型湿地组合（表 4-3），确定每种地貌 - 湿地类型的相对固碳速率（表 4-3），然后根据固碳速率，针对集水单元所拥有的不同地貌湿地类型进行固碳能力计算，按照固碳能力的强弱分为六级，得出固碳能力的空间分布格局（图 4-2）。固碳能力的具体计量评估方法为：

$$CSC_i = \sum A_{ij} \cdot CSC_{ij} \tag{4-4}$$

式中，$CSC_i$ 为第 $i$ 个集水区单元所具有的固碳能力；$CSC_{ij}$ 为第 $i$ 个集水区单元中第 $j$

种地貌湿地类型固碳水平归一化处理之后的固碳速率，gC/（m² · a）；$A_{ij}$ 为第 $i$ 个集水区单元中第 $j$ 种地貌湿地类型面积。

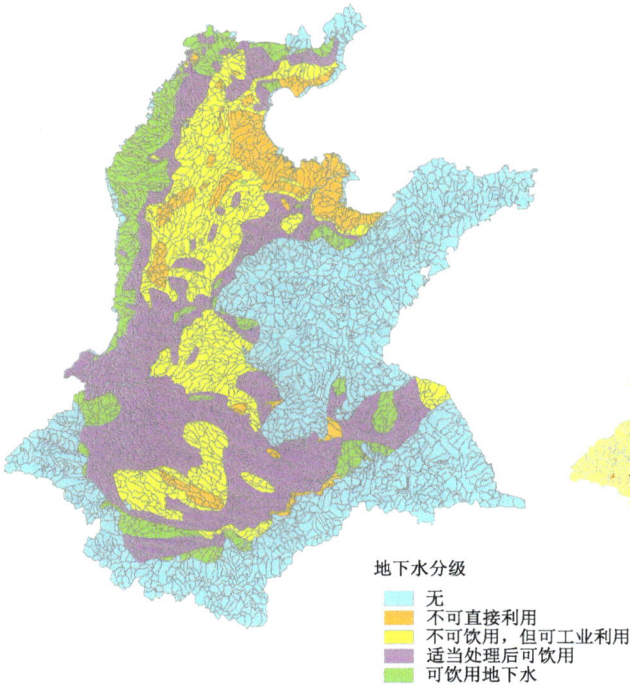

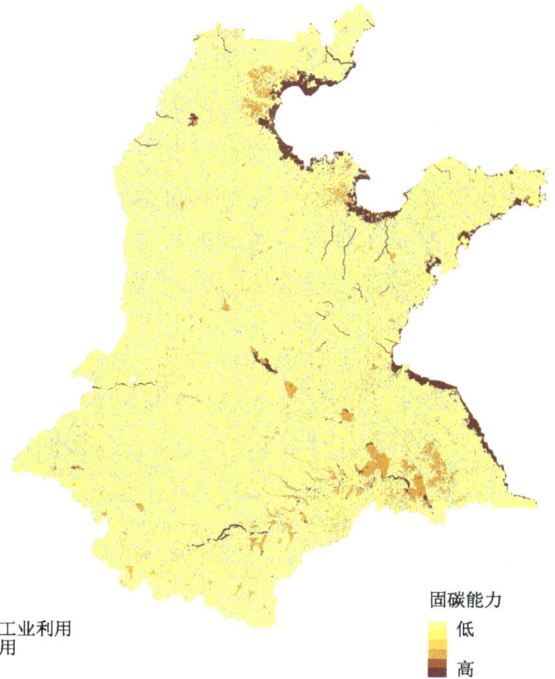

图 4-1　黄淮海湿地地下水质量分级

图 4-2　黄淮海湿地固碳能力分级

表 4-2　地貌类型划分依据

| 等级 | 影响因素 | | |
|---|---|---|---|
| | 海拔 | 起伏度 | 非河流湿地类型 |
| 高 | 低海拔（＜200 m） | 平原 | 淡水沼泽 |
| 中 | 中海拔（200～1 000 m） | 丘陵 | 滨海湿地 |
| 低 | 高海拔（＞1 000 m） | 山地 | 湖库 |

表 4-3　权重修正后固碳效率　　　　　　　　单位：gC/（m² · a）

| 地貌－湿地类型 | 固碳速率 | 地貌－湿地类型 | 固碳速率 |
|---|---|---|---|
| 低海拔平原湖库 | 1.7 | 高海拔丘陵湖库 | 1.7 |
| 低海拔平原淡水 | 2.3 | 低山湖库 | 1 |
| 低海拔平原滨海 | 2 | 低山淡水沼泽 | 1.6 |
| 高海拔平原湖库 | 2.05 | 低山滨海 | 1.3 |
| 低海拔丘陵湖库 | 1.35 | 高山湖库 | 1.35 |
| 低海拔丘陵淡水 | 1.95 | 高山淡水沼泽 | 1.14 |
| 低海拔丘陵滨海 | 1.65 | | |

类比其他替代因子设置方法，将 6 个等级中最高的两个区域设为热点地区。鉴于碳储存也是国际上公认的湿地生态系统服务的一项重要功能，因此可以直接将碳储存热点区域保护比例设定为 50%。

参照第 3 章有关生物多样性保护目标的设置，从黄淮海区域列入《IUCN 红色名录》且具有生境代表性和互补性的珍稀濒危水鸟中选取了 15 种作为湿地生境保护的指示物种，将其基于现状生境（综合野外调查和专家咨询，见第 3 章）分布的优化格局用以表征湿地生态系统服务的生境支撑功能。在进行保护目标的设置时，参照 IUCN 相关建议及设置标准，将现有生境 30% 作为生境支撑功能目标。

参照第 3 章有关生物多样性保护代价设置方法，选取公路、铁路、城镇、农村居民点和水坝等人为干扰因子，通过构建人为干扰指数来表征保护代价。代价指数越大，选择该区域作为新保护地的代价就越大。从另一角度来说，成本代价指数也可称为生态完整性指数，二者互为倒数。人为干扰越大，保护代价越高，则生态完整性指数就越低，所以该指数也可以作为评估一个地区生态完整性或者偏离自然状态程度的指标。

基于系统保护规划构架，将上述数据输入 Marxan 空间优化模型，得出规划单元（集水单元）的各生态系统服务功能的不可替代性值。依据不可替代性值的大小，识别出黄淮海湿地生态系统服务功能保护的优先格局，与现有保护区对比，识别各生态系统服务功能的保护空缺。

## 4.3    黄淮海湿地生态系统服务现状及其与现有保护格局空间关联

在对河流湿地和非河流湿地进行生态系统服务功能评估后，将二者综合则得到黄淮海地区湿地生态系统服务功能现状空间分布格局。依据 GIS 自然分割法（nature break）将其分为 6 个等级（表 4-4、图 4-3 至图 4-5）。从空间分布可以看出，2D 与 3D 生态系统服务功能较高的区域相对集中在滨海区域，这主要是由于内陆淡水湿地和滨海湿地等非河流湿地类型转变为水产养殖和盐田等，使该区域内库塘和水产养殖场等半自然湿地面积比例较高。而且，河流生态系统中径流量较高的干流区域生态系统服务价值较高。

2D 情形下，IV—VI 级生态系统服务功能较高的湿地面积所占比重为 5.2%，共有 91 个流域单元，占总流域单元数量的 3%。但目前保护区系统最高的生态系统服务等级仅为 4 级，且只占有 14 个流域单元，保护区占有的 157 个单元中，大多数湿地生态系统服务功能仅为 III 级单元。因此，2D 情景下现有保护区没有对 V 级、VI 级等高等级湿地生态系统服务关键区域起到有效保护作用。

3D 情景下，IV—VI 级功能价值较高的湿地共有 156 个流域单元高于 2D 条件，占总流域单元数量的 4.9%，表明基于 3D 连接性保护能在一定程度上提升区域湿地生态系统服务功能。但 3D 情形下所有保护区占有的最高生态系统服务等级只有 V 级，且仅有 8 个集水单元；已有保护区尽管占据 270 个集水区单元，但大多数覆盖区域的生态系统服务功能仅为 II 级。显然，现有生态保护区过于强调生物多样性保护，忽略流域湿地（特别是河流湿地）所特有的生态系统服务调节功能，无论 2D 还是 3D 情形下，黄淮海区域存在不少湿地生态系统服务关键格局的保护空缺和支撑盲点。

表 4-4　3D 情形下黄淮海地区湿地生态系统服务价值面积、等级及其比例

| 服务功能等级 | 面积 /km² | 面积比例 /% | 集水单元数量 | 数量比例 /% |
|---|---|---|---|---|
| I | 184 641.10 | 37.68 | 1 591 | 49.81 |
| II | 181 997.06 | 37.13 | 1 106 | 34.63 |
| III | 97 850.77 | 19.97 | 341 | 10.68 |
| IV | 22 484.31 | 4.59 | 118 | 3.69 |
| V | 2 432.78 | 0.51 | 33 | 1.03 |
| VI | 641.22 | 0.13 | 5 | 0.16 |
| 总计 | 490 047.16 | 100 | 2 194 | 100 |

河流湿地生态系统服务价值　　　　　　非河流湿地生态系统服务价值

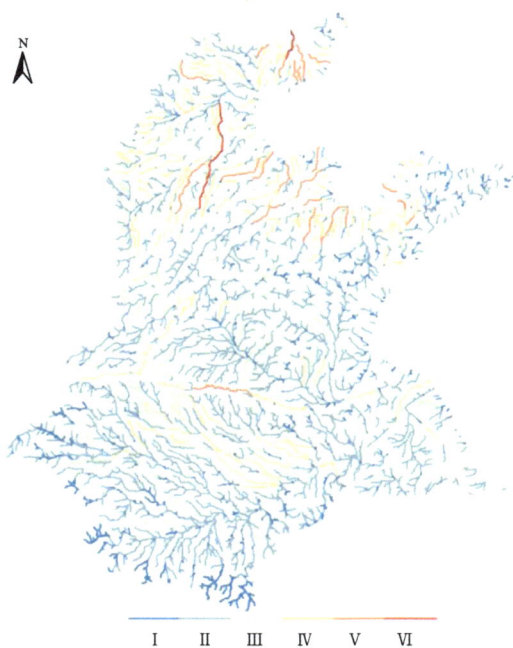

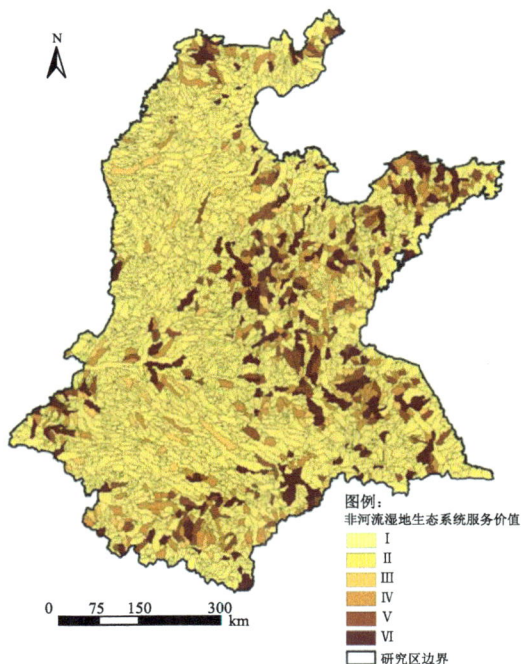

图例：
非河流湿地生态系统服务价值
- I
- II
- III
- IV
- V
- VI
- 研究区边界

I　II　III　IV　V　VI

0　75　150　300 km

基于 2D 黄淮海湿地综合生态系统服务价值                    基于 3D 黄淮海湿地生态系统服务价值

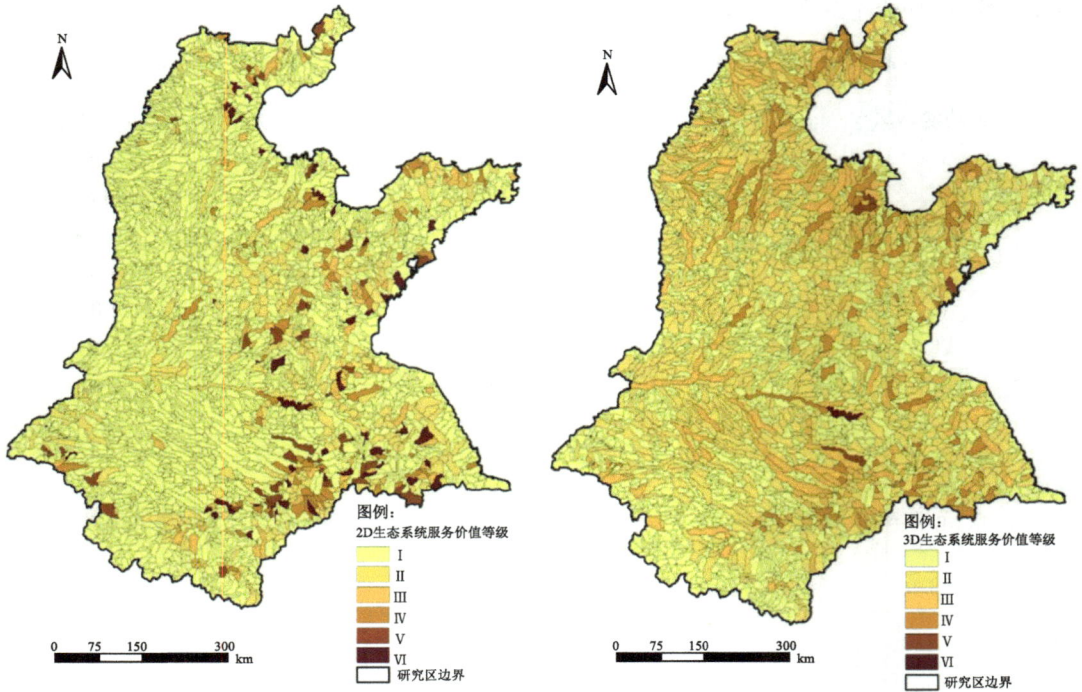

图 4-3    黄淮海湿地生态系统服务功能空间格局

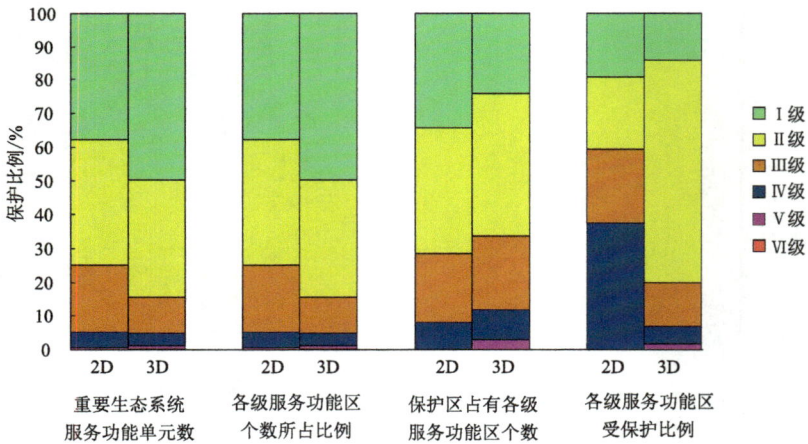

图 4-4    黄淮海区域不同等级湿地生态系统服务功能被保护比例

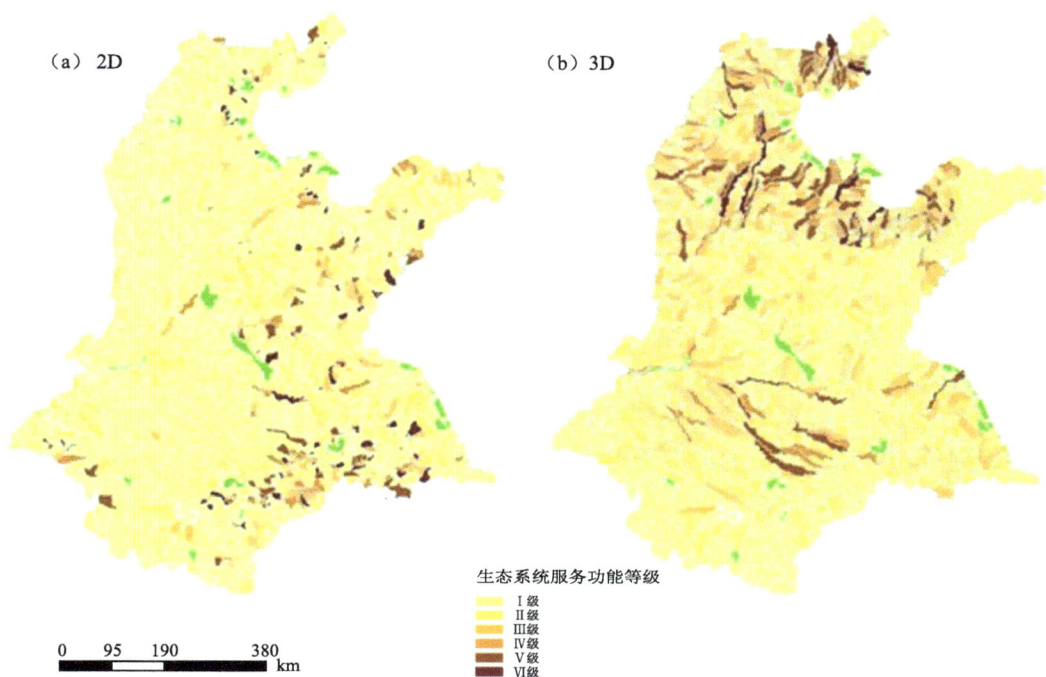

(a) 2D　　(b) 3D

生态系统服务功能等级
- I 级
- II 级
- III 级
- IV 级
- V 级
- VI 级

0　95　190　　380 km

图 4-5　2D 及 3D 情形下，黄淮海湿地现有生态系统服务格局与湿地保护体系的对比

采用空间配对 $T$ 检验对黄淮海湿地生态系统服务功能分布格局与现有保护区的空间相关性进行如下分析：

（1）2D 情形下的对比分析（表 4-5）。现有湿地保护区格局无论是与河流湿地生态系统服务功能（河流 ES 总值）、非河流湿地生态系统服务功能（非河流 ES 总值），还是二者综合的湿地生态系统服务功能现状相比，（ES_2D 总值）均存在显著性差异，其中河流湿地生态系统服务格局与保护格局差异更为显著。可见，黄淮海区域现有以保护生物多样性为目标的保护格局并不能有效维护湿地系统生态系统服务功能的发挥，特别是对于生物多样性保护价值不显著，但径流调节等生态系统服务调节功能极为关键的河流湿地类型。

表 4-5　黄淮海湿地生态系统服务功能与保护区分布的配对 $T$ 检验

| 配对 $T$ 检验 | ES_2D 总值 | 河流 ES 值 | 非河流 ES 值 |
| --- | --- | --- | --- |
| 保护区 | $r=0.042$；$p=0.017$ | $r=0.021$；$p=0.233$ | $r=0.024$；$p=0.167$ |

（2）3D（考虑地下水）情形下的对比分析（表 4-6）。将考虑了地下水的 3D 生态系统服务功能现状格局（ES_3D 总值）分别与现有保护区、基于 2D 连接性的湿地系统保护格局以及跨流域湿地生物多样性系统保护综合格局（参见第 3 章相关内容）进行空间耦合效应分析（表 4-6），结果表明，现有保护格局对 3D 生态系统服务功能格局的保护水平（$r=0.183$；$p=0.000$）有所提高。

表 4-6　3D 连接性的黄淮海湿地生态系统服务功能与保护区的配对 $T$ 检验

| 配对 $T$ 检验 | 现有保护区 | ES_2D 总值 | 3D_生物多样性优先保护区 |
|---|---|---|---|
| ES_3D 总值 | $r=0.183$；$p=0.000$ | $r=0.530$；$p=0.000$ | $r=0.111$；$p=0.000$ |

## 4.4　黄淮海湿地生态系统服务保护优先格局及其保护空缺

增加了生态系统服务功能多样性目标计算模拟出的黄淮海湿地生态系统服务优先保护格局结果如图 4-6 所示。

从空间上看，被选为优先格局的规划单元多分布在滨海区域，格局也较为紧凑。这些规划单元以相对较低的成本能支撑多种生态系统服务功能的高值区，具有较高的生态系统服务功能保护效率。

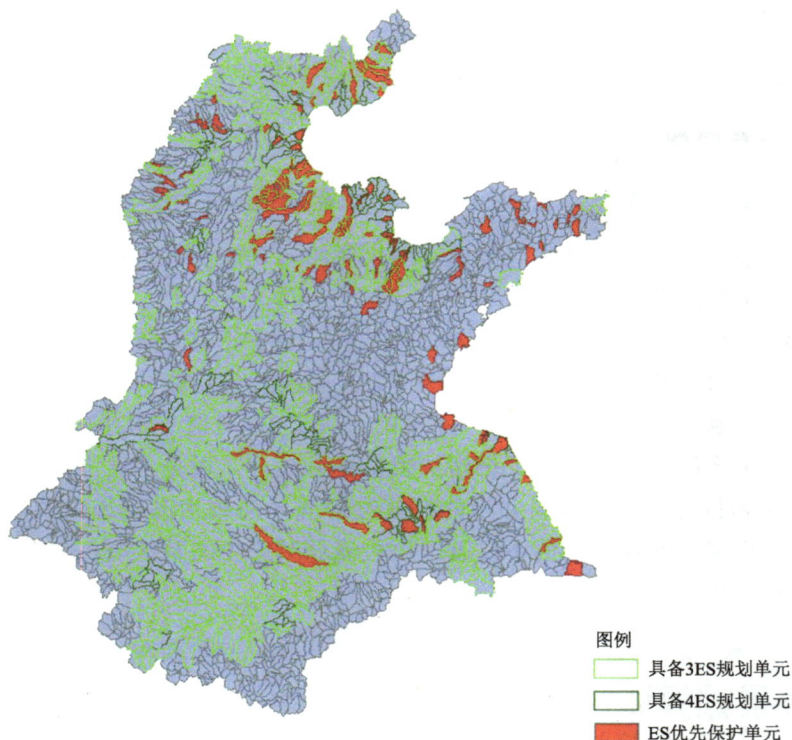

图 4-6　黄淮海湿地生态系统服务功能多样性及其优先保护格局

从数量上看，综合优化格局中共有 133 个规划单元被选中（即为"生态系统服务功能的优先性地区"），其中具备 3 种和 4 种生态系统服务功能类型的规划单元分别为 50 个和 33 个，具有 3 种以上生态系统服务功能类型的单元占有比例高达 62.4%，这说明强调生态系统服务功能保护目标之后，优先格局偏好选择具有多种生态系统服务功能的规划单元（集水单元），强调以最小面积高效保护生态系统服务功能的多样性。

比较现有湿地保护区的分布数量情况，黄淮海区域现有湿地保护区占有 278 个规划单元，优化后的生态系统服务功能保护格局占有 143 个规划单元，其中，两者之间相互耦合的规划单元只有 32 个，有 111 个规划单元游离于现有保护体系之外，表明现有保护体系对生态系统服务功能优先格局只能提供 22.3% 的保护效率，仍有大量生态系统服务功能保护空缺需要进行填补。这进一步说明，以物种或生境为核心的保护体系，未能同时对区域生态系统服务功能提供有效支撑。

分析规划优化结果与现有湿地保护区的空间相关性。生态系统服务功能的优先性区域大多分布在现有保护区周围，其中部分区域与生物多样性优先格局相耦合，还有一定数量的区域属于汇入湖沼型湿地（保护区）的河流湿地单元。因此，无论从生物多样性和生态系统服务功能保护，还是实际保护管理的可行性角度看，通过适当扩展核心保护区管理范围，将保护区周边二者（生物多样性优先性区域、生态系统服务功能优先性区域）耦合的保护空缺纳入现有保护管理体系，是完善和提升黄淮海湿地保护体系，优化其生物多样性和生态系统服务功能保护格局和保护效率的有效措施。

## 4.5　不同湿地生态系统服务功能热点区域的空间耦合效应

为分析不同类型服务功能之间的相关性，本章以单一的生态系统服务功能优化目标分别进行黄淮海湿地服务功能的保护规划模拟计算，得出各类型服务功能被选率较高的规划单元作为各功能类型的热点区域（图 4-7）。

（a）生境支撑　　　　　　　　　　　（b）地表水-地下水调控

（c）固碳能力　　　　　　　　　　　　　　（d）径流调节

热点区域
高
低

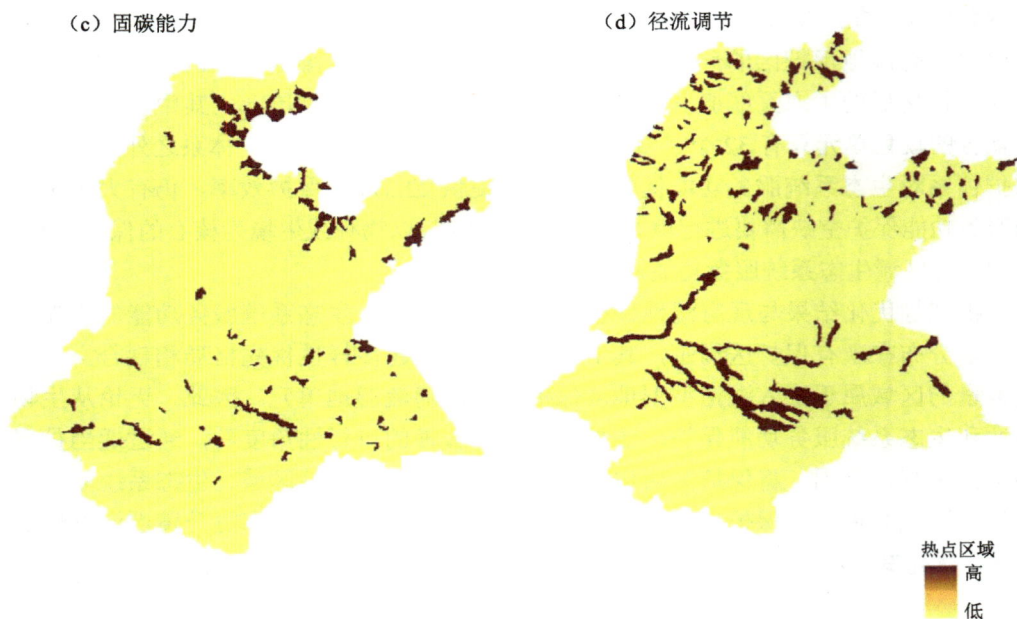

**图 4-7　各项生态系统服务功能热点区域**

　　对各类型的热点区域分布格局之间两两进行空间相关分析，结果表明（表 4-7）：生境支撑功能与固碳能力的空间分布相关性明显（$p < 0.05$，$r=0.169$），即与地貌 - 湿地类型相关性较大，与其他方面生态系统服务功能如径流调节、地表水 - 地下水调控等相关性不显著（$p > 0.05$）。由于水禽生境质量与所依赖的湿地类型与湿地环境密切相关，因此，本章从这一角度也说明了针对水禽生境的生物多样性保护并不能直接有效保护径流、地表与地下水调节等方面的湿地生态系统服务功能，但是这些湿地生态系统服务功能则可以通过纵向（上下游之间）、横向（河道与河滨带之间）、垂向（地表水 - 地下水之间）水文连接性等途径影响水禽、鱼类等湿地生境所需水文条件，从而对湿地生物多样性保护格局发挥重要影响。

**表 4-7　不同类型湿地生态系统服务功能热点区域空间相关分析（$p < 0.05$）**

| | | 生物多样性 | 固碳能力 | 地表水生产 | 水量调控 |
|---|---|---|---|---|---|
| 生物多样性 | 相关性 | 1.000 | 0.169** | 0.032 | −0.017 |
| | 显著性 | — | 0.000 | 0.073 | 0.329 |
| 固碳能力 | 相关性 | 0.169** | 1.000 | 0.024 | 0.000 |
| | 显著性 | 0.000 | — | 0.175 | 0.970 |
| 地表水生产 | 相关性 | 0.032 | 0.024 | 1.000 | 0.079** |
| | 显著性 | 0.073 | 0.175 | — | 0.000 |
| 水量调控 | 相关性 | −0.017 | 0.000 | 0.079** | 1.000 |
| | 显著性 | 0.329 | 0.970 | 0.000 | — |

注：** 表示两者显著相关。

为找出这些保护功能优化目标中的主要功能，对各类型服务功能的热点区域进行协方差分析，结果显示（表 4-8），矩阵对角线上地表水 - 地下水调节功能热点区的值较大，表明该项生态系统服务功能影响大部分其他湿地生态系统服务类型，其相对重要性相对较高。

同时这些保护功能之间的两两相关系数分析矩阵表明（表 4-9），除固碳功能热点区域与物种生境热点区域相关性较大外，其他生态系统服务功能之间的相关性均不显著。

表 4-8　不同类型湿地生态系统服务功能热点区域协方差矩阵

|  | 物种保护热点区 | 地表水生产热点区 | 固碳热点区 | 水量调控热点区 |
| --- | --- | --- | --- | --- |
| 物种保护热点区 | 0.029 79 | 0.001 59 | 0.004 92 | 0.000 36 |
| 地表水生产热点区 | 0.001 59 | 0.038 25 | 0.001 81 | 0.012 05 |
| 固碳热点区 | 0.004 92 | 0.001 81 | 0.020 59 | 0.000 21 |
| 水量调控热点区 | 0.000 36 | 0.012 05 | 0.000 21 | 0.079 43 |

表 4-9　不同类型湿地生态系统服务功能热点区域相关系数矩阵

|  | 物种保护热点区 | 地表水生产热点区 | 固碳热点区 | 水量调控热点区 |
| --- | --- | --- | --- | --- |
| 物种保护热点区 | 1.000 00 | 0.047 03 | 0.198 45 | 0.007 40 |
| 地表水生产热点区 | 0.047 03 | 1.000 00 | 0.064 49 | 0.218 54 |
| 固碳热点区 | 0.198 45 | 0.064 49 | 1.000 00 | 0.005 07 |
| 水量调控热点区 | 0.007 40 | 0.218 54 | 0.005 07 | 1.000 00 |

## 4.6　生物多样性与生态系统服务优化格局之间的空间耦合效应

对比黄淮海区域湿地生物多样性与生态系统服务功能保护的优先格局，发现二者在空间格局上存在显著相互不可替代性，彼此空间耦合性也较低（图 4-8）。

从规划单元数量的统计分析可以看出，黄淮海地区共有 286 个规划单元具有较高生物多样性不可替代价值（即生物多样性保护优先区）、170 个规划单元具有较高生态系统服务功能不可替代价值（即生态系统服务功能优先保护区），但其中同时具有这两种优先保护价值的共同区域仅为 30 个，生物多样性保护优先格局仅能覆盖 10.5% 生态系统服务保护的关键格局。

从该区域湿地生物多样性与生态系统服务功能保护优先区域空间分布来看，无论是滨海还是内陆，在多个生态系统服务功能优先格局聚集区域内都有生物多样性保护优先区的分布，但所占比例较低。同时具有两种较高不可替代性值（高于 0.8）的关键格局耦合单元分别仅占生态系统服务和生物多样性优化格局面积比例为 9% 和 6%。可见，黄淮海区域试图通过湿地生物多样性保护优化格局来同时维护湿地生态系统服务

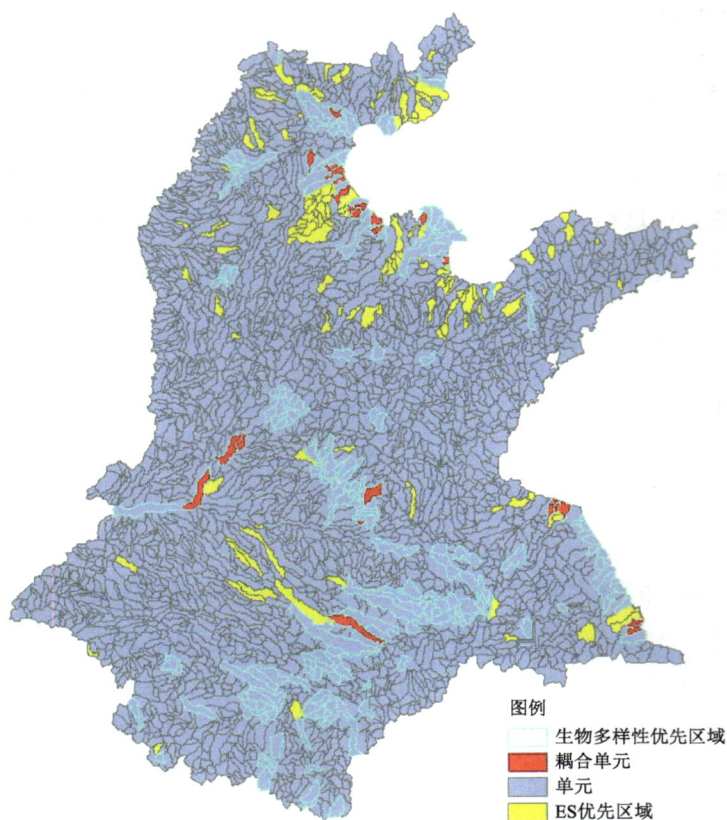

图例
□ 生物多样性优先区域
■ 耦合单元
■ 单元
■ ES优先区域

**图 4-8    综合生态系统服务功能规划优先区域与生物多样性规划优先区域空间对比格局**

功能难度很大，反之亦然。

由于该区域部分生态系统服务优先格局围绕并与生物多样性保护优先格局邻接，因此在湿地生物多样性保护优先格局基础上适当扩大保护体系范围，特别是将上游部分河流水系纳入保护体系可有效加强周边湿地生态系统水源涵养、水量调节等生态系统服务功能的保护，从而强化保护体系对湿地生物多样性的生境支撑功能。

## 4.7    结论与讨论

本章以黄淮海地区湿地生态系统服务功能为对象，分析其强度的空间格局，找出生态系统服务功能较高的关键区域，并与现有保护区格局进行了对比分析；同时，利用系统保护规划方法构建了湿地生态系统服务功能优化格局，并与生物多样性保护优化格局进行空间耦合分析，探讨协同保护的可能性。主要结论如下：

（1）目前黄淮海区域内的湿地保护区未能有效覆盖湿地生态系统服务关键区域，

湿地生态系统服务存在明显的保护空缺，表明以物种保护为主要目标的黄淮海湿地现有保护体系难以满足对湿地生态系统服务关键格局保护的需求，未来湿地保护应由物种生境导向进一步扩展至对生态系统服务关键格局的保护。本章针对黄淮海河流与非河流湿地生态系统服务功能采取了不同的评估方法，通过整合最终得到黄淮海湿地生态系统服务功能综合格局，弥补了以往忽视河流湿地生态系统服务功能评估的问题，初步探索了多类型湿地综合评估的方法。

（2）研究借鉴了系统保护规划方法，强调流域湿地生态系统服务格局的代表性、连接性、不可替代性、互补性和聚集性，构建了黄淮海湿地生态系统服务优化格局，提出了基于湿地生态系统服务功能的系统保护规划方法，并完成了黄淮海地区湿地生态系统服务功能相关研究案例，表明生态系统服务功能保护规划也可以借鉴系统保护规划的理论和方法。

（3）黄淮海湿地生态系统服务功能与生物多样性格局之间空间耦合分析表明：该区域湿地生态系统服务功能与生物多样性之间存在显著的空间差异性，二者的保护格局难以在空间上协调一致，需要进一步开展整合两者保护目标的一体综合保护规划和格局优化研究。尽管湿地生物多样性与生态系统服务优先格局两者在空间上的耦合效应不显著，但二者通过流域及跨流域（南水北调输水线）湿地水系多维（纵向、横向和垂向）水文连通效应等复杂关系相互影响，保护效益也可能相互传递，功能上彼此支撑。特别地，在流域连接性方面，河流湿地生态系统服务功能对相关非河流湿地生境及其生物多样性的支撑作用尤为显著。

（4）河流湿地由于水利、通航等社会经济功能，往往难以采取建立保护区等严格保护措施。因此，对河流生态系统服务功能的保护是强化河流湿地这一特殊类型湿地生态功能的有效途径。另外，通过考虑和不考虑地下水情形下湿地生态系统服务功能的对比，以及各项生态系统服务功能之间相互关系的对比，都表明地下水的重要地位。因此，今后在黄淮海区域相关湿地保护和修复研究中，都不应忽视地表水 - 地下水调节功能对湿地生物多样性和生态系统服务功能维持的重要意义。

（5）由于湿地生态系统服务和生物多样性关键格局之间存在显著空间差异，耦合效应不明显，因此探索区域湿地生态系统服务功能与生物多样性保护规划相整合的协调模式和综合保护优化体系，将生态系统服务功能和生物多样性保护纳入综合性保护研究中，构建协同湿地生态系统服务功能和生物多样性保护的综合优化格局，对于湿地及水资源保护与人类社会经济活动需求矛盾突出的黄淮海地区非常必要。

## 参考文献

陈能汪, 张潇尹, 卢晓梅 . 2008. 基于 GIS 的生态系统服务直接利用价值评估方法 [J]. 中国环境科学, 28（7）: 661-666.

段晓男, 王效科, 逯非, 等 . 2008. 中国湿地生态系统固碳现状和潜力 [J]. 生态学报, 28（2）:

465-469.

牛振国，宫鹏，程晓，等．2009.中国湿地初步遥感制图及相关地理特征分析 [J].中国科学：
　　D 辑，39（2）：188-203.

欧阳志云,王效科,苗鸿．1999.中国陆地生态系统服务功能及其生态经济价值的初步研究 [J].
　　生态学报，19（5）：607-613.

谢高地，鲁春霞，肖玉．2003.青藏高原高寒草地生态系统服务价值评估 [J].山地学报，21（1）：
　　50-55.

谢高地，张镱锂，鲁春霞．2001.中国自然草地生态系统服务价值 [J].自然资源学报，16（1）：
　　47-53.

余新晓，鲁绍伟，靳芳．2005.中国森林生态系统服务功能价值评估 [J].生态学报，25（8）：
　　2096-2102.

杨志峰，崔保山，黄国和，等．2006.黄淮海地区湿地水生态过程、水环境效应及生态安全
　　调控 [J].地球科学进展，21（11）：1119-1126.

赵同谦，欧阳志云，王效科，等．2003.中国陆地地表水生态系统服务功能及其生态经济价
　　值评价 [J].自然资源学报，18（4）：443-452.

赵同谦，欧阳志云，贾良清．2004.中国草地生态系统服务功能间接价值评价 [J].生态学报，
　　24（6）：1101-1110.

赵同谦，欧阳志云,郑华．2004.中国森林生态系统服务功能及其价值评价 [J].自然资源学报，
　　19（4）：480-491.

周洪建,史培军,王静爱，等．2008.近30年来深圳河网变化及其生态效应分析 [J].地理学报，
　　63（9）：969-980.

Andy Bullock, Mike Acreman. 2003. The role of wetlands in the hydrological cycle [J]. Hydrology &
　　Earth System Sciences, 7(3): 358-389.

Armsworth P R, Chan K M A, Daily G C, et al. 2007. Ecosystem-service science and the way
　　forward for conservation [J]. Conservation Biology, 21(6): 1383-1384.

Balvanera P, Andrea B, Buchmann N, et al. 2006. Quantifying the evidence for biodiversity effects
　　on ecosystem functioning and services [J]. Ecology Letters, 9(10): 1146-1156.

Benis N, Egoh B R, Mathieu R, et al. 2011. Identifying priority areas for ecosystem service
　　management in South African grasslands [J]. Journal of Environmental Management, 92:
　　1642-1650.

Boris W, Edward B, Barbier N B, et al. 2006.Impacts of biodiversity loss on ocean ecosystem
　　services[J]. Science, 314: 787-790.

Chan K M A, Shaw M R, Cameron D R, et al. 2006. Conservation planning for ecosystem
　　services[J]. Plos Biology, 4(11): 2138-2152.

Chazdon R L. 2008. Beyond deforestation: restoring forests and ecosystem services on degraded
　　lands [J]. Science, 320: 1458-1460.

Christian K F, Martins S, Sousa J P, et al. 2009. Indicators of biodiversity and ecosystem services: a synthesis across ecosystems and spatial scales [J]. Ecology & Organismal Biology, 118(12): 1862-1971.

Costanza R, d'Arge R, de Groot R, et al. 1997. The value of the world's ecosystem services and natural capital [J]. Nature, 387: 253-260.

De Groot R, Wilson M A, Boumans R M J, et al. 2002. A typology for the classification, description, and valuation of ecosystem functions, goods, and services [J]. Ecological Economics, 41(3): 393-408.

Eade J D, Moran D. 1996. Spatial economic valuation: benefits transfer using geographical information systems [J]. Journal of Environmental Management, 48(2): 97-110.

Egoh B, Reyers B, Rouget M, et al. 2008. Mapping ecosystem services for planning and management [J]. Agriculture, Ecosystems and Environment, 127(1): 135-140.

Erik N, Mendoza G, Polasky S, et al. 2009. Modeling multiple ecosystem services, biodiversity conservation, commodity production, and tradeoffs at landscape scales [J]. Frontiers in Ecology and the Environment, 7(1): 4-11.

Feld C K, Martins da S, Paulo Sousa J, et al. 2009. Indicators of biodiversity and ecosystem services: a synthesis across ecosystems and spatial scales [J]. Oikos,118(12): 1862-1871.

Gan F, Zhou Y J, Wei Q W, et al. 2010. Evaluation of the river ecosystem values of aquatic wildlife reserves: a case of Chinese sturgeon natural reserve in Yichang reach of the Yangtze River [J]. Journal of Natural Resources, 25(4): 574-584.

Guo Z, Xiao X, Gan Y, et al. 2001. Ecosystem functions, services and their values –a casestudy in Xingshan County of China [J]. Ecological Economics, 38: 141-154.

Hershner C, Havens K J. 2008. Managing invasive aquatic plants in a changing system: strategic consideration of ecosystem services [J]. Conservation Biology, 22(3): 544-550.

Kremen C, Ostfeld R S. 2005. A call to ecologists: measuring, analyzing and managing ecosystem services [J]. Frontiers in Ecology and the Environment, 3(10): 540-548.

Lavorel S, Grigulis K, Lamarque P, et al. 2011. Using plant functional traits to understand the landscape distribution of multiple ecosystem services [J]. Journal of Ecology, 99(1): 135-147.

Likens G E, Walker K F, Davies P E, et al. 2009. Ecosystem science: toward a new paradigm for managing Australia's inland aquatic ecosystems [J]. Marine and Freshwater Research, 60(3): 271-279.

Maitre D C, Milton S J, Jarmain C, et al. 2007. Landscape scale hydrology of the Little Karoo: Linking ecosystems, ecosystem services and water resources [J]. Frontiers in Ecology and the Environment, 5: 261-270.

Margules C R, Sarkar S. 2007. Systematic conservation planning [M]. Cambridge: Cambridge University Press.

McCarthy T S. 2006. Groundwater in the wetlands of the Okavango Delta, Botswana, and its contribution to the structure and function of the ecosystem [J]. Journal of Hydrology, 320: 264-

282.

Naidoo R, Balmford A, Costanza R, et al. 2008. Global mapping of ecosystem services and conservation priorities [C]. Proceedings of the National Academy of Sciences, 105(28): 9495-9500.

Naidoo R, Ricketts T H. 2006. Mapping the economic costs and benefits of conservation [J]. PLoS Biology, 4(11): e360.

Nelson E, Mendoza G, Regetz J, et al. 2009. Modeling multiple ecosystem services, biodiversity conservation, commodity production, and tradeoffs at landscape scales [J]. Frontiers in Ecology and the Environment, 7(1): 4-11.

Perrings C, Naeem S, Ahrestani F, et al. 2010. Ecosystem Services for 2020 [J]. Science, 330: 323-324.

Raw W J, et al. 1992. Infiltration and Soil Water Movement [A]// Maidment: Handbook of Hydrology [M]. N Y: McGraw-Hill Inc.

Raymond C M, Bryan B A, MacDonald D H, et al. 2009. Mapping community values for natural capita land ecosystem services [J]. Ecological Economics, 68: 1301-1315.

Robin L, Chazdon. 2008. Beyond deforestation: restoring forests and ecosystem services on degraded lands [J]. Science, 320: 1458-1460.

Sandra L, Grigulis K, Lamarque P, et al. 2011. Using plant functional traits to understand the landscape distribution of multiple ecosystem services [J]. Journal of Ecology, 99(1): 135-147.

Scott D, BridghamJ, Patrick M, et al. 2006. The carbon balance of North American wetlands [J]. Wetlands, 26(4): 889-916.

Strahler A N.1957.Quantitative analysis of watershed geomorphology [J]. Eos,Transactions American Geophysical Union, 38(6): 913-920.

Sutton P C, Costanza R. 2002. Global estimates of market and non-market values derived from nighttime satellite imagery, land cover，and ecosystem service valuation [J]. Ecological Economics, 41(3):509-527.

Sweeney B W, Bott T L, Jackson J K, et al. 2004. Riparian deforestation，stream narrowing，and loss of stream ecosystem services [C]. Proceedings of the National Academy of Sciences of the United States of America,101(39): 14132-14137.

Swift M J, Izac A M, van Noordwijk M, et al. 2004. Biodiversity and ecosystem services in agricultural landscapes—are we asking the right questions? [J]. Agriculture, Ecosystems & Environment, 104(1): 113-134.

Troy A, Wilson M A. 2006. Mapping ecosystem services: practical challenges and opportunities in linking GIS and value transfer [J]. Ecological Economics, 60(2): 435-449.

Turner W R, Brandon K, Brooks T M, et al. 2007. Global conservation of biodiversity and ecosystem services [J]. BioScience, 57(10): 868-873.

Wilson M A, Carpenter S R. 1999. Economic valuation of freshwater ecosystem services in the

United States: 1971–1997 [J]. Ecological Applications, 9(3): 772-783.

Worms B, Barbier E B, Beaumont N, et al. 2006. Impacts of biodiversity loss on ocean ecosystem services [J]. Science, 314: 787-790.

Zhang W, Taylor R, Kremen H, et al. 2007. Ecosystem services and dis-services to agriculture [J]. Ecological Economics, 64(2): 253-260.

# 第 5 章

# 黄河三角洲入海流路调整及其滨海湿地 修复模拟与生态补偿效应

## 5.1    研究背景与意义

滨海湿地生态系统是地球上最珍贵的资源之一，其提供了环境净化、生物栖息、海岸防护等重要功能（Cui et al.，2015，2016；Liu et al.，2016）。目前全球很多大型城市和经济中心都位于滨海（Barbier et al.，2011），滨海湿地对生态、经济和社会的发展都十分重要（Li et al.，2012）。

然而，滨海湿地由于受到人类活动的干扰及全球海平面上升的威胁，目前面临着严重退化的问题。围海造田工程造成湿地大面积损失，海岸带的开发及其他围填海用海方式，如人工养殖等，造成了滨海湿地属性的改变。养殖废水的释放入海使浅海海域的生态环境恶化，进一步造成生物多样性降低，滨海湿地功能退化，甚至生态系统完全崩溃，与此同时滨海湿地对依托其建立发展的滨海经济区的社会经济生态也带来了负面影响（Kondolf，1997；Morris et al.，2008；Yang et al.，2003；Syvitski et al.，2005；Deegan et al.，2012）。除了人为干扰，全球变暖引起的海平面上升、频繁爆发的风暴潮等极端气候事件，使滨海湿地生态系统更加脆弱和易受威胁（McKEE et al.，2008；Kirwan et al.，2012）。因此，积极开展对滨海湿地的保护修复工作，是维持人类健康生存及经济发展的需要。

黄河三角洲滨海湿地是全球暖温带区最完整、最年轻的滨海湿地，具有丰富的生物等资源（崔保山等，2001）。然而，近年来由于油田开采、港口建设等大规模围填海经济活动的展开（图 5-1），黄河三角洲滨海湿地生态系统遭受着巨大威胁，自然湿地持续减少（杨敏等，2009；夏江宝等， 2009；孙志高等，2011；张绪良等，2011；于君宝等，2013），植被的正常演替受到防潮坝的阻隔影响（盖镇宇，2011）。安乐生等（2011）计算了黄河三角洲滨海湿地的健康状况，发现处于健康状态的湿地仅有 14.2%，而处于亚健康状态和病态的湿地分别占比 61% 和 23.9%。因此，探索黄河三角洲滨海湿地修复补偿措施，在保证经济发展的前提下使滨海湿地功能正常发挥具有重要意义。

图 5-1　受围填海工程侵占和破坏的黄河三角洲滨海湿地

黄河三角洲位于渤海西岸，渤海湾和莱州湾湾口，经纬度为东经 118°7′—119°10′、北纬 37°20′—38°10′（图 5-2）。黄河三角洲一般包括近代和现代三角洲（研究范围包括近代三角洲和现代三角洲的泛黄河三角洲区域），近代三角洲是由宁海为顶点的大约 6 000 km³ 的扇面，现代三角洲是由渔洼为顶点的大约 2 400 km³ 的扇面。

图 5-2　黄河三角洲滨海湿地

黄河的特点为水少沙多，其中游流域经过黄土高原，造成黄河入海时携带大量泥沙，其高含沙特性是世界上鲜有的（王楠，2011），黄河的入海径流量为 49 km³/a 左右，约是长江的 5% 径流量（约为 900 km³/a）（张佳，2011），但黄河向海输沙量大约为 1.08×10⁸t/a，达到了长江的 2 倍，在全球仅低于亚马孙河，而含沙量为世界第一

（Milliman，1983）。黄河每年携带大量泥沙沉积在三角洲和滨海区，形成了大量新陆地（图5-3）。

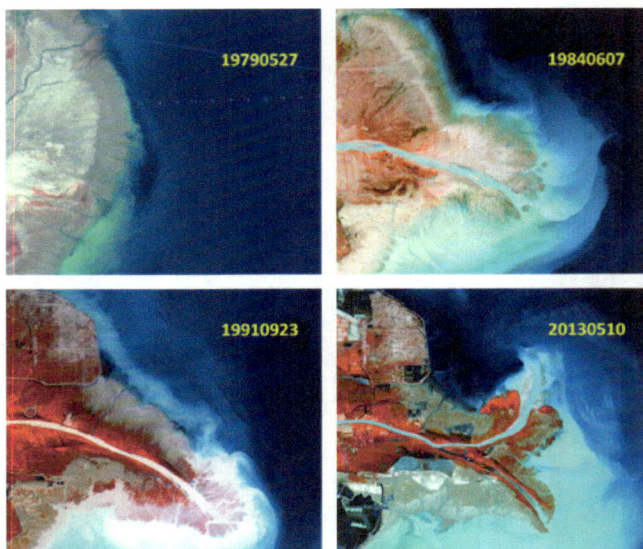

**图5-3　黄河口四期 Landsat 遥感卫星图像**

　　黄河下游最尾端水文监测站利津水文站距离黄河口约 1 000 km，其监测的水沙数据被认为是黄河入海水沙特性的重要依据（王燕，2012）。利津水文站监测的2001—2013 年流量、输沙量的月均分布分别见图5-4、图5-5。近年来由于黄河曾经出现断流，我国有计划地加强了对黄河水沙的人工干预，其中调水调沙是重要的工程举措。黄河调水调沙的方法主要是调节水库水位及水库的容量和适当的储存、排放淡水和泥沙。而小浪底水库是黄河调水调沙的关键枢纽，接近91%的黄河径流以及几乎全部黄河泥沙受到其控制（王燕，2012）。调水调沙阶段是黄河水沙入海的主要阶段，该阶段有大量黄河淡水及泥沙快速入海，对河口的地貌演化起了重要作用（王厚杰等，2005；张建华等，2004）。小浪底调水调沙的工程实施时间见表5-1。

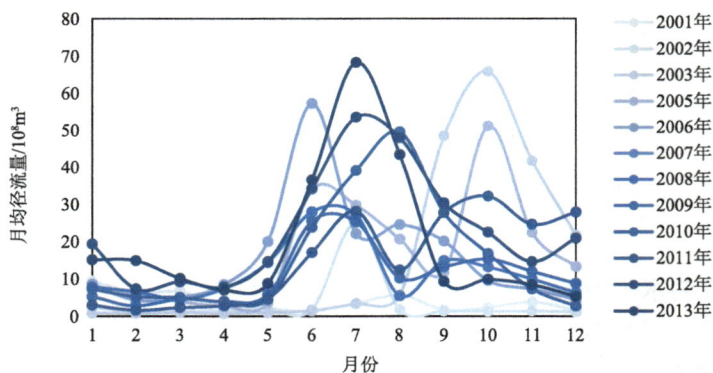

**图5-4　利津水文站 2001—2013 年月均径流量分布**

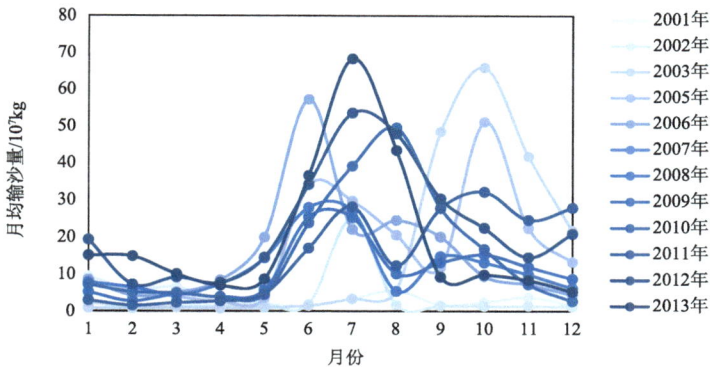

图 5-5　利津水文站 2001—2013 年月均输沙量分布

表 5-1　小浪底调水调沙工程实施时间

| 时间 | 调水调沙工程类型 |
| --- | --- |
| 2002 年 7 月 | 黄河调水调沙原型试验 |
| 2003 年 9 月 | 黄河调水调沙原型试验 |
| 2004 年 6 月 19 日—7 月 13 日 | 黄河调水调沙原型试验 |
| 2005 年 6 月 9 日—7 月 1 日 | 由试验进入生产运行 |
| 2006 年 6 月 25—29 日 | 正式生产应用 |
| 2007 年 6 月 19 日 | 正式生产应用 |
| 2008 年 6 月 19 日—7 月 3 日 | 正式生产应用 |
| 2009 年 6 月 30 日 | 正式生产应用 |
| 2010 年 6 月 19 日 | 正式生产应用 |
| 2011 年 6 月 25 日 | 正式生产应用 |
| 2012 年 6 月 19 日 | 正式生产应用 |
| 2013 年 6 月 17 日 | 正式生产应用 |
| 2014 年 6 月 40 日 | 正式生产应用 |
| 2015 年 6 月 29 日—7 月 16 日 | 正式生产应用 |

　　巨大的黄河入海携沙量造成了河口的强烈沉积，进而引起的河口附近河床抬高将导致流路寻找低洼处入海。黄河流路历史上反复经历了淤积—延伸—摆动—改道的流路变迁过程，流路平均经历 10 ～ 12 年将发生一次摆动，并且历史流路变化的范围非常广泛。从 1855 年现代黄河三角洲形成发展以来，迄今为止发生过 10 次流路改动（表 5-2、图 5-6），大约平均 16 年发生一次流路变迁。世界上的其他河流都不曾经历如此频繁的流路变迁（魏晓燕，2011）。美国的密西西比河大约每 500 年发生一次流路改道，意大利的波河约每 1 000 年发生一次改道（Hu et al.，2003）。

表 5-2　黄河入海流路变迁（1855 年起）

| 改道时间 | 入海位置 | 流路历时 /a | 实际行水年限 /a |
| --- | --- | --- | --- |
| 1855 年 8 月 | 肖神庙 | 34.0 | 19.0 |
| 1899 年 4 月 | 毛丝坨 | 8.0 | 6.0 |
| 1897 年 6 月 | 丝网口 | 7.0 | 5.5 |
| 1904 年 7 月 | 老鸹嘴<br>（顺江沟、车子沟） | 22.0 | 17.5 |
| 1926 年 7 月 | 刁口 | 3.0 | 3.0 |
| 1929 年 9 月 | 南旺河 | 5.0 | 4.0 |
| 1934 年 9 月 | 老神仙沟<br>甜水沟<br>宋春荣沟 | 20.0 | 9.0 |
| 1953 年 7 月 | 神仙沟 | 10.5 | 10.5 |
| 1964 年 1 月 | 钓口河 | 12.5 | 12.5 |
| 1976 年 5 月 | 清水沟 | 20.0 | 20.0 |
| 1996 年 5 月 | 清水沟 | 12.0 | 12.0 |

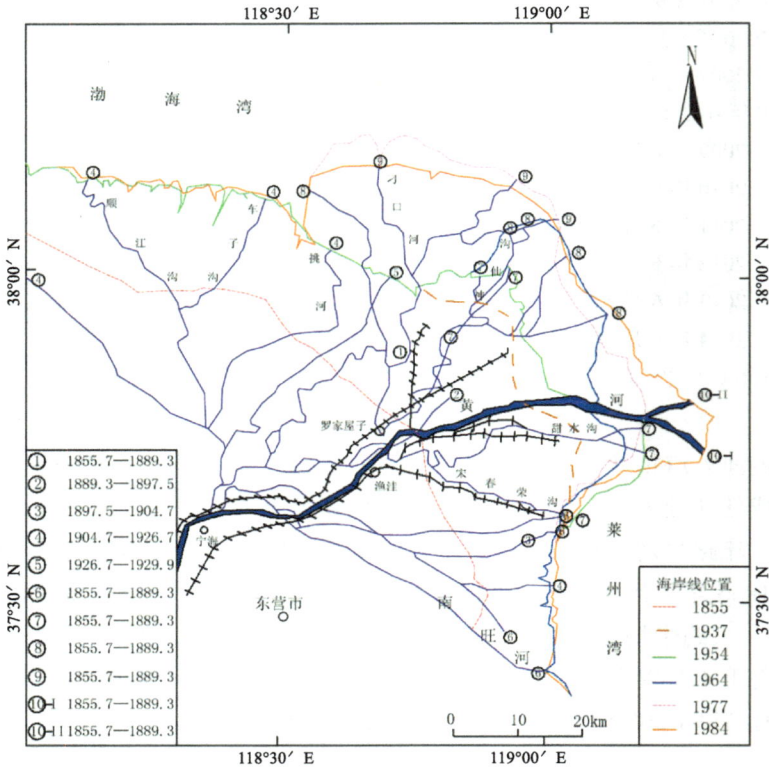

图 5-6　现代黄河三角洲流路变迁

## 5.2　基于自然过程的滨海湿地修复补偿与入海流路调整

国际上对滨海湿地的保护、修复补偿研究自 20 世纪 60 年代起已开展（Gergory et al.，2000；Windevoxhel et al.，1999）。1971 年《关于特别是作为水禽栖息地的国际重要湿地公约》（*Convention on Wetlands of International Importance especially as a waterfowl*，以下简称《湿地公约》）颁布。美国最早开展了滨海湿地的保护修复。1972 年美国出台了海岸带管理法（*Coastal Zone Management Act*，CZMA），出版了《滨海湿地保护研究进展》（*Progress in the Preservation of Delta Wetlands*）等较有影响力的书籍，美国环保局（U.S. Environmental Protection Agency，EPA）1985 年上报了"国家河口湿地计划"（Mark et al.，1992）。1990 年颁布的滨海湿地规划、保护和修复法案（*Coastal Wetlands Planning，Protection and Restoration Act*，CWPPRA）标志着对滨海湿地生态系统的研究重点扩展到了保护、修复补偿，而摒弃了原先的单一考虑保护的观念（昝启杰等，2013）。其中广义的生态修复包括了滨海湿地的修复和生态补偿。在湿地修复的指导理念上，1987 年提出的"无净损失"（no net loss）这一目标概念在美国的湿地保护修复补偿实践起到了有效的指导作用。"无净损失"的核心是要保证湿地数量不减少（张晓龙等，2010）。"无净损失"提出后，逐渐成为欧美各国都遵循的湿地保护修复补偿理念（张晓龙，2005）。2004 年美国总统提出在"无净损失"的基础上要实现湿地数量的增加。除了美国，欧洲国家滨海湿地的保护修复工作所做的尝试也取得了一定效果。就我国而言，滨海湿地的有关研究开展较晚，并且与国际研究水平尚有差距（刘志杰，2013；赵真真，2014）。

随着全球对湿地修复补偿的探索和开展，一种新的修复补偿方式——自然过程修复补偿被提出并被推广沿用。自然过程修复补偿是指模仿滨海湿地的自然形成方式，利用河流入海携带的泥沙沉积这一自然过程来形成新生湿地，具体方案是对河流干流进行改造或是建立河流分支工程，将干流上的淡水、尤其是泥沙引入低洼的湿地（Paola et al.，2011）。自然过程修复补偿方式的提出是基于大量的历史观测证明的自然过程，对于新生湿地形成具有关键作用。19 世纪密西西比河河口附近形成河流的分支发育了亚三角洲，1840—1940 年衍生出 600 km² 的新生陆地（Wells et al.，1987）。Restrepo 等（2012）在研究哥伦比亚的一次人工河流改道工程中发现，新河口处泥沙剧烈沉积，在海陆交界面形成了新生三角洲前沿，而废弃的老河口发生蚀退，因此提出在海平面保持稳定的境况下，流路改道可以作为产生新生三角洲的手段。自然过程修复补偿方式提出后，得到了越来越多研究人员的探究、认同和推广。一些学者（Fisk，1944；Coleman，1988；Saucier，1994；Roberts，1997；Coleman et al.，1998；Aslan et al.，2005）认为，在针对密西西比河三角洲湿地的修复过程中，完成了实质修复的区域是那些在历史上曾经开口形成支流、利用支流形成了亚三角洲的区域。Day 等（2007）提出三角洲滨海湿地修复的主旨是要允许自然过程形成新生湿地，必要的情况下，可以利用疏浚工程的泥沙来加速新生湿地基质的形成。大量观点认为，修复密西西比河三角洲的有效方式之一是开展引流工程，模仿自然的泥沙沉积造陆过程，将泥沙和淡水引入河流干流周边的低洼地区（Paola et al.，2011；Day et al.，2007；Allison et al.，2010；LACPRA，2012）。Kim 等（2009）利用三维数值模型对引流方式的效果进行了探究，结果表明引流工程能形成有效的新生湿地（图 5-7）。除了建造新生湿地这一方式，Alison 等（2014）指出，保育现有湿地也是湿地修复的重要工作，保育现有湿地主要可以通过加高湿地厚度来实现。Day 等（2011）在对地中海的研究中指出，通过河流导流工程中的水沙输入，地中海面临的 21 世纪海平面加速上升带来的威胁能得到有效化解。

**图 5-7　密西西比河自然过程修复补偿的地貌演化效果（Kim et al.，2009）**

注：Barataria Bay：巴拉塔里亚湾；Breton Sound：布雷顿湾；Sea-level rise：海平面上升速率；Subsidence：沉降速率；Shoreline：岸线；Fan area：扇形面积。

自然过程修复补偿这一方式在提出和被广泛认可后，美国政府开展了大量的实践工程（图 5-8）（Allison et al.，2010）。基于 Blum 等（2012）提出的，潮滩上游的河道发生改变时，会引起新河口泥沙的有效沉积以应对海平面上升，2012 年颁布的路易斯安那州总体规划对于海岸带保护的内容中提出要开展水沙分流工程作为新生湿地及修复湿地生态系统功能退化的手段（Peyronnin et al.，2012；Meselhe et al.，2012；Couvillion et al.，2013），预计在未来的 50 年内耗资 380 万美元兴建超过 10 处引流修复工程，工程目标是新建 750 km² 的新生陆地（LACPRA，2012）。Lane 等（2007）、Sneden 等（2007）、Huang 等（2011）对于卡那封和戴维斯湖的引流工程效果进行了研究，结果表明引流的自然过程给滨海区域带来了有效的泥沙输送。

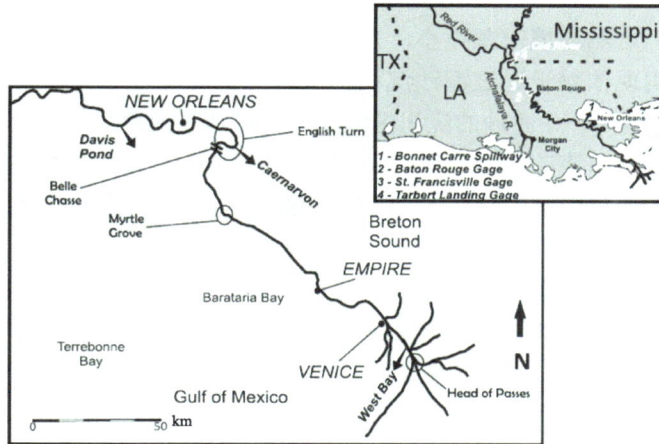

**图 5-8　美国密西西比河自然修复补偿的引流工程（Allison et al.，2010）**

注：1.Bonnet Carre Spillway：邦内特卡尔溢洪道；2.Baton Rouge Gage：巴吞鲁日；
3.St Francisiville Gage：圣弗朗西斯维尔；4.Tarbert Landing Gage：塔伯特兰迪纳。

　　目前我国尚未系统地提出和引入"自然过程的修复补偿"这一概念，但关于泥沙对新生湿地形成的重要性方面已有认识，并在利用泥沙新建湿地及利用引流工程实现生态需水方面已开展部分实践工作。1976 年黄河入海流路改道至清水沟，原先使用的刁口河不再得到水沙供给，引起了严重的黄河三角洲自然保护区北部的滨海湿地蚀退问题，天然滨海湿地大量退化（黄波，2015）。黄河流域的水资源统一调度措施在 1999 年实施，以控制黄河口的来水来沙，"利用径流泥沙补给对黄河海岸实施软防护成为可能"（张治昊等，2007）。王开荣等（2011）指出，黄河的水沙是形成和维持黄河口滨海湿地的主导因素和黄河口滨海湿地生态系统演替的根本动力，而黄河入流水沙的减少是引起黄河口湿地动态变化的重要因素之一。自 2010 年 6—7 月黄河调水调沙期间利用刁口河流路生态补水，研究表明实施补水后刁口河流域的滨海湿地的生态承载力得到提高（陈雄波等，2014）。黄华梅等（2011）提出了有机结合航道疏浚与生态工程的构想，目的是解决长江口的深水航道疏浚泥沙倾倒的问题，并提高长江口湿地的数量和质量来改善长江河口的生态环境。Kong 等（2009）、Yang 等（2010）在建立了黄河下游地貌模型的研究基础上，讨论了用黄河泥沙沉积塑造地貌来缓解黄河口侵蚀状态，实现湿地修复的构想。

　　基于上述国内外研究进程可以归纳出以下结论，自然过程修复指的是广义的滨海湿地修复，其内涵涵盖了滨海湿地的就地修复和生态补偿，该方式实现就地修复湿地的手段包括增高现有的滨海湿地高度以应对海平面上升，提供泥沙和淡水补给给现有湿地从而为湿地生物提供营养物质，而其实现生态补偿的方式主要是异地补偿，通过在低洼区域建立新生湿地以实现滨海湿地总量的"无净损失"和滨海湿地的全面增长。由于其施加的人工干扰和经济花费仅发生在河道改造阶段，经济成本相对人工湿地再造等修复手段将更为低廉，并且该修复方式下滨海湿地形成过程将完全依赖泥沙自沉积和湿地自演化，自然环境干预很小，是一种生态友好型的滨海湿地修复手段。自然过程修复的主要实现依赖于通过泥沙沉积形成新生滨海湿地，其方式是开展新河道建设以影响滨海湿地基质——泥沙的沉积区域，此过程涉及流路规划问题。

国内外对于入海河流流路规划设计的研究多关注河口泥沙管理方面。进行流路规划的目的从早期的促进经济发展逐渐过渡到使经济、生态和社会发展三者实现统一平衡。早期美国在设计密西西比河流路时将河口安排在外海海洋动力最明显、输沙能力最强的位置以期海洋能带走入海泥沙以实现航运的畅通，然后实践证明了过度关注经济发展的流路设置会带来严重的生态灾害和社会问题。2005 年位于密西西比河三角洲的新奥尔良遭遇飓风"卡特里娜"后城市几近摧毁，主要原因之一是湿地作为城市缓冲带因长期无法接受充足的泥沙补给而丧失了维持生态稳定的功能（李殿魁，2013）。美国政府在后续进行的流路规划中将环境、生态因素进行了充分考虑，转而将促进泥沙淤积作为流路设置的目的。Nittrouer 等（2012）在探讨利用引流方式修复湿地时，提出针对密西西比河的修复工程，应将引流工程的位置设置在河道弯曲处的内部以实现泥沙的最大限度地沉积。本章研究区域位于黄河三角洲，考虑黄河入海河道改道极为频繁这一特征在世界上是绝无仅有的，而且国际上关于流路设置的思路及理论知识应用在黄河三角洲具有局限性，因此首先需要了解黄河三角洲的流路规划研究进展。

1989 年黄河水利委员会设计院（黄河勘测规划设计有限公司）完成了《黄河入海流路规划报告》（1987），报告中指出黄河入海的备用流路最优选择是刁口河流路，国家计委于 1992 年批复该规划，《黄河三角洲高效生态经济区发展规划》于 2009 年 11 月 23 日得到国务院的正式批复，规划中关于黄河河口的设计问题提出要留出黄河备用的入海流路，并且应超前规划黄河入海流路问题。《黄河河口综合治理规划》在 2010 年 10 月通过审查，其中对于入海流路的安排，意见是今后 50 年内要主要使用清水沟流路以及尽量保持其稳定，同时刁口河流路的生态调水也要进行；清水沟流路停止使用后，优先使用刁口河作为备用的黄河入海流路（丁大发等，2011）。2013 年 3 月国务院正式批复的《黄河流路综合规划（2012—2030）》中提出了与《黄河河口综合治理规划》相同的要求，即主要使用清水沟流路并保持该流路的稳定行河，使用结束后优先使用刁口河流路。我国学者在国家政策规划的基础上开展了大量流路安排研究。王开荣等（2011）提出，黄河入海包括独流入海及多流入海两种模式。独流入海指使用单一的入海流路，多流入海则启用两条或更多的入海流路来进行水沙资源以及洪水的调配，此外，在讨论流路入海模式对经济发展的影响效应中指出，使用清水沟入海和启用刁口河入海的流路涉及方案存在较大的经济影响和时效性差异，虽然刁口河流路开启后会对当地经济发展和生产力结构形成影响，但长远来看，由于现阶段黄河三角洲地区的高效生态经济发展还处于起步时期，尽早地使用刁口河流路只会造成较低程度的经济影响，但若按照《黄河河口综合治理规划》中的流路规划，优先保证清水沟流路的长期行河，以后再启用刁口河流路，会造成三角洲地区更大程度的经济影响。陈雄波（2011）提出，黄河口入海流路的行河方式可分为长期稳定流路行河、有计划地摆动行河及同时行河 3 种模式，但同时行河模式要考虑的因素过于复杂。除了对入海模式的探讨，研究人员也对黄河入海流路的方案设置进行了初步探索。陈雄波等（2013）针对清水沟和刁口河流路联合运用的模式进行研究，设置了 3 种流路方案并指出应根据各方案下的社会经济、生态环境等受影响的程度进行综合考量，也提出了推荐的流路设计方案，但其对于各流路方案运行后的具体演化结果并未进行定性或定量化分析，仅停留在流路方案设置及研究思路的提出层面。在此基础上陈雄波等（2014）进行了进一步的探讨，设置了 3 种流路方案并进行了流路方案的综合比较，考虑了经济社会及生态补水等方面的效应后，提出 2030 年后开始启用刁口河流路作为分洪通道来作为流路方案，但研究中仅在衡量行河方案对溯源淤积的影响时使用二维水沙数学模型进行计算，对其他效应的考虑均只进行了单一的、简单的定性分析，并未综合考虑其累积效应。此外，对于各行河方案下，泥沙淤积在滨海区沉积造陆、滩涂湿地增加带来的生态效益以及对土地利用、石油开采带来的经济效益也并未涉及。高磊等（2013）针对现状流路的使用寿命提出了黄河改道的可能性，对启用刁口河流路应关注的问题进行了探讨。王开荣等（2017）对重新启用刁口河流路的工程可能性进行了探讨。

综上所述，黄河入海流路规划设计是一个仍需深入探索的大课题，流路设置方案应结合政策规划，充分考虑社会、经济及环境生态因素，开展多种流路方案的探讨，并进行多方面、多指标的综合评价。

综上所述，可以发现我国对于滨海湿地的修复补偿研究及黄河入海流路的规划设计研究中还存在以下 3 个问题：

（1）自然修复补偿措施的系统体系尚未形成。虽然国际上已有大量的利用自然手段修复补偿湿地的实践展开，但在工程实践以前的设计规划阶段，其修复效果的评价指标较为简单，多集中在造陆的多寡上。而我国虽然也有引水工程的展开，但其关注的层面只有生态需水，尚未全面地考虑湿地的水、土壤、生物三大因素的修复及生态服务功能的提升。

（2）流路规划下的生态效益考量的缺乏。黄河口的入海流路规划研究及实践中，往往都缺乏对生态效益的考量。大量的流路研究和实践中唯一将生态环境纳入流路规划考量的，仅有在流路启用的工程建设中施工过程对生态环境所造成的影响，主要关注层面都在于黄河下游的防洪建设等社会问题，流路改造工程影响地区的生产力布局、造陆以保证浅海油田的陆上开采等经济建设问题，却鲜有提及流路改道、河口造陆对湿地生长和发展进而实现湿地补偿的关键作用。

（3）我国滨海湿地的地貌及生态演化模拟研究方法、时间、空间尺度均存在局限性。虽然有研究利用河口水沙机理模型来完成河口地貌演化，但具体的河口地貌演化案例研究的计算时段较短，这与地貌演化应是长期的水动力、泥沙过程的结果相违背，而且我国研究河口地貌演化的研究中有大量是利用遥感图片及现场观测分析历史规律，建立经验公式推测未来演化状况，或根据历史观测、海洋动力进行定性地分析推测。此外，对于滨海湿地演化，地貌演化只是地理形态上的物理过程，将地貌演化效果与河口生态演化结合起来的研究还有待补充发展完善。

## 5.3    研究内容与技术路线

本章以黄河三角洲滨海湿地为研究对象，结合新生湿地演化、形成和生态补偿的自我设计、演替理论、生境替代等相关理论，围绕黄河三角洲滨海湿地的修复补偿进行探讨。建立河口水质水文、地貌演化模型，探索河口地貌对来水来沙的过程效应，以及基于流路调整的自然过程修复补偿方式对黄河三角洲滨海湿地的生态补偿效果，提出黄河三角洲滨海湿地的自然过程修复补偿调控模式，为黄河三角洲的修复补偿及更多类似滨海湿地的修复补偿提供借鉴，同样的修复补偿模式也适用于具备类似特征的滨海湿地的修复补偿。本研究技术路线如图5-9所示。

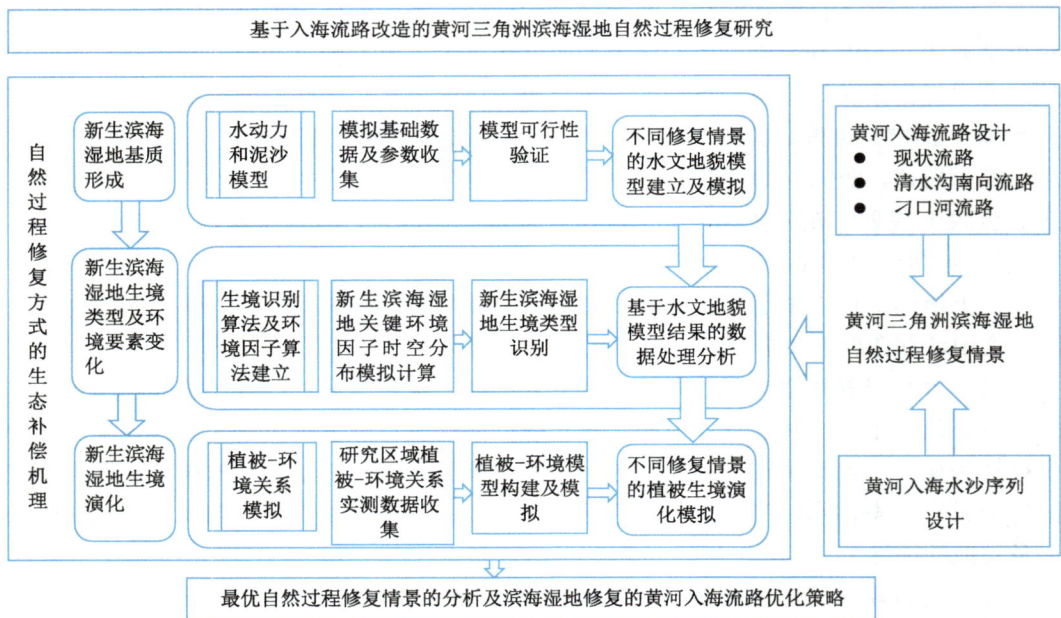

图 5-9    技术路线

### （1）黄河口滨海湿地水文地貌演化模型构建

基于黄河现行河口的基础数据，构建了黄河口滨海湿地水动力的地貌演化模拟模型，通过参数调试和结果验证，确定了适用于黄河口水动力地貌模拟的一套模型参数和基础数据，以用于后续流路调整的补偿情景模拟研究。在模型构建的基础上，对模型输出的物理水文结果与地貌结果进行二次处理，构造反映滨海湿地水文特性的水文及环境因素结果，作为后续滨海湿地的生境识别及植被适宜性评价。

### （2）新生湿地环境要素模拟与植被-环境关系响应模拟

基于模拟的水文特性及地貌演化结果，构建了新生滨海湿地的湿地生境类型识别算法，基于植被-环境关系假说理论和实测黄河三角洲滨海湿地植被-环境关系实测数据，构建了新生湿地的植被-环境关系模型，利用模型结果开展湿地植被的适宜性评价并用于后续的情景对生态补偿效果的评价。

（3）黄河入海流路调整生态补偿方案及优化策略提出

基于政策规划及学者研究成果设置合理的黄河口入海流路方案，探索不同流路情景下实现的新生湿地基质总体积、泥沙基质沉积和湿地地貌时空演化结果，开展物质量补偿的生态补偿效果评价，探索不同流路情景下的新生湿地生境类型和植被适宜性结果，开展生态补偿的补偿效果评价，从物质量补偿和生态补偿两种角度评估不同流路调整情景取得的补偿效果，提出优化策略供流路设计的决策参考。

## 5.4　黄河入海流路情景与河口三角洲地貌过程及生态要素模拟

本章强调黄河不同入海流路情景对黄河三角洲滨海湿地的生态补偿效应的影响，其中生态补偿主要关注新生湿地的关键要素——泥沙基质的沉积和新生湿地的生态要素演变。其中入海流路的情景设置参考黄河三角洲区域的流路规划、区域规划政策及学者研究内容。新生湿地的泥沙沉积、地貌演化和生态要素模拟可以通过构建模型进行模拟得到。

### 5.4.1　水文变化与地貌演化模型

探索生态补偿效果的前提是完成水文地貌演化模拟。而河口水文地貌模型的本质是水动力泥沙模型，其利用水动力和泥沙动力影响泥沙动态，而泥沙沉积对河床的影响塑造了地貌结果。因此，本章所采用的水文地貌模型实质为河口水沙模型。河口水沙数值模拟涉及泥沙动力学、计算数学和流体力学等学科。随着观测数据和机理实验数据的获取，河口泥沙沉积的主要影响因素及机制被逐渐揭露，自然河口造陆的影响因素包括来沙量、水下地形、边界条件、海洋动力和地转科氏力等，而概括关键要素的水沙模型的使用可以节约大量实验的人力物力，是目前大型工程实施前获取影响规律的重要手段。目前，大量的三维水流泥沙数学模型已在国际上被广泛使用，常见的模型有：美国 FLLENT 公司开发的 CFD（Computational Fluid Dynamics）软件包 FLUENT 模型；美国普林斯敦大学开发建立的 POM（Princeton Ocean Model，普林斯顿海洋模型），基于此进行改进和完善的 ECOM（3D Estuarine，Coastal and Ocean Model，三维河口、河岸和海洋模型）（Blumberg et al.，1987）；葡萄牙里斯本工业大学开发的研究河口和海湾地区水动力的 MOHID（潮流模型）（Neves，2003）；美国弗吉尼亚海洋科学研究所开发，并经美国环保局（EPA）二次开发的 EFDC（Environmental Fluid Dynamics Code，环境流体动力学模型）（Hamrick，1992）；由丹麦水力研究所（DHI）建立和推出的一系列 MIKE3 模型（分布式水文模型）（Warren et al.，1992）和荷兰 Delft 公司研发的 Delft3D 模型（三维水动力水质模型）。这些模型都比较成熟，具有先进的建模技术。其中 Delft3D 模型也是本章所采用的水文地貌模拟模型，Delft3D 模型的优势在于它强大的地貌模拟功能，从时间尺度上，长到以百年为单位的长期演化、短到以秒为单位的瞬时变化，从空间尺度上，小到以米为单位的实验场、大到以公顷为单位的流域或深海，它都能精确反映。从地貌演化影响因子的耦合计算上，它的全面程度在三维水流泥沙模型中处于领先地位。大量学者对水动力和地貌的研究使用 Delft3D 模型，并取得了良好效果（Edmonds et al.，2010；Favier et al.，2011，2016）。

本章采用 Delft3D 模型建立适用于黄河口的水文地貌模型。Delft3D 模型基于过程机理来计算水流和泥沙输运，模型包含了一系列模块，本章中主要使用水动力模块，模型根据水沙运动的结果来模拟地形地貌的变化。

（1）数据收集及模型设置

模型水下地形数据来源于中国人民解放军海军司令部航海保证部在 2012 年和 2013 年出版的渤海海域 1：250 000 海图，对海图配准和数字化后提取获得了从黄河口门外到渤海外海的水深数据和海岸线数据。黄河口外海的潮位数据利用潮汐调合常数 M2、S2、K1 和 O1。模型运行所必需的参数结合参考文献获取。用于验证模型可行性的实测验证数据分为潮位数据和泥沙数据，其中潮流实测数据来自 2012 年 6 月 17—23 日渤海海域的水位站 kd47（119.183°E、37.935°N）观测潮位及潮流数据（王楠，2014），选取的泥沙验证实测数据来自 2009 年 12 月区位为 119.02°E、38.16°N 实测泥沙浓度（权永峥，2014）。河口的水动力及地貌演化过程所受影响因素包括海洋动力的影响，而海洋动力的作用主要是波浪及潮流的共同作用。基于研究区域位于渤海湾内部，由于受到长山列岛的阻隔区域内风浪较小的特性，结合参考文献（王燕，2012；陈志娟，2008；杨晨，2010），本模型中不考虑波浪影响。纳入考虑的因素包括上游来水来沙、河口本身形态、海洋潮汐。

本章关注的研究区域在黄河口附近海域，但由于该区域附近缺少验潮站，潮位条件利用潮汐调和常数控制。为了降低获取的外海水位数据对模拟过程造成的误差，在距离目标区域黄河河口较远处设置模型的外海边界，本章将旅顺口至蓬莱市连线以内的渤海海域均纳入模型计算，以降低边界处水位数据不够精确带来的影响，即模型计算的外海边界设置在渤海海域旅顺口至蓬莱市连线处，其中外海开边界用潮汐调和常数生成潮位控制。河口开边界设置在黄河入海河口处（图 5-10）。

Delft3D 采用正交曲线网格对网格内的水动力及泥沙过程进行计算。本章在确定的模拟边界范围内共建立 706 446 个网格，

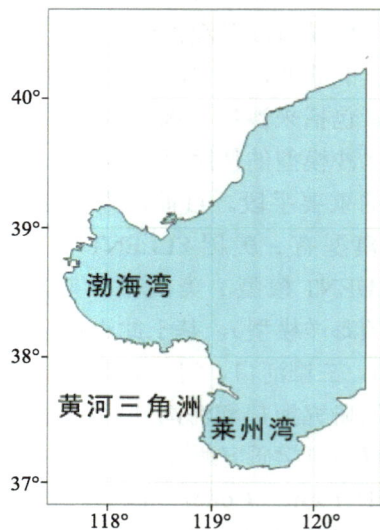

图 5-10　水文地貌模型模拟范围

其中在关注的黄河口附近海域进行网格的加密，网格分辨率从河口区域的 50 m 逐渐扩散到外海的 5 000 m。垂向不设置分层，采用二维深度平均模型。模型的时间步长设置为 0.02 min，模拟总时长为 10 a。

　　模型运行首先对水动力和泥沙进行计算，地貌模拟在模型运行一定时间后再纳入考虑。具体过程为：采用恒定流冷启动方式进行水动力场和泥沙计算，稳定计算 12 h 后地貌在此基础上热启动计算。

（2）水动力泥沙模型验证

　　进行的潮流和泥沙验证过程见图 5-11 至图 5-14。可以观察到随着模拟时间的推移，模型模拟结果越发趋于稳定，而趋于稳定后的水位、流速、流向结果都与实测数据较为吻合。其中对泥沙浓度的验证可以观察到模拟浓度与实测数据在同一数量级上，因此可以认为本章所使用的模型及建立的一套参数能够反映出黄河口区域的真实水动力泥沙状况（权永峥，2014），本章的水文地貌模型构建以 Delft3D 模型及前述收集的参数和基础数据建立。

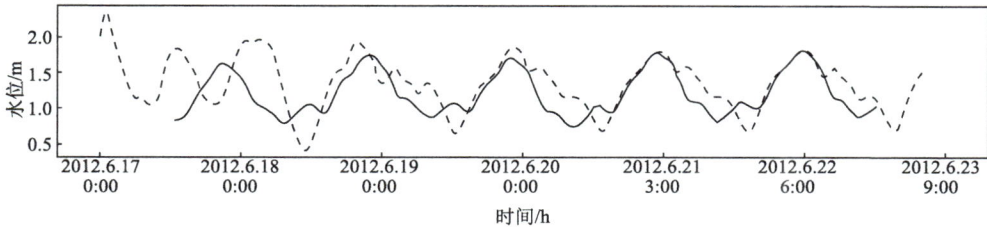

图 5-11　水位验证结果

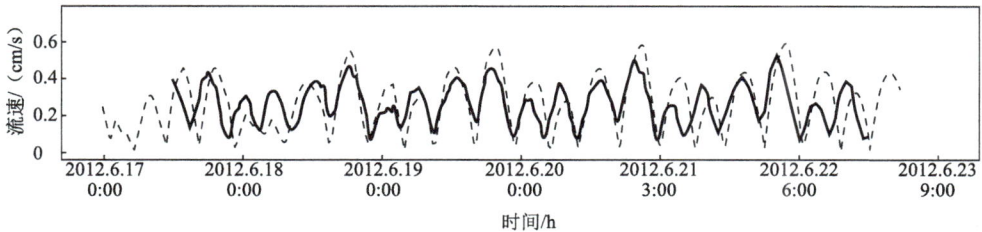

图 5-12　流速验证结果

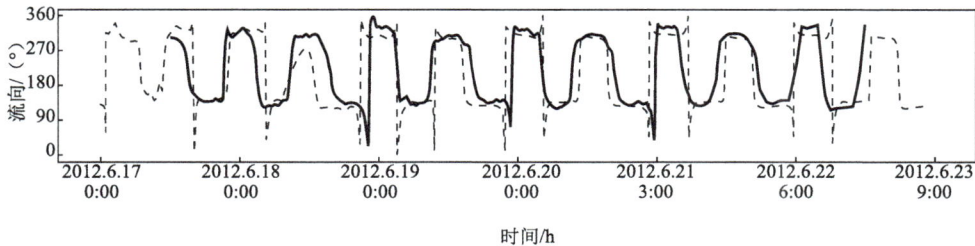

图 5-13　流向验证结果

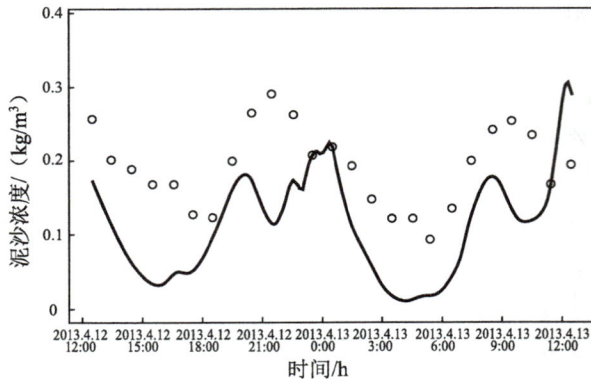

图 5-14　泥沙浓度验证结果

**（3）新生滨海河口湿地物质量数据提取**

利用建立的水文地貌模型模拟出河口外新生滨海湿地的沉积和地貌时空演变，并利用数学软件 Matlab 对新生湿地物质量一维数据进行提取，主要包括新生陆地基质净沉积体积 $V_{\text{net deposition}}$ 和环渤海区域海岸侵蚀总体积 $V_{\text{erosion}}$，分别反映滨海湿地生长能力和侵蚀状况。在以网格为基础的模型（地貌）结果中提取 $V_{\text{net deposition}}$ 和 $V_{\text{erosion}}$ 的方法为：以每个网格的泥沙垂向高度增加 / 减少量乘以面积来反映该网格内的净沉积，而只用发生泥沙垂向减少的网格的这个乘积来反映侵蚀体积，把所有网格的结果进行累加即得到 $V_{\text{net deposition}}$ 和 $V_{\text{erosion}}$：

$$V_{\text{net deposition}} = \sum_{i=1}^{n} h_i \times a_i \tag{5-1}$$

$$V_{\text{erosion}} = \sum_{i=1}^{j} e_i \times a_i \tag{5-2}$$

式中，$h_i$ 为在网格 $i$ 内泥沙垂向高度增加 / 减少，m；$a_i$ 为网格 $i$ 的网格面积，$\text{m}^2$；$n$ 为发生泥沙垂向高度变化的网格总数量；$e_i$ 为在网格 $i$ 内泥沙垂向高度减少，m；$j$ 为发生泥沙垂向高度减少的网格总数量。

## 5.4.2　黄河入海流路与入海水沙序列情景

本章采用利津水文站实测水沙数据作为入流条件，由于在小浪底调水调沙工程正式施行后，其调水调沙工程施行时间较为稳定，约在每年 6 月下旬，汛期高峰较为集中（图 5-15），因此使用利津水文站观测的 2006—2013 年的径流平均值和泥沙平均值作为入流边界条件，其中入海泥沙量在多年平均数据的基础上乘以 70%（Xue et al.，2013）。结合黄河口的政策规划，本章设置了 3 条潜在流路作为生态补偿情景，分别是现状流路（清水沟北向流路）情景、清水沟南向流路（黄河最近一次改道前使用的入海流路）情景和刁口河流路情景（图 5-16）。

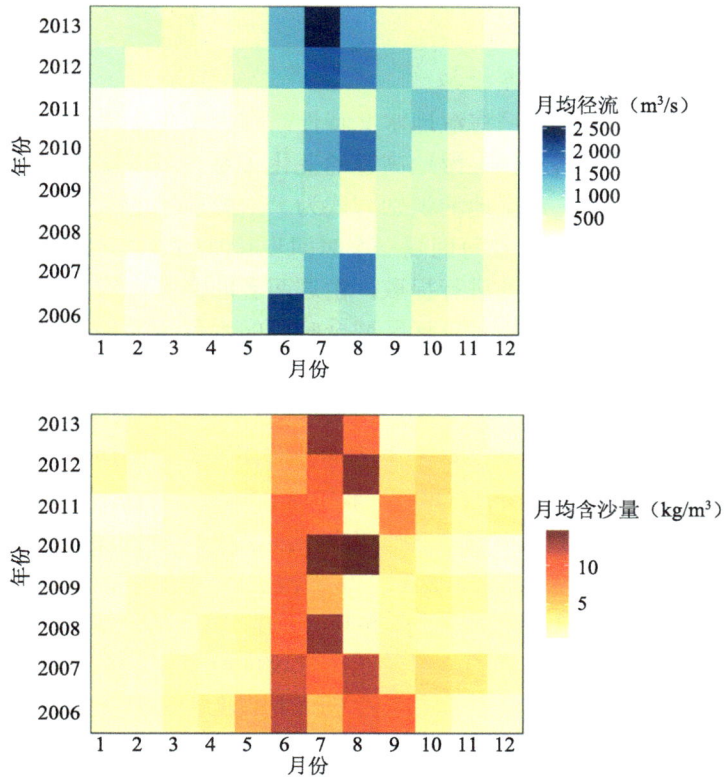

图 5-15　小浪底调水调沙工程正式运行后利津水文站月均径流与月均含沙量分布

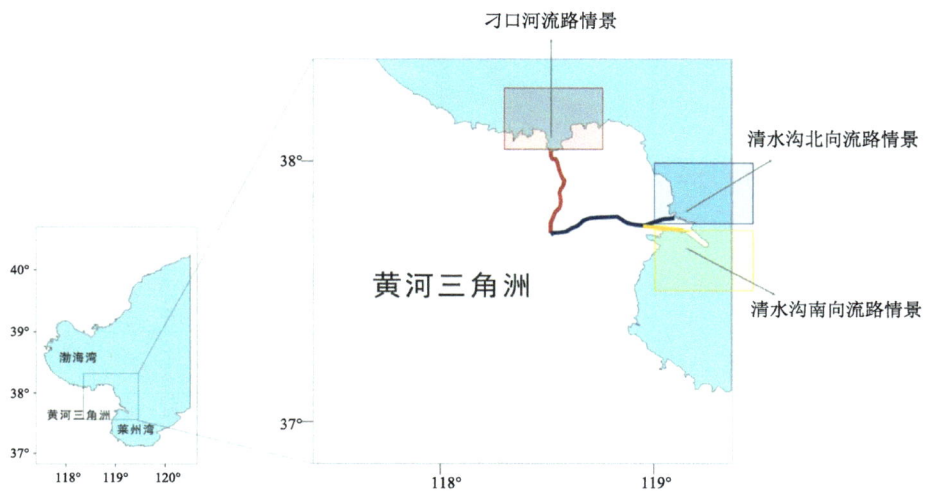

图 5-16　黄河入海流路情景设置

### 5.4.3　黄河三角洲生态要素模拟

**（1）环境要素的时空分布模拟**

本章将模拟得出的新生滨海湿地水文特性，作为新生湿地类型的识别和植被适宜性的环境基础要素。根据水位与湿地高程的变化关系，滨海湿地可分为潮上带、潮间带、潮下带。对不同潮位带湿地的识别方式为：依赖前述的水文地貌模型，将模拟出的 10 年的湿地演化时间内，在每间隔一个时间步长时间节点上，空间中每一网格位置对应的水位和地貌高程结果处进行提取，由这两者的交互作用来判别新生湿地所处的潮位带，具体识别方式为：先对目标区域全时段的水位条件进行分析，提取出大潮对应的时期，再提取大潮时期内目标区域的水位变化进行分析。其中在大潮期间由于湿地高程过高，已不再受到潮水作用，即在该空间位置不再监测到潮位数据的为潮上带［图 5-17（a）］；在大潮期间只有部分时段受到潮水作用（此处湿地高程高于最低潮位，潮位降低到一定位置时不再淹没该区域），即在该空间位置只在部分时段能监测到潮位数据的为潮间带［图 5-17（b）］；而在整个大潮期间内，均受到潮汐作用（此处湿地高程低于最低潮位，即使潮位降低到最低限度仍将淹没该区域），即在该空间位置大潮时期时均能监测到潮位数据的为潮下带［图 5-17（c）］。由于模型结果中，海洋区域和潮下带区域的水位变化类型是一致的，都是在全时段内能观察到水位变化，将海洋与潮下带进行区分较为困难，因此本书重点关注和研究潮上带和潮间带区域，用这两个指标来反映新生湿地的生长状况。

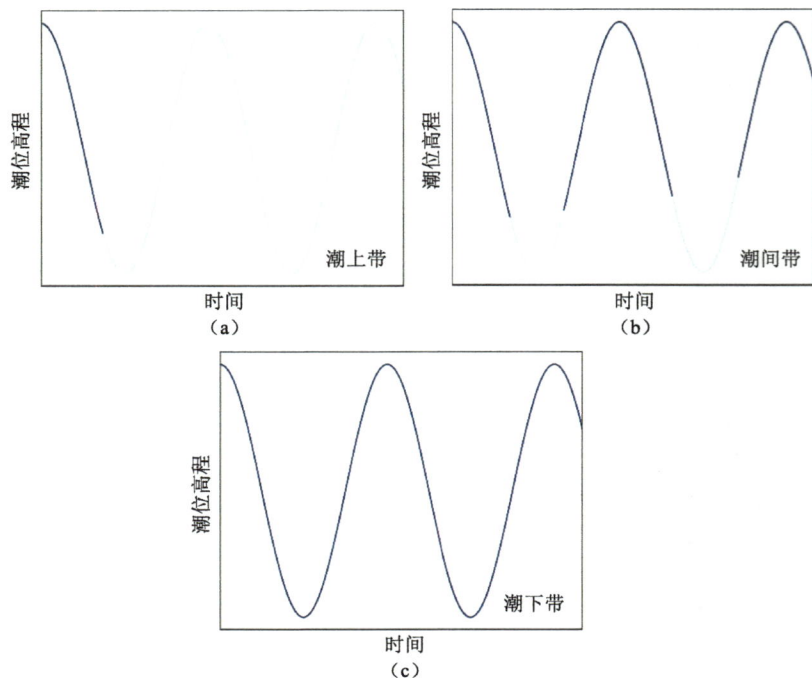

图 5-17　依据水位变化的滨海湿地所处潮位带识别模式

潮汐特性的本质是潮位的周期性变化，但对于生物这一生态主体而言，其受到潮汐直接作用的是周期性淹水，因此分析计算潮间带在一次潮周期内每一点位的平均淹水深度、淹水率、淹水持续时长和最长淹水时间。其中平均淹水深度计算公式如下，公式中各算符含义见图 5-18。

$$平均淹水深度 = \frac{\int_{t_1}^{t_2}\left(水位-海床底面\right)}{t_2-t_1} \tag{5-3}$$

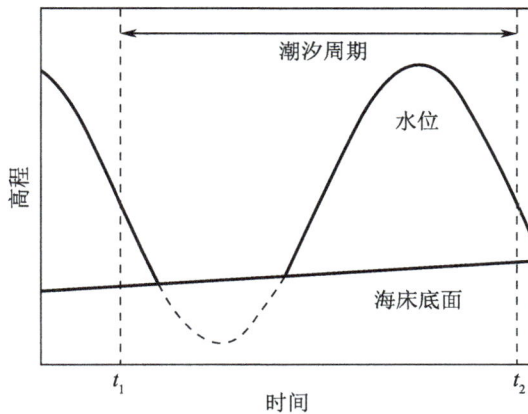

**图 5-18　滨海湿地水文指标计算方法图解**

**（2）生态要素对环境因子响应的高斯模型及其时空分布模拟**

滨海湿地的重要特征是同时受到海陆交互作用，海洋潮汐的影响和湿地高程由陆向海的变化都会造成环境条件的急剧改变，塑造了有环境梯度的生境序列，目前被广泛认同的生态假说是盐度和潮汐作用共同给定了滨海盐沼生物分布的基本模式（贺强，2013）。基于回归分析探索植被环境关系是常用的方法之一，而由植被环境回归分析中的高斯回归基础建立的高斯模型是最著名的生态关系模型（张金屯，2011）。本章的目的是探索黄河三角洲滨海湿地植被与环境因素的关系，进而确定植被的生长状况以评估补偿效果，因此收集了黄河三角洲滨海湿地碱蓬种子萌发率 - 淹水率实测数据（来自课题组实测结果）建立高斯模型及前人已建立的碱蓬植株 - 淹水深度高斯模型（崔保山等，2008）作为植被补偿的评估基础。

利用实测数据建立的碱蓬种子萌发率 - 淹水率高斯模型 ［图 5-19（a）］如下：

$$y = 33.08\exp\left[-\frac{1}{2}\frac{(x-42.69)^2}{14.43^2}\right] \tag{5-4}$$

由于现实条件下新生滨海湿地的生态演化较为复杂，直接计算碱蓬种子的萌发率的量化结果可能存在偏差，而淹水率范围满足碱蓬种子萌发生态阈值的区域为种子萌发的潜在适宜区域，因此利用高斯模型对碱蓬种子萌发的适宜程度进行了定性化的分析，适宜性的确定通过对高斯模型计算得到的种子萌发率结果进行 [0,1] 的标准化处理，而萌发率的结果结合前述得到的新生滨海湿地淹水率结果进行高斯模型的映射获取。

本章所使用的黄河三角洲碱蓬生物量 - 高斯模型［图 5-19（b）］参考了崔保山等（2008）相关研究。

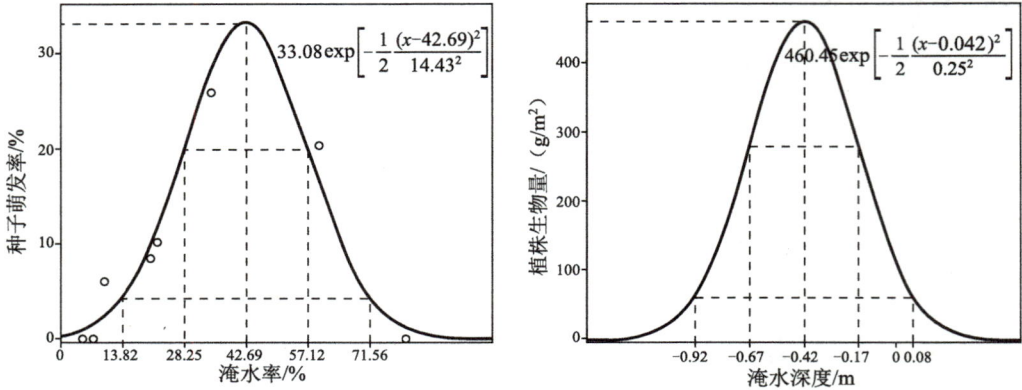

（a）碱蓬种子萌发率 - 淹水率高斯模型　　　（b）碱蓬植株生物量 - 淹水深度高斯模型

**图 5-19　黄河三角洲滨海湿地碱蓬高斯模型**

$$y = 460.45\exp\left[-\frac{1}{2}\frac{(x-0.042)^2}{0.25^2}\right] \tag{5-5}$$

同样地，利用高斯模型对碱蓬植株生长的适宜程度进行定性化分析，将利用前述提取的湿地平均淹水深度计算得到的碱蓬生物量结果进行 [0,1] 标准化处理确定碱蓬植株的适宜性。

## 5.5　单流路入海情景下黄河三角洲滨海河口湿地修复与生态补偿机理

### 5.5.1　河口湿地物质量补偿机理

#### 5.5.1.1　泥沙基质沉积时空变化

滨海湿地的基质来自泥沙沉积形成的新生陆地，本章对黄河三角洲退化及受侵占湿地的直接补偿为泥沙沉积。对 3 种黄河入海流路情景下的新生湿地基质沉积过程、沉积形态和沉积速率进行结果分析以评价对于湿地基质补偿的补偿效果，辨析口门拦门沙对流路稳定性的影响，给湿地生态补偿的辅助手段（如植被引入）提供决策支持和参考。

**（1）现状流路情景下的湿地基质补偿时空序列**

在现状流路入海的情景下，前期泥沙的沉积主要通过入流在河口外海区域冲出两道南北向的并列的沟渠，沿着沟渠发育及垂直方向由近及远地向外沉积实现，自演化第 7 年西侧的输水输沙沟渠逐渐被沉积的泥沙填平，保留东侧的沟渠运送水沙沉积。泥沙沉积的形态以垂直于沟渠的方向呈"楔子"状，距离沟渠越远位置，沉积的泥沙深度越低，在沟渠的两侧，沉积形态也呈现出明显的差异，沟渠西侧的泥沙沉积分布范围更为广泛，整体的沉积深度较低，"楔子"的坡度较平缓，而沟渠东侧的沉积集中且集中沉积区域的沉积深度较高，"楔子"的坡度很陡峭。在泥沙沉积的全过程中沉积最深部分均发生在沟渠向外海的最前端，反映出沉积主要以入流前进的方式产生，进而以入流过程沿入流沟渠两侧扩散淤积的形式发生（图 5-20）。在模拟演化的时间段内，第 1 年沉积的最深深度达到了 6.94 m，在第 4 年最深沉积深度超过 11 m，第 10 年沉积的最深深度为 12.828 m，可见泥沙最深沉积深度的变化速率由早期的迅速转向平缓，当部分区域的沉积深度到达一定的阈值后，该区域不再大量承接新输入的泥沙，新入泥沙将转向更低处发生沉积。

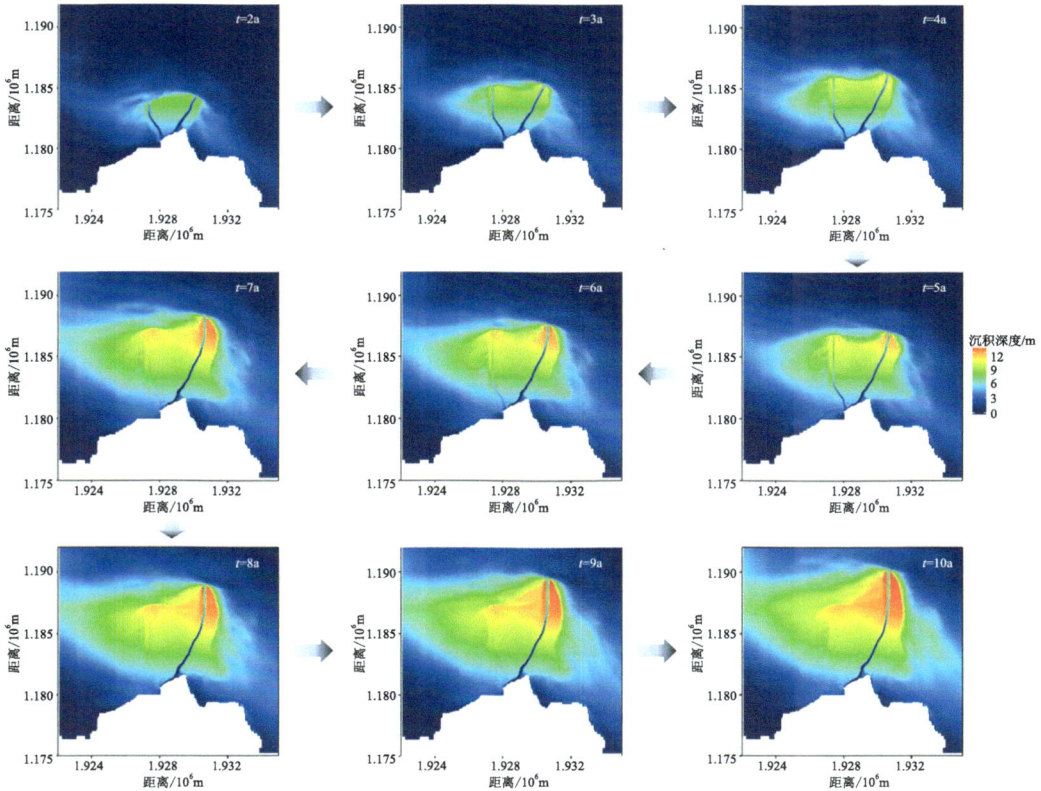

图 5-20　现状流路情景下泥沙基质沉积时空变化

**（2）清水沟南向流路情景下的湿地基质补偿时空序列**

在清水沟南向流路入海的情景下，泥沙的沉积通过入流在河口外海区域冲出两道东西向并列的沟渠，沿沟渠发育及垂直方向由近及远地向外沉积而实现，其中偏北侧的沟渠形成后很快地转至向北方向延伸。与现状流路情景不同，在模拟的整个阶段，两道沟渠协同输送泥沙，在演化的第 10 年也可同时运行，并未出现沟渠被填平的情况。该情景下泥沙沉积的形态也以垂直于沟渠的方向呈"楔子"状，距离沟渠越远位置的沉积深度越低。其中北侧的沟渠周围沉积较为频繁，沉积的分布范围较为广泛，沉积的深度呈现出高深度沉积且集中沉积的形态。与现状流路情景相似，泥沙沉积的整个过程中沉积最深部分发生在沟渠向外海的最前端，反映出同样的以入海方向为主的沉积模式（图 5-21）。在模拟演化的时间段内，第 1 年沉积的最深深度达到了 5.044 2 m，在第 4 年的沉积深度超过 9.85 m，第 10 年沉积的最深深度为 11.746 m，可见泥沙最深沉积深度的变化速率同样呈现出由早期的迅速转向平缓的趋势。

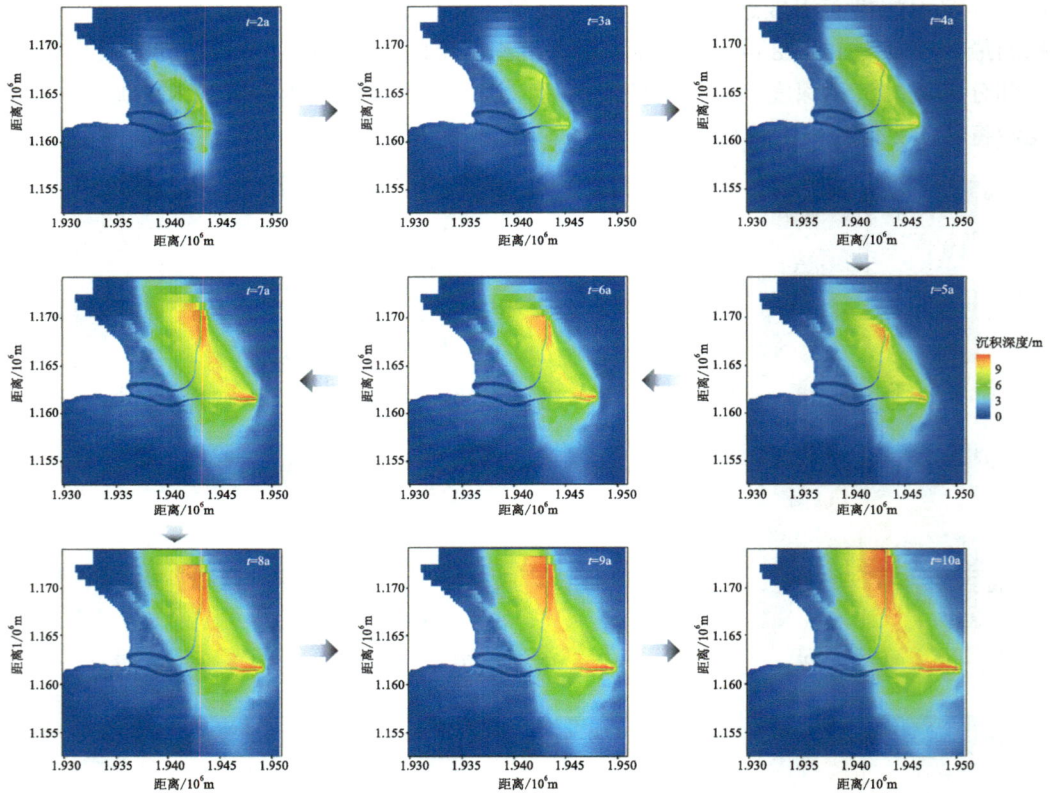

**图 5-21　清水沟南向流路情景下泥沙基质沉积时空变化**

### （3）刁口河流路情景下的湿地基质补偿时空序列

在刁口河流路入海的情景下，泥沙的沉积主要通过入流在河口外海区域冲出一道南北向的沟渠，沿沟渠前端剧烈沉积，沿垂直于沟渠方向轻微但广泛沉积而沉积。与前述两种情景不同，该情景下只发育了一道输水输沙的沟渠。泥沙沉积的整个过程中沉积最深部分未曾明显迁移，在第 1 年即发生在距离入海口西北侧超过 1 000 m 距离的区域，随后在该区域不断发生新的泥沙沉积，沉积深度在该区域不断增加（图 5-22）。该情景下最深沉积深度相较于前述两种情景整体较低，第 1 年沉积的最深深度为 3.247 5 m，在第 4 年的沉积深度为 6.919 1 m，第 10 年沉积的最深深度为 8.685 7 m，整个演化时间段内泥沙最深沉积深度的变化速率虽然也呈现出由早期的快速转向平缓的趋势，但早期的变化速率比前述两种情景都低。

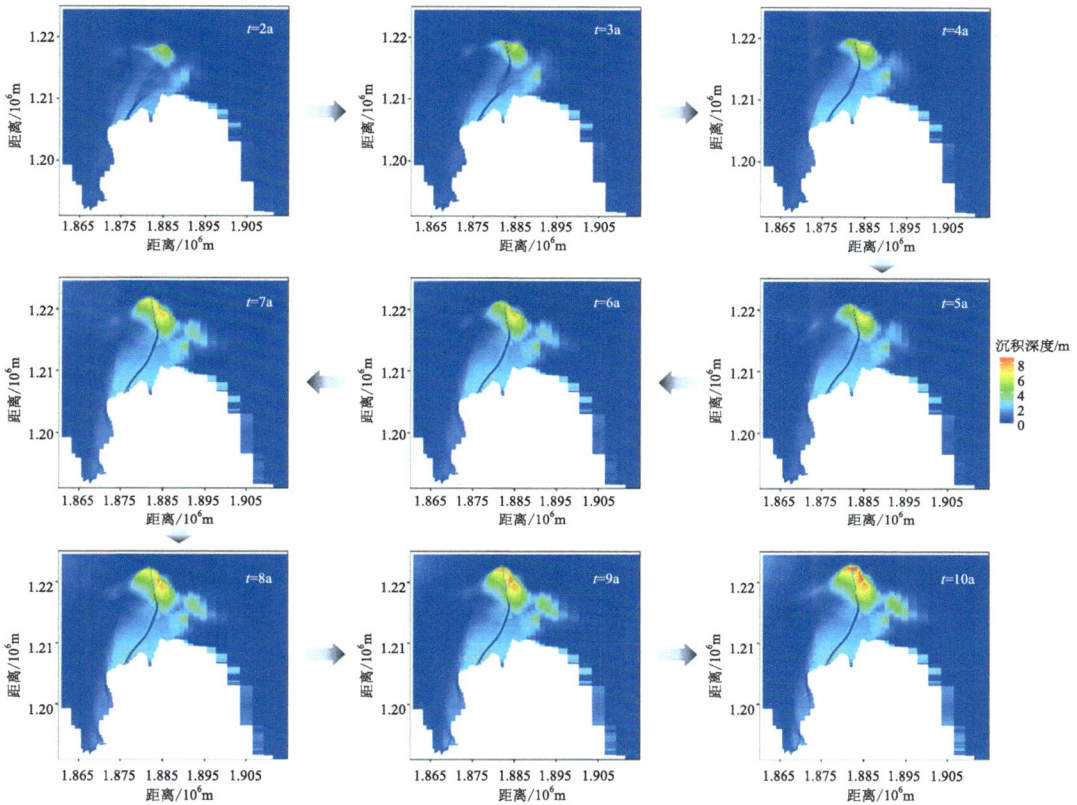

**图 5-22　现状流路情景下泥沙基质沉积时空变化**

（4）单流路入海情景新生湿地基质总量对比

针对 3 种流路入海情景，选取河口外海处泥沙沉积可发生的最远影响范围内区域为空间范围，选取整个模拟演化阶段中的每一模型计算时间节点为时间范围，对整个演化过程中区域内的泥沙净沉积体积进行计算和对比，以对比分析不同情景下新生湿地基质总量的补偿效果。结果发现，3 种情景下，泥沙净沉积体积随时间的变化均呈现出相类似的规律：随时间推移净沉积体积波动上升。其中，现状流路情景和清水沟南向流路情景的净沉积体积变化呈相似趋势，即沉积基质总量非常接近，而刁口河流路情景与清水沟流路情景的净沉积体积变化有轻微的差别，但相差的沉积量相比总沉积量可忽略不计（图 5-23）。由此可以得出，3 种流路情景下的新生湿地基质总量的补偿效果较为接近。

5.5.1.2　河口区域地貌时空演化

虽然新生湿地的泥沙基质沉积实现了对于受损及受侵占湿地基质的直接补偿，但在基质基础上的新生湿地生态系统演化及生态系统服务的发育并非直接依赖于泥沙沉

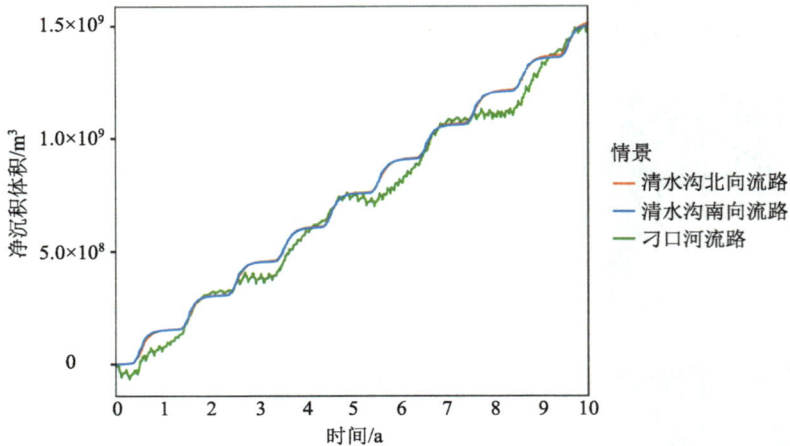

图 5-23    3 种流路情景下的泥沙基质沉积总体积变化

积深度，而是基于新生湿地地貌完成的。因此，对演化形成的湿地高程的演化时空序列进行分析，以提供后续的生态系统演化和生态补偿辅助手段的滨海湿地基础，也为河口及流路稳定性的确定提供支持。

（1）现状流路情景下的新生湿地地貌演化时空序列

在现状流路入海的情景下，湿地地貌的形态始终呈现出由河口向外海方向由高向低的"楔子"状，演化出的高程高于 0 m 的区域呈类半圆周的扇形，主要在冲出的运送水沙的沟渠前端有凸出。演化前期入海水沙冲出的两道沟渠的高程明显低于周边区域的高程，是黄河入海河道的延伸，演化后期西侧的沟渠高程逐渐升高至 0 m 以上，但仍低于周边区域。在前述对沉积状态的分析中发现，沉积较多的区域是随着河道前进并不断推进的，但沉积较高的区域实际高程并没有高于周边区域，整个地貌的最高处始终分布在河口附近（图 5-24）；第 1 年湿地最高处高程为 0.671 9 m，第 10 年的湿地高程最高达到 1.381 2 m（以海图的基准面为参考，下文中相同），可以发现湿地的高程增加速率是明显缓于最深沉积深度增加的速率的，这些都说明演化过程中泥沙会流向低洼区发生沉积，湿地会整体缓慢抬升、稳定发育。

（2）清水沟南向流路情景下的新生湿地地貌演化时空序列

在清水沟南向流路入海的情景下，湿地地貌的形态同样呈现出由河口向外海方向由高向低的"楔子"状，演化出的高程高于 0 m 的区域也呈类半圆周的扇形，在两道冲出的运送水沙的沟渠前端有较明显凸出（图 5-25）。演化过程中入海水沙冲出的两道沟渠的高程始终低于周边区域的高程，说明该情景下黄河入海河道会分为两个方向延伸。与现状流路情景的结果相似，该情景下沉积较高的区域并没有淤积出高于周边区域的湿地，整个湿地地貌的最高处多分布在河口附近；第 1 年湿地最高处高程为 0.898 3 m，第 10 年的湿地高程最高达到 1.569 1 m，湿地的增高速率是明显缓于最深沉积深度增加的速率的，即演化过程中泥沙会流向低洼区发生沉积，湿地整体缓慢升高、

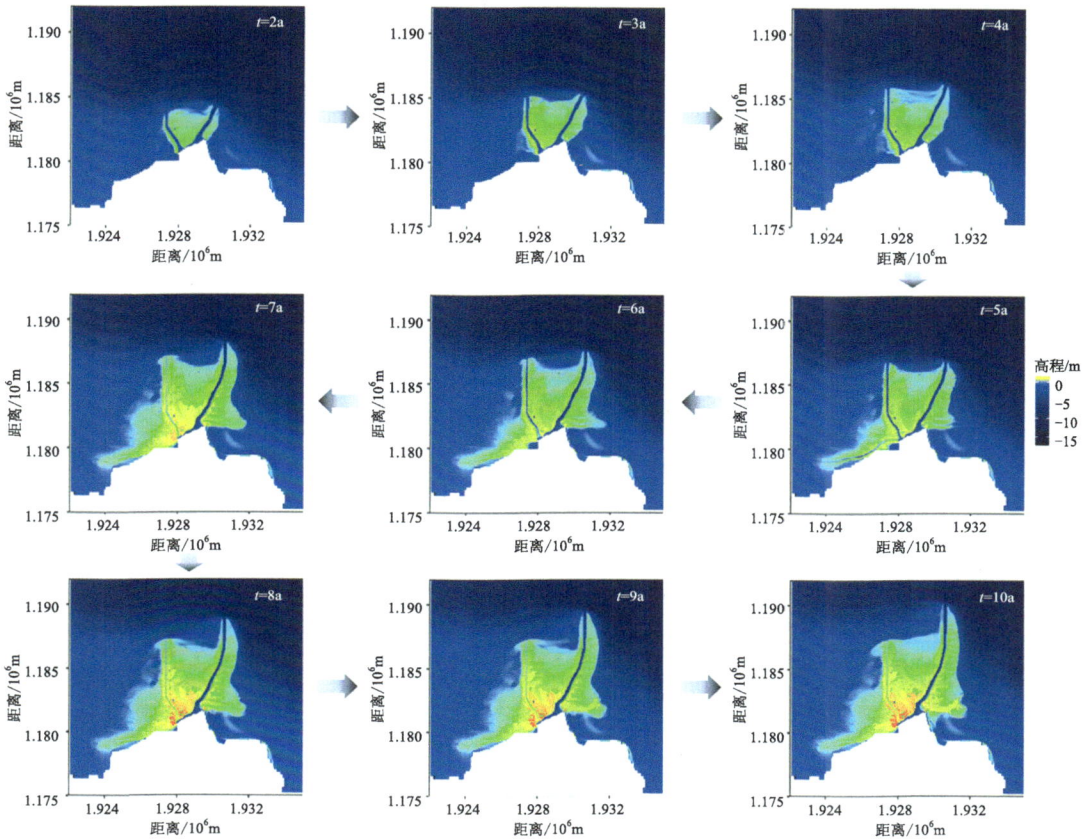

图 5-24　现状流路情景下河口区域地貌时空演化

发育稳定。

（3）刁口河流路情景下的新生湿地地貌演化时空序列

在刁口河流路入海的情景下，湿地地貌的形态也呈现出由河口向外海方向由高向低的"楔子"状，演化出的高程高于 0 m 的区域呈类三角形，凸出位置位于入流水沙冲出的沟渠前端。冲出的沟渠高程始终低于周边区域的高程，即为黄河入海新河道（图5-26）。该情景下湿地升高较平缓，在第 1 年湿地最高处高程为 2.349 7 m，第 10 年的湿地高程为 2.512 9 m，相比清水沟流路情景，湿地的增高速率更为缓慢。

5.5.1.3　滨海区域受侵蚀状况

对比 3 种流路情景发现，泥沙沉积影响的区域主要分布在入海河口附近，然而对于外海底层基质的侵蚀影响范围很广，在整个环渤海近岸区域均会发生海岸侵蚀，因此选取相同的环渤海区域为空间尺度进行侵蚀时空序列及侵蚀量的分析。

（1）单流路情景下环渤海区域侵蚀空间分布

选取第 10 年这一时间节点的空间结果进行对比，发现在 3 种流路情景下，渤海湾临陆区域均发生了较为广泛的海岸侵蚀，其中渤海湾以南区域更为严重，在清水沟南

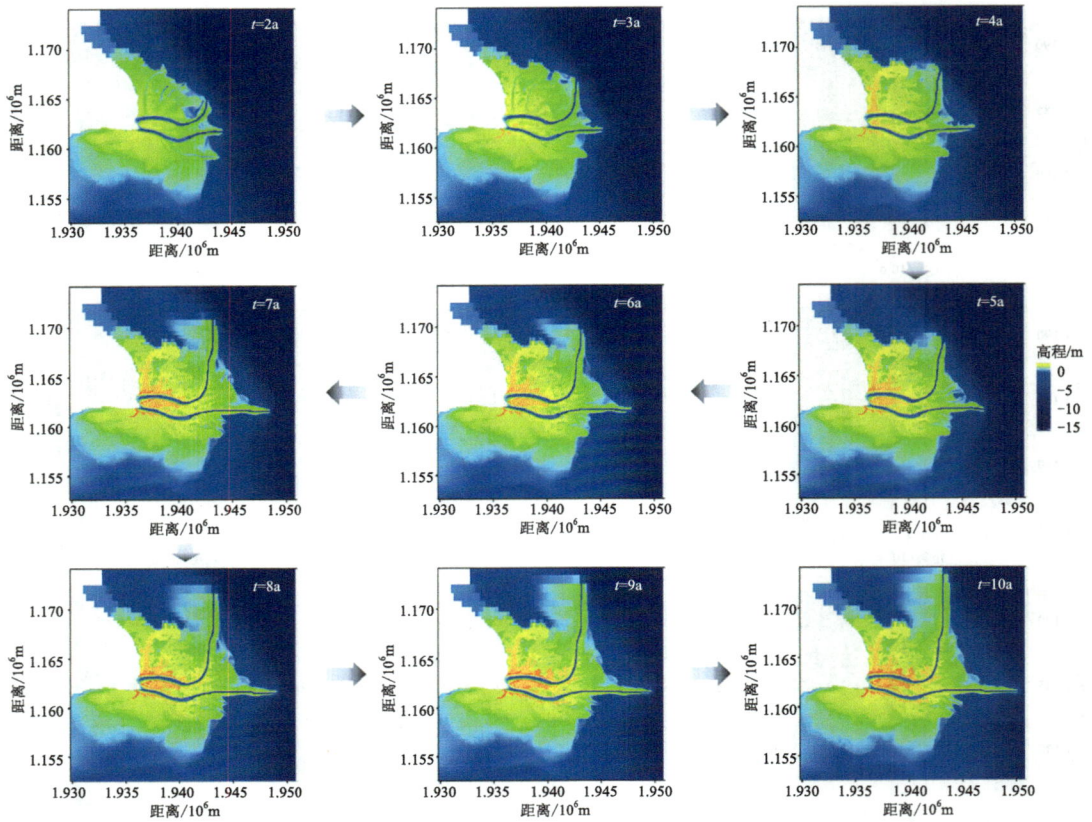

**图 5-25    清水沟南向流路情景下河口区域地貌时空演化**

流路河口外发生的海岸侵蚀较为轻微，在清水沟北向流路河口附近发生的侵蚀状况最为轻微。在每种流路情景的入海河口区域附近其受到的侵蚀均会明显减轻。其中现状流路情景下该口门外不再受到侵蚀，在清水沟南向流路的情景下，该河口外发生的海岸侵蚀比另外两种情景的侵蚀状况更为轻微，在刁口河流路情景下，刁口河口外的近海区域、渤海湾以南临近刁口河口区域受到的侵蚀状况要远远优于清水沟流路情景的侵蚀状况（图 5-27）。

（2）单流路入海情景环渤海区域侵蚀量对比

对 3 种流路情景下的环渤海区域发生侵蚀的区域面积和侵蚀总体积进行计算和对比分析，从而定量地确定 3 种情景的海岸侵蚀结果和对湿地补偿效果的影响。3 种情景下侵蚀区域总面积在整个演化过程中均维持在 $10^9 m^2$ 这一数量级，对于清水沟情景，无论是现状流路还是东南向流路情景，其受侵蚀区域面积非常接近，而刁口河流路情景下受侵蚀区域的面积要低于清水沟情景［图 5-28（a）］。对于侵蚀总体积而言，3 种流路情景的结果均呈现出类似的波动缓慢上升趋势，其中波动程度随时间的退役而逐渐减缓，而 3 种情景的数量差异与侵蚀面积的差异类似，清水沟情景下的侵蚀总体积

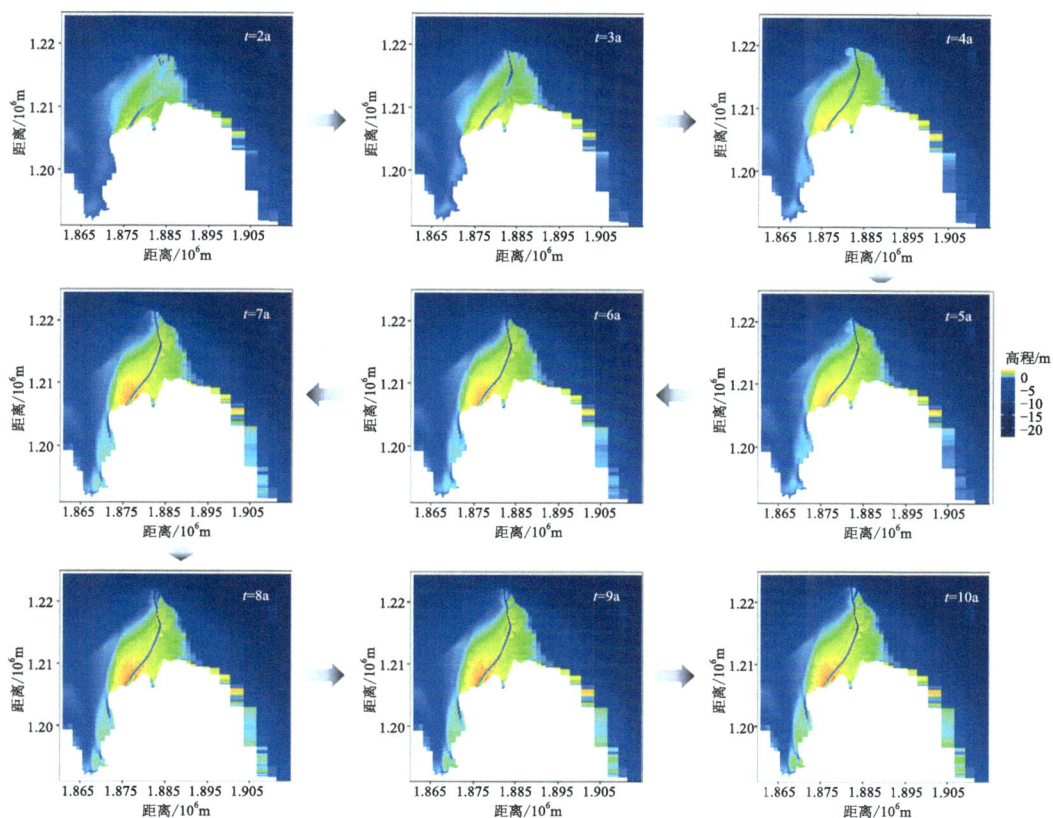

图 5-26　刁口河流路情景下河口区域地貌时空演化

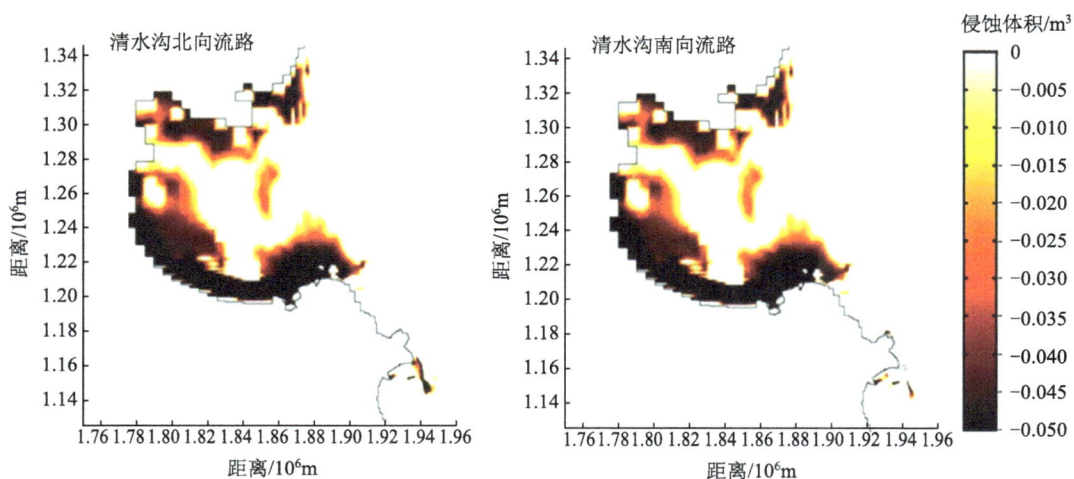

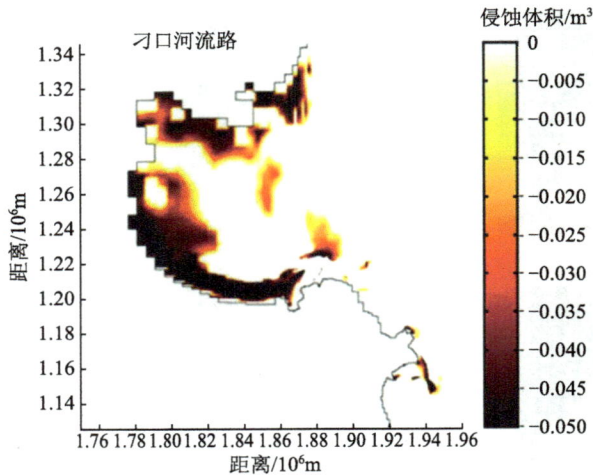

图 5-27　3 种流路情景下的环渤海区域侵蚀空间分布（演化第 10 年）

不相上下，而刁口河流路情景下的侵蚀总体积要低于清水沟情景，并且侵蚀总体积数量差异有随时间推移而增大的趋势 [图 5-28（b）]。结合前述的空间分布对比，认为刁口河流路情景下环渤海区域受到海岸侵蚀的程度要优于清水沟流路情景，而清水沟流路北向和东南向情景的侵蚀状况较为接近。

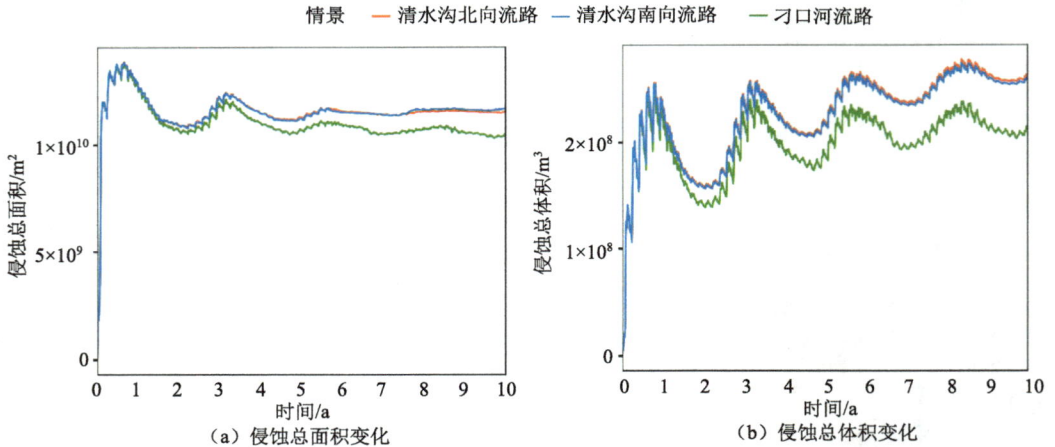

图 5-28　3 种流路情景下的环渤海区域侵蚀总面积和侵蚀总体积变化

## 5.5.2　河口湿地生态补偿机理

### 5.5.2.1　不同滨海湿地类型的补偿

　　识别不同潮位带湿地类型参考潮位带的定义，选取大潮期间的时间节点作为时间范围进行滨海湿地类型的识别分析，分别从潮上带、潮间带湿地的时空序列及这两种类型湿地面积变化的维度分析湿地类型补偿效果。

（1）现状流路情景下潮上带和潮间带湿地的时空序列

在现状流路情景下，潮间带湿地逐渐向外海方向延伸发育，而潮上带湿地的发育较为缓慢，演化前期并未形成潮上带湿地，4 年半后只有少量的潮上带湿地发育，此外可观察到演化后期两种类型湿地的发育速率均有所减缓，能清晰地观察到两种类型湿地轮廓的变化。其中潮上带湿地更为接近高程较高的入海河口区域（图 5-29）。

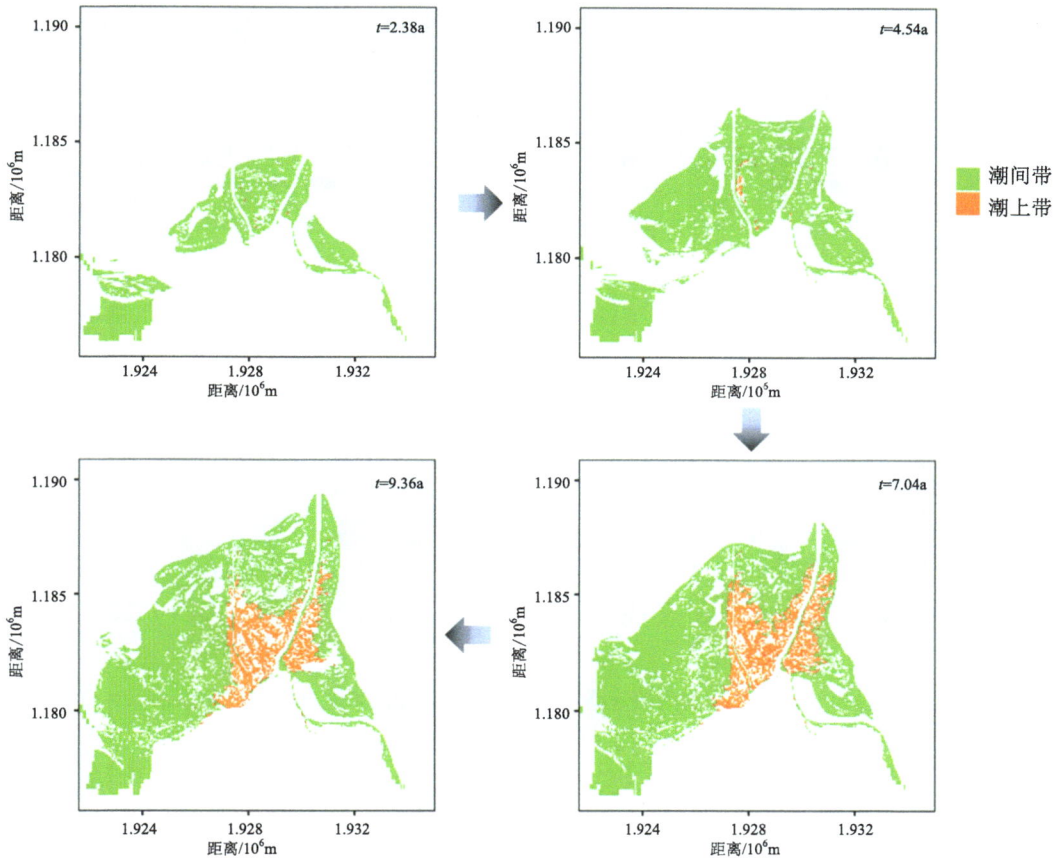

图 5-29　现状流路情景下潮上带与潮间带湿地时空演化

（2）清水沟南向流路情景下潮上带和潮间带湿地的时空序列

在清水沟南向流路情景下，演化前期形成了大量潮间带湿地，而后期新发育的潮间带湿地增加较为缓慢，湿地轮廓的变化不清晰，演化方向也是逐渐向外海方向延伸发育；对于潮上带湿地，演化前期已有少量形成，4 年半后已有大量的潮上带湿地发育，但演化后期的潮上带湿地的发育速率有所减缓，同样无法清晰地观察到该类型湿地轮廓的变化。类似于现状流路情景，潮上带湿地主要位于近入海河口区域（图 5-30）。

（3）刁口河流路情景下潮上带和潮间带湿地的时空序列

在刁口河流路情景下，两种类型湿地的演化趋势与现状流路情景下的演化趋势相似，潮间带湿地逐渐向外海方向延伸，演化后期该类型湿地的发育速率有所减缓，而

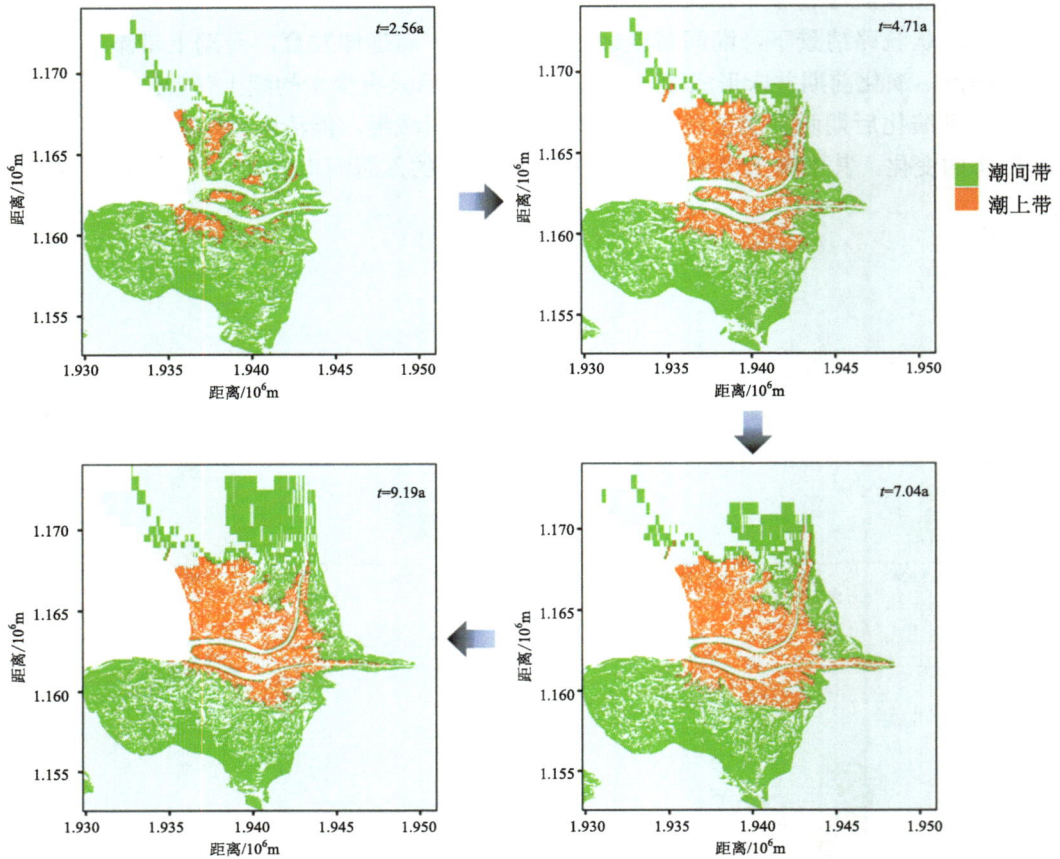

图 5-30　清水沟南向流路情景下潮上带与潮间带湿地时空演化

潮上带湿地的发育较为缓慢，在演化前期只有极少的潮上带湿地形成，4 年半后可观察到较多的潮上带湿地发育，演化后期潮上带湿地的发育速率也有所减缓。与前述两种情景类似，潮上带湿地位于入海河口附近（图 5-31）。

（4）单流路入海情景不同滨海湿地类型补偿面积

在现状流路情景下，潮间带湿地的面积呈逐渐增长趋势，其中前期面积增长速率较快，后期增长速率减缓，第 10 年的潮间带湿地面积达到 $5 \times 10^{7} m^{2}$ 以上；而潮上带湿地数量明显少于潮间带湿地，直到 4 年半后才观察到潮上带湿地，而随着演化时间的推移，潮上带湿地呈现出略微下降的趋势，演化过程中潮上带湿地面积最大达到约 $7.5 \times 10^{6} m^{2}$，而第 10 年潮上带湿地面积约为 $6.36 \times 10^{2} m^{2}$。在清水沟南向流路情景下，潮间带湿地面积前期剧烈增长，而后在较高水平轻微震荡，先轻微减少而后又缓慢增加，说明清水沟南向流路情景下潮间带湿地的发育较快，发育到一定程度后不再迅速发展，而是在现有水平上发生少量的湿地类型的变换。其中演化过程中潮间带湿地面积超过 $8.5 \times 10^{7} m^{2}$，第 10 年的潮间带湿地面积接近 $9.1 \times 10^{7} m^{2}$；而潮上带湿地数量

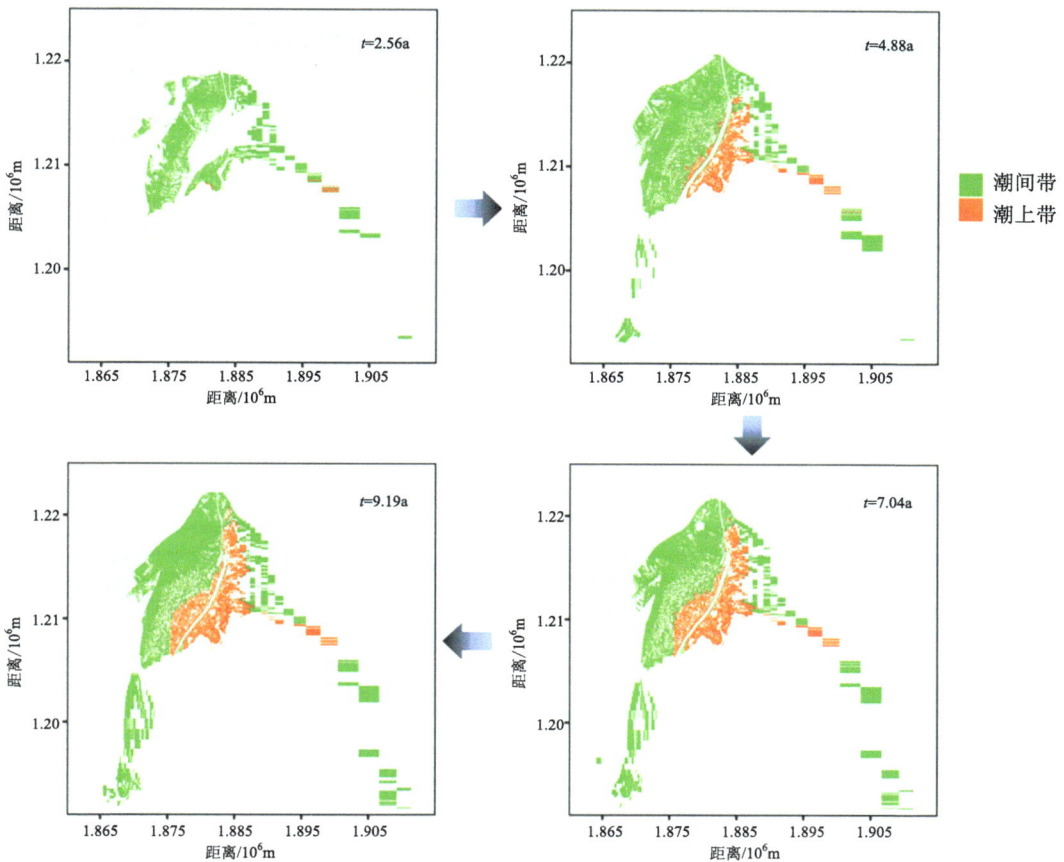

图 5-31　刁口河流路情景下潮上带与潮间带湿地时空演化

比潮间带湿地更少，其呈现出与现状情景下类似的变化趋势，即前期增加较缓慢，而发育到一定程度后出现潮上带湿地减少的趋势，演化过程中潮上带湿地面积最大接近 $3.2 \times 10^7 \, \mathrm{m}^2$，第 10 年潮上带湿地面积略微高于 $2.8 \times 10^7 \, \mathrm{m}^2$。在刁口河流路情景下，潮间带湿地面积呈上升趋势，在前期增长较快，而后期趋于平缓，说明该情景下潮间带湿地发育较快，而到达一定程度后便不再迅速发展。该情景下第 10 年潮间带湿地面积接近 $1.48 \times 10^8 \, \mathrm{m}^2$；潮上带湿地的数量始终少于潮间带湿地，前期没有潮上带湿地形成，随着时间的迁移，潮上带湿地面积缓慢增加，演化后期趋于平缓，即其发育过程较为缓慢，发育到一定程度后趋于发育停滞的状态，第 10 年的潮上带面积略微高于 $3.5 \times 10^7 \, \mathrm{m}^2$（图 5-32）。

#### 5.5.2.2　碱蓬种子萌发适宜性

（1）现状流路情景下碱蓬种子萌发适宜性时空序列

在现状流路情景下，在演化早期和中后期识别出的碱蓬种子萌发适宜区域均主要分布在潮间带外海向扩散的前沿区域，但在第 4 年半观察到整个潮间带范围内出现大

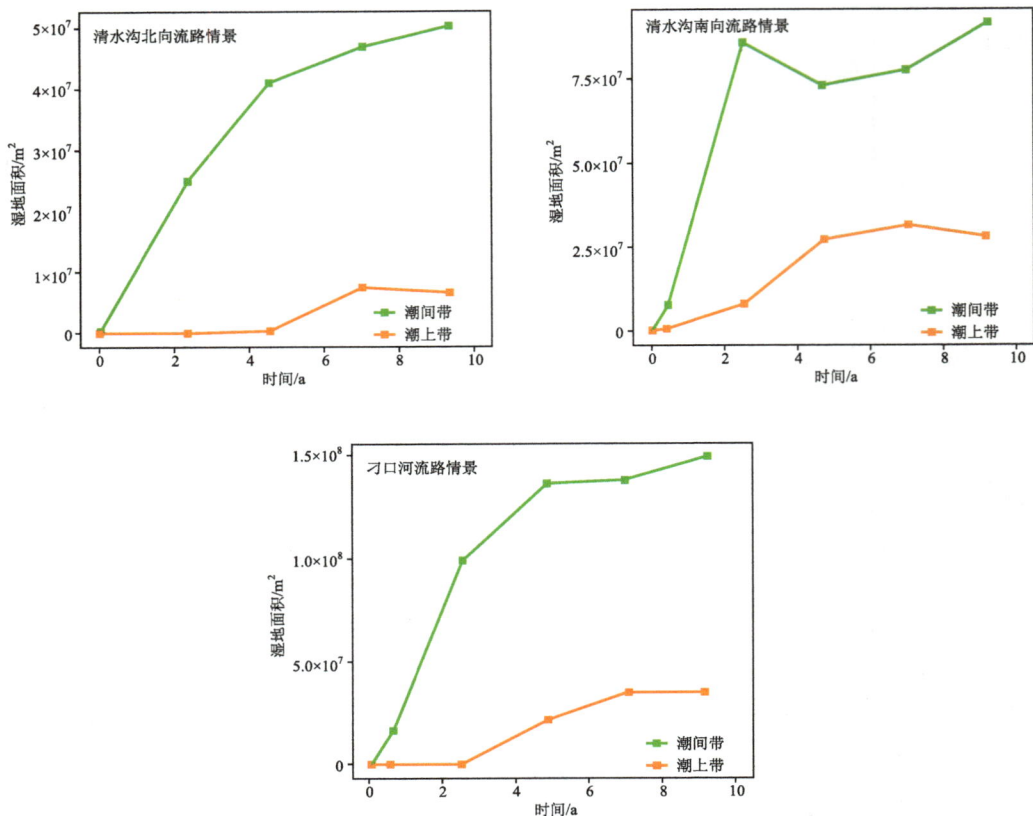

**图 5-32　3 种流路情景的潮上带湿地和潮间带湿地面积变化**

量适宜碱蓬种子萌发的区域，即在湿地发育过程中碱蓬更可能作为前锋植被在新发育的湿地上定植，并且在新生湿地发展过程中的某阶段可能迎来碱蓬种子定植发展的"全盛时期"。此外，随着时间的推移，碱蓬种子适宜萌发区域有减少趋势，萌发适宜区越发集中地出现在潮间带湿地的发育前沿，虽然适宜区面积逐渐减少，但适宜区内碱蓬种子萌发的适宜性整体水平都得到提高。在整个演化时间段内碱蓬种子萌发适宜性都呈现出在适宜区内由中心向外围区域降低的趋势，并且海向区域内的适宜性都明显低于其他区域（图 5-33）。

（2）清水沟南向流路情景下碱蓬种子萌发适宜性时空序列

在清水沟南向流路情景下，整个演化时间段内碱蓬种子萌发适宜区域均主要分布在潮间带外海向扩散的前沿区域，并且随时间的推移，这种现象越发明显，演化前期潮间带范围内仍有较多区域适宜碱蓬种子萌发，而演化中后期碱蓬种子萌发适宜区集中出现在海向延伸发育的新生湿地内，可见在湿地发育过程中碱蓬可能作为前锋植被在新发育的湿地上定植。在整个演化时间段内碱蓬种子萌发适宜性都呈现出在适宜区内由中心向外围区域降低的趋势（图 5-34）。

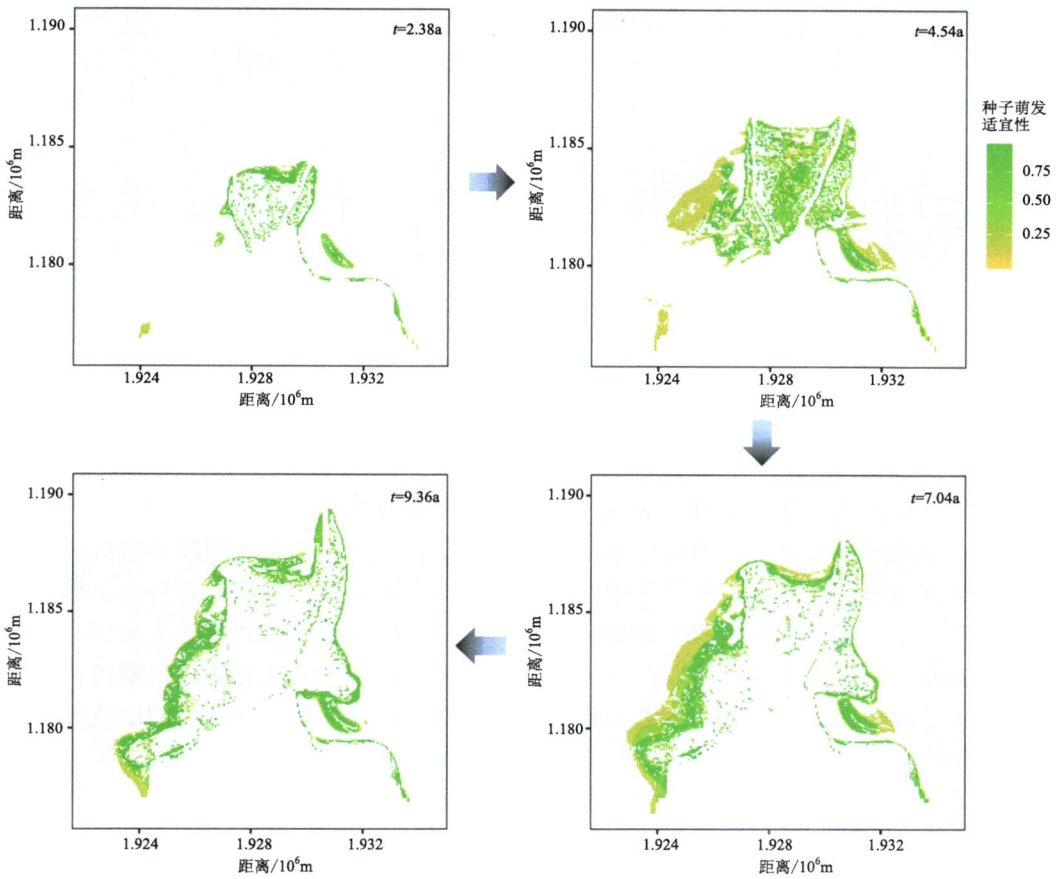

图 5-33　现状流路情景下碱蓬种子萌发适宜性时空变化

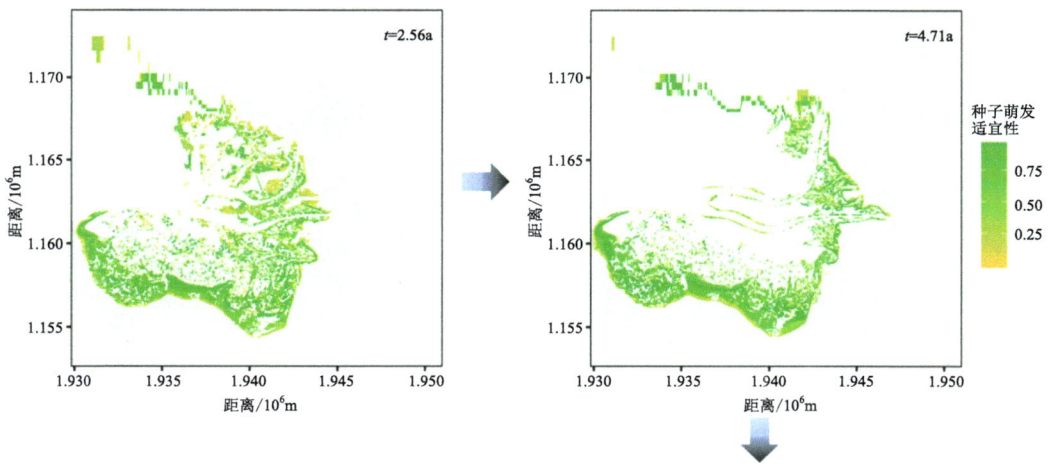

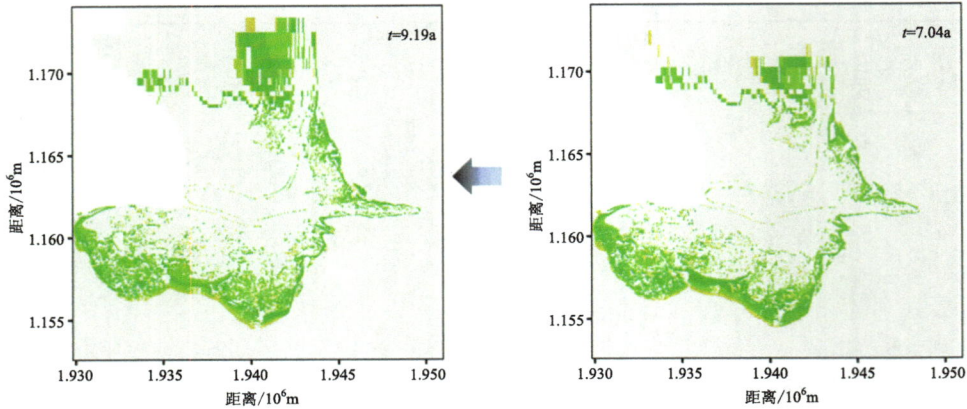

图 5-34　清水沟南向流路情景下碱蓬种子萌发适宜性时空变化

**（3）刁口河流路情景下碱蓬种子萌发适宜性时空序列**

在刁口河流路情景下，演化早期碱蓬种子萌发适宜区域分布在潮间带海向前沿和陆向河口区域附近，而后碱蓬种子萌发适宜区域均主要分布在潮间带外海向扩散的前沿区域，可见在湿地发育过程中碱蓬可能作为前锋植被在新发育的湿地上定植。随着时间的推移，碱蓬种子适宜萌发区域分布更为集中。在整个演化时间段内碱蓬种子萌发适宜性呈现出在适宜区内由中心向外围区域降低的趋势，海向区域内的适宜性都明显低于其他区域（图 5-35）。

**（4）单流路入海情景碱蓬种子适宜萌发的临界和最适区域面积**

3 种流路情景下，碱蓬种子萌发最适区域面积均呈现增长趋势，可见随着新生湿地的发育，碱蓬种子最适定植区域也呈扩大状态。而碱蓬种子适宜萌发的临界区域并非都呈现增长状态，现状流路情景下碱蓬种子适宜萌发临界区域前期快速增长，达到一定程度后开始缩减，并且后期临界区域面积减少迅速，说明该情景下碱蓬种子可定

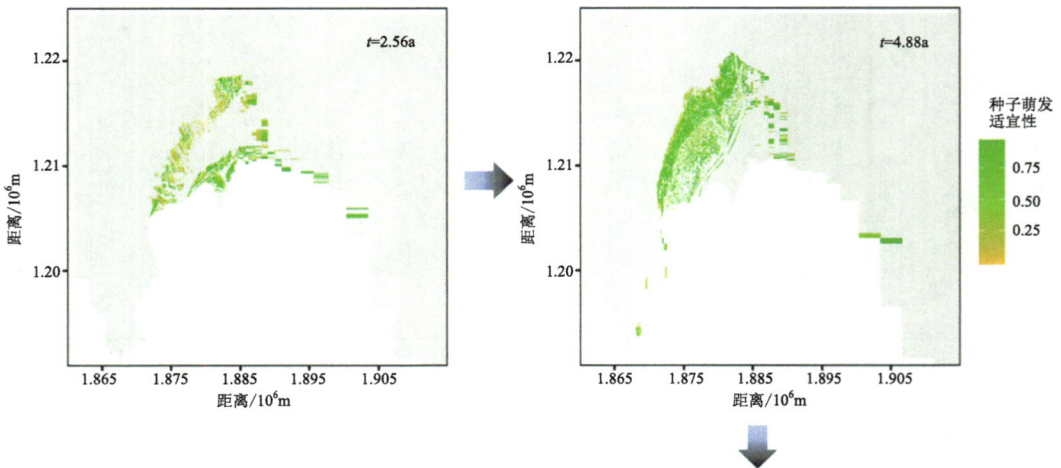

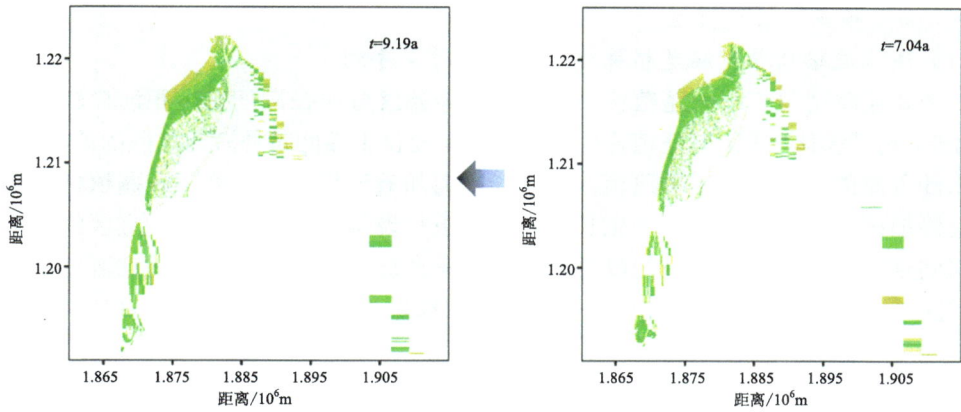

图 5-35　刁口河流路情景下碱蓬种子萌发适宜性时空变化

植区域的范围将发生缩减，碱蓬种子更倾向于集中地在最适萌发区内定植。对于清水沟南向流路和刁口河流路情景，碱蓬种子适宜萌发的临界区域面积变化呈现出与潮间带面积变化类似的规律，结合对前述碱蓬种子适宜区时空序列结果，在这两种情景下，随着新生潮间带湿地的形成，碱蓬种子能作为先锋植被在新湿地内定植（图 5-36）。

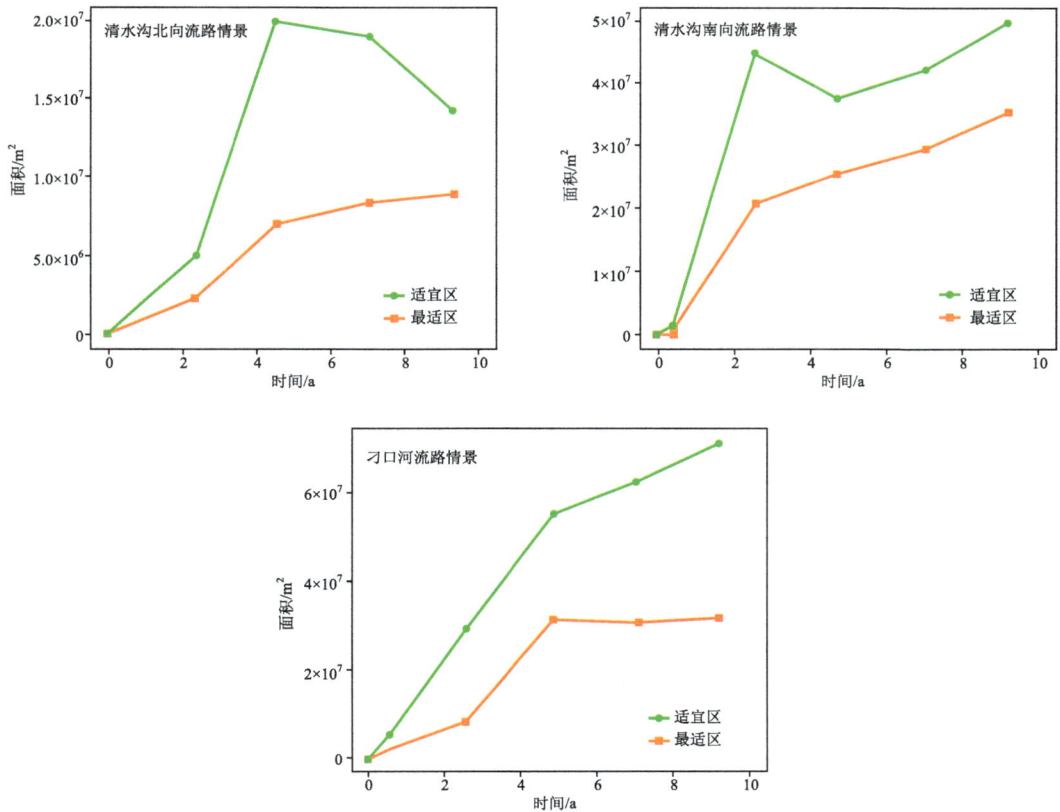

图 5-36　3 种流路情景下的碱蓬种子萌发适宜区和最适区面积变化

### 5.5.2.3  碱蓬植株生长适宜性

**（1）现状流路情景下碱蓬植株生长适宜性时空序列**

在现状流路情景下，碱蓬植株生长适宜区域始终分布在潮间带中距河口较远的区域，此外，到了演化后期，碱蓬植株生长适宜区主要位于潮间带外海向扩散的前沿区域，可见水沙入海的冲击限制了碱蓬植株的生长，而随着湿地发育成熟，碱蓬植株倾向于作为前锋植被在新发育的湿地上生长，这一现象呈现与碱蓬种子萌发适宜区的时空演变相似的规律。在整个演化时间段内碱蓬种子萌发适宜性都呈现出在适宜区内由中心向外围区域降低的趋势，在适宜生长区内碱蓬植株生长适宜性较高（图 5-37）。

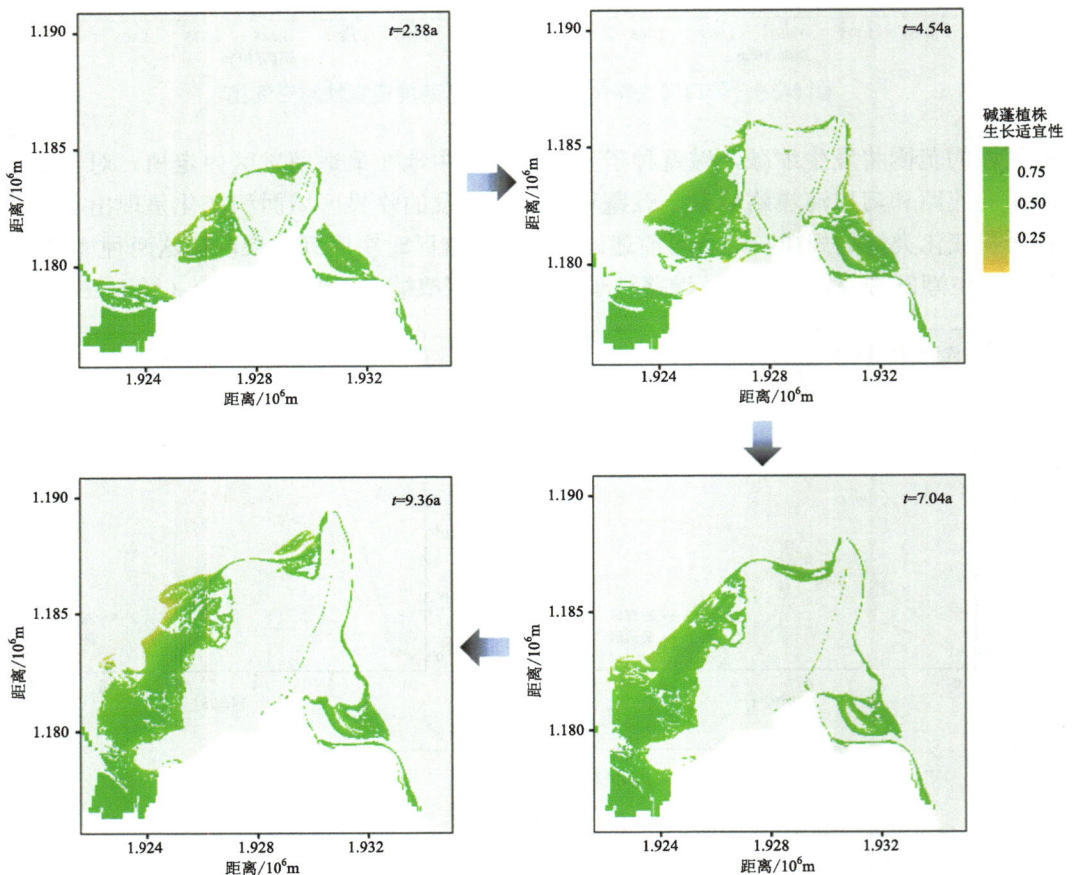

**图 5-37　现状流路情景下碱蓬植株生长适宜性时空变化**

**（2）清水沟南向流路情景下碱蓬植株生长适宜性时空序列**

在清水沟南向流路情景下，碱蓬植株生长适宜区域始终分布在潮间带外海向扩散的前沿区域，只在潮间带湿地临海的外围轮廓周边能观察到适宜碱蓬植株生长的区域，可见碱蓬植株最可能作为新生湿地拓殖的前锋植被，这一现象与碱蓬种子萌发适宜区的时空演变是相似的。在整个演化时间段内碱蓬种子萌发适宜性都呈现出在适宜区内由中心向外围区域降低的趋势，在适宜生长区内碱蓬植株生长适宜性整体都较高（图 5-38）。

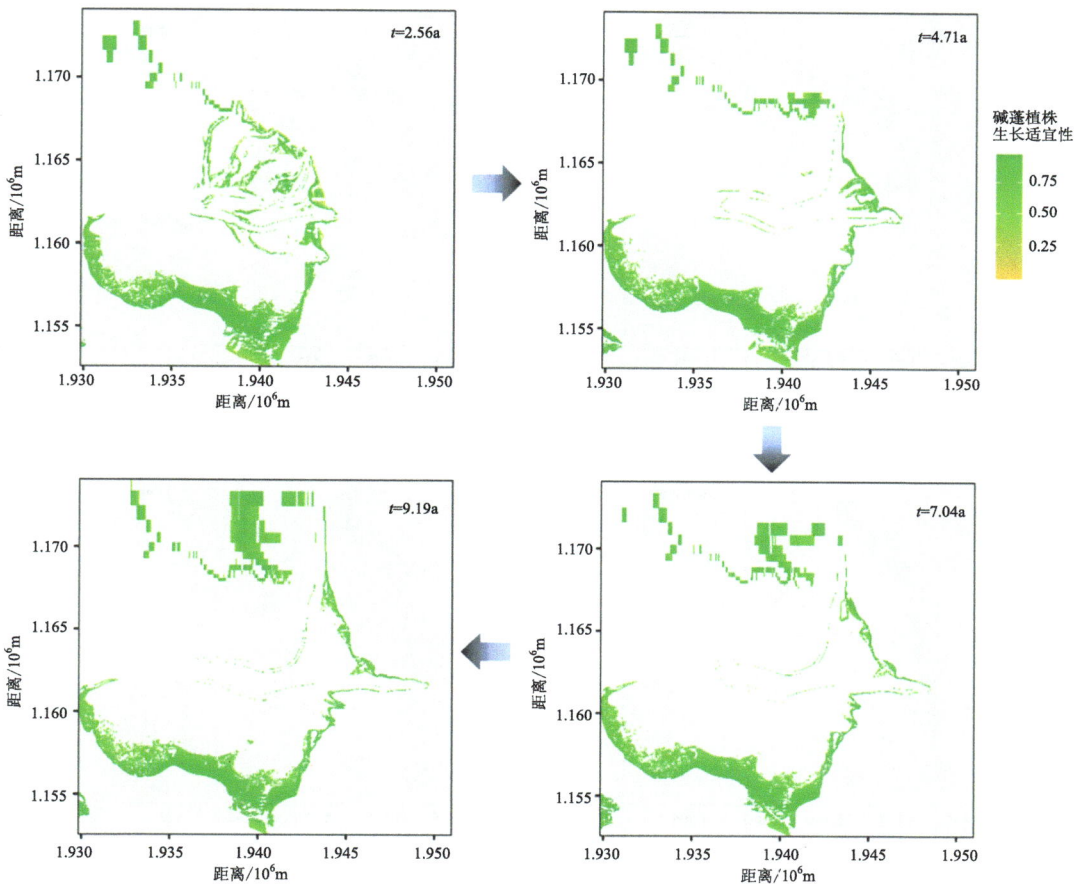

**图 5-38　清水沟南向流路情景下碱蓬植株生长适宜性时空变化**

**（3）刁口河流路情景下碱蓬植株生长适宜性时空序列**

在刁口河流路情景下，碱蓬植株生长适宜区域主要分布在潮间带外海向扩散的前沿区域，这一现象在 3 种流路情景下都可以观察到，即在 3 种流路情景下碱蓬植株都将作为前锋植被随新生湿地拓殖，这一现象与碱蓬种子萌发适宜区的时空演变也是相似的。在整个演化时间段内碱蓬种子萌发适宜性均呈现出在适宜区内由中心向外围区域降低的趋势，但整体的适宜性都较高（图 5-39）。

**（4）单流路入海情景碱蓬植株适宜生长的临界和最适区域面积**

3 种流路情景下，碱蓬植株生长区域临界面积与最适区域面积的变化趋势类似，并且两者差距不大，这也与前述对于适宜性时空序列的分析中，适宜区整体适宜性都较高的结果相呼应。现状流路情景下适宜区面积均呈现上升区域，其中前期增长较快，到后期趋于平缓，可见适宜碱蓬植株生长的区域随着湿地整体的发育将趋于稳定。清水沟南向流路情景和刁口河流路情景的适宜区面积呈现出相似规律，演化前期即出现大量碱蓬生长适宜区，适宜区面积增长十分迅速，而到达了一定的程度后新增加的适

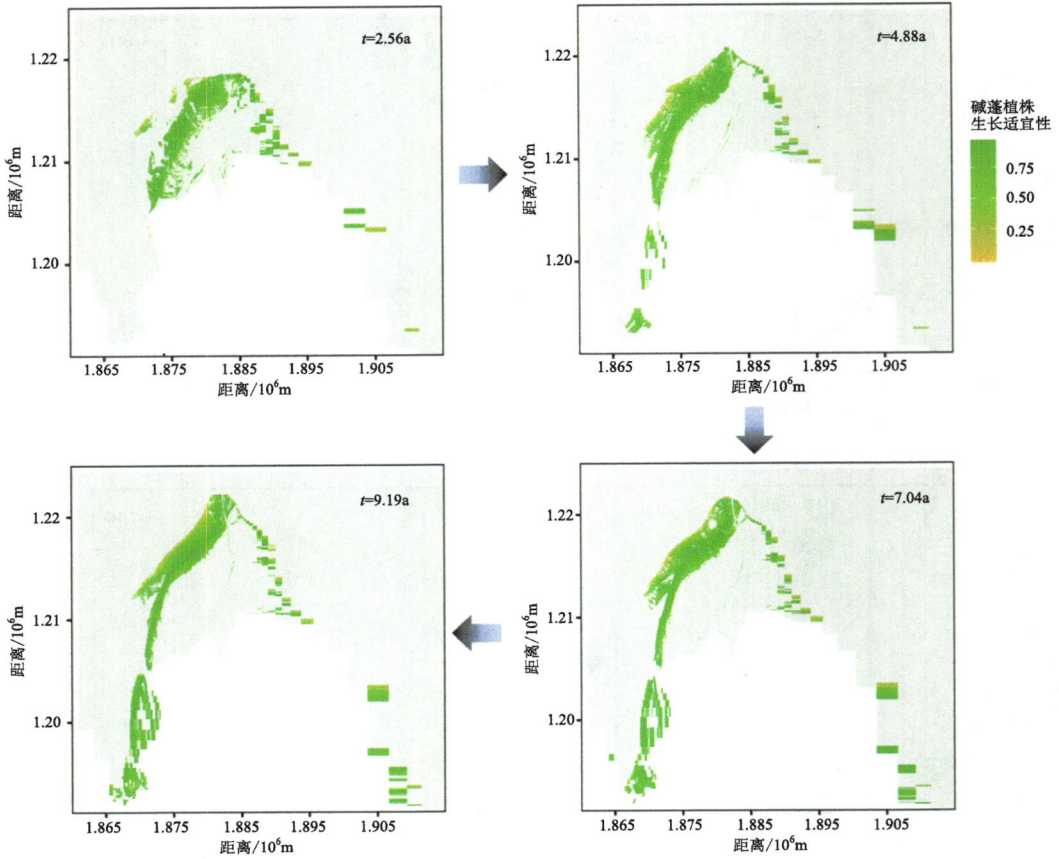

**图 5-39　刁口河流路情景下碱蓬植株生长适宜性时空变化**

宜区面积明显减少，增长十分缓慢，其中清水沟南向流路情景下出现了适宜区面积不再增长，而是先减少再缓慢上升的趋势，可见这两种情景下在演化前期碱蓬植株能获取大量适宜生长的区域，但随着湿地演化发展适宜生长区域不再大量出现（图 5-40）。

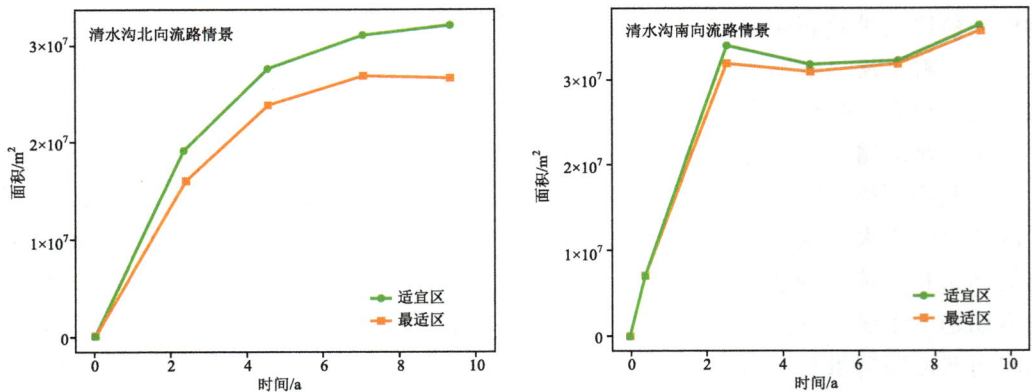

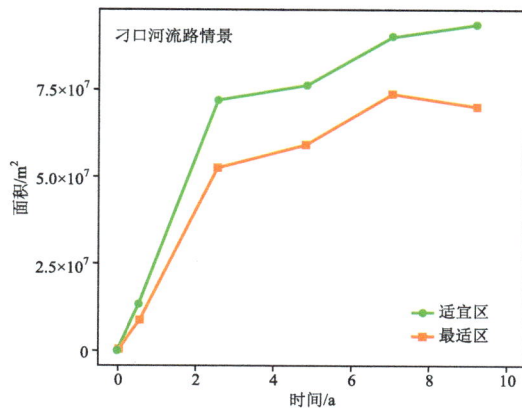

图 5-40　3 种流路情景下的碱蓬植株生长适宜区和最适区面积变化

### 5.5.3　模型的不确定性及单流路入海的合理性与可行性

　　本章的所有结果主要来自水动力泥沙模型 Delft3D 模拟的结果，由于计算时长较长、模拟范围较大，模型所需的计算时间较长，因此在构建模型时使用了 Delft3D 模型配备的地貌加速因子（Morphological Scale Factor，MSF）以提高计算速度。本章在模型构建前期针对模型的网格分辨率、所采取的时间步长及 MSF 已进行了充分的预实验，主要为模型敏感度分析，选取了能真实反映结果规律的最高分辨率、时间步长和 MSF。此外，历史数据反映，黄河泥沙入海的沉积范围主要分布在距离河口 15 km 的范围内，因此对模型网格进行加密时保证了在距离河口 15 km 范围以内的模型分辨率为最精细分辨率 50 m，然后对于模拟结果的分析中，在 3 种流路情景下均涉及了在网格分辨率超过 50 m 的位置的结果提取和分析，因此对于模型设置的网格分辨率对模拟结果的影响，特别是模拟结果面积的影响进行了分析，发现超过 50 m 分辨率区域的结果相对于结果总量而言是极小的一部分，从而保证了模型结果，尤其是面积结果分析的可信度。

　　本章设立的黄河入海流路情景均为单流路入海情景，而历史数据也表明，黄河的流路变迁过程中，一旦发生流路改造，历史流路会自然发生枯竭，即黄河尚未有过双流路甚至多流路入海的情况。本章也尝试探索了黄河双流路入海情景（现状流路和刁口河流路同时入海，现状流路和清水沟南向流路同时入海），并且为入海的双流路设置了在不同流路内多种分配比例的情景，但模拟结果均表示，双流路情景下，由于其中任何一条流路入海后，均发生了较为严重的河口拦门沙阻碍，流路无法长期稳定地运行，多流路情景下的严重拦门沙沉积可能与有限的淡水输入有关，当径流量下降，而径流与泥沙的比例未发生改变时，泥沙的沉积将更为严重，从而造成流路无法稳定。因此，就黄河目前入海的水沙比而言，黄河以单流路入海是较为合理的入海流路模式。

## 5.6　不同单流路情景对滨海湿地修复补偿效果比较及综合评估

### 5.6.1　物质量补偿效果对比

#### 5.6.1.1　滨海湿地基质补偿效果对比

就新生湿地基质泥沙的沉积空间分布而言，现状流路情景下的泥沙沉积主要分布区域是由河口附近逐渐向外海延伸的，这保证了新生湿地发展过程中从近河口至外海区域都收获了足量的泥沙基质，而清水沟南向流路和刁口河流路情景下，泥沙沉积在早期即大量沉积在距离河口相对较远的位置，这造成了湿地基质较多地被输送到了外海。就泥沙沉积深度而言，清水沟流路情景（现状流路情景和清水沟南向情景）的沉积深度较高，演化第 10 年沉积深度都达到了 11.5 m 以上，而刁口河流路情景的沉积深度较低，第 10 年沉积深度最深低于 8.7 m。结合沉积基质总体积，3 种情景下的沉积总体积十分接近，范围在 $1.483 \times 10^9 \sim 1.51 \times 10^9 \, \mathrm{m}^3$，可以推断清水沟流路情景下泥沙沉积范围更窄，是集中高度沉积模式，而刁口河流路情景下泥沙沉积范围更为广泛，是分散低度沉积模式。虽然 3 种情景下的沉积深度最低也超过了 8.6 m，但分析新生湿地地貌发现，并未引起湿地基质过高，湿地地貌高度都呈现缓慢增高趋势，河口拦门沙并未严重堆砌，流路可稳定运行。

#### 5.6.1.2　环渤海区域海岸侵蚀补偿效果对比

就造成的海岸基质侵蚀总体积而言，清水沟流路情景下的侵蚀量在 $2.62 \times 10^8 \sim 2.65 \times 10^8 \, \mathrm{m}^3$，稍高于刁口河流路情景的侵蚀体积（$2.14 \times 10^8 \, \mathrm{m}^3$），并且随着演化时间的推移，侵蚀量的差距逐渐扩大，对于受侵蚀区域的面积而言，也呈现出同样的趋势，不仅可以观察到刁口河流路情景下的侵蚀区域面积更低，而且与清水沟流路情景的差距明显增大，因此从环渤海区域海岸侵蚀补偿效果而言，刁口河流路情景的补偿效果更优，而现状流路情景和清水沟南向流路情景补偿效果接近。

### 5.6.2　生态补偿效果对比

各入海流路设置情景下生态补偿综合比较见图 5-41。

#### 5.6.2.1　潮间带湿地补偿效果对比

就潮间带湿地的时空分布而言，3 种流路情景下潮间带都从口门外逐渐向外海延伸发育，有相似的湿地发展轨迹，就潮间带湿地数量变化而言，刁口河流路情景和清水沟南向流路情景在前期均迅速增长，而后放缓增长，而现状流路情景下潮间带始终保持缓慢增长趋势，而后趋于平缓。演化过程中刁口河流路情景下的潮间带湿地面积始终高于清水沟流路情景，最高达到约 $1.48 \times 10^8 \, \mathrm{m}^2$，而清水沟南向流路情景下湿地面积高于现状流路情景，第 10 年分别达到 $9.09 \times 10^7 \mathrm{m}^2$ 和 $5.04 \times 10^7 \mathrm{m}^2$。

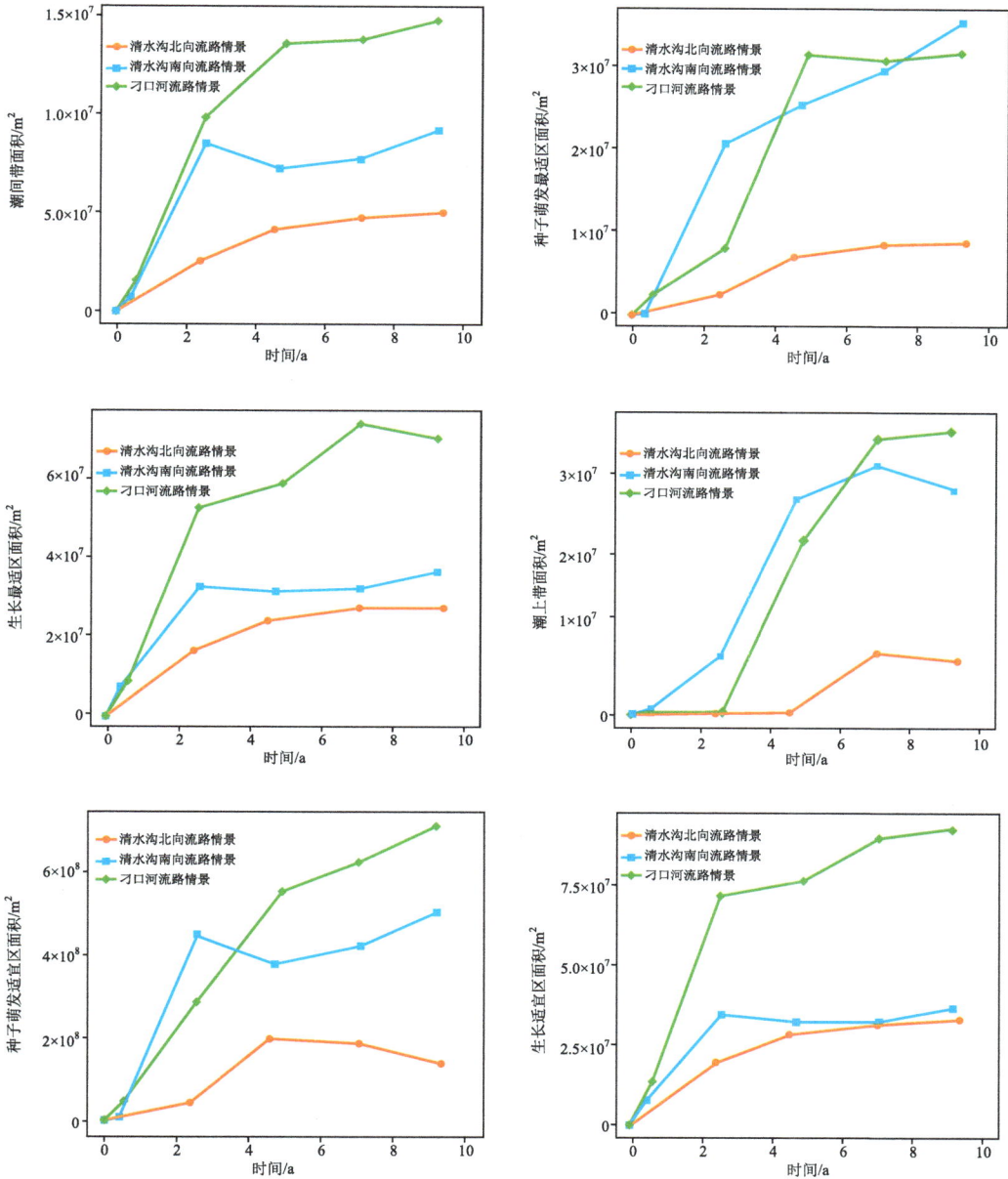

图 5-41　3 种流路情景生态补偿效果比较

### 5.6.2.2　潮上带湿地补偿效果对比

就潮上带湿地的时空分布而言，现状流路和刁口流路情景下潮上带湿地发育较晚，在现状流路情景下这种现象尤为明显。就潮上带湿地面积变化来看而言，刁口河流路情景和清水沟南向流路情景前期增长速率很高，演化出大量湿地后出现发育停滞现象，其中清水沟南向流路情景甚至出现减少的现象。演化前期有相当长的阶段清水沟南向流路情景下潮上带湿地面积是高于其余两种情景的，然后后期刁口河流路情景下的湿地数量逐渐超过该情景，清水沟北向流路潮上带数量始终最低，第 10 年潮上带湿地面积为 $6.36 \times 10^6 \, m^2$，而刁口河流路和清水沟南向流路情景的面积分别达超过 $3.52 \times 10^7 \, m^2$ 和 $2.80 \times 10^7 \, m^2$。

#### 5.6.2.3　碱蓬种子萌发和碱蓬植株生长适宜区补偿对比

就碱蓬种子萌发适宜性时空分布而言，3 种情景下适宜区均分布在新生湿地发育前沿，碱蓬作为前锋植物最先在新拓展的湿地上定植的可能性较大。就碱蓬种子萌发适宜区和最适区面积变化而言，前期清水沟南向流路情景的湿地发育过程提供了更多碱蓬适宜生长和最适生长区域，但随着演化的进行，刁口河流路情景下的适宜和最适生长区数量超过清水沟南向流路情景，其中 3 种情景的适宜区面积在后期出现明显的差距，以刁口河流路情景最具优势，清水沟南向流路情景和现状流路情景次之，这三者的面积值分别约为 $7.08 \times 10^7 \, m^2$、$4.99 \times 10^7 \, m^2$ 和 $1.42 \times 10^7 \, m^2$。而就最适区面积而言，第 10 年提供最多数量最适区面积的为清水沟南向流路情景，为 $3.52 \times 10^7 \, m^2$，刁口河流路情景和现状流路情景分别次之，分别为 $3.15 \times 10^7 \, m^2$ 和 $8.77 \times 10^6 \, m^2$。

就碱蓬植株生长适宜性时空分布而言，3 种情景下适宜区主要分布在新生湿地向外拓展前沿，呈现出与碱蓬种子时空变化类似的趋势。就碱蓬植株适宜区和最适区面积变化而言，刁口河流路情景表现出较强的补偿效果优势，始终远远高于清水沟流路情景，第 10 年该情景的适宜区面积达到 $9.33 \times 10^7 \, m^2$ 以上，而最适区面积达到 $7.01 \times 10^7 \, m^2$ 以上，清水沟南向流路情景的适宜区和最适区面积略高于现状流路情景，两者的适宜区面积分别约为 $3.66 \times 10^7 \, m^2$ 和 $3.21 \times 10^7 \, m^2$，最适区面积分别约为 $3.60 \times 10^7 \, m^3$ 和 $2.68 \times 10^7 \, m^2$。

### 5.6.3　综合评估及其优化策略

以本章的模拟演化时间为时间范围，将前述的黄河三角洲滨海湿地生态补偿效果要素作为维度生成雷达图（图 5-42），以期为决策者提供基于湿地补偿的黄河入海流路优化策略。分析发现，除了在碱蓬种子萌发最适区补偿效果上，刁口河流路情景的补偿效果要略微逊色于清水沟南向流路，其余各项补偿效果评价要素上刁口河流路情景均展现出明显的优势。而清水沟南向流路情景的补偿效果虽逊于刁口河流路情景，但明显要优于现状流路情景。从物质量补偿的角度出发，3 种情景的补偿效果差距不大，刁口河流路情景稍微好于清水沟流路情景，而清水沟流路两种情景效果不相上下，但涉及生态补偿的角度，则 3 种的效果差距较为明显。其中现状流路情景从生态补偿的角度而言，是较为诟病的一种流路情景。从滨海湿地发展的历史规律来看，历史上湿地演化后期河口泥沙的推进和淤积都会有所减缓，因此造成新生滨海湿地发育缓慢，而现状流路情景自 1996 年黄河河道改道以来已服务超过 10 年之久，根据历史规律湿地发育将进入缓慢甚至停滞期，研究结果也表明了这一点。综上所述，从黄河三角洲滨海湿地生态补偿的角度出发，继续使用现状流路的情况相对于改道至潜在入海流路的状况，只能获取最低的生态补偿效果，而从湿地补偿的角度黄河的改道计划相对而言选取刁口河作为未来流路可能获取更优的湿地补偿效果。

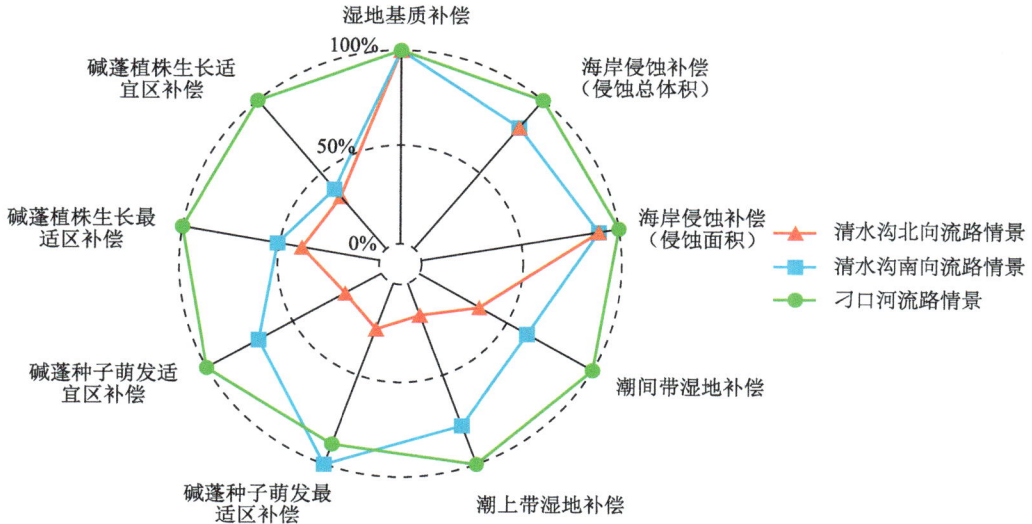

图 5-42　3 种流路情景补偿效果比较

## 5.7　结论与讨论

本章提出了黄河三角洲滨海湿地修复的自我过程修复模式，结合黄河入海流路高强度人工调控和每年来水来沙新建大量湿地的特性，设计流路改造方案来促进新生湿地自我形成和发展，并且量化研究不同流路设计方案可能产生的滨海湿地生态补偿效果，突破了以往大部分的流路设计规划中定性地对生态效益进行考量的方式。主要结论如下：

（1）滨海湿地的自然过程修复补偿是利用入海河流在滨海区域的自然沉积形成新生湿地的方式来实现对受损退化和受侵占滨海湿地的补偿，对其补偿效果的评价可以分为新生滨海湿地的水文及地貌时空分布模拟、新生湿地的环境要素时空分布模拟、生态因子对环境要素的响应模拟 3 个步骤。其中对水文地貌的模拟服务于湿地物质量补偿效果的评估，确立新生湿地基质沉积量、滨海湿地的地形加高等地貌构造结果、周边海域受侵蚀状况来评价修复补偿方式的物质量补偿效果，选用现有的过程机理水动力泥沙模型作为工具实现滨海湿地的水文地貌模拟。对于新生湿地的环境要素及生态因子的模拟计算服务于湿地的生态补偿效果，从新生生境（潮上带、潮间带湿地）的形成发展、植被的适宜萌发区域和适宜生长区域的发育演化角度评估新生湿地产生的生态功能的补给，根据水文地貌模拟结果中的水位、河床高度间的关系建立算法以识别新生生境，利用高斯模型建立植被环境关系，应用于植被适宜区的识别及发展演化结果提取。

从物质量的补偿和生态补偿两个维度评价自然过程修复补偿手段的补偿效果。

（2）基于黄河口未来流路规划和学者相关研究提出了现状入海流路、清水沟南向流路和刁口河流路 3 种入海流路情景，以实现基于水沙过程的黄河口湿地修复和生态补偿途径。从湿地地貌物质量补偿效果角度来看，3 种情景下能实现的基质沉积总量是基本一致的，基质沉积的方向均是向外海方向不断延伸，刁口河流路情景下河口区域呈现出低度但广泛分散的沉积模式，而清水沟的两种情景呈现出高度集中的沉积模式；3 种情景下河口附近的地貌变化呈现出由河口处向外海四周方向从高向低的高程变化规律，但三者均是整体缓慢升高的趋势，保证了流路能稳定长期地运行使用；每种流路情景下其口门外海域的海岸侵蚀都受到抑制，但整个环渤海区域的海岸侵蚀现象仍很严重，以渤海湾的滨海区域侵蚀最为严重，其中刁口河流路情景下的侵蚀体积和侵蚀面积都相对低于清水沟流路情景，而清水沟流路的两种情景下海岸侵蚀结果没有明显的差别。从生态补偿效果角度来看，3 种情景下在演化的第 10 年，新生潮间带湿地都大量形成发育，延伸扩散到了外海较远处，而新生潮上带湿地主要形成分布在河口外紧邻河口区域，其中现状流路情景下潮上带和潮间带湿地的发育速率较为均衡，始终十分缓慢，而清水沟南向流路和刁口河流路情景下湿地早期发育速率较高，而后趋于平缓；3 种情景下，碱蓬种子萌发适宜区的分布都主要在潮间带湿地向外海延伸的前沿，碱蓬植株生长适宜区的分布也呈现类似趋势，即新生滨海湿地形成后，碱蓬最有可能在早期的湿地基质上定植和生长，作为先锋植物参与湿地生态演化。

（3）流路优化结果表明：将演化第 10 年的结果作为 3 种情景补偿效果评估的时间节点，发现 3 种情景下的湿地基质补偿结果接近；对于海岸侵蚀的补偿，则刁口河流路优于清水沟流路情景，清水沟流路的两种情景结果接近；对于潮间带湿地、潮上带湿地、碱蓬种子萌发适宜区、碱蓬植株生长最适区和生长适宜区的补偿，都存在刁口河流路优于清水沟南向流路，清水沟南向流路又优于现状流路情景的补偿效果；而碱蓬种子萌发最适区的补偿效果，则呈现清水沟南向流路略优于刁口河流路情景，再优于现状流路情景的结果。在所有的生态补偿指标评估中，现状流路情景都呈现出最低的补偿效果，而刁口河流路情景呈现出较大的补偿效果优势。因此从滨海湿地生态补偿的效果出发，继续长期沿用现状流路情景可能无法获得最优的补偿效果，若是进行黄河入海流路的再设计，黄河刁口河流路入海将可能带来最优的生态补偿效果。

本章仅探究了黄河单流路入海的 3 种情景可能性补偿效果，对于黄河双流入海情景模拟，以及每一流路内合理的水沙比尚未进行探索尝试，在后续的研究中可以进一步针对多流入海模式建立更丰富的情景进行补偿效果的探讨和分析对比，从而对小浪底调水调沙工程的水沙排放、不同流路的分配、同一流路内水沙比提出更科学合理的更优化的策略。同时，滨海湿地的生态系统演化，是包含滨海湿地地貌演化、动植物演替及生态系统服务功能演化的多个耦合过程。目前对于湿地生态系统演化的机理探索仍处于发展阶段，定量化的机理规律及响应的模型发展还未成熟，随着湿地生态系统演化规律的明晰，后续可以不断完善湿地生态补偿效果评估方式。

## 参考文献

安乐生，刘贯群，叶思源，等 . 2011. 黄河三角洲滨海湿地健康条件评价 [J]. 吉林大学学报，41（4）：1157-1165.

陈雄波，雷鸣，王鹏 . 2014. 清水沟、刁口河流路联合运用方案比选 [J]. 海洋工程，4：117-123.

陈雄波，邱卫国，钱裕 . 2013. 清水沟、刁口河联合运用的模式研究 [J]. 中国水利，21：12-14.

陈雄波 . 2011. 黄河口入海流路行河方式探讨 [C]. 第十五届中国海洋（岸）工程学术讨论会论文集（中）：1236-1240.

陈志娟 . 2008. 黄河口流路改变对三角洲演变影响的数值研究 [D]. 青岛：中国海洋大学 .

成国栋 . 1987. 现代黄河三角洲的演化与结构 [J]. 海洋地质与第四纪地质，7（增）：7-18.

崔保山，贺强，赵欣胜 . 2008. 水盐环境梯度下翅碱蓬（Suaeda salsa）的生态阈值 [J]. 生态学报，（4）：1408-1418.

崔保山，刘兴土 . 2001. 黄河三角洲湿地生态特征变化及可持续性管理对策 [J]. 地理科学，（3）：250-256.

丁大发，安催花，姚同山，等 . 2011. 黄河河口综合治理规划 [R]. 郑州：黄河勘测规划设计有限公司 .

盖镇宇 . 2011. 人类活动影响下的黄河三角洲滨海湿地变化研究 [D]. 济南：山东师范大学 .

高磊，高瑞峰，孙梅，等 . 2013. 黄河刁口河入海备用流路管理研究与措施 [J]. 科技致富向导，（29）：240.

贺强 . 2013. 黄河口盐沼植物群落的上行、种间和下行控制因子 [D]. 上海：上海交通大学 .

黄波 . 2015. 黄河三角洲刁口河海岸侵蚀过程时空演变与防护对策研究 [D]. 北京：北京林业大学 .

水利部黄河水利委员会 . 2001. 黄河泥沙公报 .

水利部黄河水利委员会 . 2002. 黄河泥沙公报 .

水利部黄河水利委员会 . 2003. 黄河泥沙公报 .

水利部黄河水利委员会 . 2004. 黄河泥沙公报 .

水利部黄河水利委员会 . 2005. 黄河泥沙公报 .

水利部黄河水利委员会 . 2006. 黄河泥沙公报 .

水利部黄河水利委员会 . 2007. 黄河泥沙公报 .

水利部黄河水利委员会 . 2008. 黄河泥沙公报 .

水利部黄河水利委员会 . 2009. 黄河泥沙公报 .

水利部黄河水利委员会 . 2010. 黄河泥沙公报 .

水利部黄河水利委员会 . 2011. 黄河泥沙公报 .

水利部黄河水利委员会 . 2012. 黄河泥沙公报 .

水利部黄河水利委员会 . 2013. 黄河泥沙公报 .

黄河水利委员会设计院 . 1989. 黄河入海流路规划报告 [R].

黄华梅，谢健，娄全胜，等 . 2011. 利用疏浚泥修复和重建滨海湿地案例分析及在我国的应用前景 [J]. 海洋环境科学，30，（6）：866-871.

李殿魁 . 2013. 黄河三角洲国土防护与生态修复技术研究 [M]. 郑州：黄河水利出版社 .

刘玲 . 2013. 黄河三角洲钓口流路叶瓣演化规律 [D]. 青岛：中国海洋大学 .

刘志杰 . 2013. 黄河三角洲滨海湿地环境区域分异及演化研究 [D]. 青岛：中国海洋大学 .

权永峥 . 2014. 黄河三角洲北部海域大风过程泥沙运动及其动力机制数值模拟研究 [D]. 青岛：中国海洋大学 .

孙志高，牟晓杰，陈小兵，等 . 2011. 黄河三角洲湿地保护与恢复的现状、问题与建议 [J]. 湿地科学，9（2）：107-115.

王芳，梁瑞驹，杨小柳，等 . 2002. 中国西北地区生态需水研究（1）——干旱半干旱地区生态需水理论分析 [J]. 自然资源学报，（1）：1-8.

王厚杰，杨作升，毕乃双，等 . 2005. 2005 年黄河调水调沙期间河口入海主流的快速摆动 [J]. 科学通报，5（23）：2656-2662.

王开荣，李岩，于守兵，等 . 2017. 黄河刁口河备用流路现状及保护工程措施探讨 [J]. 中国水利，（1）：15-19.

王开荣，于守兵，茹玉英，等 . 2011. 黄河入海流路的不同运用模式及其影响效应 [J]. 中国水利，20：9-12.

王楠 . 2014. 现代黄河口沉积动力过程与地形演化 [D]. 青岛：中国海洋大学 .

王燕 . 2012. 黄河口高浓度泥沙异重流过程：现场观测与数值模拟 [D]. 青岛：中国海洋大学 .

魏晓燕 . 2011. 黄河三角洲清水沟流路叶瓣演化规律 [D]. 青岛：中国海洋大学 .

夏江宝，李传荣，许景伟，等 . 2009. 黄河三角洲滩涂湿地夏季大型底栖动物多样性分析 [J]. 湿地科学，7（4）：299-305.

燕峒胜，蒲高军，张建华，等 . 2006. 黄河三角洲胜利滩海油区海岸蚀退与防护研究 [M]. 郑州：黄河水利出版社 .

杨晨 . 2010. 地形演变模型与湿地健康评价方法及其在黄河口的应用 [D]. 北京：清华大学 .

杨敏，刘世梁，孙涛，等 . 2009. 黄河三角洲湿地景观边界变化及其对土壤性质的影响 [J]. 湿地科学，7（1）：67-74.

应铭 . 2007. 废弃亚三角洲岸滩泥沙运动和剖面塑造过程——以黄河三角洲背部为例 [D]. 上海：华东师范大学 .

于君宝，王永丽，董洪芳，等 . 2013. 基于景观格局的现代黄河三角洲滨海湿地土壤有机碳储量估算 [J]. 湿地科学，11（1）：1-6.

昝启杰，谭凤仪，李喻春 . 2013. 滨海湿地生态系统修复技术研究：以深圳湾为例 [M]. 北京：海洋出版社 .

张佳 . 2011. 黄河中游主要支流输沙量变化及其对入海泥沙通量的影响 [D]. 青岛：中国海洋大学 .

张建华，徐丛亮，高国勇 . 2004. 2002 年黄河调水调沙试验河口形态变化 [J]. 泥沙研究，5：

68-71.

张金屯 . 2011. 数量生态学 [M]. 北京：科学出版社：42-172.

张晓龙，李培英，刘乐军 . 2010. 中国滨海湿地退化 [M]. 北京：海洋出版社 .

张晓龙 . 2005. 现代黄河三角洲滨海湿地环境演变及退化研究 [D]. 青岛：中国海洋大学 .

张绪良，肖滋民，徐宗军，等 . 2011. 黄河三角洲滨海湿地的生物多样性特征及保护对策 [J]. 湿地科学，9（2）：125-131.

张治昊，胡春宏 . 2007. 黄河口水沙过程变异及其对河口海岸造陆的影响 [J]. 水科学进展，18（3）：336-341.

赵真真 . 2014. 基于自然美的滨海湿地二元修复模式研究 [D]. 青岛：青岛理工大学 .

Allison M A, Meselhe E A. 2010.The use of large water and sediment diversions in the lower Mississippi River (Louisiana) for coastal restoration [J]. Journal of Hydrology, 387(3): 346-360.

Allison M A, Ramirez M T, Meselhe E A. 2014. Diversion of Mississippi River water downstream of New Orleans, Louisiana, USA to maximize sediment capture and ameliorate coastal land loss [J]. Water Resources Management, 28(12): 4113-4126.

Aslan A, Autin W J, Blum M D. 2005. Causes of river avulsion: insights from the late Holocene avulsion history of the Mississippi River, USA [J]. Journal of Sedimentary Research, 75(4): 650-664.

Barbier E B, Hacker S D, Kennedy C, et al. 2011. The value of estuarine and coastal ecosystem services [J]. Ecological Monographs, 81(2): 169-193.

Blum M D, Roberts H H. 2012. The Mississippi delta region: past, present, and future [J]. Annual Review of Earth and Planetary Sciences, 40: 655-683.

Blumberg A F, Mellor G L.1987. A description of a three‐dimensional coastal ocean circulation model [J]. Three-dimensional Coastal Ocean Models: 1-16.

Coleman J M, Roberts H H, Stone G W. 1998. Mississippi River delta: an overview [J]. Journal of Coastal Research: 699-716.

Coleman J M. 1988. Dynamic changes and processes in the Mississippi River delta [J]. Geological Society of America Bulletin, 100(7): 999-1015.

Couvillion B R, Beck H. 2013. Marsh collapse thresholds for coastal Louisiana estimated using elevation and vegetation index data [J]. Journal of Coastal Research, 63(sp1): 58-67.

Cui B, He Q, Gu B, et al. 2016. China's coastal wetlands: understanding environmental changes and human impacts for management and conservation [J]. Wetlands, 36(1): 1-9.

Cui B, Shao X, Zhang Z. 2015. Assessment of flow paths and confluences for saltwater intrusion in a deltaic river network [J]. Hydrological Processes, 29(20):4549-4558.

Day J W, Boesch D F, Clairain E J, et al. 2007. Restoration of the Mississippi Delta: lessons from hurricanes Katrina and Rita [J]. Science, 315(5819): 1679-1684.

Day J, Ibáñez C, Scarton F, et al. 2011. Sustainability of Mediterranean deltaic and lagoon wetlands with sea-level rise: The importance of river input [J]. Estuaries and Coasts, 34(3): 483-493.

Deegan L A, Johnson D S, Warren R S, et al. 2012. Coastal eutrophication as a driver of salt marsh loss [J]. Nature, 490(7420): 388-392.

Delft Hydraulics. 2009. Delft3D-FLOW User Manual.

Edmonds D A, Slingerland R L. 2010. Significant effect of sediment cohesion on delta morphology [J]. Nature Geoscience, 3(2): 105-109.

Fisk H N. 1944. Geological investigation of the alluvial valley of the lower Mississippi River[M]. War Department, Corps of Engineers.

Gergory D Steyer, Dnaiel W Llewellyn. 2000. Coastal wetlnads Planning, Protection, and restoration act [J]. Ecological Engineering, 15:385-395.

Hamrick J M. 1992. A three-dimensional environmental fluid dynamics computer code: Theoretical and computational aspects[M]. Virginia Institute of Marine Science, College of William and Mary.

Hu C H, Cao W H. 2003. Variation, regulation and control of flow and sediment in the Yellow River Estuary: I. Mechanism of flow-sediment transport and evolution [J]. Journal of Sediment Reserch, 5: 1-8.

Huang H, Justic D, Lane R R, et al. 2011. Hydrodynamic response of the Breton Sound estuary to pulsed Mississippi River inputs [J]. Estuarine, Coastal and Shelf Science, 95(1): 216-231.

Kim W, Mohrig D, Twilley R, et al. 2009. Is it feasible to build new land in the Mississippi River Delta? [J]. EOS, Transactions American Geophysical Union, 90(42): 373-374.

Kirwan M L, Mudd S M. 2012. Response of salt-marsh carbon accumulation to climate change [J]. Nature, 489(7417): 550-553.

Kondolf G M. 1997. Hungry water—effects of dams and gravel mining on river channels and floodplains [J]. Aggregate resources—a global perspective. AA Balkema, Vermont: 113-129.

Kong Q R, Jiang C B, Qin J J, et al. 2009. Sediment transportation and bed morphology reshaping in Yellow River Delta [J]. Science in China Series E: Technological Sciences, 52(11): 3382-3390.

Lane R R, Day J W, Marx B D, et al. 2007. The effects of riverine discharge on temperature, salinity, suspended sediment and chlorophyll a in a Mississippi delta estuary measured using a flow-through system [J]. Estuarine, Coastal and Shelf Science, 74(1): 145-154.

Li X, Liang C, Shi J. 2012. Developing wetland restoration scenarios and modeling its ecological consequences in the liaohe river delta wetlands, China[J]. CLEAN–Soil, Air, Water, 40(10): 1185-1196.

Liu Z, Cui B, He Q. 2016. Shifting paradigms in coastal restoration: Six decades' lessons from China [J]. Science of the Total Environment, 566: 205-214.

Mark T Imperial, et al. 1992. An evolutionary perspective on the development and assessment of the national estuary program [J]. Coastal Management, 20: 311-341.

McKEE K L, ROOTH J E. 2008. Where temperate meets tropical: multi-factorial effects of elevated $CO_2$, nitrogen enrichment, and competition on a mangrove-salt marsh community [J]. Global Change Biology, 14(5): 971-984.

Meselhe E A, Georgiou I, Allison M A, et al. 2012. Numerical modeling of hydrodynamics and sediment transport in lower Mississippi at a proposed delta building diversion [J]. Journal of Hydrology, 472: 340-354.

Milliman J D, Meade R H. 1983. World-wide delivery of river sediment to the oceans [J]. The Journal of Geology: 1-21.

Morris J T, Sundareshwar P V, Nietch C T, et al. 2002. Responses of coastal wetlands to rising sea level [J]. Ecology, 83(10): 2869-2877.

Nardin W, Edmonds D A, Fagherazzi S. 2016. Influence of vegetation on spatial patterns of sediment deposition in deltaic islands during flood [J]. Advances in Water Resources, 93: 236-248.

Nardin W, Edmonds D A. 2014. Optimum vegetation height and density for inorganic sedimentation in deltaic marshes [J]. Nature Geoscience, 7(10): 722-726.

Neves. 2003. Mohid Description [M].Technical Univercity of Lisbon，Portugal.

Nittrouer J A, Best J L, Brantley C, et al. 2012. Mitigating land loss in coastal Louisiana by controlled diversion of Mississippi River sand [J]. Nature Geoscience, 5(8): 534-537.

Paola C, Twilley R R, Edmonds D A, et al. 2011. Natural processes in delta restoration: Application to the Mississippi Delta [J]. Annual Review of Marine Science, 3: 67-91.

Peyronnin N, Green M, Richards C P, et al. 2013. Louisiana's 2012 coastal master plan: overview of a science-based and publicly informed decision-making process [J]. Journal of Coastal Research, 67(sp1): 1-15.

Restrepo J D, Kettner A. 2012. Human induced discharge diversion in a tropical delta and its environmental implications: The Patía River, Colombia [J]. Journal of Hydrology, 424: 124-142.

Roberts H H. 1997. Dynamic changes of the Holocene Mississippi River delta plain: the delta cycle [J]. Journal of Coastal Research: 605-627.

Saucier R T. 1994. Geomorphology and Quarternary Geologic History of the Lower Mississippi Valley. Volume 2[R]. ARMY ENGINEER WATERWAYS EXPERIMENT STATION VICKSBURG MS GEOTECHNICAL LAB.

Snedden G A, Cable J E, Swarzenski C, et al. 2007. Sediment discharge into a subsiding Louisiana deltaic estuary through a Mississippi River diversion [J]. Estuarine, Coastal and Shelf Science, 71(1): 181-193.

Syvitski J P M, Vörösmarty C J, Kettner A J, et al. 2005. Impact of humans on the flux of terrestrial sediment to the global coastal ocean[J]. Science, 308(5720): 376-380.

Warren I R, Bach H K. 1992. MIKE 21: a modelling system for estuaries, coastal waters and seas [J]. Environmental Software, 7(4): 229-240.

Wells J T, Coleman J M. 1987. Wetland loss and the subdelta life cycle [J]. Estuarine, Coastal and Shelf Science, 25(1): 111-125.

Windevoxhel N J, Rodríguez J J, Lahmann E J. 1999. Situation of integrated coastal zone management in Central America: Experiences of the IUCN wetlands and coastal zone conservation program [J]. Ocean & Coastal Management, 42(2): 257-282.

Xue X H, Li G S, Yuan L Y. 2013. Transportation of Huanghe River-Discharged-Suspended Sediments in Nearshore of Huanghe River Delta in Conditions of Different Estuary Channels[M]//New Frontiers in Engineering Geology and the Environment. Springer Berlin Heidelberg: 111-116.

Yang C, Jiang C, Kong Q. 2010. A graded sediment transport and bed evolution model in estuarine basins and its application to the Yellow River Delta [J]. Procedia Environmental Sciences, 2: 372-385.

Yang S L, Belkin I M, Belkina A I, et al. 2003. Delta response to decline in sediment supply from the Yangtze River: evidence of the recent four decades and expectations for the next half-century [J]. Estuarine, Coastal and Shelf Science, 57(4): 689-699.

# 第 6 章
# 黄河三角洲滨海湿地基于生态系统服务的
# 保护 - 修复一体化格局优化

## 6.1 研究背景与意义

滨海湿地属于具有特定自然条件的复杂生态系统，生物多样性丰富，生产力和经济潜力极高，可提供多种重要的生态系统服务功能，包括防风减浪护岸、碳储存、为动植物提供生境、净化水质等（Costanza et al.，1998；Pendleton et al.，2012）。但同时，滨海湿地也是世界上最具生态敏感性、最脆弱的生态系统之一（Matthew & Megonigal，2013）。而近一个世纪以来，全球范围内社会经济的高速发展以及沿海区域的人口快速增长，极大地加剧了滨海区域土地利用的供需矛盾，引发了持续大规模的围填海活动（Matthew & Simon，2012）。围填海活动面积大、增速快、范围广、类型多，侵占了大面积滨海湿地，改变了滨海湿地的格局，导致生境破碎化、生物多样性降低以及生态系统服务功能受损，严重威胁着沿海区域生态安全及可持续发展的自然资源基础（Moreno-Mateos，2012）。

目前，对受损滨海湿地进行保护和修复的重要性已经逐渐被重视。我国自 1992 年起，加入了《关于特别是作为水禽栖息地的国际重要湿地公约》。我国共有湿地自然保护区473 个（2010 年），其中国家级 88 个，被列入具有全球保护价值的国际重要湿地 36 个（梁晨，2012）。《关于加快推进生态文明建设的意见》明确提出，确保我国湿地面积不低于 8 亿亩；扩大湿地等生态空间和面积；启动湿地生态效益补偿和"退耕还湿"；并明确要求实施严格的围填海总量控制制度、自然岸线控制制度，建立陆海统筹、区域联动的海洋生态环境保护修复机制（Pressey，2007）。国家林业局自 2005 年起实施全国湿地保护与修复工程，每年开展上百个滨海湿地修复工程。其中，"十一五"期间为湿地保护修复花费了共计 300 亿元，"十二五"期间花费了 129 亿元。2016 年 12 月，国务院印发了《"十三五"生态环境保护规划》，提出要坚持保护优先、自然恢复为主，全面提升各类生态系统稳定性和生态服务功能，筑牢生态安全屏障，到 2020 年，生态环境质量总体改善，生态安全屏障基本形成（张惠远等，2017b）。

但是，对全球 621 处湿地修复项目效果进行评估，结果发现修复后湿地生态功能只有健康湿地平均值的 23% ～ 26%，如果继续当前缺乏规划布局的修复模式，不仅低效，甚至可能导致负面效果（Liu et al.，2016）。对中国超过 1 000 个滨海湿地修复项目进行分析发现，滨海湿地修复规划与湿地退化程度、生态系统服务功能、生态系统的自然分布之间存在不协调的关系（Moreno-Mateos et al.，2012）。即便单个湿地斑块从技术上讲是修复成功的，但这可能是一种局限于小尺度、孤立格局湿地修复模式，其选址不当可能导致区域整体的湿地生态效益并不高（Zedler，2000）。因此，湿地保护与修复的规划更需要强调一体化的格局优化，即强调更大尺度上湿地保护区与湿地修复斑块的选址布局及其对区域湿地生境水文 - 生物连通性的贡献，以及对区域湿地系统整体结构和功能的改善（李晓文等，2014）。那么，如何考虑保护 - 修复湿地格局的功能耦合效应，优化湿地保护 - 修复整体格局，是亟待探索和解决的重大问题。

黄河三角洲滨海湿地位于中国东部的渤海湾南岸和莱州湾西岸，经纬度为东经 117°31′—120°25′、北纬 36°55′—38°16′，由黄河携带泥沙沉积于入海口处发育而来。本章选取的区域边界依据为黄河三角洲高效生态经济区内的滨海湿地。其中黄河三角洲高效生态经济区来源于国务院于 2009 年 11 月 23 日正式批复的《黄河三角洲高效生态经济区发展规划》，自此黄河三角洲地区的发展被升至国家战略，成为国家区域协调发展战略的重要组成部分（张晓娟，2013）。滨海湿地的划定依据为：参考可获取的最早的 20 世纪 50 年代初期该区植物边界，以海岸线为中心，向陆向一侧做缓冲区分析，宽度为 10 ～ 50 km，确定了研究区的陆缘边界，而海向边界采用近海水域的 6 m 等深线。研究区面积为 12 052 km²，区域内分别为山东省滨州市、东营市、潍坊市和烟台市所辖。此外，黄河口每年新增淤地 2 000 hm²，河口三角洲的海岸线以每年 3 km 的速度向渤海湾推进（Zhang et al.，1998）。

黄河三角洲滨海湿地是《拉姆萨尔国际湿地公约》缔约国要求注册的国际重要湿地之一，是世界范围内河口湿地生态系统中极具代表性的河口湿地之一，也是我国暖温带最完整、最广阔、最年轻的湿地生态系统。作为东北亚内陆和环西太平洋鸟类迁徙的重要中转站之一，黄河三角洲滨海湿地为丹顶鹤、鹳、白琵鹭等候鸟提供了"中转站"、越冬地和繁殖地（曹铭昌等，2008）。研究区的核心区域建设有以保护黄河口新生湿地生态系统和珍稀濒危鸟类为主的黄河三角洲国家级自然保护区，区内具有丰富的生物资源，包括国家一级保护鸟类 7 种，即丹顶鹤、白头鹤、白鹳、金雕、大鸨、中华秋沙鸭和白尾海雕，国家二级保护鸟类 33 种，候鸟 91 种，南北界鸟类 183 种（占 69.1%），以及世界濒危鸟类黑嘴鸥（王薇，2007；王玉珍等，2007；许学工等，2001）。鸟类种数已由建区前的 187 种增加到现在的 283 种，占中国鸟类种数的 1/5，区内已有丹顶鹤 300 余只，黑嘴鸥 660 ～ 800 只，该地区成为黑嘴鸥的重要繁殖栖息地（王彬，2010；张希画，2012）。该区植被类型结构比较简单，类型相对较少、组成单一，天然植被以盐生植被和水生植被为主，比较典型的植物群落有芦苇（*Phragmites australis*）群落、翅碱蓬（*Suaeda heteroptera*）群落、柽柳（*Tamarix chinensis*）群落等，而人工植被以农田为主（刘艳芬等，2010）。

但是，黄河三角洲滨海湿地由于河口三角洲胜利油田的石油开采、农业、水产养殖业发展和城市化，以及河口地区水沙资源量急剧减少、导流堤建设等造成河流渠道化等影响，天然湿地面积减少，人工湿地面积增加，黄河河口出现了河道断流、淡水湿地萎缩、植被生态功能退化、物种多样性衰减等生态环境问题，对黄河三角洲湿地生态系统稳定和区域经济社会可持续发展产生了威胁（李延成，2006；赵延茂，1995）。黄河三角洲滨海湿地碳储存从 2000 年的 3 167 830.0 t 减少到 2012 年的 3 077 100.0 t，减少了 2.86%，盐田、港口、油田面积的大幅增加严重影响了湿地水禽的生境质量。

研究区内现有以及在建的保护区共 8 个，包括：国家级自然保护区 1 个，即黄河三角洲国家级自然保护区，分为黄河口和 1200 两个区；省级自然保护区 2 个，分别为烟台沿海防护林省级自然保护区和烟台龙口黄水河河口湿地省级自然保护区（图 6-1）；其他保护区 5 个，分别为刁口湾湿地自然保护区、支脉河口湿地自然保护区、东营市河口区野大豆自然保护区、滨州海岸湿地自然保护区、莱州湾湿地自然保护区；湿地公园 34 个，包括黄河故道湿地公园、黄河岛国家湿地公园、莱州湾金仓国家湿地公园、王屋湖国家湿地公园、寿光市滨海国家湿地公园、禹王国家湿地公园、昌邑市滨海国家湿地公园、徒骇河国家城市湿地公园等；保护小区 1 个，即滨州市湿地野生植物保护小区。现自然保护区内存在大量油田、农田、盐田、养殖池、城镇规划用地、居民

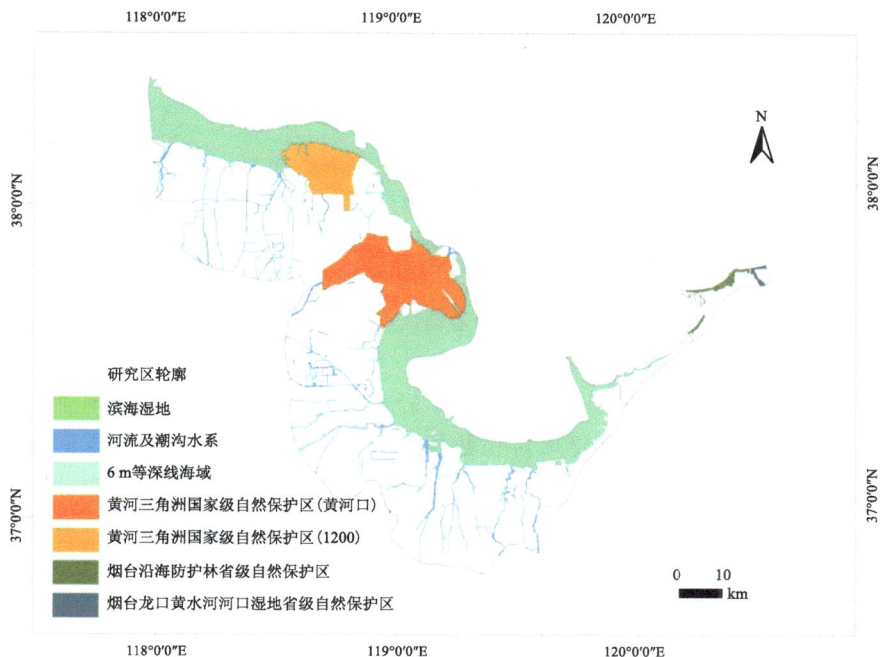

图 6-1　研究区范围及国家级和省级自然保护区

聚居区、公路等，由于保护区特别是其实验区中的农用地、建设用地早于保护区建区时间，使生产建设与管理的矛盾变得越来越突出。

2015 年，《关于进一步加强湿地保护管理工作的意见》（鲁政办字〔2015〕14 号）中公布了上百个湿地保护修复重点工程，其中位于研究区内的修复项目共 20 个（表6-1），包括黄河三角洲国家级自然保护区退耕（垦）还湿项目、黄河三角洲退养还滩项目、黄河三角洲湿地生态补水项目、黄河三角洲退化湿地恢复项目、黄河三角洲珍稀濒危鸟类栖息地恢复项目、黄河三角洲油田开发区湿地恢复项目等。

表 6-1　研究区内湿地修复重点项目工程

| 地市 | 区（县） | 湿地修复工程 |
|---|---|---|
| 东营市 | 垦利县、利津县 | 黄河三角洲油田开发区湿地恢复 |
| | | 黄河三角洲互花米草等有害生物防治 |
| | | 黄河三角洲珍稀濒危鸟类栖息地恢复 |
| | | 黄河三角洲国家级自然保护区退耕（垦）还湿 |
| | | 黄河三角洲退化湿地恢复 |
| | | 黄河三角洲湿地生态补水 |
| | | 黄河三角洲退养还滩 |
| 滨州市 | 滨城区 | 黄河湿地修复 |
| | | 秦皇河湿地修复 |
| | | 打渔张新河湿地修复 |
| | | 白鹭湖湿地修复 |
| | 沾化区 | 思源湖湿地修复 |
| | | 清风湖湿地修复 |
| | | 金沙水库湿地修复 |
| | | 恒业水库湿地修复 |
| | 无棣县 | 饮马湖湿地修复 |
| | | 月湖湿地修复 |
| | | 滨海湿地修复 |
| | | 黄河故道湿地修复 |
| 潍坊市 | 昌邑市 | 滨海湿地恢复 |

黄河三角洲滨海湿地是我国暖温带最年轻、最广阔、最完整的湿地生态系统，该区域内已开展的湿地保护和修复项目在数量上较为可观，但是在区域层面上，保护与修复工程是否可以达到空间与功能的高效整合优化尚不清楚。因此，对黄河三角洲滨海湿地保护和修复进行一体化格局优化，既契合了我国沿海区域可持续发展重大战略需求，又立足于国际相关领域前沿，具备充分的应用实践意义和科学研究意义。

## 6.2　湿地保护－修复一体化格局优化相关研究进展

　　为实现人类活动与自然生态系统协同发展，现实中决策管理者往往寻求经济发展和不可接受的生态系统服务功能损失间的平衡点（Dethier et al.，2017）。生态经济学视角下，生态系统修复是将经济成本投入湿地生态系统中转化为自然生态功能效益产出的过程（Withey et al.，2012），生态产出即为惠益人类的生态系统服务功能，而国家对湿地修复投入资本有限，应当高效节约地合理分配利用。因此，从低经济成本—高生态功能效益角度优化滨海湿地修复格局，将是对我国社会经济和自然资源的有效节约与利用。2000 年，Margules 和 Pressey 在 *Nature* 期刊上发表了 *Systematic Conservation Planning* 一文，指出生态系统保护涉及社会经济、自然和政策，应当在宏观层面构建系统优化方案，提出了系统保护规划的理论和研究方法框架。之后系统保护规划理论和方法得以迅速发展，目前已成功指导了世界 36 个国家和地区的生态系统保护优化的实践案例（Pressey et al.，2007；Linke et al.，2011）。

　　系统保护规划思想是基于规划单元对生物多样性或生态系统服务功能的代表性、互补性及其格局对景观连通性的贡献等，以经济成本代价为约束条件，通过模拟退火算法计算评估规划单元的不可替代性，确定优先保护单元及格局（Linke et al.，2007，2008，2011；Hermoso et al.，2011a，2011b）。近 10 年，国际流行的系统保护规划思想（Systematic Conservation Planning，SCP）（Margules & Pressey，2000；Pressey et al.，2007）已被运用于湿地保护格局优化研究（Linke et al.，2011）。基于流域单元对生物多样性、生态系统服务功能的代表性、互补性及其格局对水文－生物过程连通性的贡献等，同时考虑成本代价，通过计算评估流域单元的不可替代性，确定优先保护流域单元及其格局（Hermoso et al.，2011a，2011b，2012；Linke et al.，2007，2008，2011）。国内近年也开展了湿地系统保护规划的相关研究。如徐卫华等（2010）从物种多样性保护的角度评估了长江流域的优先保护格局；梁晨等（2012）进一步运用系统保护规划方法评估了我国滨海区域湿地保护优先格局及其保护空缺；Li 等（2017）考虑流域内纵向、横向和垂向连接性以及跨流域连接性，模拟分析了黄淮海地区湿地生物多样性和生态系统服务功能的系统优化格局；郭云等（2018）通过对水鸟生物多样性的代表性运用系统保护规划方法评估黄河流域的优先保护格局。国内近年也开展了湿地系统保护规划的相关研究。如宋晓龙和李晓文等（2010，2011，2012）、张黎娜和李晓文等（2014）基于系统保护规划方法，考虑流域内纵向（上下游）、横向（水系与所处流域单元）、垂向（地表水与地下水）连接性，以及跨流域连接性（南水北调输水线），模拟分析了黄淮海地区湿地生物多样性和生态系统服务功能格局的优化；梁晨、李晓文等（2015）则运用系统保护规划方法评估了我国滨海区域湿地保护优先格局及其保护空缺。目前，湿地系统修复方面国内相关研究还未见报道。

　　目前，系统保护规划的理论与方法开始进一步拓展到湿地修复优先格局研究。Hermoso 等（2011b）率先提出淡水湿地的系统修复规划（systematic rehabilitation planning）的研究方法框架体系，并分析了多修复目标下的 Bremer River 上游流域优先修复区域方案（Hermoso et al.，2015）；Langhans 等（2014）基于此框架，首次从投资 - 效益权衡角度对瑞士两个行政区的河流修复做出了最佳选址方案；Adame 等（2015）基于滨海湿地生态系统服务功能（红树林典型服务功能——固碳、水质净化及海岸防护）及修复潜力分析，考虑不同修复水平成本代价，确定了最小成本投入的墨西哥湾红树林湿地修复优先格局。该研究也是国际上有关滨海湿地系统修复格局优化的首个经典案例。强调湿地系统修复优化是对局限于小尺度、孤立格局湿地修复模式的反思（李晓文等，2014），也是论证局地修复湿地具有重要性、代表性和不可替代性的重要途径。与此同时，一项对全球 621 处湿地恢复项目效果进行的评估，结果表明恢复后湿地生态功能只有健康湿地平均值的 23% ~ 26%，如果继续当前缺乏规划布局的恢复模式，不仅低效甚至其效果可能是负面的（Moreno-Mateos et al.，2012），而同时考虑与现状生态系统的相互促进和交互影响关系会取得更好的修复成效（Halpern，2007）。Zedler（2000）认为即便技术上认为是成功的湿地恢复斑块，其不当选址和格局布设带来的区域湿地生态整体优化效益可能并不显著，应在更大尺度上强调湿地恢复斑块对区域湿地生态系统格局和生态系统服务功能的整体优化效应。虽然当前系统保护规划理论已经拓展到修复研究中，解决了区域尺度修复选址的系统优化问题，但没有强调所修复湿地斑块之间的功能联系以及更大尺度上对现有湿地保护格局的优化效应（Wiens，2015；Possingham et al.，2015）。

国内外湿地保护与修复规划的理论和实践表明：单一位置、单一组分或者单一生态系统类型的孤立点状修复模式，因缺乏从区域生态系统层面对整体修复格局的优化，结果往往导致总体修复成效较低，因而难以从实质上解决人类活动干扰下湿地受损问题。同时，现有湿地保护与恢复格局研究基本彼此孤立开展，没有考虑湿地恢复格局对既有保护体系整体功能的影响，以及现有保护格局与修复格局之间的功能耦合效应，难以达到湿地保护与恢复的内在整合和整体优化（李晓文，2014）。因此，湿地修复应关注修复格局的顶层设计，应在强调对受损湿地生态系统大尺度格局和功能修复与补偿的同时，建立一套立足于区域湿地生态系统整体功能效益的系统优化湿地保护 - 修复一体化格局优化方法。不同于聚焦局域尺度湿地土壤、植被、生物和水文等湿地要素的传统湿地修复模式，该方法强调区域尺度湿地保护与湿地修复格局的系统整合、权衡和整体功能优化，特别是基于整体修复格局的区域生态系统功能提升途径。总之，如何考虑保育 - 修复湿地格局的功能耦合效应，优化湿地保育 - 修复整体格局，是未来值得探索的重大理论和实践问题。

## 6.3　研究方法与技术路线

### 6.3.1　数据来源与技术路线

所需研究数据包括：① 2015 年黄河三角洲（生态经济区范围）的土地利用 / 土地覆盖数据（中国科学院东北地理与农业生态研究所完成解译）；②黄河三角洲 NDVI（标准化植被指数）分布数据（通过 2015 年 Landsat 8 遥感影像数据源提取）；③黄河三角洲国家级保护区范围边界图（通过保护区获取）；④碳库、植物氮和磷含量以及生境威胁因子（通过文献资料获取）；⑤黄河三角洲 DEM 数据（来源于 SRTM，垂直精度 1 m）。由于现有的土地分类解译数据中，水系数据对潮沟的识别不足，需要更细致的潮沟分布数据，因此，先通过遥感处理软件 ENVI 计算遥感图像的 MNDVI 指数，提取潮沟水系。

本章以黄河三角洲滨海湿地为研究对象，结合生态系统服务和系统保护规划相关理论，围绕黄河三角洲生态系统服务的保护 - 修复一体化格局进行研究。研究思路和技术路线如下：

首先，根据高程影响下，结合各类围填海活动分布格局、植被分布格局及其归一化植被指数分布，利用高斯模型模拟滨海湿地植被分布规律，确定潜在湿地可修复区域、拟修复目标生境。其次，针对未来湿地修复后的滨海生境类型，基于 ArcGIS 软件和 Invest 模型模拟滨海湿地主要生态系统服务功能（生境、固碳、水质净化）分布，并确定生态系统服务功能高值关键区。最后，将湿地保护与修复格局统一到滨海生态系统服务功能优化构架下，考虑滨海湿地保护、修复成本代价，权衡并确定滨海湿地各项生态系统服务功能应保护的合理比例，基于系统保护规划理论和相关优化模型（Marxan），模拟、确定黄河三角洲滨海湿地保护 - 修复一体化优化格局，与现状格局进行叠加分析得到保护修复优先区以及相关调控措施，为决策提供科学支持。

技术线路图见图 6-2。

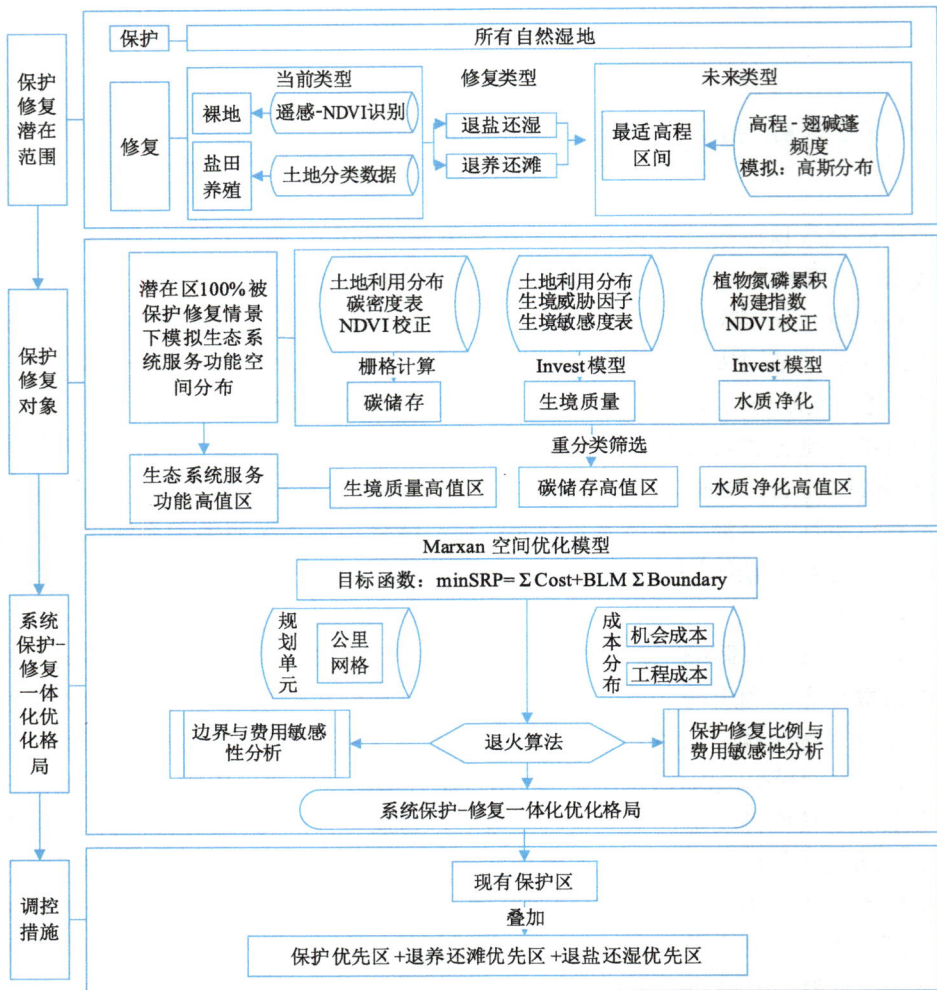

图 6-2　技术路线

## 6.3.2　滨海湿地潜在修复区的筛选和修复生境的识别

具有修复潜力的区域是指处于湿地退化区域中，即围填海等滨海土地利用导致的滨海湿地类型性质改变，进而导致生态系统服务功能退化的区域（如在原有自然湿地上建设港口、堤坝、盐田、养殖池，开垦农田，开发油田等围填海活动）。黄河三角洲 20 世纪 70 年代起开始进行高强度的围垦活动，超出了湿地生态系统承载能力，本章根据土地利用转移情况确定天然湿地的主要去向，将天然湿地转移的汇作为初步筛选结果。

在政策上具有修复可行性的区域是指在各种围填海用地类型上，目前已有将其退为湿地的相关政策和案例的修复方式。2010—2014 年山东省东营市开展黄河口湿地退养还湿项目,将废弃养殖池退为盐沼湿地,退养还滩面积 750 亩,修复湿地面积 1 600 亩。《山东省海洋功能区划》中要求胶州湾及邻近海域适当压缩盐田面积,青岛红岛新区将葫芦巷和羊毛沟的盐田修复为湿地水系景观, 面积 570 万 m², 因此, 退养还滩和退盐还湿在政策和案例上均具有可行性和可参考性（图 6-3）。

图 6-3　黄河口湿地退养还湿项目（2016 年 10 月）

养殖和盐田作为研究区占用湿地面积最大的围填海形式, 被选择作为潜在恢复区的基本类型。本章选择滨海盐沼湿地优势物种翅碱蓬作为目标生境。翅碱蓬的生长主要影响因子为土壤水分和盐度条件, 并且呈现高斯分布, 而在滨海区域, 水分和盐度均与高程在 1% 水平下呈显著的负相关。因此, 选择高程作为预测的依据变量, 将翅碱蓬的分布与高程进行高斯模型的拟合, 预测未来翅碱蓬生长适宜性最优的区域作为潜在恢复区。

（1）优化高程

由于黄河三角洲翅碱蓬分布区域的高程基本在 0 ~ 5 m, 垂直精度为 1 m 的高程数据不满足模拟需求。通过不规则三角网模型（TIN DEM）、规则格网模型（Grid DEM）、等高线模型（Contour DEM）3 种模型转换的方式得到 0.5 m 垂直精度的优化高程数据。

（2）高斯拟合

根据翅碱蓬出现的栅格数目与其所在 DEM 做出频度分布, 将其进行高斯拟合, 获得拟合结果。根据高斯模型表达式计算得到翅碱蓬在高程上的生态阈值区间。

高斯模型的表达式为：

$$y = ce^{-\frac{(x-\mu)^2}{2t^2}} \tag{6-1}$$

式中, $y$ 为生物指标, 可以是多度、盖度、密度、生物量等；$c$ 为对应指标的最大值；$\mu$ 为植物种对某种环境因子的最适值, 即相应的生物指标达到最大值时所对应的环境因子值；$t$ 为该植物种的耐度, 是描述植物物种生态阈值的一个指标。一个植物物种的生

态阈值区间为 $[\mu-2t, \mu+2t]$，最适生态阈值区间为 $[\mu-t, \mu+t]$。

### 6.3.3    潜在保护 – 修复区域生态系统服务功能模拟

**（1）碳储存功能模拟**

碳对于生态系统服务的提供至关重要，如调节气候、供水和生物多样性。湿地可以储存大量的碳，是大气二氧化碳的重要汇。特别是盐沼等滨海湿地在储存碳方面的效率非常高，这使碳储存成为滨海湿地必不可少的生态系统服务之一。生态系统碳储量包括 4 个基本碳库：地上碳储量、地下碳储量、土壤碳储量和死有机碳储量。不同土地利用类型的碳储量是不同的（表 6-2），以栅格为统计单元，可得到碳密度分布图。特别地，对于潜在修复区未来情景下的地上生物量、地下生物量、死亡生物量，不采用均一的平均值，而是将第 2 章中模拟得到的高斯分布做归一化处理后作为校正系数对平均值进行校正，得到潜在修复区每个栅格的碳密度值。

$$C_t = C_v + C_{soil} \tag{6-2}$$

$$C_v = C_{above} + C_{below} + C_{dead} \tag{6-3}$$

式中，$C_{above}$ 为每个统计单元的地上部分碳密度，$t/hm^2$；$C_{below}$ 为每个统计单元的地下部分碳密度，$t/hm^2$；$C_{dead}$ 为每个统计单元的死亡部分碳密度，$t/hm^2$；$C_{soil}$ 为每个统计单元的土壤碳密度，$t/hm^2$；$C_t$ 为每个统计单元的碳密度，$t/hm^2$。

很重要的一步是潜在修复区的高斯分布的归一化处理。根据第 2 章得到的高斯分布，对其进行归一化 [式（6-4）]，得到修正系数 $f$，与表 6-2 中的 $C_t$（潜在修复区）计算得到 $C(x)$ [式（6-5）]。利用潜在修复区的 DEM 求得 $N(x)$，再求得 $f(x)$ 和 $C(x)$ 的分布。

$$f(x) = \frac{N(x) - N_{min}}{N_{max} - N_{min}} \tag{6-4}$$

$$C(x) = f(x) \times C_v(\text{潜在修复区}) + C_{soil}(\text{潜在修复区}) \tag{6-5}$$

表 6-2    研究区碳库表

单位：$t/hm^2$

| 土地利用类型 | $C_{above}$ | $C_{below}$ | $C_{soil}$ | $C_{dead}$ | $C_t$ |
|---|---|---|---|---|---|
| 淡水沼泽 | 17 | 8 | 15 | 0.55 | 40.55 |
| 海岸性盐水湖 | 2 | 1 | 27 | 0 | 30 |
| 水库坑塘 | 1 | 0.5 | 30 | 0 | 31.5 |
| 滩地 | 0.5 | 0 | 15 | 0 | 15.5 |
| 滩涂湿地 | 0.5 | 0 | 15 | 0 | 15.5 |
| 盐水沼泽（碱蓬、芦苇） | 4 | 2 | 17 | 0.3 | 23.3 |
| 盐水沼泽（碱蓬、芦苇、柽柳） | 6 | 2 | 20 | 0.2 | 28.2 |
| 盐水沼泽（芦苇） | 14 | 7 | 15 | 0.55 | 36.55 |

| 土地利用类型 | $C_{above}$ | $C_{below}$ | $C_{soil}$ | $C_{dead}$ | $C_t$ |
|---|---|---|---|---|---|
| 盐水沼泽（芦苇、柽柳） | 10 | 3 | 20 | 0.25 | 33.25 |
| 盐水沼泽（其他） | 8 | 8 | 15 | 0.55 | 31.55 |
| 潜在修复区 | 3 | 1 | 20 | 0.2 | 24.2 |

（2）生境质量模拟

依托 Invest 模型的生境质量（habitat quality）模块评估空间单元内生境质量及其稀缺性。其原理是基于人为影响威胁因子来评价，通过生态威胁因子的影响程度、生态威胁因子的最大影响距离、生境对于生态威胁因子的敏感程度以及法律保护情况与保护区的设立等因素，考量生境退化（degradation）和生境质量，从而揭示土地利用变化可能带来的生境质量的相应变化规律，最终得到不同生境类型所对应栅格的生境质量。

本章主要从生态价值及环境保护的角度出发，以黑嘴鸥和丹顶鹤为敏感物种和保护目标。黑嘴鸥的主要生境为盐地碱蓬盐沼，次要生境为芦苇 - 盐地碱蓬盐沼、柽柳 - 盐地碱蓬盐沼、柽柳 - 芦苇 - 盐地碱蓬盐沼和河漫滩。丹顶鹤的主要生境类型为芦苇沼泽和盐地碱蓬盐沼，次要生境为养殖塘和农田。威胁黑嘴鸥和丹顶鹤生存的土地类型有城镇建设用地、港口、养殖池、农田、盐田。依据文献及专家打分，分别得到威胁信息表（表 6-3）和生境敏感性评价表（表 6-4）。

### 表 6-3 威胁信息表

| 最大影响距离 | 对生境完整性的影响 | 退化类型 | 威胁 |
|---|---|---|---|
| 1 | 0.55 | linear | 盐田 |
| 1.6 | 0.65 | linear | 养殖池 |
| 3.8 | 0.99 | linear | 港口 |
| 1.5 | 0.75 | linear | 农田 |
| 2.8 | 0.9 | linear | 城镇建设用地 |

### 表 6-4 生境敏感性评价表

| 土地利用 | 生境得分（0～1） | 对盐田的敏感程度 | 对养殖的敏感程度 | 对港口的敏感程度 | 对耕地的敏感程度 | 对城镇建设用地的敏感程度 |
|---|---|---|---|---|---|---|
| 0 | 0 | 1 | 1 | 1 | 1 | 1 |
| 1 | 0.3 | 1 | 1 | 1 | 1 | 1 |
| 2 | 0 | 1 | 1 | 1 | 1 | 1 |
| 3 | 1 | 0.1 | 0.4 | 0.3 | 0.6 | 0.9 |
| 4 | 0 | 1 | 1 | 1 | 1 | 1 |
| 5 | 0 | 1 | 1 | 1 | 1 | 1 |
| 6 | 0.8 | 1 | 1 | 1 | 1 | 1 |
| 7 | 0 | 1 | 1 | 1 | 1 | 1 |
| 8 | 1 | 0.1 | 0.2 | 0.2 | 0.2 | 0.9 |
| 9 | 0.3 | 1 | 1 | 1 | 1 | 1 |

| 土地利用 | 生境得分（0～1） | 对盐田的敏感程度 | 对养殖的敏感程度 | 对港口的敏感程度 | 对耕地的敏感程度 | 对城镇建设用地的敏感程度 |
|---|---|---|---|---|---|---|
| 10 | 1 | 0.1 | 0.1 | 0.3 | 0.3 | 0.9 |
| 11 | 0 | 1 | 1 | 1 | 1 | 1 |
| 12 | 0.8 | 1 | 1 | 1 | 1 | 1 |
| 13 | 1 | 0.1 | 0.2 | 0.2 | 0.2 | 0.9 |
| 14 | 1 | 0.1 | 0.2 | 0.4 | 0.6 | 0.9 |
| 15 | 1 | 0.2 | 0.1 | 0.2 | 0.5 | 0.9 |
| 16 | 1 | 0.2 | 0.4 | 0.8 | 0.8 | 0.9 |
| 17 | 1 | 0.4 | 0.5 | 0.3 | 0.4 | 0.9 |
| 18 | 1 | 0.3 | 0.4 | 0.7 | 0.8 | 0.9 |
| 19 | 1 | 0.275 | 0.35 | 0.5 | 0.625 | 0.9 |
| 20 | 0 | 1 | 1 | 1 | 1 | 1 |
| 21 | 0 | 1 | 1 | 1 | 1 | 1 |
| 66 | 1 | 0.2 | 0.1 | 0.2 | 0.5 | 0.9 |

### （3）水质净化模拟

随着生活污水和工业废水大量排入滨海湿地生态系统，大量含氮污染物进入沉积物中，滨海湿地对氮磷的去除是重要的生态系统服务。水质净化功能用于评估区域生态系统在某土地利用情景下截留、削减水体营养物质的能力，其结果可以指导保护具有高效水质净化功能的植被区域。湿地植被对氮磷的去除率与植被氮磷累积量呈极显著相关（$p < 0.01$），本章采用湿地植被对氮磷的累积能力作为衡量湿地的水质净化功能的指标。氮磷积累量为生物量与氮磷含量之积，在此基础上构建植被净化能力指数 $W_i$。

$$W_i = \frac{N_i}{\sum_{i=1}^{n} N_i} + \frac{P_i}{\sum_{i-1}^{n} P_i} \tag{6-6}$$

$$A_j = W_i \times \mathrm{NDVI}_j \tag{6-7}$$

式中，$N_i$ 为植被氮累积量，$g/m^2$；$P_i$ 为植被磷累积量，$g/m^2$。特别地，由于 NDVI 与生物量具有线性相关，而对于同一植被类型来说，植被氮磷含量取均值的情况下，氮磷积累量与生物量也有线性关系，因此选择 NDVI 为修正系数得到每个栅格 $j$ 的植被净化能力指数 $A_j$。

各类植被的植被氮磷积累相关数据见表 6-5，各地类对应的植被净化指数见表 6-6。

表 6-5　植被氮磷积累相关数据

| | | 芦苇 | 求和 | 翅碱蓬 | 求和 | 柽柳 | 求和 |
|---|---|---|---|---|---|---|---|
| 氮含量 /（mg/g） | 地上 | 11.5 | 17.0 | 7.0 | 12.0 | 14.5 | 23.5 |
| | 地下 | 5.5 | | 5.0 | | 9 | |
| 磷含量 /（mg/g） | 地上 | 1.1 | 2.1 | 0.9 | 2.4 | 1.5 | 2.5 |
| | 地下 | 1.0 | | 1.5 | | 1.0 | |
| 生物量 /（g/m²） | | 1 400 | | 500 | | 1 000 | |
| $N_i$ /（g/m²） | | 23.80 | | 6.00 | | 23.50 | |
| $P_i$ /（g/m²） | | 2.94 | | 1.20 | | 2.50 | |
| $W_{iN}$ | | 0.45 | | 0.11 | | 0.44 | |
| $W_{iP}$ | | 0.44 | | 0.18 | | 0.38 | |
| $W_i$ | | 0.89 | | 0.29 | | 0.82 | |

表 6-6　各地类对应的植被净化指数

| 土地利用类型 | 植被 | $W_i$ 平均值 |
|---|---|---|
| 滩涂 | 翅碱蓬 | 0.29 |
| 盐水沼泽（翅碱蓬 - 芦苇） | 翅碱蓬、芦苇 | 0.56 |
| 盐水沼泽（翅碱蓬 - 芦苇 - 柽柳） | 翅碱蓬、芦苇、柽柳 | 0.67 |
| 盐水沼泽（芦苇） | 芦苇 | 0.89 |
| 盐水沼泽（芦苇 - 柽柳） | 芦苇、柽柳 | 0.86 |
| 盐水沼泽（其他） | 翅碱蓬、芦苇、柽柳 | 0.67 |
| 淡水沼泽 | 芦苇 | 0.89 |
| 潜在修复区 | 翅碱蓬 | 0.29 |

　　由于生态系统服务功能的保护和修复受到社会经济成本等因素的制约无法实现100% 的保护，因此本章需要对各种服务功能的高值区进行识别和筛选，分为标准化和重分类两步，其结果作为保护和修复的对象，用于优化模拟过程中。

　　由于所选择的 3 种生态系统服务功能的高值区栅格值的单位不同，不具有可比性，因此需要对三者进行标准化处理。本章采用升半梯形函数对生态系统服务功能高值区数据进行标准化。升半梯形函数的表达：

$$A_i = \frac{C_i - C_{min}}{C_{max} - C_{min}} \tag{6-8}$$

　　将标准化后的生态系统服务功能分布用自然断点分类法分为 5 类，其分段的原理是计算每段的方差，各段的方差之和最小的就是最优的分类结果，即达到了每段内的数值比较聚集的目的。依据各级所占的栅格数和比例，最终选择适宜级别作为生态服务功能的高值区。

### 6.3.4    保护 - 修复一体化优先格局的模拟和识别

（1）Marxan 模型应用

基于社会经济成本等因素的制约，生态系统服务功能的保护和修复无法将所有的生态系统服务功能热点区域均划为具体实施的优先格局，不具有现实意义上的可操作性。需要在设定一定保护 - 修复比例前提下，确定具有生态系统服务功能高效、多样、整合（如多种生态系统服务热点叠加区域）且保护代价相对最低的区域作为整合的生态系统服务功能优化格局，该保护 - 恢复格局能以最小的成本代价最大限度地优化区域滨海湿地生态系统服务功能。

具体研究中，依托系统保护规划理论（systematic conservation planning）及其基于退火优化算法（annealing algorithm）的规划软件 Marxan，构建基于多重生态系统服务功能优化的保护 - 修复一体化的优先格局。Marxan 模型的目标函数如下：

$$SRP = \sum Cost + BLM \sum Boundary \tag{6-9}$$

式中，SRP 为规划单元的不可替代性值；Cost 为每个规划单元的保护或修复花费的成本；BLM $\sum$ Boundary 为对聚集度的衡量和约束。

一般认为连接度高、聚集度高的格局更有利于生态系统完整性和生态系统服务功能的发挥，同时相对集中的修复格局也有利于滨海湿地保护修复工作的实施和管理，所以在修复体系设计时应尽可能增大修复格局的聚集性。但是连接度或聚集度的增加可能会被迫选择占据成本相对较高的土地资源，从而增加修复成本代价。

模型的退火优化算法使目标函数 SRP 最小化，从而得到保护和修复单元一体化的最优解。系统保护规划空间优化模型 Marxan 是基于规划单元进行的。由于滨海湿地既有潮沟又有河流的特殊且复杂的水文特征，不具备上下游的流域结构，不适合划分流域单元，因此，本章采用较为传统的网格划分规划单元，网格大小参考计算机的运算能力和已有研究的案例设置为 1 km×1 km 的公里网格。Marxan 软件的输入数据包括：①全部的保护修复对象编号、名称及其所占的规划单元编号；②保护修复的比例和（物种）重要性参数（Species Penalty Factor，SPF）；③每个规划单元成本；④边缘长度及聚集度。保护修复对象的 SPF 初始均设置为 0，保护和修改比例根据实际情况设定，三类生态系统功能求和作为规划单元的值。Marxan 模型在进行优化模拟时，为突出该区域滨海湿地栖息地功能连接性，空间单元优先性判定拟加入距离因素，如将增加彼此 50 km 内的生境斑块优先性权重等。Marxan 边缘长度调节（Boundary Length Modifer，BLM）模块可以调节格局的聚集度或者连接度。通过连接度 / 聚集度与保护成本之间的敏感性分析可以确定兼顾湿地修复格局的连接性和修复成本相对合理的BLM 值。

（2）计算保护 - 修复成本

计算保护 - 修复成本时，需要构造成本代价图层，与生态系统服务热点区域进行空间匹配和权衡，筛选出保护 - 修复成本效益最为显著的规划单元。构建成本代价（$C_{All}$）

函数时，总共考虑两部分，包括机会成本（$C_{Opp}$）和工程成本（$C_{Con}$）。采取"保护"措施的生境，生境类型维持不变，其成本为机会成本，代价较低；采取"修复"措施的生境则会导致土地利用类型的改变，如通过"退养还滩"将养殖塘修复为潮间带滩涂等，其成本除包含较高的机会成本外，还包括相关措施需要花费的额外成本。

$$C_{All} = C_{Opp} + C_{Con} \qquad (6\text{-}10)$$

首先考虑土地利用的机会成本，对于就地保护而言，湿地不能再被用于经济活动，因此损失了湿地用作经济活动的利润，这部分利润可被视为湿地保护的机会成本，理论上应采用该范围内经济价值最高的经济开发活动的利润，在此考虑滨海湿地周边最主要的围填海方式——盐田和养殖，取两者收益最高的利润；对于已有的保护区内，其经济开发利用受到法规约束，在此设置为 0 元，即意味着在现有保护区内的盐田和养殖等围填海活动应当撤出；对于湿地修复而言，围填海活动撤出并将其修复为湿地，直接损失的经济利润即为湿地修复的机会成本，退养还湿的机会成本对应了养殖的经营利润，退盐还湿的机会成本对应了盐田的经营利润。经过文献和年鉴的数据收集，其中养殖利润来源于 2015 年山东省水产养殖渔情信息，计算得到以上各类的机会成本（表 6-7）。

表 6-7 研究区单位面积养殖和盐田利润统计

| 生境类型 | 产量 /（t/km²） | 利润 /（元 /t） | 单位面积利润 /（万元 /km²） |
|---|---|---|---|
| 养殖 | 436.00 | 41 795.29 | 1 822.28 |
| 盐田 | 13 000.00 | 35.00 | 45.50 |

其次考虑保护和修复的工程成本，对于广义的"湿地修复"构架而言，湿地保护可被视为人为干预措施，主要利用湿地自我修复机制的"被动修复模式"，因此可以忽略工程成本；而湿地修复则是"主动修复模式"，需考虑其工程成本，本章采用黄河三角洲 2010—2014 年已有的湿地修复项目工程成本来计算。工程成本从两方面考虑，包括实际工程成本以及规划单元距最近的河流潮沟水系的距离。以实际的湿地修复工程的项目成本为基础；有实验研究表明，河流潮沟水系距离与翅碱蓬生长呈线性显著相关的关系，因此，将水系距离作为影响工程成本的影响因子之一。综合以上两个方面构建工程成本函数：

$$C_{Con} = C_r \times (1 + d) \qquad (6\text{-}11)$$

式中，$C_{Con}$ 为总的工程成本；$C_r$ 为实际工程成本；d 为水系距离参数。参考黄河口已开展的退养还滩湿地修复工程的单位面积成本，并采用以 620 万元 /km² 作为实际工程成本（$C_r$）。河流潮沟水系距离的参数 d 是将栅格到潮沟的最近距离进行归一化得到的：

$$d_i = \frac{D_i}{D_{max}} \qquad (6\text{-}12)$$

式中，$d_i$ 为栅格 $i$ 的水系距离参数；$D_i$ 为栅格 $i$ 到最近的水系的距离；$D_{max}$ 为所有栅格中到最近水系的距离的最大值。

**（3）保护 - 修复比例及敏感性分析**

考虑成本等实际因素限制，保护和修复对象并不能够 100% 被选择，因此，需要为保护与修复规划设定合理的比例。需要设定针对特定生物生境、碳储存、水质净化不同生态系统服务功能热点区域保护修复比例，由于缺乏设定目标的权威参考依据，拟通过设定 20% ～ 80% 的系列保护比例：以 10% 为梯度，共 7 个等级保护比例，通过 Marxan 模型计算针对不同保护比例的成本代价，通过构造比例 - 成本代价曲线进行敏感性分析，确定具有显著意义的保护效应 - 成本代价拐点，将其对应的保护比例确定为最终合理的保护比例。不同的保护修复比例情境下，BLM 的最适值也发生变化。随着 BLM 的增加，对聚集度的要求增加，模型优化时会选择聚集度更高但成本也较高的单元，导致成本增加，相应地，聚集度增加意味着边界长度减小。每个比例情景在确定其最适 BLM 值之后得到各自的最优解，再对每一组的保护修复比例、成本和边界长度做敏感性分析，得到保护修复最适的比例。

## 6.4  黄河三角洲滨海湿地保护 - 修复潜在生境及其生态系统服务功能

保护与修复一体化的整合是将保护 - 修复统一于生态系统服务功能优化的构架之下。在做格局优化之前，首先需要明确保护的潜在区和修复的潜在区。对于保护而言，潜在保护区指所有的自然湿地，包括盐水沼泽、淡水沼泽、滩涂湿地等。对于修复而言，需要结合现有土地利用类型、地区发展政策、高程等自然条件选择最具有修复潜力和可行性区域作为潜在修复区。本章采用 1970 年和 2015 年土地分类数据得到土地利用类型转移数据，从而分析天然湿地的主要去向。2015 年黄河三角洲地区天然湿地面积大幅减少，共减少了 1 627 km²，减少的天然湿地主要转化为旱地、养殖池和盐田。与 1970 年相比，2015 年，有 32.18% 的滩涂、34.71% 的沼泽转变为养殖池；有 12.42% 的沼泽转变为盐田。因此，养殖和盐田作为研究区占用湿地面积最大的围填海形式，被选择作为潜在恢复区的基本类型（图 6-4）。

研究区翅碱蓬出现频度 N 与 DEM 呈现明显的高斯分布，出现频次对数 $\ln N$ 和 DEM 拟合，可得 $R^2=0.983\,8$（图 6-5）。根据 $\ln N$-DEM 拟合结果以及高斯分布函数得到翅碱蓬出现频度 N 与高程 DEM 的高斯分布拟合曲线。因此，翅碱蓬在高程上的生态阈值区间为 [−2.173 3，4.019 5]（单位 :m），最适生态阈值区间为 [−0.625 1，2.471 3]（单位 : m）。在选择潜在修复区时，以高程的最适生态阈值区间 [−0.625 1，2.471 3]（单位 : m）为翅碱蓬的修复范围。

$$\ln N =-0.208\,6\times DEM^2+ 0.385\,1\times DEM + 7.680\,1 \tag{6-13}$$

$$N=2\,585.92e^{\frac{(DEM-0.923\,1)^2}{2\times1.548\,2^2}} \tag{6-14}$$

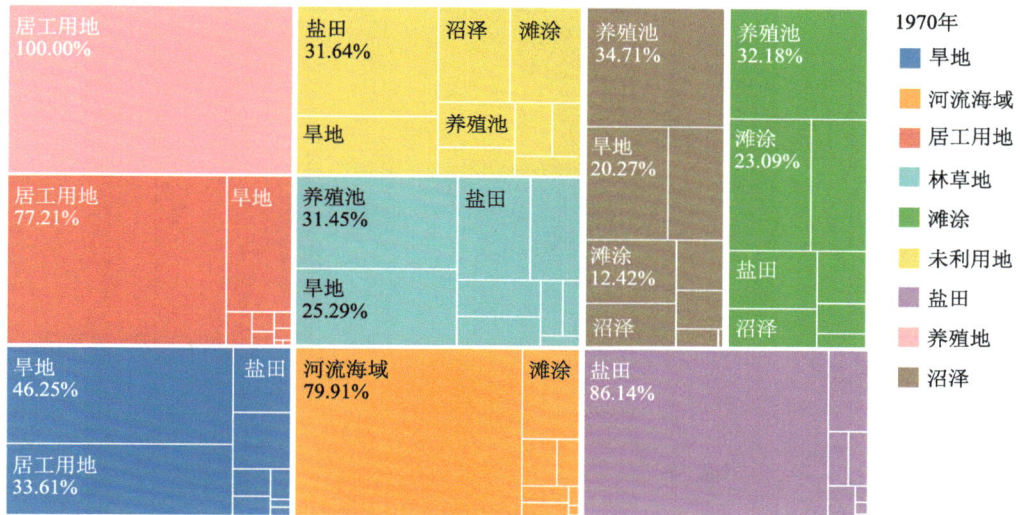

图 6-4　1970—2015 年土地利用变化比例

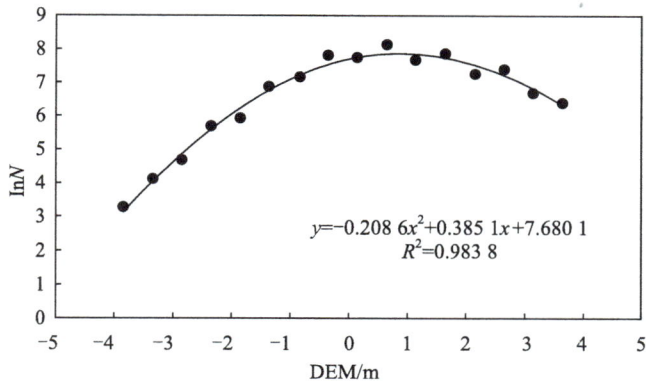

$$y=-0.208\,6x^2+0.385\,1x+7.680\,1$$
$$R^2=0.983\,8$$

图 6-5　研究区翅碱蓬出现频度对数值 lnN 与 DEM 的关系

　　将盐田和养殖池范围内的翅碱蓬高程最适区间提取出来，作为潜在修复区；现有生境中的自然湿地（淡水沼泽、咸水沼泽、滩涂、海岸性盐水湖）作为保护区，二者共同组成保护 - 修复区。研究区土地利用图（保护 - 修复情景）如图 6-6 所示。

　　根据前文得到研究区的碳储存、生境质量和水质净化功能模拟，在此基础上根据 6.4.4 得到标准化的三类生态系统服务功能分布图。黄河三角洲滨海湿地的碳密度在黄河三角洲国家级湿地保护区和黄河故道周边的碳密度最高，潜在修复区次之。生境质量模拟结果显示，研究区东南部的国家级湿地保护区、西北部的黄河故道为生境质量相对较高的区域，较适宜丹顶鹤和黑嘴鸥生存，而工业用地等大部分人工环境都不适宜丹顶鹤和黑嘴鸥生存，并且这部分面积占了研究区面积的 50% 以上；另外，工业用地及其周边区域也是生境质量最低的区域。水质净化功能在潜在修复区高于国家级湿

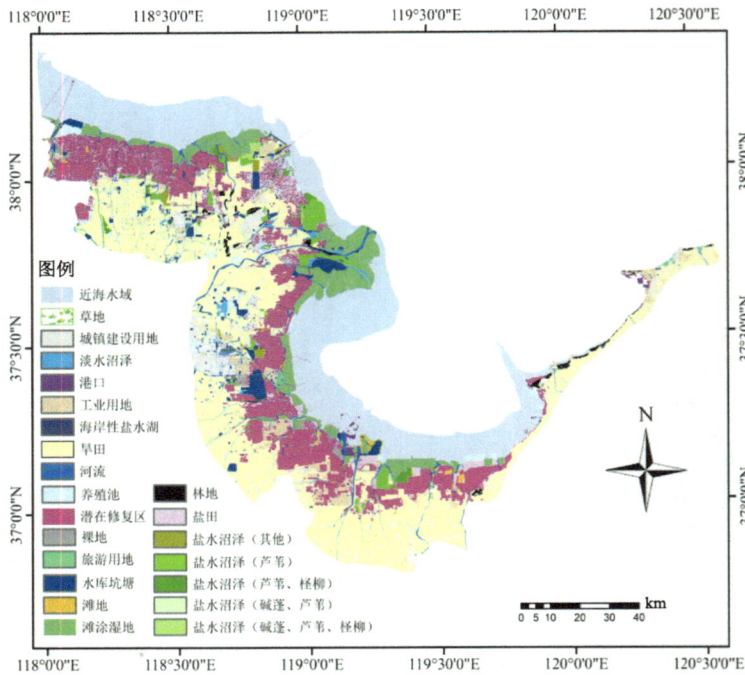

**图 6-6  研究区土地利用（保护 - 修复情景）**

地保护区，可见黄河三角洲的水质净化功能具有很大的修复空间。

三类生态系统服务利用自然断裂法进行重分类，低值区到高值区分类由 1 到 5（图 6-7），分别选择碳存储 5 级（29%）、生境质量 5 级（25%）、水质净化 4 级和 5 级（15%）作为生态系统服务功能的高值区。由于生态系统服务功能的保护和修复基于社会经济成本等因素的制约无法实现全部的保护，本章对各种服务功能的高值区进行识别和筛选，以利于集中主要力量实现最好的保护修复效果。

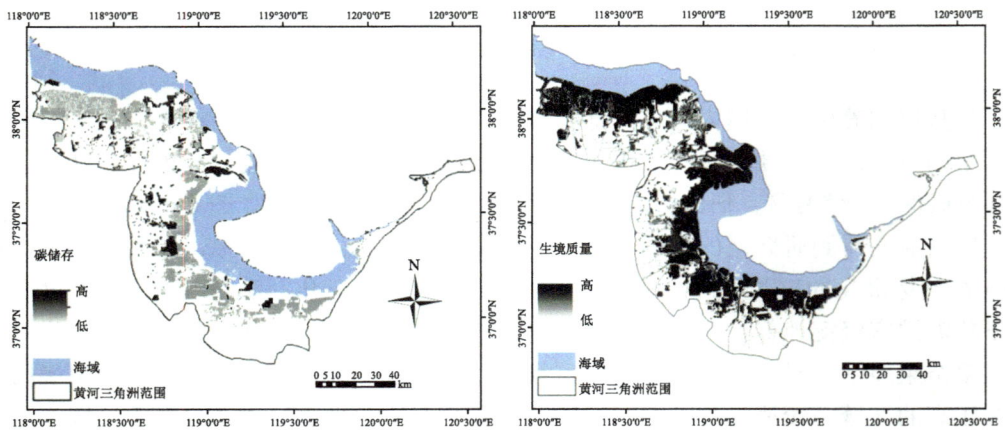

（a）碳存储

（b）生境质量

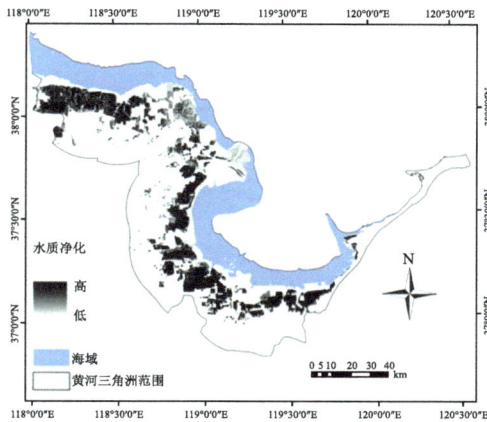

（c）水质净化

图 6-7 三类生态系统服务功能分布

## 6.5 黄河三角洲滨海湿地保护－修复一体化优化格局

在不同修复比例（Prop）下，通过不断尝试，设置能够反映成本代价和边界长度的变化趋势的 BLM 值，在临近拐点处加密设置 BLM 值，进而得到在不同修复比例下的优化结果，边界长度、成本敏感性分析如图 6-8 所示。通过边界长度随成本变化的曲线可以发现存在明显的突变点。在成本增加的过程中，边界长度刚开始快速下降，在突变点之后，边界长度呈现较为平稳的变化趋势，因此选择该突变点作为最合适的 BLM 值。Prop=20% 时，设置的 BLM 值 800 为突变点；Prop=30% 时，设置的 BLM 值 1 200 为突变点；Prop=40% 时，设置的 BLM 值 1 800 为突变点；Prop=50% 时，设置的 BLM 值 700 为突变点；Prop=60% 时，设置的 BLM 值 900 为突变点；Prop = 70% 时，设置的 BLM 值 700 为突变点；Prop=80% 时，设置的 BLM 值 800 为突变点。

在以上得到的不同保护修复比例的情景下，经过 BLM 敏感性分析后得到的最优解，其成本和边界长度与比例进行敏感性分析可得：随着保护修复比例增加，成本和边界长度整体都呈现增长趋势，其中边界长度随保护修复比例不断增加，增速较为稳定；而对于成本的增加，在保护修复比例为 20% ～ 40% 时成本快速增加，40% ～ 50% 时成本增速变缓，当保护修复比例大于 50% 时成本快速增加，因此选择保护修复比例为 50% 作为理论上最适的保护修复比例，优化结果见图 6-9。

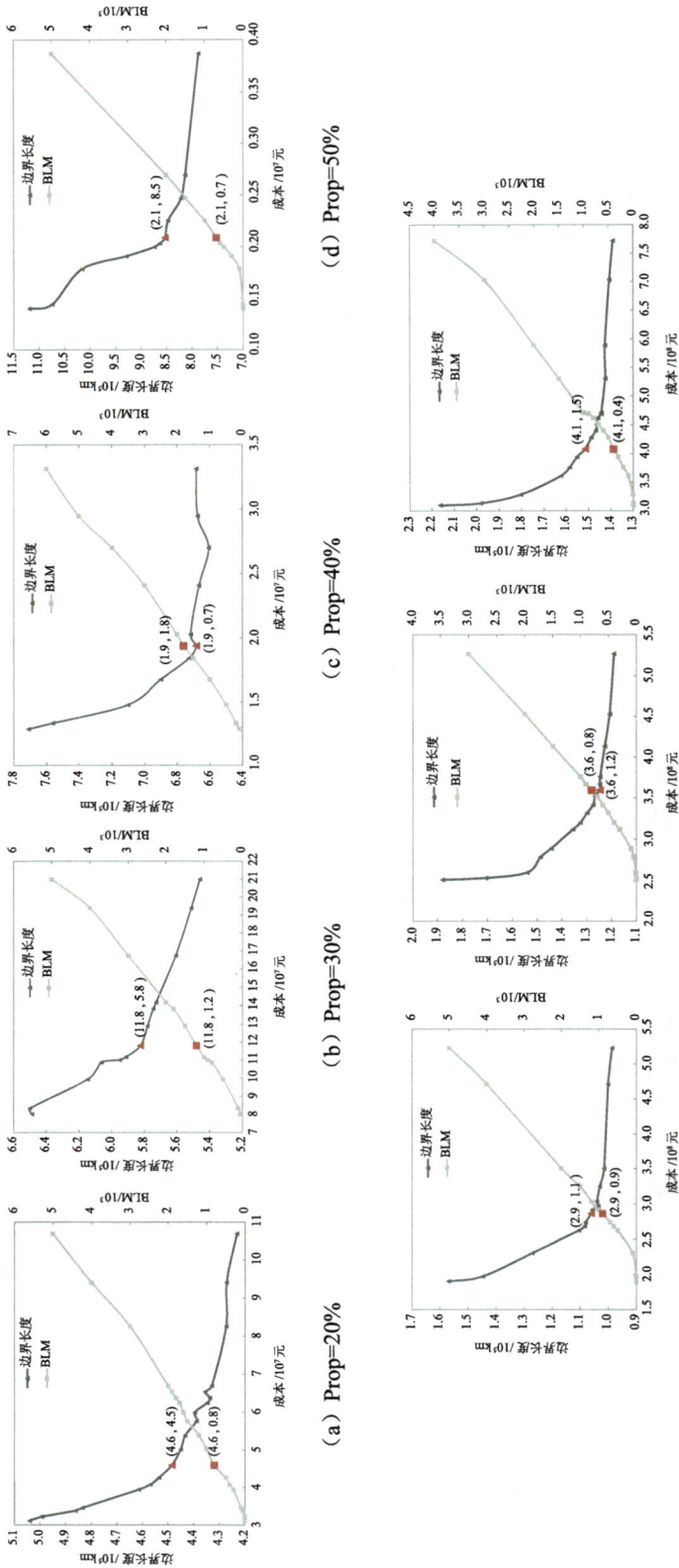

(a) Prop=20%

(b) Prop=30%

(c) Prop=40%

(d) Prop=50%

(e) Prop=60%

(f) Prop=70%

(g) Prop=80%

图 6-8  保护修复比例在 20%～80% 情境下的 BLM 敏感性分析

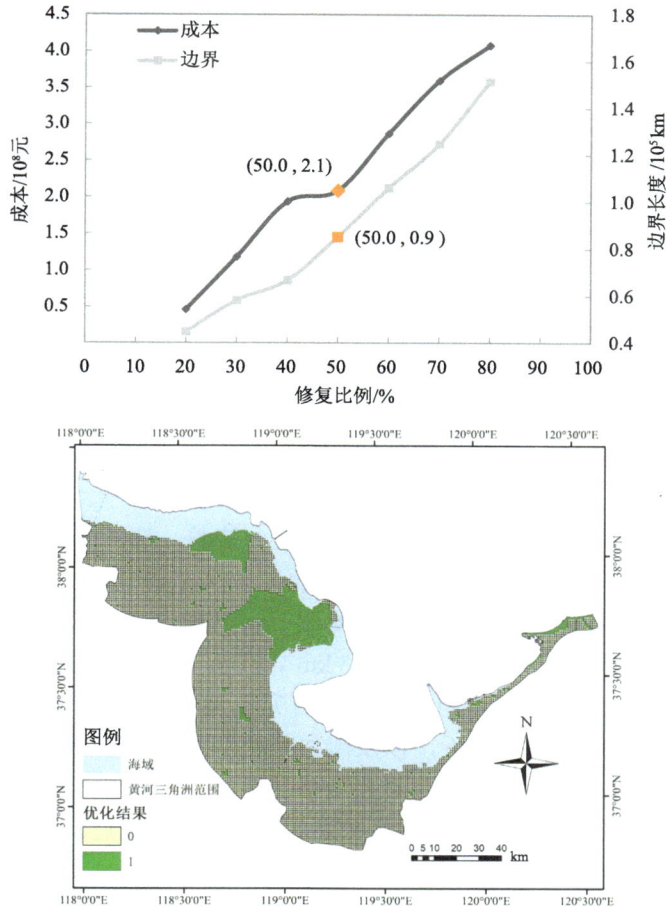

图 6-9　保护修复比例与其成本的敏感性分析

## 6.6　黄河三角洲滨海湿地保护 - 修复实施策略

保护修复的具体策略上，分为保护、退养还滩修复、退盐还湿修复 3 类，而与现有保护区叠加后得到共计 6 类，即保护区内的保护、保护区内的退养还滩修复、保护区内的退盐还湿修复、保护区外的保护、保护区外的退养还滩修复、保护区外的退盐还湿修复。在 6.5.3 中得到的各个比例的最优解中可以看出，在不断增加保护修复比例时，各个策略区域的分布和面积都在增加但又存在差异，可以体现各个策略在优先性上的区别。

在优化格局中，从各类保护修复策略的整体分布看，保护修复比例 20% ～ 80% 大部分聚集在已有的保护区内及周边，30% ～ 50% 还有较多自然湿地斑块分散分布，

$60\% \sim 80\%$ 还包括了大量分散分布的自然湿地斑块以及盐田和养殖池，分别对应保护、退盐还湿和退养还滩的修复措施。

在优化过程中，保护修复比例 $20\% \sim 80\%$ 均首先选择了现有保护区内的约 1 130 km² 的自然湿地。第二步的选择有所不同，20% 时为保护区内仍然存在的 110.40 km² 养殖池作为退养还滩修复区，$30\% \sim 80\%$ 均为保护区外部周边尚未被保护的自然湿地作为未来的保护区，面积分别为 110.99 km²、176.73 km²、272.89 km²、393.82 km²、488.61 km²、603.5 km²，涉及的自然湿地包括东营市东营区东部的龙悦湖及其周边湿地、昌邑市北部的虞河入海口东侧湿地、保护区北部油田中的退化湿地、烟台市寒亭区白浪河入海口东部湿地、黄河入海口南部防潮堤外未纳入保护区的部分湿地、滨州市沾化区徒骇河入海口东侧滨海湿地、烟台市莱州市的三山岛街道和金城镇的沿海区域等。进一步的选择中，20% 选择保护区外部周边尚未被保护的 68.86 km² 自然湿地作为未来的保护区。而其他保护修复策略的面积较小，且基本上是将紧邻保护区边界的小面积的盐田和养殖池作为退养还滩和退盐还湿的补充措施。$30\% \sim 80\%$ 选择了保护区内仍然存在的约 100 km² 养殖池作为退养还滩修复区。接着，选择保护区外养殖池、盐田以及边界内盐田。50% 和 60% 时为保护区外的约 43 km² 养殖池，主要位于 1200 的西部滨海区域以及黄河口保护区正南部边界附近；还选择了黄河口保护区边界内的少量盐田。南部边界外的盐田在 60% 时为 67.58 km²，主要分布于潍坊市寒亭区的老河口附近。70% 和 80% 时为保护区外的 100 km² 左右养殖池，主要位于 1200 的西部滨海区域，黄河口保护区正南部边界附近，以及潍坊市寒亭区老河口附近和东营市广饶县丁庄镇的小清河与支脉河之间；还选择了黄河口保护区边界内的少量盐田和南部边界外的 160 km² 左右的盐田，主要分布于潍坊市寒亭区的老河口附近、昌邑市潍河西侧和莱州市的北郊莱河东侧。

在增加保护修复比例的过程中，各类保护修复策略的优先性存在明显差异。从图 6-10 中可以看出，随着保护修复比例增加，保护区内的保护、退养还滩、退盐还湿的面积都基本不变，这说明对于目前已有的保护区，其保护作用较为有效，在此基础上首先需要优先考虑的是将保护区内仍存在的养殖池和盐田撤出，实施保护区内的退养还滩和退盐还湿工程。对于保护区外，随着保护修复比例增加，选择的保护、退养还滩、退盐还湿都呈现明显的增加趋势。其中，保护面积始终大于退养还滩和退盐还湿的面积，因此保护区外保护的优先性大于退养还滩和退盐还湿。而在保护修复比例 Prop $\leqslant$ 50% 时，退养还滩面积大于退盐还湿面积，退盐还湿的面积增速较快；当 Prop $\geqslant$ 60% 时，退盐还湿面积超过退养还滩的面积；当 Prop $>$ 70% 时，退盐还湿和退养还滩的面积增速均放缓。因此，保护区外各保护修复策略的优先性：当 Prop $\leqslant$ 50% 时，保护$>$退养还滩$>$退盐还湿；当 50% $<$ Prop $<$ 60% 时，保护$>$退养还滩$=$退盐还湿；当 Prop $\geqslant$ 60% 时，保护$>$退盐还湿$>$退养还滩。

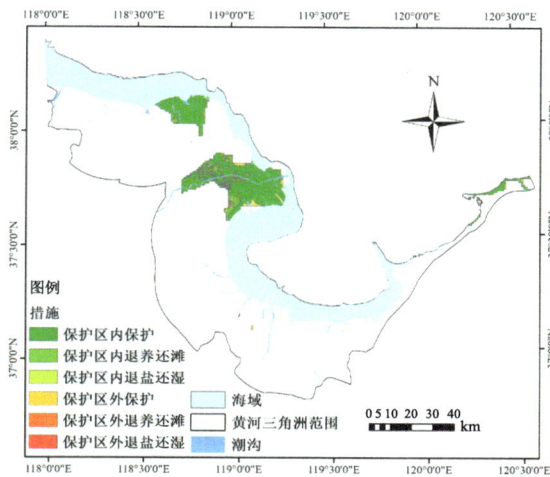

（a）prop=20%

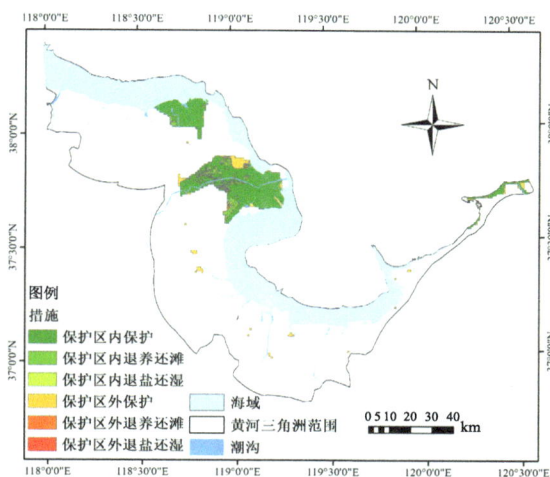

（b）prop=30%

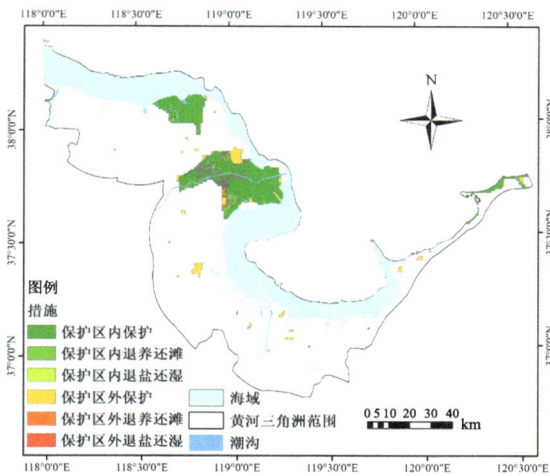

（c）prop=40%

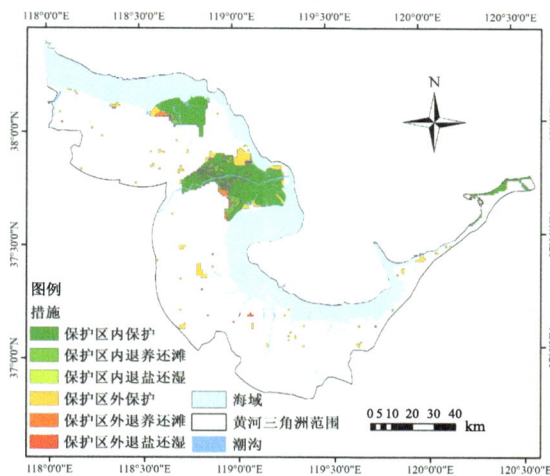

（d）prop=50%

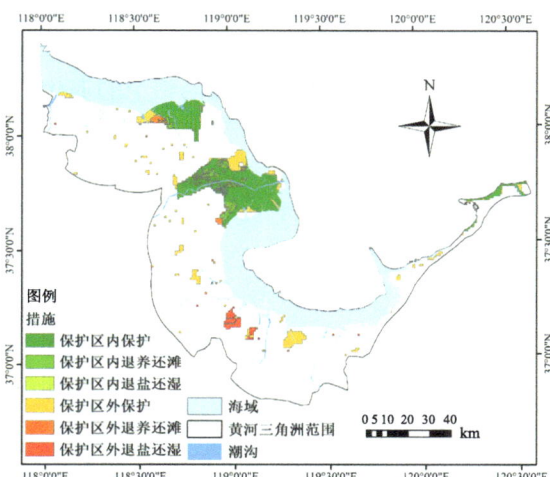

（e）prop=60%

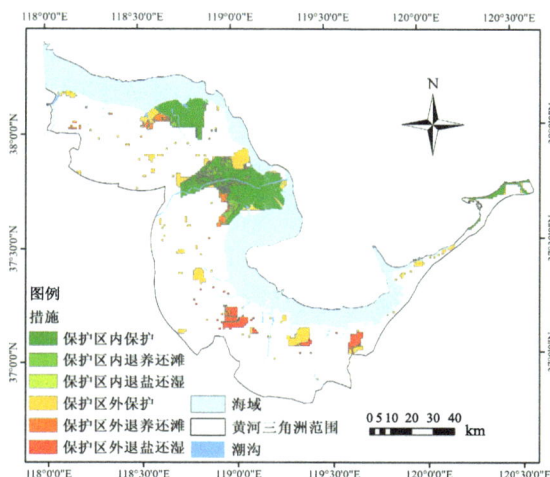

（f）prop=70%

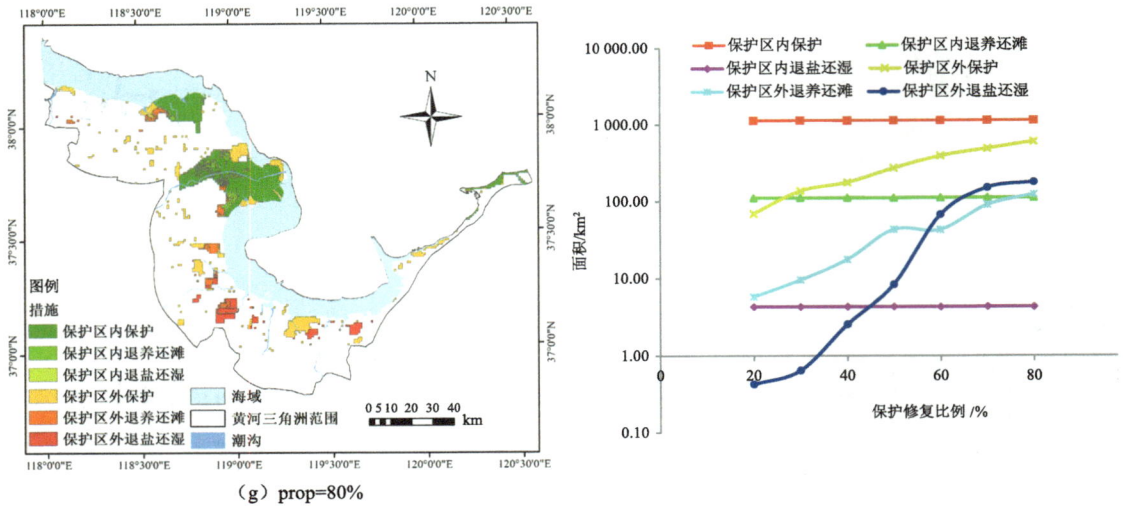

（g）prop=80%

图 6-10　不同保护修复比例下各类保护修复策略的分布

## 6.7　结论与讨论

（1）随着保护修复比例增加，成本和边界长度整体都呈现增长趋势，其中边界长度随保护修复比例不断增加，增速较为稳定；而对于成本的增加，在保护修复比例为 20%～40% 时成本快速增加，40%～50% 时成本增速变缓，当保护修复比例大于50% 时成本快速增加，因此 50% 为理论上最适的保护修复比例。

（2）在比例 - 成本敏感性分析中被视为最合适的保护修复比例 50% 的优化格局中，从各类保护修复策略的整体分布看，大部分聚集在已有的保护区内及周边，还有较多自然湿地斑块分散分布。在优化过程中，首先选择了现有保护区内的 1 137.48 km² 自然湿地，又选择了保护区外部周边尚未被保护的 272.89 km² 自然湿地作为未来的保护区，主要位于黄河入海口南部防潮堤外未纳入保护区的部分湿地、保护区北部油田中的退化湿地、东营市东营区东部的龙悦湖及其周边湿地、烟台市寒亭区白浪河入海口东部湿地等。然后选择了保护区内仍然存在的 111.32 km² 养殖池作为退养还滩修复区；还有保护区外的 43.22 km² 养殖池，主要位于 1200 的西部滨海区域以及黄河口保护区正南部边界附近；还选择了黄河口保护区边界内的 4.31 km² 盐田和南部边界外的 8.37 km² 盐田。

（3）随着保护修复比例增加，保护区内的保护、退养还滩、退盐还湿的面积基本不变，这说明对于目前已有的保护区，其保护作用较为有效，在此基础上首先需要优先考虑的是将保护区内仍存在的养殖池和盐田撤出，实施保护区内的退养还滩和退盐还湿面积工程。对于保护区外，随着保护修复比例增加，选择的保护、退养还滩、退盐还湿面积都呈现明显的增加趋势。其中，保护面积始终大于退养还滩和退盐还湿的面积，因此保护区外的保护的优先性大于退养还滩和退盐还湿。而在保护修复比例 Prop ≤ 50% 时，退养还滩面积大于退盐还湿面积，退盐还湿的面积增速较快；当 Prop ≥ 60% 时，退盐还湿面积超过退养还滩的面积；当 Prop > 70% 时，退盐还湿和退养还滩的面积增速均放缓。因此，保护区外各保护修复策略的优先性：当 Prop ≤ 50% 时，保护＞退养还滩＞退盐还湿；当 50% < Prop < 60% 时，保护＞退养还滩＝退盐还湿；当 Prop ≥ 60% 时，保护＞退盐还湿＞退养还滩。

因此，保护修复策略的优先性排序为：当 Prop ≤ 50% 时，保护区内保护＝保护区内退养还滩修复＝保护区内退盐还湿修复＞保护区外的保护＞保护区外的退养还滩＞保护区外的退盐还湿；当 50% < Prop < 60% 时，保护区内保护＝保护区内退养还滩修复＝保护区内退盐还湿修复＞保护区外的保护＞保护区外的退养还滩＝保护区外的退盐还湿；当 Prop ≥ 60% 时，保护区内保护＝保护区内退养还滩修复＝保护区内退盐还湿修复＞保护区外的保护＞保护区外的退盐还湿＞保护区外的退养还滩。

## 参考文献

曹铭昌，刘高焕 . 2008. 黄河三角洲自然保护区丹顶鹤生境适宜性变化分析 [J]. 林业研究（英文版），19：141-147.

崔保山，贺强，赵欣胜 . 2008. 水盐环境梯度下翅碱蓬（*Suaeda salsa*）的生态阈值 [J]. 生态学报，28：1408-1418.

董洪芳，于君宝，管博 . 2013. 黄河三角洲碱蓬湿地土壤有机碳及其组分分布特征 [J]. 环境科学，34：288-292.

董洪芳，于君宝，孙志高 . 2010. 黄河口滨岸潮滩湿地植物-土壤系统有机碳空间分布特征 [J]. 环境科学，31：1594-1599.

盖振宇 . 2011. 人类活动影响下的黄河三角洲滨海湿地变化研究 [D]. 济南：山东师范大学 .

葛振鸣，周晓，王开运 . 2009. 受损湖泊湿地生态修复规划与效益分析——以上海西郊湿地为例 [J]. 生态经济：30-36.

韩美，张晓慧 . 2009. 黄河三角洲湿地主导生态服务功能价值估算 [J]. 中国人口·资源与环境，19：37-43.

黄玫，季劲钧，曹明奎 . 2006. 中国区域植被地上与地下生物量模拟 [J]. 生态学报，26：4156-4163.

李晓文，李梦迪，梁晨，等 . 2014. 湿地恢复若干问题探讨 [J]. 自然资源学报，（7）：1257-1269.

李延成 . 2006. 黄河三角洲特色农业优化布局研究 [D]. 济南：山东农业大学 .

梁晨 . 2012. 中国湿地保护的有效性评估及系统保护规划研究 [D]. 北京：北京师范大学 .

梁晨，李晓文，崔保山，等 . 2015. 中国滨海湿地优先保护格局构建 [J]. 湿地科学，13（6）：660-666.

林金兰，刘昕明，陈圆 . 2015. 国外湿地生态恢复规划的经验总结及借鉴 [J]. 化学工程与装

　　备：256-260.

刘艳芬，张杰，马毅，等 . 2010. 1995—1999 年黄河三角洲东部自然保护区湿地景观格局变
　　化 [J]. 应用生态学报，（11）：2904-2911.

刘志伟 . 2014. 基于 InVEST 的湿地景观格局变化生态响应分析——以杭州湾南岸地区为
　　例 [D]. 杭州：浙江大学 .

唐蜜 . 2010. 县域生态系统非木材林木产品服务功能评估研究——以四川省宝兴县为例 [D].
　　成都：四川农业大学 .

王彬 . 2010. 基于 CVM 的黄河三角洲湿地生态系统服务价值评估研究 [D]. 青岛：青岛大学 .

王绍强，许君，周成虎 . 2001. 土地覆被变化对陆地碳循环的影响——以黄河三角洲河口地区
　　为例 [J]. 遥感学报，5：142-148.

王薇 . 2007. 黄河三角洲湿地生态系统健康综合评价研究——以垦利县为例 [D]. 济南：山东
　　农业大学 .

王玉珍 . 2007. 黄河三角洲湿地资源及生物多样性研究 [J]. 安徽农业科学，35：1745-1746.

吴春生，黄翀，刘高焕，等 . 2016. 黄河三角洲土壤含盐量空间预测方法研究 [J]. 资源科学，
　　38：704-713.

吴后建，王学雷 .2006. 中国湿地生态恢复效果评价研究进展 [J]. 湿地科学，4：304-310.

吴婕 . 2011. 城市生态恢复规划的国外优秀案例借鉴 [J]. 北方环境，（5）：163-165.

徐卫华，欧阳志云，张路，等 . 2010. 长江流域重要保护物种分布格局与优先区评价 [J]. 环境
　　科学研究，（3）：312-319.

许学工，林辉平，付在毅 . 2001. 黄河三角洲湿地区域生态风险评价 [J]. 北京大学学报（自
　　然科学版），37：121-127.

于君宝，王永丽，董洪芳，等 . 2013. 基于景观格局的现代黄河三角洲滨海湿地土壤有机碳储
　　量估算 [J]. 湿地科学，11：1-6.

张惠远，郝海广，舒昶，等 . 2017a. 科学实施生态系统保护修复切实维护生命共同体 [J]. 环
　　境保护，45：31-34.

张惠远，郝海广，翟瑞雪，等 . 2017b. "十三五" 时期国家生态安全的若干问题及对策 [J]. 环
　　境保护，45：25-30.

张希画 . 2012. 1998—2008 年黄河三角洲黑嘴鸥繁殖种群数量及其繁殖生境动态变化 [J]. 山
　　东林业科技，42：12-15.

张晓娟 . 2013. 蓝色经济战略下的黄河三角洲湿地生态保护研究 [D]. 青岛：中国海洋大学 .

赵延茂 . 1995. 黄河三角洲自然保护区科学考察集 [M]. 北京：中国林业出版社，1995.

周方文，马田田，李晓文，等 . 2015. 黄河三角洲滨海湿地生态系统服务模拟及评估 [J]. 湿地
　　科学，13（6）：667-674.

朱书玉，王伟华，王玉珍，等 . 2011. 黄河三角洲自然保护区湿地恢复与生物多样性保护 [J].
　　北京林业大学学报，（s2）：1-5.

Adame M F, Hermoso V, Perhans K, et al. 2015. Selecting cost‐effective areas for restoration of
　　ecosystem services [J]. Conservation Biology，29：493-502.

Carwardine J, Rochester W, Richardson K, et al. 2007. Conservation planning with irreplaceability: does the method matter? [J]. Biodivers Conserv，16：245-258.

Chan K M A, Shaw M R, Cameron D R, et al. 2006. Conservation planning for ecosystem services [J]. Pl o S Biology，4：2138.

Costanza R, Amp Apos, Arge R, et al.1998. The value of the world's ecosystem services and natural capital[J]. Ecological Economics，25：3-15.

De Groot R S, Wilson M A, Boumans R M J. 2002. A typology for the classification, description and valuation of ecosystem functions, goods and services [J]. Ecological Economics，41：393-408.

Egoh B N, Reyers B, Carwardine J, et al. 2010. Safeguarding Biodiversity and Ecosystem Services in the Little Karoo, South Africa Salvaguardando la Biodiversidad y los Servicios del Ecosistema en Pequeño Karoo, Sudáfrica [J]. Conservation Biology，24：1021-1030.

Hermoso V, Kennard M J, Linke S. 2012. Integrating multidirectional connectivity requirements in systematic conservation planning for freshwater systems [J]. Diversity and Distributions，18：448-458.

Hermoso V, Linke S, Prenda J, et al. 2011. Addressing longitudinal connectivity in the systematic conservation planning of fresh waters [J]. Freshwater Biology，56：57-70.

Langhans S D, Hermoso V, Linke S, et al. 2014. Cost-effective river rehabilitation planning: Optimizing for morphological benefits at large spatial scales [J]. Journal of Environmental Management, 132：296-303.

Lester S E, McLeod K L, Tallis H, et al. 2010. Science in support of ecosystem-based management for the US West Coast and beyond [J]. Biological Conservation，143：576-587.

Liu Z, Cui B, He Q. 2016. Shifting paradigms in coastal restoration: Six decades' lessons from China [J]. Science of the Total Environment，566-567：205-214.

Matthew L K, Megonigal J P. 2013. Tidal wetland stability in the face of human impacts and sea-level rise [J]. Nature，504：53.

Matthew L K, Simon M M. 2012. Response of salt-marsh carbon accumulation to climate change [J]. Nature, 489：550.

Moreno-Mateos D, Power M E, Comín F A, et al. 2012. Structural and Functional Loss in Restored Wetland Ecosystems (Functional Loss in Restored Ecosystems) [J]. Pl o S Biology，10：e1001247.

Pendleton L, Donato D C, Murray B C, et al. 2012. Estimating global "Blue Carbon" emissions from conversion and degradation of vegetated coastal ecosystems [J]. PLoS ONE, 7: 1-7.

Pressey R L, Cabeza M, Watts M E, et al. 2007. Conservation planning in a changing world [J]. Trends in Ecology & Evolution，22：583-592.

Schleupner C, Schneider U A. 2013. Allocation of European wetland restoration options for systematic conservation planning [J]. Land Use Policy，30：604-614.

Shepard R B. 1995. Restoration of aquatic ecosystems: Science, technology, and public policy [J]. Book Review：210-211.

Wiens J A, Hobbs R J. 2015. Integrating conservation and restoration in a changing world [J]. BioScience，65：302-312.

Zedler J B. 2000. Progress in wetland restoration ecology [J]. Trends in Ecology & Evolution，15：402-407.

Zhang Y, Swift D J P, Yu Z, et al. 1998. Modeling of coastal profile evolution on the abandoned delta of the Huanghe River [J]. Marine Geology，145：133-148.

# 第7章
## 基于遥感的我国湿地保护状况评估

## 7.1 研究背景与意义

　　建立保护区是保护生物多样性最为普遍和有效的方法之一（Defries et al.，2005），截至 2007 年，全球已经建立了超过 10 万个不同类型和等级的保护区，覆盖了全球陆地约 12% 的面积（WDPA，2009）。随着全球保护区的数量和面积快速增长，对保护区保护的有效性评估成为自然资源保护与评价相关研究所关注的问题（Levin，1992，Hanski et al.，1996；Moran et al.，1996；Gaston et al.，2008）。同时，也是能否实现《生物多样性公约》目标的关键（Walpole，2009）。早期的保护区有效性评价主要通过对保护区的管理部门进行问卷调查（Bruner et al.，2001），但问卷调查和管理部门的判断不可避免地具有主观性，缺乏直接证据。因此，需要发展更加客观的保护区有效性评估方法（Vanclay，2001）。随着全球土地覆盖遥感观测手段的发展及其数据的积累，全球和区域尺度的物种保护有效性分析成为可能（Rodrigues et al.，2004），借助景观生态学数量分析方法对保护区内自然植被、土地利用／土地覆盖变化及人类活动差异进行空间分析表征也逐渐成为保护有效性评估的主要方法之一。

　　我国是世界上湿地资源类型和数量非常丰富的国家之一。自 1992 年加入《湿地公约》以来，国内湿地自然保护区数目增加很快。截至 2016 年，我国已建立各级湿地自然保护区 473 处，其中国家级湿地保护区 111 处，列入具有全球保护价值的国际重要湿地 49 处，面积超过 400 万 $hm^2$，对我国大江大河源头、主要河流三角洲等自然湿地生态系统，以及珍稀濒危水禽和鱼类栖息地保护等发挥了重要的作用。但我国自然湿地或半自然湿地所占国土面积比例仍仅为 3.77%，远低于 6% 的世界平均水平（杨志峰等，2006），同时近 30 年的社会经济高速发展，对湿地资源的高强度开发利用导致了湿地生态系统的严重退化（刘红玉等，2005；郭雷等，2009；牛振国等，2009），湿地生物多样性以前所未有的速度丧失，并危及支撑区域社会经济可持续发展的环境基础。为遏制湿地退化趋势，2005 年国家林业局启动了全国湿地保护与恢复工程项目，2005—2010 年"十一五"期间已投入 300 多亿元，随着"十二五"期间该项目的推进及"十三五"期间的延续，为使有限的投入达到最佳的保护效果，其关键在于确定人为干扰严重的湿地保护区，作为未来湿地保护和恢复工程建设的重点区域。因此，从国家尺度上，对中国湿地保护体系的有效性进行评估，确定未来湿地保护的优先区域，是我国湿地保护宏观战略所面临的迫切需求。

基于上述分析，本章依托遥感与地理信息手段，对我国现有湿地保护体系的有效性进行评估。在相关研究的基础上（Kremen et al.，2008；Rebelo et al.，2009；Pattanaik et al.，2008；Wang et al.，2009；Schleupner et al.，2010；Giril et al.，2011），综合考虑湿地面积与格局变化强度和趋势，开展了"保护区—流域—全国"多尺度湿地保护有效性快速评估。

## 7.2    数据来源及研究方法

### 7.2.1    数据来源及处理

本章使用的数据包括全国水资源分区电子地图（1∶250 000）、湿地保护区分布数据（截至 2010 年年底）、1980 年及 2008 年全国湿地分布数据等。其中，1∶250 000 全国水资源分区数据来源于水利部水利水电规划设计总院，湿地保护区数据主要来源于世界自然保护区数据库（WDPA），湿地分布数据由中国科学院遥感科学国家重点实验室提供。

目前湿地保护的有效性评估通常在保护区局域尺度开展，很少有国家、流域等大尺度上的综合性评估。本章首先在国家级湿地保护区个体水平上分析其 1990—2008 年等时段湿地生境面积及其格局变化特征，并与其所处三级流域尺度上该转变类型进行比较，最终分别在全国尺度、流域尺度和保护区尺度下评估湿地保护的有效性。

### 7.2.2    湿地生境面积与格局变化

一个保护区内部的湿地动态变化情况，可以较为直观地反映保护区内对湿地资源的保护情况。本章中，选取 92 个国家级湿地自然保护区（2010 年基准），在 1990 年、2008 年两个时期全国湿地遥感数据的基础上，利用土地利用动态度模型（李淑娟等，2002），计算保护区内各湿地类型的动态变化，计算公式如下：

$$K = \frac{U_b - U_a}{U_a} \times \frac{1}{T} \times 100\%$$

（7-1）

式中，$K$ 为湿地的年变化率；$U_a$ 和 $U_b$ 分别为 1990 年、2008 年保护区内湿地的面积；

$T$ 为时间间隔。通过计算保护区内部的湿地年变化率，分析保护区内湿地的动态变化，得出各保护区内湿地面积变化的数量特征，基于自然分割法（natural break），划分为不同等级变化强度。

此外，在全国水资源分区基础上，对全国 210 个三级流域单元内的湿地变化率进行计算统计。通过比较湿地保护区与全国三级流域单元内湿地面积和格局变化趋势，分析湿地保护区内外湿地资源变化趋势，通过考虑整个区域背景湿地变化状况，更为客观地评估湿地保护区的保护状况和趋势。

保护区内湿地的变化不仅体现在面积上的增减，也反映在湿地景观格局上的变化。由于景观的破碎化深刻地影响区域生态多样性与生态系统服务功能（杨国靖等，2003），故景观破碎化可以用来表征生态系统结构与功能的完整性。因此，在湿地面积变化的基础上，同时引入湿地景观破碎化的评价指标，对保护区内湿地破碎化程度与变化趋势进行评估。本章选取斑块破碎化和形状破碎化指数表征湿地生境破碎化程度（赵锐锋等，2013）。其中，斑块破碎化指数计算公式为：

$$FN = (N_p - 1)/N_c \qquad (7\text{-}2)$$

式中，FN 为整个保护区的湿地斑块破碎化指数；$N_p$ 为湿地斑块总数；$N_c$ 为研究区的总面积与最小湿地斑块面积的比值。FN 值在（0，1），FN 值越高表示湿地斑块破碎化程度越高。形状破碎化指数计算公式为：

$$FS = 1 - 1/ASI \qquad (7\text{-}3)$$

$$ASI = \sum_{i=1}^{N} A(i)SI(i)/A \qquad (7\text{-}4)$$

$$A = \sum_{i=1}^{N} A(i) \qquad (7\text{-}5)$$

式中，FS 为某一湿地斑块形状破碎化指数；ASI 为用面积加权的湿地斑块平均形状指数；SI($i$) 为湿地类型 $i$ 的形状指数；$A(i)$ 为湿地类型 $i$ 的面积；$A$ 为保护区内湿地的总面积；$N$ 为该类型湿地的斑块数。当 FS 值较高时，则形状破碎化程度较深。尽管 FS 值与人为干扰存在较为复杂的关系，但一般而言，FS 值在斑块尺度上较为精细地反映了人类干扰强度（李淑娟等，2004）。

考虑斑块破碎化和形状破碎化指数均能从不同侧面反映人为干扰，为表征湿地生境人为干扰变化，本章用 1990—2008 年保护区两类破碎化变化值的均值来衡量保护区生境破碎化的变化强度和趋势。同时，也对三级流域单元内的湿地的破碎化变化程度进行了计算，通过比较湿地保护区与三级流域单元内湿地景观破碎化变化程度，评估湿地保护区及其所处流域单元的湿地景观格局和人为干扰的变化状况。

## 7.2.3　湿地生境变化及其保护状况的多尺度评估

保护区的有效性评估可以从多个尺度进行（Gaston，2008）。本章从国家尺度、流域尺度、保护区尺度对湿地保护的有效性进行评估。首先，基于 92 个国家级湿地保护区以及 210 个三级流域单元湿地面积变化情况与景观格局（景观破碎化）变化情况，应用象限分析法对国家湿地保护区湿地的面积变化与景观格局（景观破碎化）变化进行综合分析，将全国三级流域单元和保护区湿地变化率与湿地景观破碎化值采取二维四象限表征，横轴表示湿地面积增减，纵轴表示景观破碎化的强弱，通过对不同象限意义的分析得到全国湿地保护的综合现状。其中，第一象限表示湿地面积增加，景观破碎化增强（+A+F；A—Area；F—Fragmentation）；第二象限表示湿地面积减少，景观破碎化增强（-A+F）；第三象限表示湿地面积减少，景观破碎化减弱（-A-F）；第四象限表示湿地面积增加，景观破碎化减弱（+A-F）。其中，第四象限表示湿地面积增加，同时生境完整性改善，湿地保护有效性最为显著。第二象限代表了湿地面积减少且生境格局破碎化增加的逆向变化，体现湿地保护的有效性最低。第一象限与第三象限涉及的生态学意义则较为复杂，但一般认为湿地面积变化对其生态功能的影响要强于生境破碎化变化带来的影响，即第一象限（湿地面积增加，同时生境破碎化增加）所体现的湿地保护有效性仍优于第三象限（湿地面积减少，生境破碎化也减少）。

其次，对全国以及各流域中国家级保护区内湿地的面积变化率与其所处三级流域单元内湿地的面积变化率进行空间配对的 $T$ 检验，通过均值比较分析和差异对比的显著性来比较各子研究区域内不同区段间湿地保护成效差异。通过各流域湿地保护有效性水平以及周边三级流域单元内的湿地变化情况，分析周围区域对保护区湿地变化产生的生态压力。结合湿地保护区内湿地面积与景观格局（景观破碎化）变化结果，对全国 92 个国家级湿地保护区保护进行评估。对比分析全国及各大流域湿地与区域保护状况差异，从而定量评估全国湿地与各大流域内湿地的整体保护成效。

### 7.2.4 湿地保护区生态风险评估

依据保护区所在区域人为干扰强度及其分布，得到单位湿地面积内基础设施建设（公路、铁路、堤坝等）规模，构建湿地区域干扰强度指数，表征湿地保护区内人为干扰的状况，结合湿地面积及格局变化，评估社会经济发展、人为干扰背景下湿地生境未来演变趋势及其潜在的生态风险，为湿地优先保护格局的确定提供依据。

选取公路、铁路、城镇、农村居民点和水坝作为表征人为干扰的因子（表 7-1）（宋晓龙，2012）。这些因子共同构建湿地生境干扰强度指数，分析湿地保护区面临的人为活动压力，评估其面临的生态风险，计算公式为：

$$C = \sum_{j=1}^{n}(\frac{V_i - V_{i,\min}}{V_{i,\max} - V_{i,\min}}W_i) \tag{7-6}$$

式中，$V_i$ 为每个保护区内因子 $i$ 的度量值；$W_i$ 为因子 $i$ 的权重；$j$ 为每个保护区内因子的个数；$C$ 为保护区内人为干扰指数。各因子权重赋值见表 7-1。

表 7-1　各人为干扰因子的度量和权重

| 因子 | 度量（每个保护区） | 权重系数 |
|---|---|---|
| 公路 | 公路长度 / 河流长度 | 1 |
| 铁路 | 铁路长度 / 河流长度 | 1 |
| 城镇 | 城镇面积 / 保护区面积 | 5 |
| 农村居民点 | 农村居民点个数 / 保护区面积 | 5 |
| 大坝 | 大坝个数 / 保护区面积 | 20 |

## 7.3　我国湿地类型分布及其变化

我国湿地的总体变化趋势见图 7-1，1990 年我国湿地总面积为 327 601.16 km$^2$，其中滨海、河流、湖泊和沼泽湿地类型所占面积比例大约分别为 4%、26%、27% 和 43%。1990—2008 年，我国湿地总面积减少 15.51%，各类湿地均呈减少的趋势，其中滨海和沼泽湿地减少最为显著，分别为 27.22% 和 21.06%。

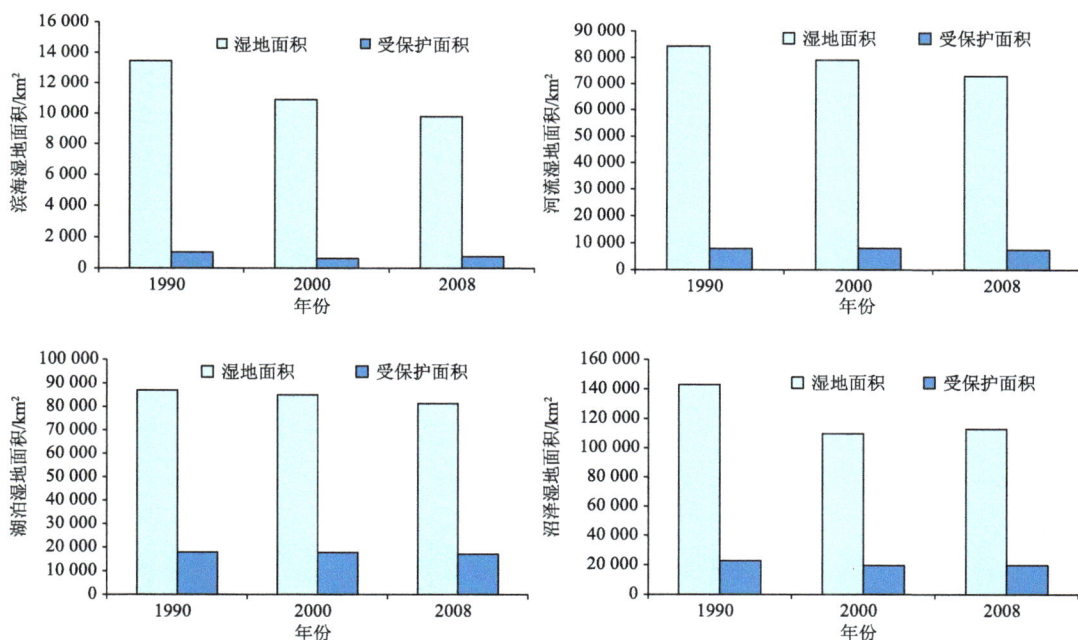

图 7-1　1990 年、2000 年与 2008 年我国湿地面积与保护状况比较

1990 年，湿地总体受保护的比例为 15.11%，国家级湿地保护区中沼泽湿地和湖泊湿地受保护比重相对较高，分别为 15.88% 和 20.48%，而被纳入国家级保护区保护范围的滨海湿地则相对较少，仅为 7.64%。2000 年，湖泊湿地和沼泽湿地面积减少，但纳入国家级湿地保护区的比例增加，而原本保护比例较少的滨海湿地保护比例继续减

少。截至 2008 年，国家级湿地保护区中除滨海湿地保护比例略有升高外（16.20%），其他 3 种湿地类型的保护比例变化不大（图 7-2）。上述结果表明：总体上各个类型的湿地在 1990—2008 年呈减少趋势（滨海湿地和沼泽湿地最为突出），但由于湿地保护区数量的增加，同时减少的湿地主要位于保护区外，湿地总体被保护的比例反而呈上升的趋势。这个结果既表明保护区内湿地减少趋势得到有效遏制，国家级湿地保护区对湿地保护的成效显著，也说明仍有不少湿地资源仍游离于国家湿地保护体系之外，遭受着农业开发、城市化过程等人类活动的影响，全国湿地的保护格局在长期有效维持湿地生态系统及生物多样性方面仍有较大的优化完善空间。

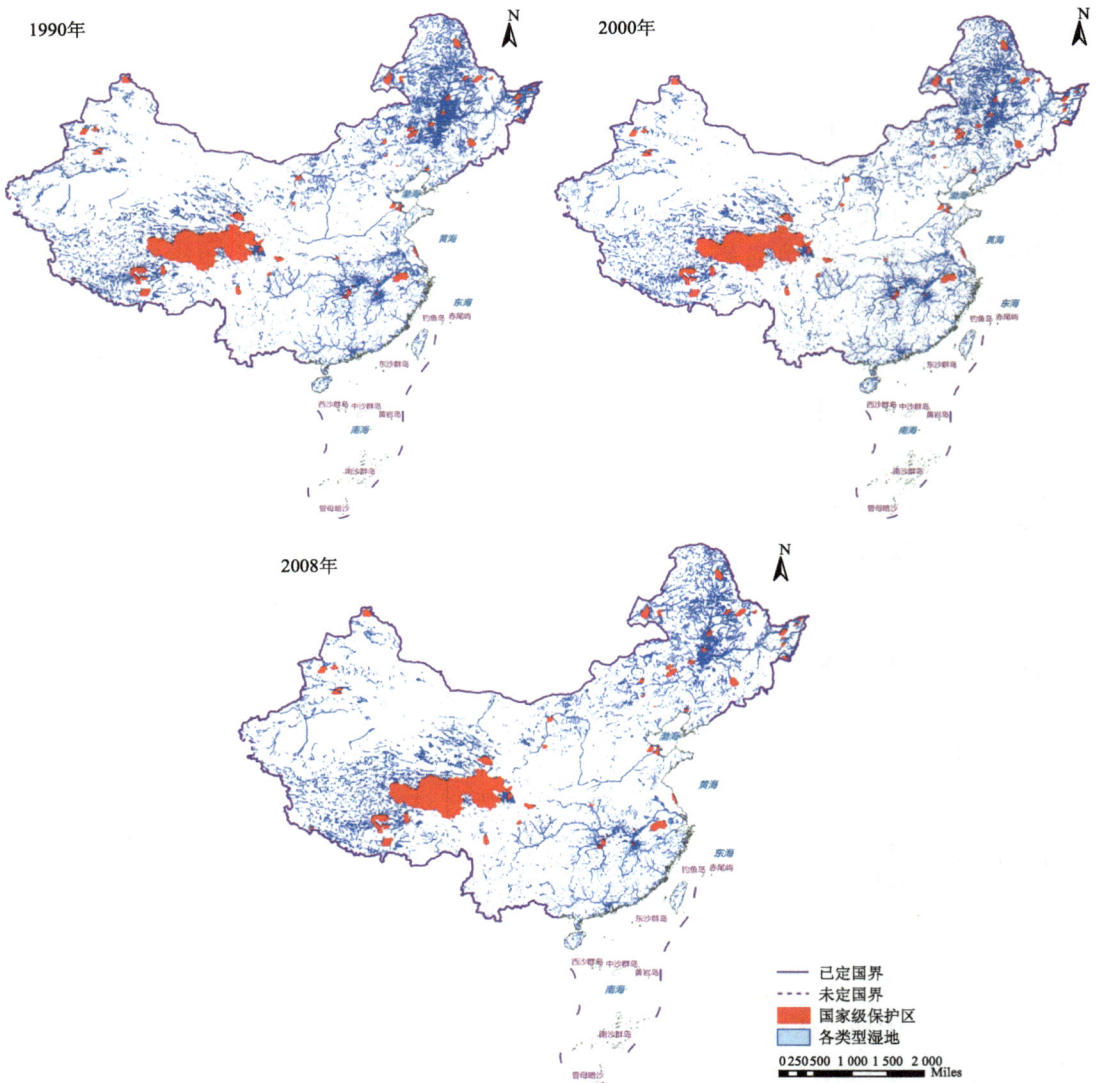

图 7-2　1990 年、2000 年及 2008 年我国自然湿地空间分布及其保护范围

## 7.4　湿地总体变化特征及保护状况评估

　　三级流域单元湿地面积变化率的区域特征显示，全国湿地资源总体呈减少趋势（图7-3）：湿地面积减少的主要区域为松花江流域、黄河流域中下游、长江流域中下游以及东部滨海湿地。保护区内湿地面积增加主要发生在松花江、西北诸河流域的西南与西北部地区，而保护区内湿地面积减少的区域主要分布在长江流域、三江源地区以及滨海地区（图7-3）。全国三级流域单元和湿地保护区内湿地景观破碎化总体上呈加剧趋势（图7-4）。

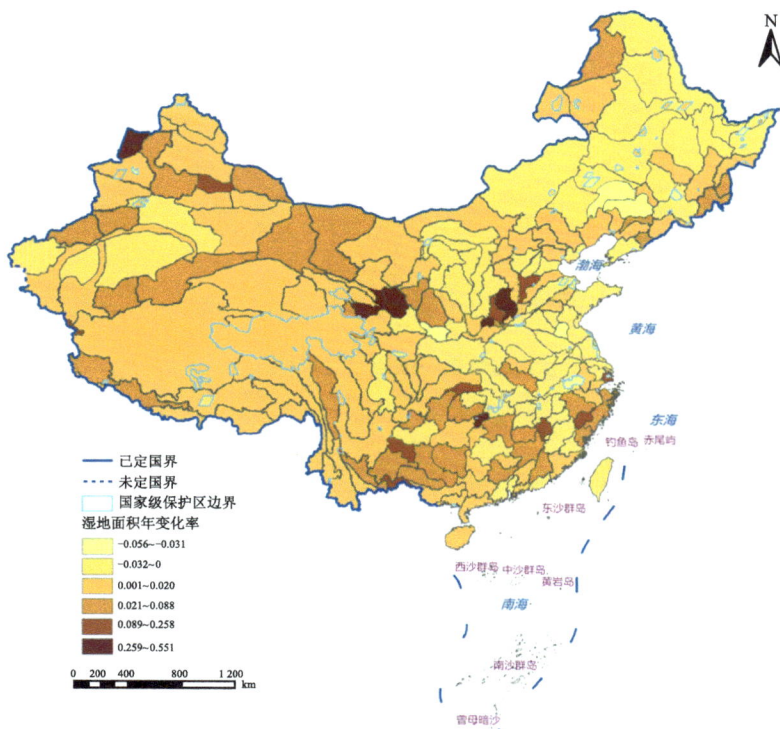

**图 7-3　我国湿地面积变化空间分异特征**

　　象限分析法结果显示（图7-5、图7-6），无论三级流域单元还是国家级湿地保护区中湿地面积和破碎化变化主要体现在第二象限（湿地面积减损同时生境破碎化加剧，-A+F）和第三象限（湿地面积减少同时生境破碎化减弱，-A-F）；同时，三级流域单元和保护区中处于第一、第四象限反映湿地面积增加的个体数量均较少。特别是反映湿地保护状况最佳，处于第四象限（湿地面积增加，生境破碎化减弱，+A-F）的数量均最少，进一步表明近20年来保护区的建立仍未从根本上遏制湿地总体退化的趋势。

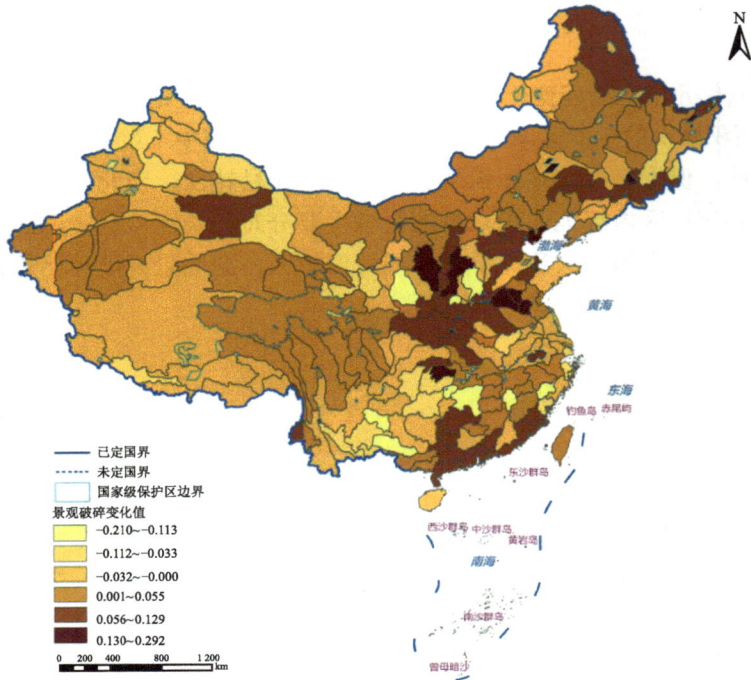

**图 7-4    我国湿地景观破碎化变化空间分异特征**

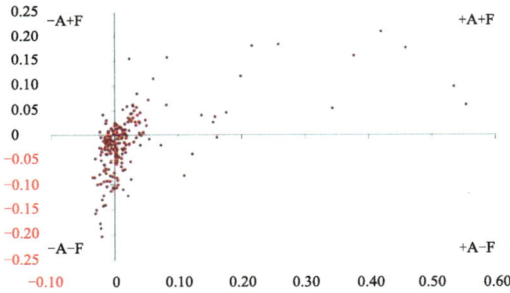

**图 7-5    全国三级流域单元内湿地综合变化**

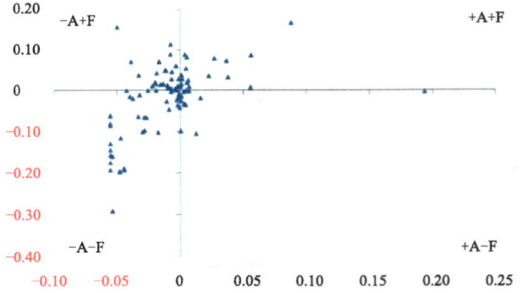

**图 7-6    国家级湿地保护区内湿地综合变化**

## 7.5    流域尺度的湿地保护状况评估

　　湿地保护区以及所处三级流域单元内湿地变化特征表明：黄河、淮河、海河与长江流域内大部分保护区处于第三象限（-A-F）与第二象限（-A+F）。其中，长江流域湿地保护区内湿地呈现面积减少、景观破碎化增加（-A+F）的趋势更为明显，表明这些区域的湿地保护区及其所处流域单元湿地面临的人为活动干扰较为强烈。由于这些流域分区中三级流域单元呈现出与保护区较为一致的趋势，可以推断区域大多经济发达，人口密度较高，湿地整体退化较为严重，湿地保护面临的区域社会经济压力较大（高俊琴等，2011）。

松花江区与辽河区内的保护区虽在第一象限至第四象限均有分布，但明显可以看出处于第三象限（-A-F）与第二象限（-A+F）的保护区偏离原点均较远，这些保护区内湿地面积退化的程度较高，需要重点关注。而相对来说，这两个区域内的三级流域单元湿地变化较上述流域在四个象限内的分布较为平衡，一定程度上体现了这两个流域所受人为干扰压力适中，湿地整体演替表现较为均衡。

珠江与东南诸河流域大部分的保护区湿地变化特征集中在第二象限（-A+F）和第三象限（-A-F），一定程度上表明这两个区域的湿地保护的状况同样不理想。然而，这些区域所属三级流域单元内的湿地变化特征则大部分处于第四象限（+A-F）与第一象限（+A+F），湿地变化特征反而好于保护区。结合保护区分布特征，推断可能由于该区域中大部分的湿地保护区位于人为干扰较为强烈（如渔业养殖、围海造田等）的滨海地区（薛雄志等，2006；肖笃宁等，2001b），所受人为活动干扰较大，导致其滨海湿地退化相对较为严重。而水产养殖等人为开发活动则导致保护区外人工湿地类型面积的增加。

西南诸河与西北诸河流域大部分的保护区处于第一象限（+A+F）与第四象限（+A-F）。仅有少数的保护区处于第二象限（-A+F），其所属三级流域单元呈现出与保护区较为一致的变化趋势（图 7-7），表明该区域由于人为干扰相对较弱，总体湿地退化程度较低。湿地面积普遍增加的原因可能是气候变化等自然因素的影响，如三江源保护区由于全球气候的变暖，高山冰川融化加剧，长江、黄河等河流源区沼泽、湖泊湿地面积增加（马艳等，2011；王海，2011）。三江源等保护区局部区域过度放牧，加之这些地区的保护区

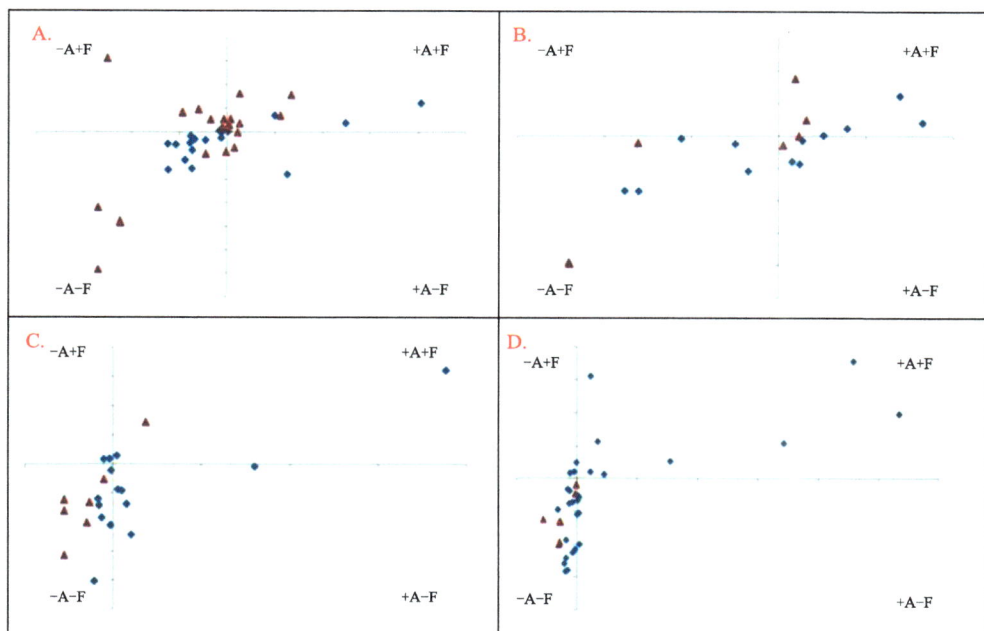

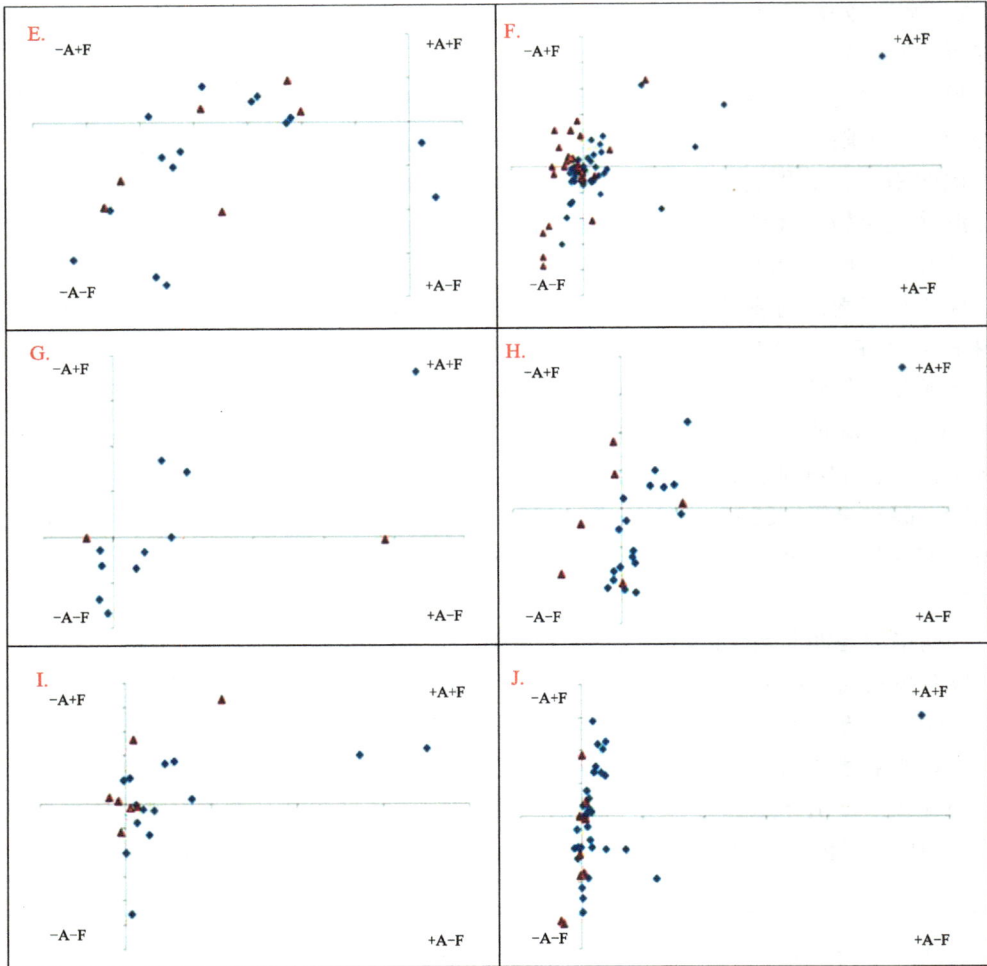

◆ 流域单元　▲ 保护区

A.松花江区；B.辽河区；C.海河区；D.黄河区；E.淮河区；F.长江区；G.东南诸河区；H.珠江区；I.西南诸河区；J.西北诸河区；横轴为面积变化率；纵轴为破碎度变化率

**图 7-7　十大流域保护区与三级流域单元内湿地综合变化**

往往面积过大、保护管理投入不足，造成部分保护区内湿地出现退化的趋势（钱玉林等，2009）。

## 7.6　保护区尺度湿地保护状况评估

结合象限分析结果，综合考虑保护区内湿地面积和景观格局变化，将国家级湿地保护区内湿地变化状况及其反映的保护状况分成 4 个等级（湿地面积变化的影响高于破碎化等格局变化)：Ⅰ级：湿地面积增加且景观破碎化减弱，湿地生态系统改善最为显著，反映了保护有效性最佳；Ⅱ级：湿地面积增加但湿地生境破碎化增强，反映了湿地规模总体增加，但湿地生境格局有所退化，湿地保护状况尚可；Ⅲ级：湿地面积减少但生境破碎化减弱，反映出尽管湿地格局有所改善，但湿地总体规模减少，保护状况欠佳；Ⅳ级：湿地面积减少且景观破碎化增强，湿地减损同时格局也在恶化，表明保护有效性最差。最终分级评估结果表明（图7-8)：

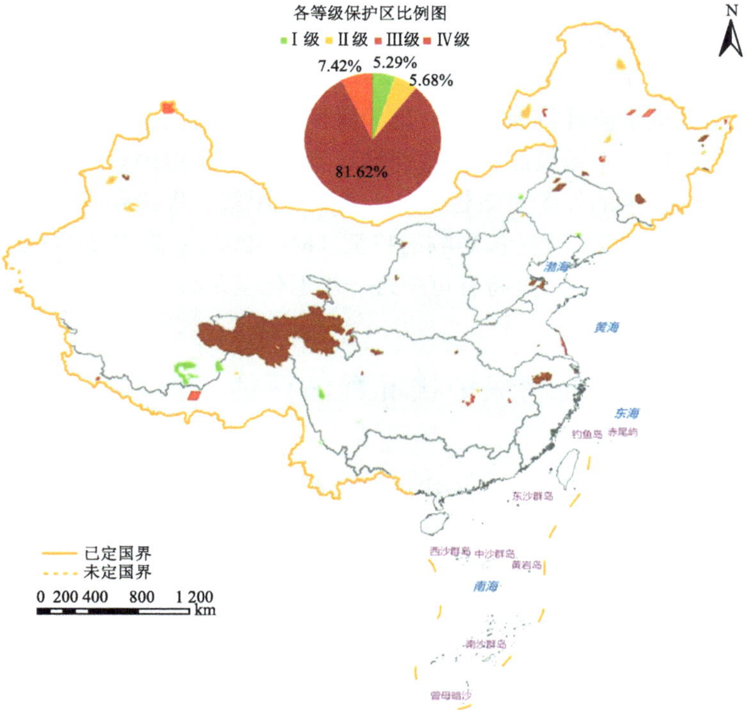

**图 7-8　保护区湿地保护综合有效性等级分布**

（1）在全国92个国家级湿地保护区中，保护有效性等级为Ⅰ级的保护区共有10个，占所有国家级湿地保护区的面积比例最低（5.29%），主要分布在西北诸河南部及长江上游部分地区。这些保护区湿地面积增加的同时，湿地景观破碎化的程度呈降低的趋势，湿地资源与生态调控功能均呈现正向演替的趋势，其所体现的保护有效性最好。其中，面积最大的保护区为西藏色林错国家级自然保护区。

（2）保护有效性等级为Ⅱ级的保护区共18个，占国家级湿地保护区总面积的比例为5.68%，主要分布在松花江流域中西部、西北诸河西北部，其中面积最大的是内蒙古达赉湖国家级自然保护区，面积最小的为湖北长江天鹅洲白鱀豚自然保护区。在18个保护等级为Ⅱ级的保护区中，湿地面积呈现增加的趋势，但同时湿地景观破碎化程度也增加。这可能反映了由于内部干扰（如人工湿地、人造水体的增加等）和生态功能退化（干旱等）导致的生境破碎化加剧（严梅芳，2008）；也有可能反映了该区域正在进行的湿地恢复，使保护区边缘出现零星的湿地斑块，使得湿地面积增加，但生境破碎化程度也增加（苏颖君等，2002）。

（3）保护有效性较差的Ⅲ级保护区数量最多，占国家级湿地保护区总面积的比例高达81.62%，主要分布在黄河流域及三江源地区。湿地面积减少，生境破碎化减弱趋势在一定程度上反映了人为干扰等因素导致湿地保护区边缘零星被侵占消失，从而使湿地面积减少同时生境破碎化反而减轻（Balmford，2003；Cowling，2003；Ma，2009）。该等级保护区的个数和面积比例都最高，表明我国大部分湿地保护区内湿地变化都呈类似湿地退化趋势，总体上湿地保护的有效性有待提高。

（4）保护有效性最差的Ⅳ级保护区共29个，占国家级湿地保护区总面积的7.42%，主要分布在长江流域下游及滨海地区。该等级保护区湿地面积减少的同时生境破碎化程度也在加剧，湿地生态系统结构与功能均遭到破坏。从湿地资源与生态功能的退化程度来看，这类保护区的保护有效性最低。此外，Ⅲ级、Ⅳ级保护区在一定程度上反映了人为干扰等威胁因素不同阶段影响的特征（Ma，2004；陈雅涵等，2009）。Ⅲ级保护区若不加强保护管理措施，则将有可能进一步退化至Ⅳ级。

## 7.7　基于 $T$ 检验的湿地保护状况整体评估

考虑湿地面积变化是反映湿地干扰退化最重要、最直接的因素，故对全国以及各流域中国家级保护区内湿地的面积变化率（$K$ 值）与其所处三级流域单元内湿地的面积变化率（$K'$ 值）进行了空间配对的 $T$ 检验，并进行显著差异性分析，通过比较湿地保护区及其所处流域单元湿地面积变化趋势的相关性，进一步对主要流域湿地保护整体有效性进行评估，结果表明（表7-2）：

（1）松花江、辽河流域国家级保护区内湿地年变化率与所处三级流域单元内的湿地年变化率的均值均为负值，表示这两个流域内保护区与其所处的三级流域单元内湿地面积整体上均呈减少的趋势，而保护区内湿地年变化率与所处三级流域单元内湿地年变化率无显著差异（松花江：$r=-0.1930$，$p=0.6936$；辽河：$r=0.7283$，$p=0.1651$），从而表明两大流域内已有保护体系对遏制湿地面积减损成效总体上并不显著。

（2）海河、淮河、长江、珠江和西北诸河流域内国家级保护区内湿地年变化率的均值为负值而保护区所处三级流域单元内的湿地年变化率的均值为正值，表示较保护区所处三级流域单元内湿地，这5个区域中的国家级保护区内湿地面积整体上均呈减少的趋势。而这些区域中的保护区内湿地年变化率与所处三级流域单元内湿地年变化率无显著差异（$p > 0.05$），从而表明这些流域范围内已有保护体系的保护有效性整体上并不明显；人为活动等对保护区等区域湿地集中分布区的干扰影响较大。

（3）黄河流域的国家级保护区内湿地年变化率与所处三级流域单元内的湿地年变化率的均值分别为 -0.0208 和 0.0061，表示较保护区所处三级流域单元内湿地，黄河区中的国家级保护区内湿地面积整体上呈减少的趋势，且区域中的保护区内湿地年变化率与所处三级流域单元内湿地年变化率呈现显著差异（$r=-0.1592$，$p=0.0245$），从而表明黄河区已有保护体系的保护有效性整体较差，一定程度上也与该流域湿地更为显著地集中于湿地保护区有关。

（4）东南诸河流域的国家级保护区内湿地年变化率与所处三级流域单元内的湿地年变化率的均值分别为 0.0872 和 -0.0068，表示较保护区所处三级流域单元内湿地，东南诸河区中的国家级保护区内湿地面积整体上呈增加的趋势。然而，该区域中的保护区内湿地年变化率与所处三级流域单元内湿地年变化率并无显著差异（$r=1$，$p=0.5309$），因此，表明东南诸河区已有保护体系的保护有效性整体上与周边环境相比并不突出。

（5）西南诸河流域的国家级保护区内湿地年变化率与所处三级流域单元内的湿地年变化率的均值分别为 0.0077 和 0.0193，即表示区域中的国家级保护区与保护区所处的三级流域单元内湿地面积整体上均呈增加的趋势。然而，区域中的保护区内湿地年变化率与所处三级流域单元内湿地年变化率并未有显著差异（$r=-0.3512$，$p=0.3185$），从而表明西南诸河区已有保护体系的保护有效性整体上也不明显。

另外，全国的 92 个保护区内湿地年变化率与所处三级流域单元内的湿地年变化率的均值分别为 -0.0114 和 0.0051（表 7-2），表明对于全国整体而言，较保护区所处三级流域单元内湿地，国家级保护区内湿地面积整体上呈减少的趋势。同时，全国 92 个保护区内湿地年变化率与所处三级流域单元内湿地年变化率呈现显著差异。从而表明，全国已有湿地保护体系内湿地变化趋势近 20 年来仍处于总体退化趋势，保护总体成效不够理想。

表 7-2　保护区与保护所处三级流域单元内湿地面积年变化率配对 $T$ 检验

| 流域单元 | 保护区（Mean 值） | 流域单元（Mean 值） | $r$ 值 | $p$ 值 |
|---|---|---|---|---|
| 松花江 | -0.011 | -0.0135 | -0.193 | 0.6936 |
| 辽河 | -0.0161 | -0.0056 | 0.7283 | 0.1651 |
| 海河 | -0.0316 | 0.0068 | -0.0176 | 0.0618 |
| 黄河 | -0.0208 | 0.0061 | 0.1592 | 0.0245 |
| 淮河 | -0.017 | 0.0163 | -0.7926 | 0.9083 |
| 长江 | -0.0067 | 0.0251 | -0.0389 | 0.1116 |
| 东南诸河 | 0.0872 | -0.0068 | 1 | 0.5309 |
| 珠江 | -0.0152 | 0.0179 | 0.1038 | 0.2064 |
| 西南诸河 | 0.0077 | 0.0193 | -0.3521 | 0.3185 |
| 西北诸河 | -0.0056 | 0.0054 | 0.1068 | 0.1152 |
| 全国 | -0.0114 | 0.0051 | -0.0058 | 0.0134 |

## 7.8　湿地保护区人为干扰与生态风险分析

根据人为干扰指数分析结果，基于 GIS 自然分割法，将各保护区的人为干扰强度分为极弱、弱、较弱、较强、强和极强等 6 个等级。人为干扰强度属于极弱、弱和较弱的区域一般来说较少有城镇分布，铁路与公路的密度也相对较低。因此，可以认为这些流域湿地人为干扰活动导致的生态风险较低。而对于人为干扰强度等级属于较强、强和极强的区域，城镇分布面积、居民点分布密度和路网密度均逐步升高，此外，对淡水生态系统产生较大阻隔影响的水坝的数量也开始增加，使这些区域人类活动导致的潜在生态风险显著增加。

图 7-9 和表 7-3 显示，人为干扰强度极弱、弱和较弱的保护区的个数分别为 10 个、15 个和 16 个，而面积分别占全国保护区总面积的 5.33%、8.06% 和 76.02%。另外，人为干扰强度较强、强和极强的保护区分别为 18 个、20 个和 8 个，面积比例则分别仅为 5.44%、4.63% 和 0.34%。因此，也可以看出生态风险较强以上的保护区数量较多，但所占面积比例较低（10.41%）；而生态风险较弱以下的保护区数量比例虽较低（52.87%），但面积比例达到 89.59%。该结果表明：面积较小的保护区人为干扰活动相对集中，导致生态风险较强，所占面积比例较高的一些大体量湿地保护区总体生态风险较低（三

图 7-9　各保护区人为干扰强度等级分布

江源、巴音布鲁克、青海湖、兴凯湖和达赉湖等)。但值得注意的是，若尔盖、东洞庭湖、南洞庭湖和鄱阳湖等大体量国家级自然保护区(国际重要湿地)也处于生态风险较强等级，亟须加强保护管理，以降低潜在生态风险。同时，上海九段沙和东寨港等重要的滨海湿地人为活动干扰严重，生态风险为最高等级，亟须进一步加强对周边人为活动干扰的有效管控。

表 7-3　各保护区人为干扰强度

| 干扰等级 | 所处流域 | 面积比例 /% | 保护区名称 |
|---|---|---|---|
| 极弱 | 松花江区 | 54.55 | 八岔岛、兴凯湖、达赉湖、洪河、南瓮河 |
| | 西北诸河区 | 30.26 | 哈纳斯 |
| | 非河口滨海 | 2.96 | 崇明东滩、珠江口白海豚 |
| | 长江区 | 12.2 | 海子山 |
| | 东南诸河 | 0.03 | 深沪湾海底古森林遗迹 |
| | 小计 | 5.33 | 10 个 |
| 弱 | 松花江区 | 21 | 大沾河、辉河、七星河、三江、珍宝岛 |
| | 长江区 | 0.98 | 龙感湖、唐家河 |
| | 辽河区 | 4.88 | 内蒙古科尔沁、鸭绿江上游 |
| | 海河区 | 1.86 | 泥河湾、滦河上游 |
| | 西北诸河区 | 69.81 | 青海湖、达里诺尔、色林错黑颈鹤 |
| | 西南诸河 | 1.48 | 苍山洱海 |
| | 小计 | 8.06 | 15 个 |
| 较弱 | 松花江区 | 3.02 | 红星湿地、莫莫格、松花江三湖、向海、龙湾、扎龙 |
| | 长江区 | 0.16 | 龙溪 - 虹口、升金湖 |
| | 西南诸河区 | 2.2 | 玛旁雍错、雅鲁藏布江黑颈鹤、麦地卡、南滚河 |
| | 辽河区 | 1.26 | 阿鲁科尔沁 |
| | 黄淮区 | 0.07 | 黄河湿地 |
| | 三江源区 | 92.14 | 三江源 |
| | 西北诸河 | 1.14 | 巴音布鲁克 |
| | 小计 | 76.02 | 16 个 |
| 较强 | 黄河区 | 19.08 | 灵武白芨滩、哈腾套海、黄河故道、若尔盖湿地 |
| | 海河区 | 9.75 | 滨州海岸湿地、昌黎黄金海岸、天津古海岸、衡水湖 |
| | 长江区 | 12.16 | 东洞庭湖、南洞庭湖、鄱阳湖鸟岛 |
| | 松花江区 | 17.33 | 雁鸣湖、五大连池、挠力河 |
| | 淮河区 | 12.09 | 江苏盐城 |
| | 西北诸河区 | 6.58 | 新疆甘家湖 |
| | 珠江、长江区 | 0.13 | 贵州草海 |
| | 黄淮海区 | 10.44 | 黄河三角洲 |
| | 小计 | 5.44 | 18 个 |

| 干扰等级 | 所处流域 | 面积比例 / % | 保护区名称 |
|---|---|---|---|
| 强 | 长江区 | 65.53 | 白水江、长江新螺段白鱀豚、长江天鹅洲白鱀豚、丹江湿地、广西北仑、画稿溪、拉市海湿地、六步溪、鄱阳湖南矶湿地、西洞庭湖、安徽扬子鳄、大山包黑颈鹤 |
| | 淮河区 | 2.64 | 江苏大丰麋鹿、洪泽湖 |
| | 黄河区 | 10.36 | 甘肃尕海 - 则岔 |
| | 辽河区 | 2.68 | 蛇岛 - 老铁山、鸭绿江口滨海湿地 |
| | 东南诸河区 | 0.56 | 闽江源 |
| | 珠江区 | 0.16 | 三亚珊瑚礁 |
| | 西北诸河 | 18.06 | 艾比湖湿地 |
| | 小计 | 4.63 | 20 个 |
| 极强 | 长江区 | 51 | 上海九段沙湿地、纳帕海、安徽铜陵淡水豚、长江上游珍稀特有鱼类 |
| | 珠江区 | 44.33 | 广东海丰公平大湖、广西合浦儒艮、东寨港 |
| | 淮河 | 4.47 | 山东荣成大天鹅 |
| | 小计 | 0.34 | 8 个 |

在流域尺度上，生态风险较低（人为干扰强度为极弱、弱和较弱）的保护区主要分布在松花江、西北诸河、西南诸河、长江上游以及辽河上游地区，生态风险较高（人为干扰强度为较强、强和极强）的保护区主要分布在黄河、淮河、长江中下游大部分地区、辽河下游区和珠江流域。人为干扰强度为较强、强和极强的保护区在长江流域均有分布，而受人为干扰极强等级的保护区则主要分布在长江区。显然，这与长江流域农业开发历史悠久，近年来社会经济及城市化快速发展有密切关系（苑虎等，2009）。结合前述保护区保护有效等级的研究可以看到，该地区保护区内大部分的湿地呈现面积减少、景观破碎化加重的趋势，湿地保护面临巨大的压力。

结合前述的湿地保护区保护有效性等级，从保护区的生态风险是否强烈的角度分析保护区保护有效性较好或者较差的原因。

（1）生态风险低，保护的有效性高：主要分布在西北诸河南部和西北部与长江上游部分地区及松花江流域中西部地区。这些区域由于人口稀少，基础设施建设强度低，人为活动干扰少，且分布及建设行为强度较低，而且湿地保护区覆盖了主要的河流与湖泊湿地，故其保护的有效性高。

（2）生态风险较低，但保护有效性差：如青藏高原地区、三江源地区、松嫩平原地区等区域所属保护区生态风险等级较低，但湿地面积和格局仍在恶化。其原因与全球气候变化导致的区域降水量下降、蒸发量增加有关。大量自然湿地在自然状态下水源补给减少，降水量分布不均，降水量小于蒸发量，湿地水源补给不足，水源短缺使湿地植被朝着水分减少的趋势逆向演替，湿地退化（吴波等，2006；栾晓峰等，2009；朱万泽等，2009；李矿明，2010）。加之，上述区域保护区面积普遍较大，管理难度也较大，湿地保护管理及保护区建设方面资金较为短缺，在一定程度上制约了湿地保护工作的开展（郑杰，2003）。

（3）生态风险较高，保护有效性差：这部分类型的保护区的情况较为普遍。生态风险较大且保护有效性较差的保护区主要分布在社会经济较为发达的长江中下游、黄河中下游、淮河区等地区。这些地方的保护区也普遍承受较大的人口、社会经济以及环境污染的压力，在社会发展与湿地保护的权衡中，往往出现了湿地保护让位于经济发展的情况（李晓文等，2007；宋晓龙等，2010）。因此，造成了大部分地区湿地面积减少，湿地保护有效性差的情况。另外，部分保护区周边农业开发，导致保护区内湿地水资源减少、水质恶化；保护区试验区居民点和养殖、放牧等人类活动对水鸟栖息产生负面影响，给保护区的有效管理带来困难（王振斌，2010）。

（4）生态风险较高，但保护有效性好：该类型保护区也存在少量分布，这主要得益于各项有效的管理措施（Ma，2004；郭宝松，2006），如近年来实施的退耕还林还草、流域生态调水等措施。科学合理的管理措施等使这些地区能承受较大的生态风险，并维持较好的湿地生态系统完整性水平。

## 7.9　结论与讨论

本章通过地理信息系统和遥感结合，对主要流域湿地保护区面积、生境破碎化指数和生态风险进行分析，实现了对 1990—2008 年近 20 年保护区—流域—国家不同尺度湿地保护区湿地变化状况的快速评估定量分析，并借此对主要流域的湿地保护状况和有效性进行快速评估，所得的主要结论如下：

（1）在全国与流域尺度上，1990—2008 年我国湿地总面积及各类型湿地面积均呈减少的趋势，其中滨海湿地和沼泽湿地减少的面积和比例最大。湿地减少的区域主要位于东部，如松花江流域、黄河中下游、长江中下游以及东部沿海地区。由于湿地总体面积的减少，湿地保护区建立总数量的增加，湿地受保护的比例反而呈现上升的趋势，湿地景观破碎化总体上呈加剧趋势。

（2）在保护区尺度上，保护效果最好的 I 级保护区占比仅为 5.29%，其主要分布在西北诸河南部及长江上游部分地区；II 级保护区面积占 5.68%，主要分布在松花江流域中西部、西北诸河西北部；保护有效性较差的III级保护区数量最多，占总保护区面积的 81.62%，其主要分布在长江流域及三江源地区；保护有效性最差的IV级保护区则占总面积的 7.42%，主要分布在长江流域下游及滨海地区。

（3）基于全国与流域尺度，将各时期湿地保护区内湿地数量变化强度（湿地面积的年增减率）与所处流域尺度上（三级流域尺度）湿地数量变化强度（湿地面积的年增减率）进行比较，通过 SPSS 进行配对 $T$ 检验，得到总体上 92 个保护区内湿地年变化率与所处三级流域单元内湿地年变化率呈现显著差异。结果表明，从近 20 年湿地变化所反映出的保护有效性可看出，全国已有保护体系不理想。

（4）我国生态风险较低（人为干扰强度为极弱、弱和较弱）的保护区主要分布在松花江区、西北诸河区、西南诸河区、长江上游区以及辽河上游地区。而生态风险较高（人为干扰强度为较强、强和极强）的保护区主要分布在黄河区、淮河区、长江中下游大部分地区、辽河下游区和珠江区。而人为干扰较强的保护区普遍呈现保护有效性较差的情况。因此，尽管存在一定自然因素（如气候变化等）的影响，现阶段人为干扰因素仍是影响湿地保护区保护有效性的主要因素。

（5）本章基于湿地生境数量与景观格局变化情况对保护区—流域—全国多尺度湿地保护的有效性进行了快速评估，显然判别保护区的有效性应不仅基于湿地生态系统，同时需要将主要保护目标物种种群的变化状况作为直接评估指标。受数据资源的制约，本章未涉及对保护区保护物种的评估，在湿地保护区保护有效性评估上存在一定欠缺，但本章为基于地理信息系统、遥感和景观分析手段监测和快速评估湿地保护区保护管理状况提供了可资借鉴的方法，所得结论可为流域湿地保护管理大尺度快速监测和评估提供有价值的参考。

## 参考文献

陈雅涵，唐志尧，方精云．2009．中国自然保护区分布现状及合理布局的探讨 [J]．生物多样性，17（6）：664-674.

高俊琴，郑姚闽，张明祥，等．2011．长江中游生态区湿地保护现状及保护空缺分析 [J]．湿地科学，9（1）：42-46.

郭宝松，张贵华．2006．黑龙江挠力河国家级自然保护区资源现状及保护对策 [J]．野生动物，27（6）：21-22.

郭雷，马克明，张易．2009．三江平原建三江地区 30 年湿地景观退化评价 [J]．生态学报，29（6）：3126-3135.

李矿明，宗嘎，汤晓珍，等．2010．西藏湿地保护现状及发展策略探讨 [J]．中南林业调查规划，29（4）：64-67.

李淑娟，隋玉正，李玉文，等．2004b．黑龙江省帽儿山地区景观格局及其多样性 [J]．东北林业大学学报，32（1）：14-17.

李淑娟，王明玉，李文友，等．2002．东北林业大学帽儿山实验林场景观格局及破碎化分析 [J]．东北林业大学学报，30（3）：49-52.

李晓文，郑钰，赵振坤，等．2007．长江中游生态区湿地保护空缺分析及其保护网络构建 [J]．生态学报，27（12）.

刘红玉，吕宪国，张世奎，等．2008．三江平原流域湿地景观破碎化过程研究 [J]．应用生态学报，16（2）：289-295.

刘静，苗鸿，欧阳志云，等．2005．自然保护区社区管理效果分析 [J]．生物多样性，16（4）：389-398.

马艳，靳立亚，段炼，等 . 2011. 三江源湿地的退化对区域气候的影响 [J]. 高原山地气象研究，31（1）：42-45.

牛振国，宫鹏，程晓，等 . 2009. 中国湿地初步遥感制图及相关地理特征分析 [J]. 中国科学：D辑，（2）：188-203.

钱玉林，韩东 . 2009. 三江源区湿地保护现状及治理对策 [J]. 内蒙古林业调查设计，3：6.

宋晓龙，李晓文，张明祥，等 . 2010. 黄淮海地区湿地系统生物多样性保护格局构建 [J]. 生态学报，（15）：3953-3965.

苏颖君，张振海，包安明 . 2002. 艾比湖生态环境恶化及防治对策 [J]. 干旱区地理，25（2）：143-148.

王海 . 2010. 青海省三江源地区湿地退化现状与保护初议 [J]. 安徽农业科学，38（5）：2491-2492.

王振斌，李兴华，翟文涛 . 2010. 珍宝岛国家级自然保护区湿地资源现状与保护对策 [J]. 防护林科技，（1）：64-66.

吴波，朱春全，李迪强，等 . 2006. 长江上游森林生态区生物多样性保护优先区确定——基于生态区保护方法 [J]. 生物多样性，14（2）：87-97.

肖笃宁，李晓文，王连平 . 2001b. 辽东湾滨海湿地资源景观演变与可持续利用 [J]. 资源科学，23（2）：31-36.

严梅芳 . 2008. 丹东鸭绿江口湿地国家级自然保护区综合科学考察集 [M]. 沈阳：辽宁大学出版社 .

杨国靖，肖笃宁 . 2003. 森林景观格局及破碎化评价——以祁连山西水自然保护区为例 [J]. 生态学杂志，22（5）：56-61.

杨志峰，崔保山，黄国和，等 . 2006. 黄淮海地区湿地水生态过程，水环境效应及生态安全调控 [J]. 地球科学进展，21（11）：1119-1126.

苑虎，张殷波，覃海宁，等 . 2009. 中国国家重点保护野生植物的就地保护现状 [J]. 生物多样性，17：280-287.

郑杰，蔡平 . 2003. 青海省湿地类型保护区现状与发展对策 [J]. 青海环境，13（1）：43-46.

赵锐锋，姜朋辉，赵海莉，等 . 2013. 黑河中游湿地景观破碎化过程及其驱动力分析 [J]. 生态学报，33（14）：4436-4449.

朱万泽，范建容，王王宽，等 . 2009. 长江上游生物多样性保护重要性评价 [J]. 生态学报，29（5）：2603-2611.

Balmford A. 2003. Conservation planning in the real world: South Africa shows the way [J]. Trends in Ecology and Evolution, 18 (9)：435-438.

Bruner A G, Gullison R E, Rice R E, et al. 2001. Effectiveness of parks in protecting tropical biodiversity [J]. Science，291: 125-128.

Cowling R M, Pressey R L, Rouget M, et al. 2003. A conservation plan for a global biodiversity hotspot—the Cape Floristic Region, South Africa [J]. Biological Conservation, 112(2)：191- 216.

DeFries R, Hansen A, Newton A C, et al. 2005. Increasing isolation of protected areas in tropical forests over the past twenty years [J]. Ecological applications, 15(1)：19-26.

Gaston K J, Jackson S F, Cantu-Salazar L, et al. 2008. The ecological performance of protected areas [J]. Annual Review on Ecology Evolution Systematics, 39: 93-113.

Giril C, Ochieng E, Tieszen L L. 2011. Status and distribution of mangrove forests of the world using earth observation satellite data [J]. Glob Ecol Biogeogr, 20: 154-159.

Hanski I, Moilanen A, Moilanen G. 1996. Minimum viable metapopulation size [J].The American Naturalist, 147(4)：441-527.

Kremen C, Cameron A, Moilanen A, et al. 2008. Aligning conservation priorities across taxa in Madagascar with high-resolution planning tools [J]. Science, 320: 222-226.

Levin S A. 1992. The problem of pattern and scale in ecology [J]. Ecology, 73(6)：1943-1967.

Ma Z, Li B, Li W, et al. 2009. Conflicts between biodiversity conservation and development in a biosphere reserve[J]. Journal of Applied Ecology, 46: 527-535.

Moran D, Pearce D, Wendelaar A. 1996. Global biodiversity priorities [J]. Global Environment Change, 6(2)：103-119.

Pattanaik C, Reddy C S, Prasad S N. 2008. Mapping, monitoring and conservation of Mahanandi wetland ecosystem, Orissa, India using remote sensing and GIS [J]. Proc Natl Acad Sci India Sect B Biol Scei, 78: 81-89.

Rebelo L M, Finlayson C M, Nagabhatla N. 2009. Remote sensing and GIS for wetland inventory, mapping and change analysis [J]. J Environ Manag, 90: 2144-2153.

Rodrigues A S L, Akcakaya H R, Andelman S J. 2004. Global Gap Analysis: priority regions for expanding the global protected-area network [J]. BioScience, 54: 1092-1100.

Schleupner C. 2010. GIS-based estimation of wetland conservation potentials in Europe [J]. ICCSA: 193-209.

Vanclay J K. 2001. The effectiveness of parks [J]. Science, 293(5532)：1007.

Walpole M, Almond R E A, Besancon C. et al. 2009. Tracking progress toward the 2010 biodiversity target and beyond [J]. Science, 325: 1503-1504.

Wang W G, Lai Z K. 2009. GIS and remote sensing based analysis of coastal-wetland-changes in Xiamen western bay [C]. International Workshop on Education Technology and Trainning and 2008 International Workshop on Geoscience and Remote Sensing, Proceedings, 2: 444-447.

# 第8章
# 我国主要流域湿地保护的优先格局

## 8.1 研究背景与意义

我国是湿地资源类型和数量非常丰富的国家，自 1992 年加入《湿地公约》以后，我国湿地保护体系建设发展迅速，目前已建立各级湿地自然保护区 473 处，其中国家级湿地保护区 106 处，列入具有全球保护价值的国际重要湿地 49 处，湿地保护面积超过 400 万 $hm^2$。但我国自然湿地或半自然湿地所占国土面积的比例仅为 3.77%，远低于 6% 的世界平均水平（杨志峰等，2006）；同时，近 30 年的社会经济高速发展，对湿地资源的高强度开发利用导致了湿地生态系统以前所未有的速度丧失，湿地生物多样性及其生态系统服务功能严重退化，危及支撑区域社会经济可持续发展的水资源、水生态与水资源环境基础（郭雷等，2009；牛振国等，2009）。

相关研究表明，我国湿地自然保护区建设尽管取得了令人瞩目的成就，但在区域尺度仍缺乏科学合理的空间布局，致使不少重要的、典型的湿地生态系统尚未被纳入保护体系内，区域湿地保护体系对各湿地类型的代表性仍不够充分，空间布局存在一定保护空缺（李晓文等，2007；宋晓龙等，2010）。为遏制湿地退化趋势，使有限的投入达到最佳的湿地保护恢复效应，其关键在于确定具有重要生态保护价值、游离于现有保护体系之外的湿地保护空缺，特别是人为干扰影响严重的湿地保护优先区域，应将其作为未来湿地保护区和湿地保护工程建设的重点区域。因此，从国家及大江大河流域尺度上，对我国湿地保护体系现有空间布局的代表性、充分性进行分析评估，确定未来湿地保护的优先区域，是我国湿地保护宏观战略所面临的迫切需求。

按照"全国水资源区划标准"（水利部水利水电科学研究院），我国主要河流湿地水资源可以划分为如下十大流域（图 8-1）：松花江流域（921 073 $km^2$）、辽河流域（314 888 $km^2$）、海河流域（318 277 $km^2$）、黄河流域（794 567 $km^2$）、淮河流域（328 741 $km^2$）、长江流域（1 780 632 $km^2$）、珠江流域（575 284 $km^2$）、东南诸河流域

（237 418 km²）、西南诸河流域（851 617 km²）、西北诸河流域（3 358 683 km²）。本章在对全国十大流域（水资源分区）湿地保护有效性分析的基础上，基于系统保护规划理论和方法，考虑物种分布和湿地系统类型（湿地生态地理综合分类类型）的代表性（representativeness）及互补性（complementarity），运用基于空间迭代退火算法（annealing algorithm）的 Marxan 规划工具（Margules，2000，2007），确定我国主要流域湿地的不可替代性格局，该格局能以最小面积最大限度地保护流域湿地生物多样性。进一步结合湿地保护区分布现状和土地利用程度、人为干扰状况（反映道路 /GDP/ 人口密度的综合指数）对湿地系统保护状况进行评价，识别并确定保护空缺以及受威胁严重的湿地系统优先保护区域。

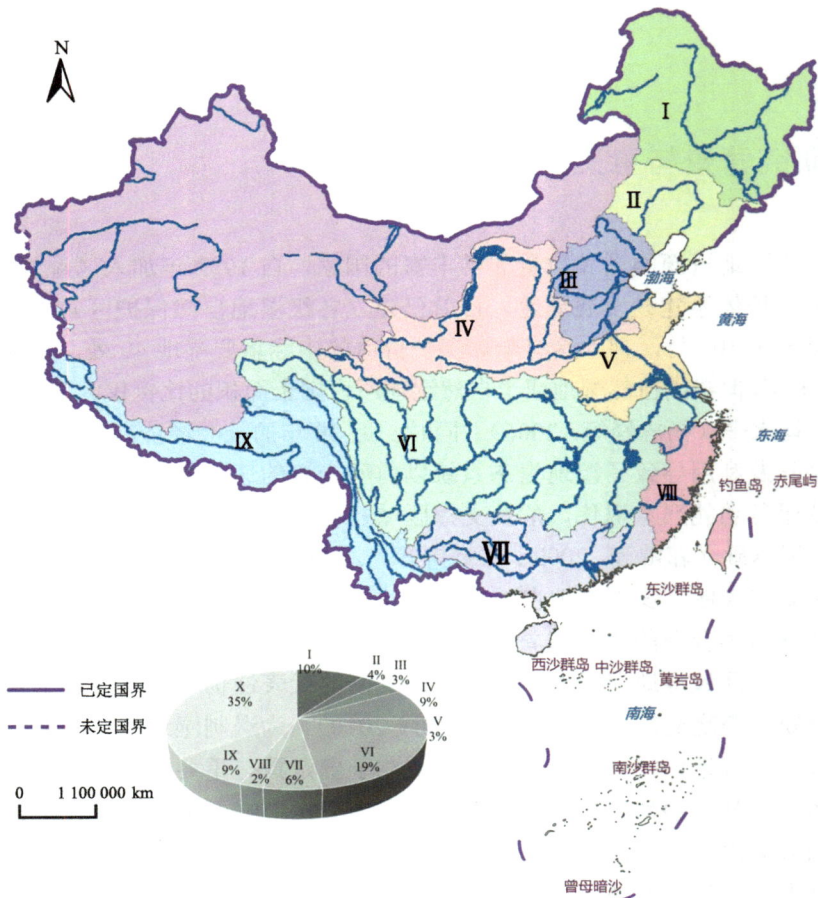

Ⅰ—松花江流域；Ⅱ—辽河流域；Ⅲ—海河流域；Ⅳ—黄河流域；Ⅴ—淮河流域；Ⅵ—长江流域；Ⅶ—珠江流域；Ⅷ—东南诸河流域；Ⅸ—西南诸河流域；Ⅹ—西北诸河流域

图 8-1　十大流域面积及其分布

## 8.2　研究方法与技术路线

### 8.2.1　数据来源

本章所需数据包括 SRTM_DEM 数据（美国太空总署和国防部国家测绘局，空间分辨率 90 m）、全国水资源分区（水利部水利水电规划设计总院）、国家级湿地保护区分布（WDPA 世界保护区分布矢量格式数据库，截至 2010 年）、全国湿地类型分布（牛振国，2009 年）、全国地貌分类数据（中国科学院资源环境数据库）、中国自然气候带分布图（中华人民共和国气候图集，2002 年）、1:250 000 水系分布数据（包括主要流域及其五级子流域单元）、空间社会经济数据［包括公路、铁路、水坝、居民点和城镇分布以及全国县域行政单元分布等，来源于国家基础地理信息中心（http://ngcc.sbsm.gov.cn）］。

考虑流域湿地生态系统的连通性，本章采用 ArcHydro 工具建立集水区单元作为规划单元进行系统保护规划格局模拟，突出了流域湿地生态系统结构的完整性以及流域上下游之间的连续性。为兼顾 Marxan 模拟精度和计算能力的制约，以 200 km$^2$ 为流域集水区单元的平均面积设置。

### 8.2.2　生态系统水平保护对象——湿地生态地理综合分类单元

目前国内外湿地分类系统主要将地貌、水文、植被类型作为分类依据，忽略了气候和地形因素对湿地生态水文过程的影响（Higgins et al.，2005；Abell et al.，2007；Bush et al.，2014；Klein et al.，2009；Linke，2007，2008；Maire et al.，2015）。尽管湿地生态系统（特别是湿地植被）不同于陆地生态系统（如森林生态系统）具有较为明显的隐域性特征，但不同的地貌条件和气候类型导致了湿地生态水文的区域分异，从而塑造了不同的湿地生态系统类型（Nel et al.，2008，2011）。目前的分类体系对在气候、地形因素作用下湿地的空间异质性的识别不够精确，不利于湿地保护和管理工作的进行，因此气候和地形因素应当被列入湿地分类体系中。本章综合考虑湿地的地形地貌、气候类型、水文条件等因素，建立湿地生态地理综合分类体系。为了更好地识别气候、地形因素作用下湿地的空间异质性，基于地形特征、地貌单元与气候类型，构建了我国湿地生态地理综合分类单元。该综合分类单元体现了不同气候、地貌和湿地类型差异，在地球表层具备区域共轭性和功能独特性的特点，彼此之间具有不可替代的保护价值，与物种水平保护目标互补，共同构成宏观尺度湿地系统保护规划的保护对象。

本章主要基于全国湿地遥感分类数据，综合考虑主要地貌单元和气候类型等决定区域湿地生态水文过程的关键因子。考虑全国尺度，湿地类型只采用一级分类体系，仅包括河流、湖泊、沼泽和滨海 4 种主要自然湿地类型。为突出气候、地貌分异塑造不同湿地类型差异的显著性，地貌类型也只考虑平原、丘陵、高原和山地等主要地貌分异，气候类型为我国自然气候分区的主要类型（参见中华人民共和国气候图集，气象出版社，2002年）。最终，形成了包括90种类型的我国湿地生态地理综合分类单元，作为宏观尺度的生态系统水平保护对象（图8-2、表8-1）。

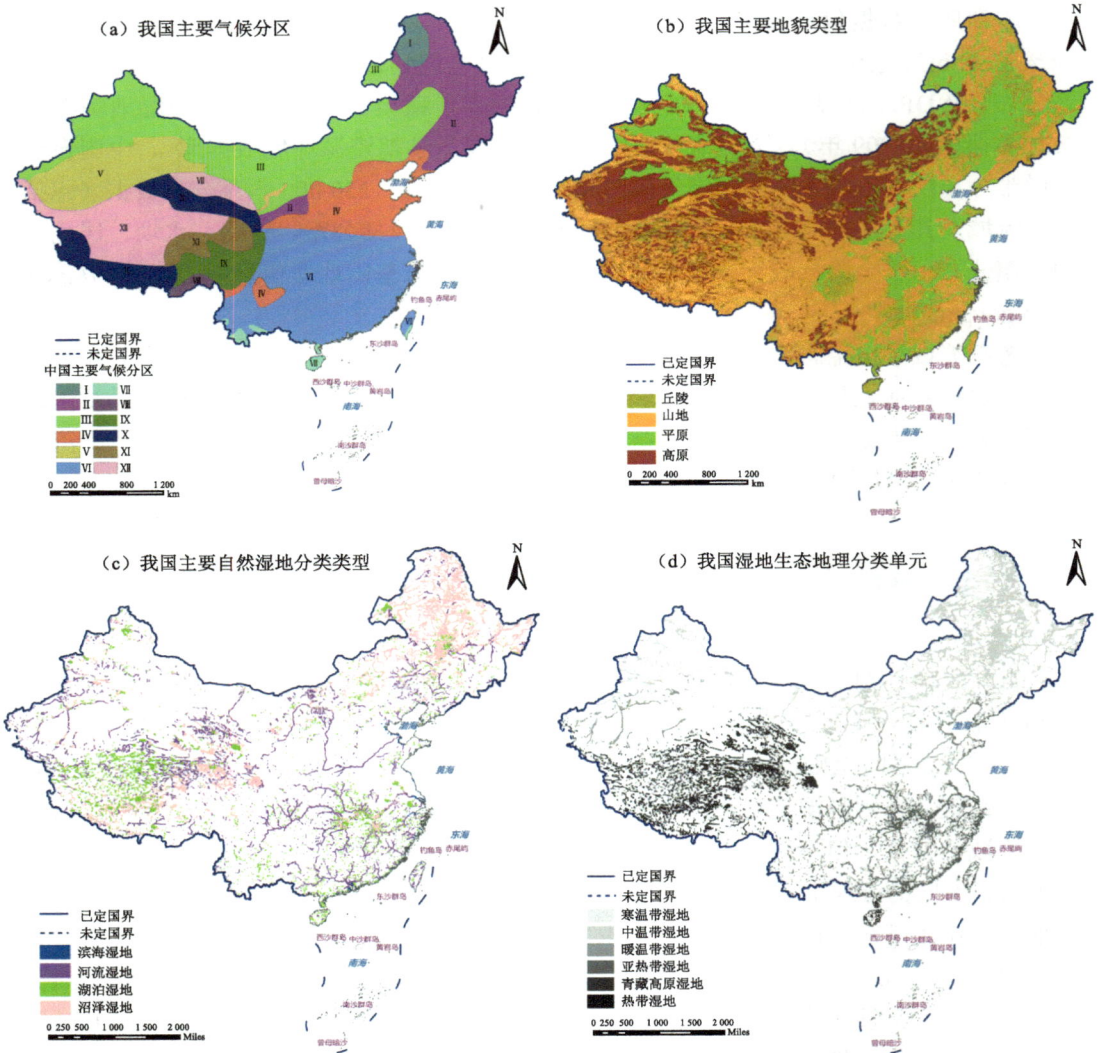

Ⅰ—寒温带；Ⅱ—中温带湿润及半湿润区；Ⅲ—中温带干旱及半干旱区；Ⅳ—暖温带湿润及半湿润区；Ⅴ—暖温带干旱区；Ⅵ—亚热带湿润区；Ⅶ—热带湿润区；Ⅷ—藏南亚热带；Ⅸ—青藏高原热带；Ⅹ—高原湿润区；Ⅺ—青藏高原湿润区；Ⅻ—青藏高原干旱区

**图 8-2　我国湿地生态地理系统分类因子和综合分类单元**

表 8-1    中国湿地生态地理系统分类结果

| 湿地类型 | 面积 /km² | 湿地类型 | 面积 /km² |
|---|---|---|---|
| 寒温带高原沼泽湿地 | 26.35 | 暖温带干旱区高原湖泊湿地 | 1 409.92 |
| 寒温带山地河流湿地 | 251.81 | 暖温带干旱区高原沼泽湿地 | 1 566.49 |
| 寒温带山地沼泽湿地 | 1 082.93 | 暖温带干旱区山地河流湿地 | 116.34 |
| 寒温带平原河流湿地 | 157.34 | 暖温带干旱区山地湖泊湿地 | 15.28 |
| 寒温带平原沼泽湿地 | 670.95 | 暖温带干旱区山地沼泽湿地 | 0.68 |
| 中温带湿润及半湿润区滨海湿地 | 0.68 | 暖温带干旱区丘陵河流湿地 | 38.12 |
| 中温带湿润及半湿润区高原河流湿地 | 81.8 | 暖温带干旱区丘陵湖泊湿地 | 1.28 |
| 中温带湿润及半湿润区高原湖泊湿地 | 9.33 | 暖温带干旱区丘陵沼泽湿地 | 5.68 |
| 中温带湿润半湿润区高原沼泽湿地 | 99.66 | 暖温带干旱区平原河流湿地 | 857.07 |
| 中温带湿润及半湿润区山地河流湿地 | 903.56 | 暖温带干旱区平原湖泊湿地 | 223.4 |
| 中温带湿润及半湿润区山地湖泊湿地 | 407.87 | 暖温带干旱区平原沼泽湿地 | 514.46 |
| 中温带湿润及半湿润区山地沼泽湿地 | 6 602.4 | 亚热带湿润区滨海湿地 | 6 832.38 |
| 中温带湿润及半湿润区丘陵河流湿地 | 1 298.6 | 亚热带湿润区高原河流湿地 | 246.37 |
| 中温带湿润及半湿润区丘陵湖泊湿地 | 458.48 | 亚热带湿润区高原湖泊湿地 | 1 156.69 |
| 中温带湿润及半湿润区丘陵沼泽湿地 | 5 216.84 | 亚热带湿润区高原沼泽湿地 | 95.62 |
| 中温带湿润及半湿润区平原河流湿地 | 6 292.7 | 亚热带湿润区山地河流湿地 | 5 544.75 |
| 中温带湿润及半湿润区平原湖泊湿地 | 1 938.43 | 亚热带湿润区山地湖泊湿地 | 3 161.47 |
| 中温带湿润及半湿润区平原沼泽湿地 | 21 752.44 | 亚热带湿润区山地沼泽湿地 | 51.02 |
| 中温带干旱及半干旱区高原河流湿地 | 4 909.18 | 亚热带湿润区丘陵河流湿地 | 4 110.09 |
| 中温带干旱及半干旱区高原湖泊湿地 | 2 025.74 | 亚热带湿润区丘陵湖泊湿地 | 3 190.8 |
| 中温带干旱及半干旱区高原沼泽湿地 | 6 558.17 | 亚热带湿润区丘陵沼泽湿地 | 235.84 |
| 中温带干旱及半干旱区山地河流湿地 | 570.3 | 亚热带湿润区平原河流湿地 | 10 683.48 |
| 中温带干旱及半干旱区山地湖泊湿地 | 221.38 | 亚热带湿润区平原湖泊湿地 | 8 533.79 |
| 中温带干旱及半干旱区山地沼泽湿地 | 579.5 | 亚热带湿润区平原沼泽湿地 | 3 047.15 |
| 中温带干旱及半干旱区丘陵河流湿地 | 595.73 | 热带湿润区滨海湿地 | 260.67 |
| 中温带干旱及半干旱区丘陵湖泊湿地 | 418.01 | 热带湿润区高原河流湿地 | 0.68 |
| 中温带干旱及半干旱区丘陵沼泽湿地 | 846.88 | 热带湿润区高原湖泊湿地 | 1.35 |
| 中温带干旱及半干旱区平原河流湿地 | 5 868.69 | 热带湿润区高原沼泽湿地 | 0.68 |
| 中温带干旱及半干旱区平原湖泊湿地 | 7 987.87 | 热带湿润区山地河流湿地 | 114.96 |
| 中温带干旱及半干旱区平原沼泽湿地 | 21 987.26 | 热带湿润区山地湖泊湿地 | 114.69 |
| 中温带干旱及半干旱区现代冰川河流湿地 | 143.24 | 热带湿润区山地沼泽湿地 | 1.37 |
| 暖温带湿润及半湿润区滨海湿地 | 3 465.15 | 热带湿润区丘陵河流湿地 | 178.85 |
| 暖温带湿润及半湿润区高原河流湿地 | 258.06 | 热带湿润区丘陵湖泊湿地 | 247.34 |
| 暖温带湿润及半湿润区高原湖泊湿地 | 76.72 | 热带湿润区丘陵沼泽湿地 | 0.68 |
| 暖温带湿润及半湿润区高原沼泽湿地 | 17.91 | 热带湿润区平原河流湿地 | 155.94 |
| 暖温带湿润及半湿润区山地河流湿地 | 358.34 | 热带湿润区平原湖泊湿地 | 75.83 |
| 暖温带湿润及半湿润区山地湖泊湿地 | 277.8 | 青藏高原热带河流湿地 | 196.68 |

| 湿地类型 | 面积 /km² | 湿地类型 | 面积 /km² |
|---|---|---|---|
| 暖温带湿润及半湿润区山地沼泽湿地 | 31.14 | 青藏高原热带湖泊湿地 | 18.42 |
| 暖温带湿润及半湿润区山地河流湿地 | 312.49 | 青藏高原热带沼泽湿地 | 43.05 |
| 暖温带湿润及半湿润区丘陵湖泊湿地 | 255.46 | 高原湿润区河流湿地 | 2 875.22 |
| 暖温带湿润及半湿润区丘陵沼泽湿地 | 20.69 | 青藏高原湿润区湖泊湿地 | 410.21 |
| 暖温带湿润及半湿润区平原河流湿地 | 2 357.91 | 青藏高原湿润区沼泽湿地 | 11 414.39 |
| 暖温带湿润及半湿润区平原湖泊湿地 | 1 056.67 | 青藏高原干旱区河流湿地 | 20 267.44 |
| 暖温带湿润及半湿润区平原沼泽湿地 | 963.12 | 青藏高原干旱区湖泊湿地 | 47 357.9 |
| 暖温带干旱区高原河流湿地 | 2 712.33 | 青藏高原干旱区沼泽湿地 | 29 302.96 |

## 8.2.3　物种水平保护对象

　　由于鱼类、两栖类等生物类群分布数据缺乏，本章主要将水鸟分布区作为物种水平保护目标。依其主要分布范围、湿地生境代表性和 IUCN 濒危等级，选取了 198 种我国重要水鸟种作为物种保护目标（图 8-3），其分布数据来源于中国鸟类观测中心网站（http://www.birdreport.cn/）。

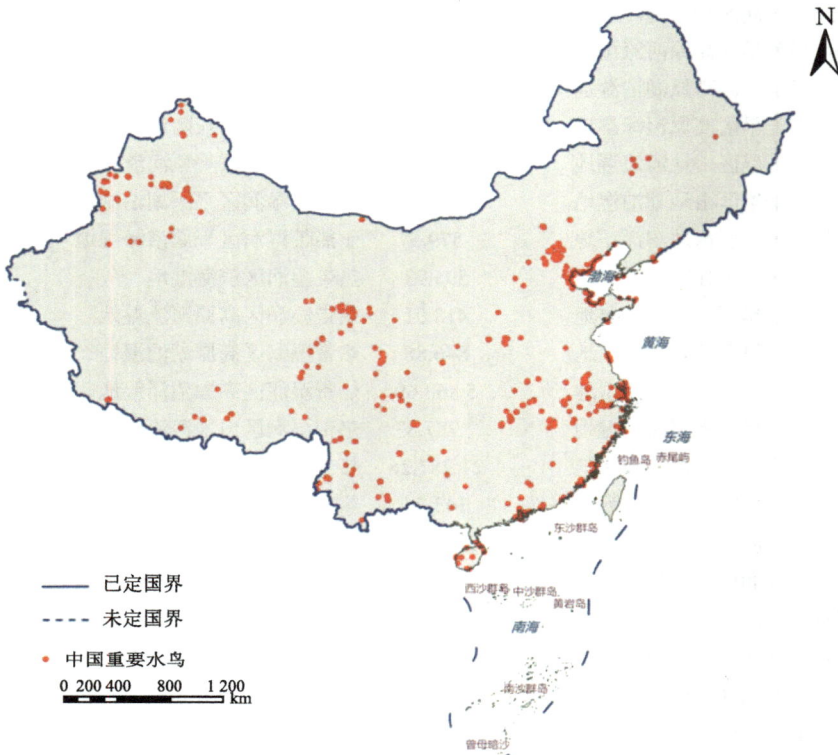

图 8-3　作为物种水平保护目标的水鸟分布区域

## 8.2.4　流域单元的连接性

为突出湿地流域结构的完整性和连续性，将流域湿地系统"纵向连接性"与"横向连接性"等湿地过程作为保护对象。"纵向连接性"强调对河流湿地上下游之间的连接性及上游保护对下游保护的传递效应，本章纵向连接性保护目标设置方法参考 Linke等（2008）相关研究，强调对保护空缺相关上游流域单元的保护。"横向连接性"主要是指河流主干与其支流及其河岸带和所处流域单元之间的相互关联，考虑本章的宏观尺度，将集水单元作为系统保护规划格局优化的空间单元。最终，建立起"目标保护物种—湿地生态系统类型—湿地生态过程"的多层次保护目标。

## 8.2.5　保护代价

由于难以直接度量保护代价，因此参照相关研究，选取了公路、铁路、城镇、农村居民点、水坝和保护区构建人为干扰指数，作为计算集水单元保护代价的间接因子（Polasky et al.，2008；宋晓龙等，2012）。将每个因子的度量标准化到 0 ～ 1，然后乘以权重系数，再相加，即得每个集水区的保护代价指数（图 8-4），计算公式如下：

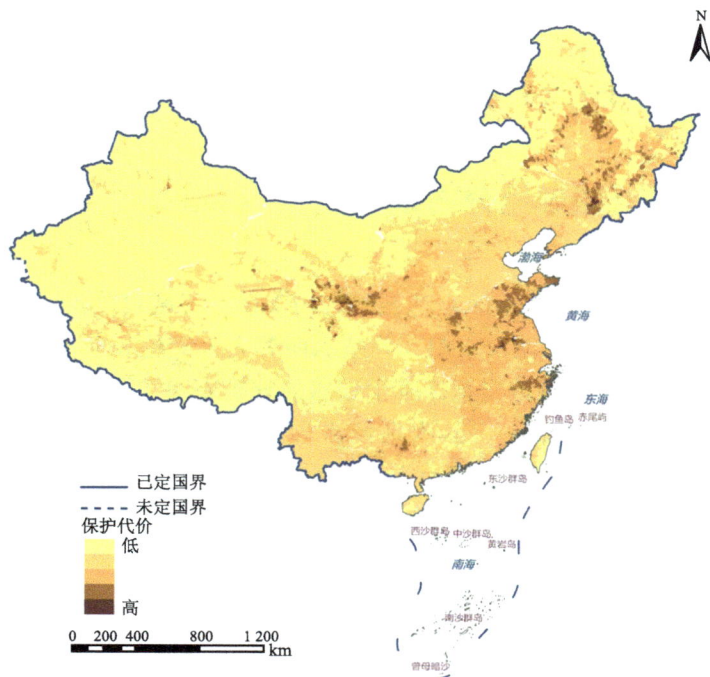

图 8-4　保护代价指数分布

$$C = \sum_{j=1}^{n} \left( \frac{V_i - V_{i,\min}}{V_{i,\max} - V_{i,\min}} W_i \right) \qquad (8-1)$$

式中，$V_i$ 为每个集水区内因子 $i$ 的度量值；$W_i$ 为因子 $i$ 的权重；$j$ 为每个集水区内因子的个数；$C$ 为集水区保护代价指数。

### 8.2.6　格局优化及保护空缺识别

本章基于系统保护规划的方法，利用空间优化模型——Marxan 识别全国主要流域和水资源分区的湿地保护优先格局。该模型基于退火算法，评估空间规划单元（集水单元）对整体保护格局的贡献率，计算其不可替代性值，并确定具有高不可替代性的规划单元作为优先保护格局。优先格局模拟需设置优化的目标水平，参考 IUCN 陆地生态系统（包括水域）保护规划 10% ～ 30% 的设置标准，本章选择其上限（30%）作为各湿地生态系统类型（湿地生态地理综合分类单元）和物种分布优化目标。

另外，通过 Marxan 边缘长度调节模块（Boundary Length Modifer，BLM）来调节格局优化过程中保护格局的连接度和聚集度。一般认为连接度高、聚集度高的格局更有利于生物多样性的维持以及相对集中的保护格局，也有利于湿地保护工作的实施和管理，但过于集中连片的保护区域会导致保护所需土地资源代价增加，为了权衡保护格局聚集度和保护代价，采用敏感性分析得到合理的 BLM 值。最后，通过对比优先保护格局模拟结果与现有保护区分布格局，识别具有不可替代性保护价值，同时游离于现有保护体系之外的集水单元，即为保护空缺。

## 8.3　我国主要流域湿地分布现状

我国十大流域自然湿地总面积达 $2.68 \times 10^5 \, \text{km}^2$，流域自然湿地占国土面积比例为 2.79%，这些湿地包括库塘、水田、养殖水面等人工湿地和非河口三角洲区域的海岸湿地及浅海水域等滨海湿地类型。基于遥感的分析表明（图 8-5），我国西北诸河流域湿地面积最大（98 954 km²），其次则依次为松花江流域（71 859 km²）、长江流域（40 376 km²）和黄河流域（20 735 km²），对全国流域自然湿地的贡献率分别为 36.9%、26.8%、15.1% 和 7.7%。如考虑流域面积和湿地的集中分布程度，松花江流域内自然湿地分布最为集中，自然湿地率达到 7.8%，其次为西北诸河（2.95%）、黄河（2.61%）和长江（2.27%）等流域。海河、淮河和珠江等开发历史悠久、人为活动剧烈且面积相对较小的流域自然湿地率相对较低，如海河流域内自然湿地率仅为 0.74%。 各类型湿地在流域内面积分布不均，总体而言，我国北方、西北和西南大部分流域沼泽湿地占比比较高，淮河、长江、珠江等暖温带以南区域河流、湖泊湿地所占比例较高；滨海湿地占流域湿地比例较高的为海河、辽河、淮河等（图 8-6）。总体来看，全国流域湿地中沼泽湿地所占比例最高（41.81%），滨海湿地所占比例最低（1.47%），河流和湖泊湿地所占比例分别为 26.30% 和 30.42%。

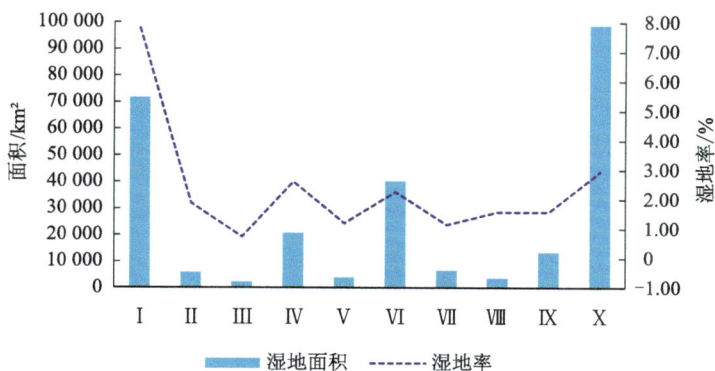

Ⅰ—松花江流域；Ⅱ—辽河流域；Ⅲ—海河流域；Ⅳ—黄河流域；Ⅴ—淮河流域；Ⅵ—长江流域；Ⅶ—珠江流域；Ⅷ—东南诸河流域；Ⅸ—西南诸河流域；Ⅹ—西北诸河流域

图 8-5　我国主要流域湿地面积及其湿地率比较

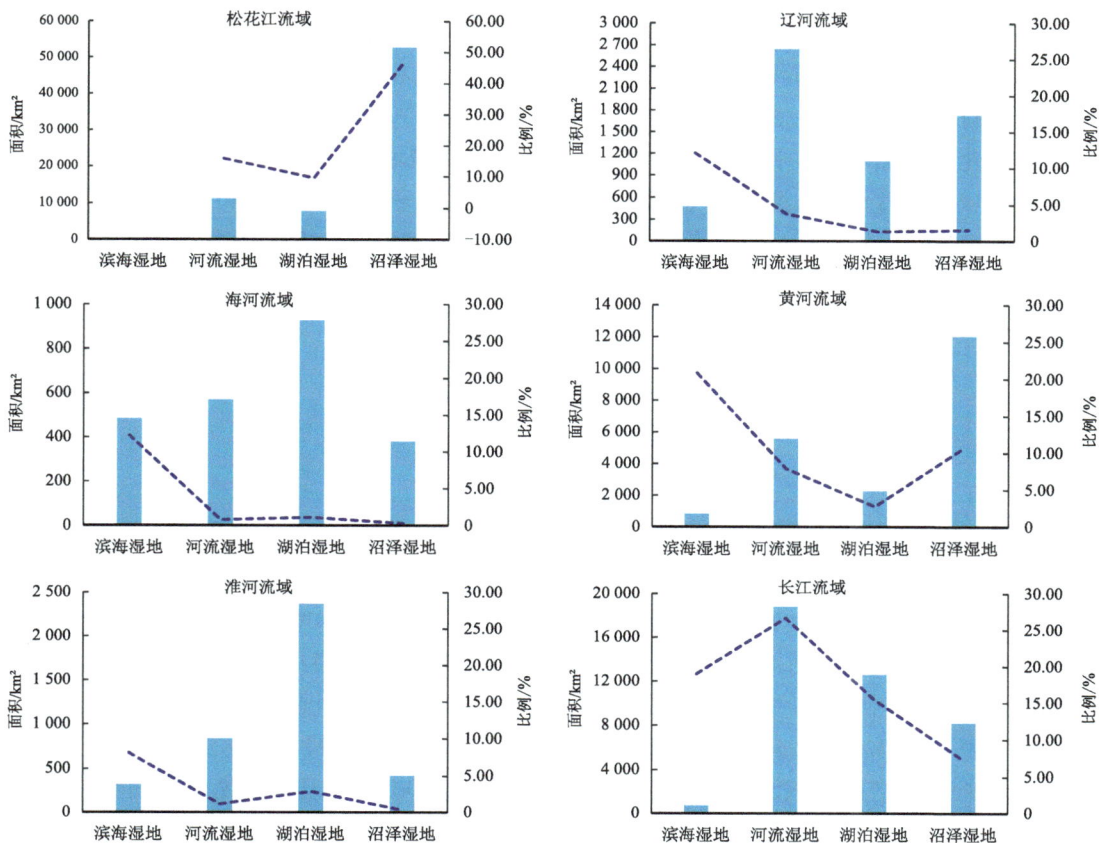

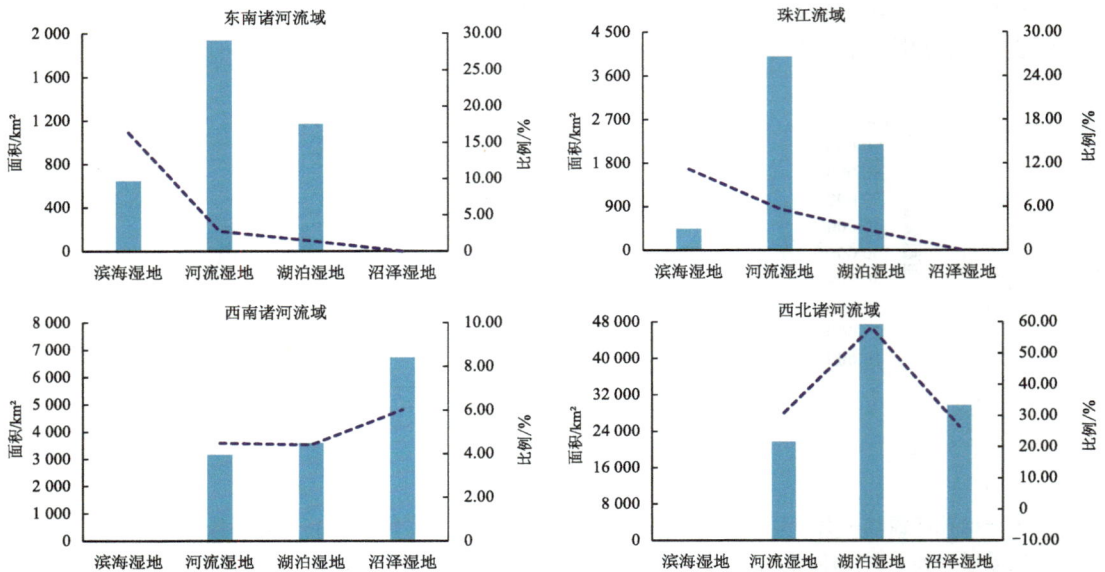

**图 8-6    我国主要流域不同类型湿地面积及其所占全部流域该类型湿地面积比例**

在全国尺度上，各流域对不同类型湿地面积贡献率差异显著（图 8-6）：松花江流域对全国沼泽湿地面积贡献率接近 50%，凸显其沼泽湿地保护的巨大价值，其次西北诸河流域和黄河流域沼泽湿地的贡献率也分别达到 27% 和 11%；西北诸河流域占全国湖泊湿地的比例最高（约 60%），其次为长江流域（16%）和松花江流域（10%）；河流湿地在西北诸河流域中占比也最高（30%），其次长江流域的贡献率与其接近（27%），松花江流域（17%）与黄河流域（9%）的贡献也较为显著；就流域河口湿地而言（不包括河口三角洲以外的海岸湿地和浅海水域等），黄河口滨海湿地面积最高（824.26 km²，21%），长江口滨海河口湿地次之（751.90 km²，19%），其余辽河口、海河河口、珠江口等滨海河口湿地面积分布和占比相对比较接近。

## 8.4    全国及其各主要流域湿地保护格局优化成效比较

截至 2016 年，全国尺度上流域自然湿地被有效保护总面积为 81 653.8 km²，总保护率已达 30.45%（图 8-7）。其中，滨海湿地保护比例最高，其超过一半面积已被国家级保护区所覆盖（50.14%），河流湿地有效保护比例最低（21.30%），湖泊湿地保护比例仅次于滨海湿地，达到 45.44%。经系统保护规划和 Marxan 模型的保护格局优化后，湿地总体保护比例进一步提升至 41.05%，其中滨海湿地与河流湿地提升效果均较为显著（分别为 12.35% 和 12.64%），且滨海湿地优先格局面积比例最高，达到 62.49%。尽管湖泊湿地优化格局面积比例较现状提升比例略低（9.90%），但其优先保护面积比例达到 55.34%，仅次于滨海湿地。

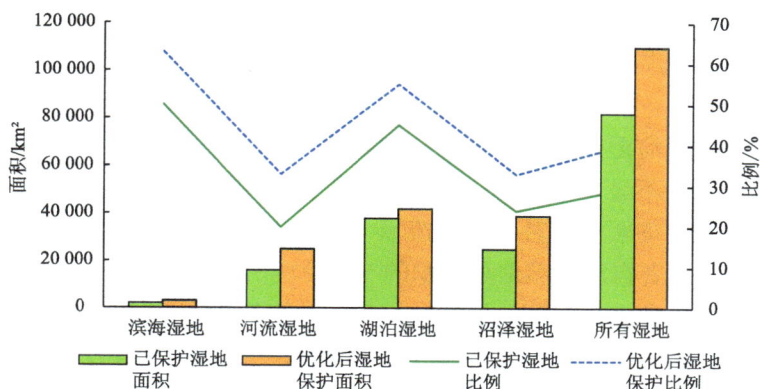

图 8-7　全国尺度流域湿地已保护和优化后湿地类型面积及其比例

比较主要流域湿地格局优化成效（图 8-8），黄河流域已保护面积比例最高（59.29%），大部分集中在三江源区域，长江流域次之，保护比例达到 34.09%；松花江和淮河流域居间，保护比例为 15%～18%；海河与辽河流域则偏低，保护比例仅略高于 8%，特别是珠江流域保护比例不到 3%；东南诸河流域保护比例最低（0.59%），呈零星分布。经系统保护格局优化后，黄河流域和长江流域所形成的湿地优先保护格局面积最大，分别为 44 000 km² 和 24 000 km²，辽河、海河、淮河和珠江等流域湿地优先保护格局面积较小（1 000～2 000 km²）。对比湿地优化格局所占面积比例，黄河流域明显突出，接近 70%，随后长江流域、海河流域、西南诸河与西北诸河流域等湿地优化保护格局面积达 40%～50%，松辽流域、淮河流域、珠江流域和东南诸河流域等湿地优先保护格局比例则为 20%～30%。较高的优化格局面积和比例意味着该流域湿地保护的相对重要性更为突出。

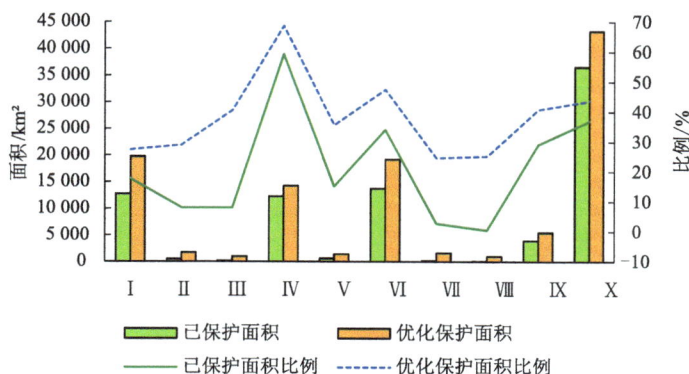

Ⅰ—松花江流域；Ⅱ—辽河流域；Ⅲ—海河流域；Ⅳ—黄河流域；Ⅴ—淮河流域；Ⅵ—长江流域；Ⅶ—珠江流域；Ⅷ—东南诸河流域；Ⅸ—西南诸河流域；Ⅹ—西北诸河流域

图 8-8　我国主要流域湿地已保护和优先格局面积与比例的比较

不同湿地类型优化效果表明（图 8-9）：海河和珠江流域对滨海湿地优化效果最

为显著，海河流域滨海湿地优化格局面积相对于现有保护面积提升了 4 倍多，达到 340 km²，占该流域滨海湿地总面积约 70%；珠江流域滨海湿地优先保护面积则提升到现有保护面积的 5 倍，但面积相对较少（122 km²），占该流域滨海湿地的 28%；由于已建立较为完善的滨海湿地保护体系，长江、黄河、淮河、辽河等东部其他主要流域滨海湿地优化效果则不显著，其优化格局基本等同于现有滨海湿地保护格局。各流域对河流湿地优化效果均较为显著，独立流域中黄河和长江河流湿地优先保护格局所占比例最高，分别接近各自河流湿地总面积的 50% 和 40%，显示这两大流域河流湿地保护的不可替代性；松花江、辽河、海河、淮河和珠江等面积较小的独立流域优化后河流湿地提升的比例及其优先格局面积比例均在 20% ～ 30%（松花江流域略低）；非独立流域的西南诸河和西北诸河优化后河流湿地优先保护比例显著高于东部流域，显示这些区域河流湿地重要的保护价值以及较少人为干扰带来的河流湿地保护效益的提升；对比目前保护和优化后的比例，海河流域优化后河流湿地比例的提升最为显著。

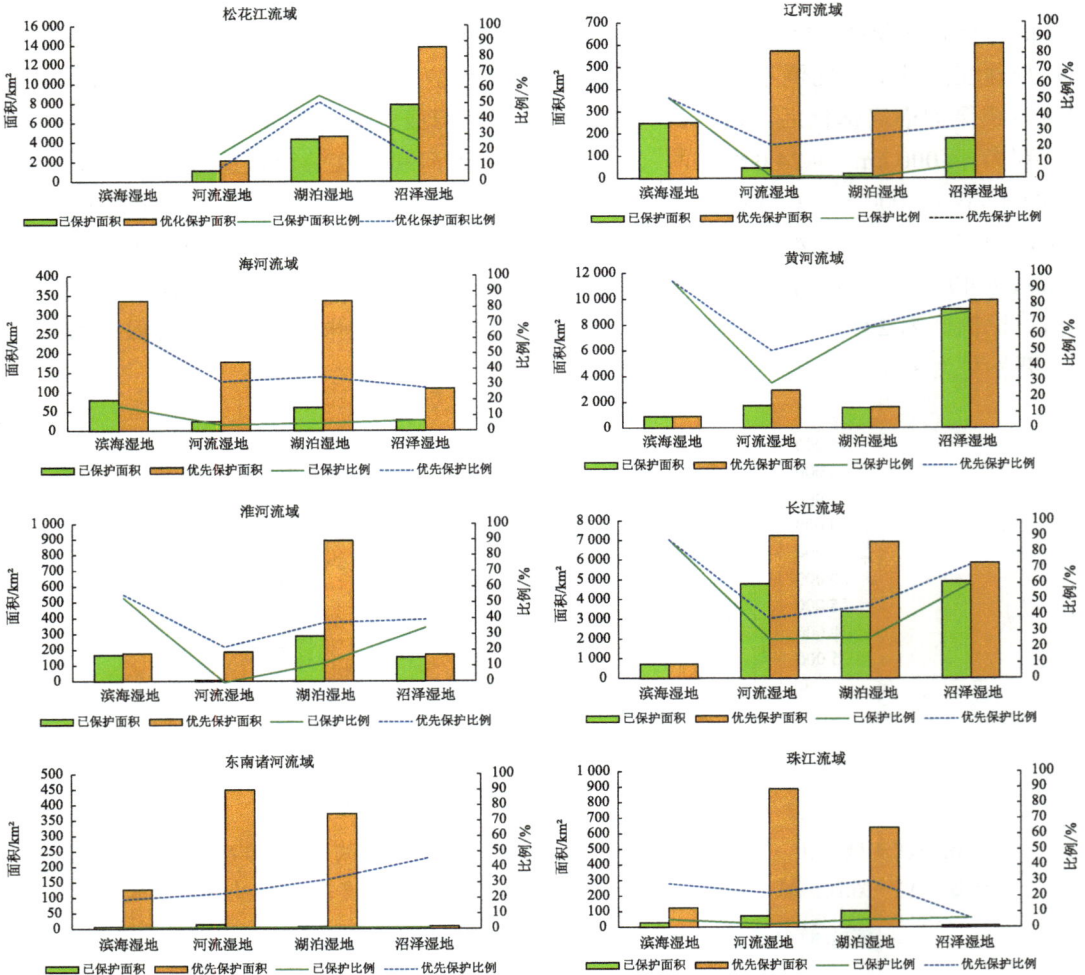

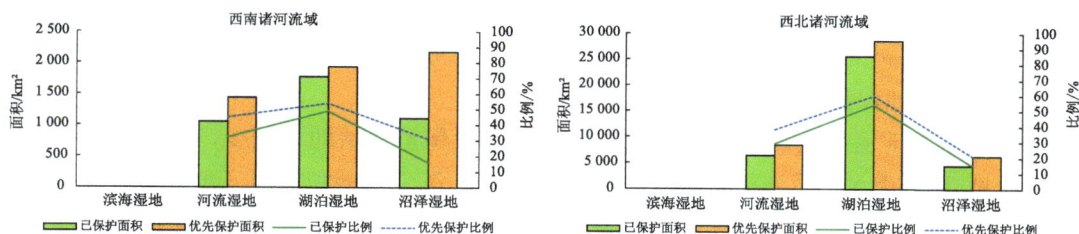

图 8-9　我国主要流域湿地保护现状及格局优化对比

除松花江和黄河流域之外，其他东部流域的湖泊湿地优化格局面积比例提升均较为显著（图 8-9）。特别是海河和淮河流域提升比例最为显著，并分别覆盖了 36.35% 和 37.50% 的湖泊湿地，长江流域、辽河流域、珠江流域湖泊湿地保护优化后面积比例略低，但其中长江流域拥有巨量的湖泊湿地本底，其优化提升后对全国湖泊湿地保护格局的贡献非常关键；另外，东南诸河流域湖泊湿地保护格局优化提升比例也非常显著（30%），表明该区域除长江、珠江流域以外独立入海流域湖泊湿地保护的重要意义。七大流域水系中，海河流域和辽河流域优化后沼泽湿地提升比例最高，沼泽湿地分布集中的松花江流域，尽管沼泽湿地优化格局提升比例只有 11%，但其增加的沼泽湿地保护面积最大，对全国沼泽湿地保护格局的贡献最为关键；其他沼泽分布重点流域——长江流域、西南和西北诸河流域格局优化后增加的沼泽湿地面积也非常可观，对全国沼泽湿地保护格局优化的贡献也非常显著。

流域湿地保护格局优化结果表明，三江源区域及松花江流域大兴安岭地区的湿地生物多样性优先保护的重要性较为突出，是我国沼泽湿地主要分布的区域。其余流域零星分布，滨海湿地不可替代性高的区域主要分布在海河与珠江河口湿地；河流湿地生物多样性保护相对优先的区域则分布在西北内陆河流域的山地、高原区域以及长江流域上游河流湿地；青藏高原区域及长江中游的湖泊湿地生物多样性保护重要区域相对集中。

## 8.5　全国及各流域湿地保护空缺总体评估及其保护策略

湿地保护空缺分析显示（图 8-10）：全国主要流域总体上仍存在大约 10% 的湿地保护空缺，如果期望保护 30% 面积比例的湿地生物多样性（水鸟栖息地）和各类湿地生态地理单元，还需要填补完善的各类型湿地保护空缺比例为 9% ～ 13%。其中，滨海与河流湿地保护空缺比例约为 12% 与 13%，湖泊与沼泽湿地保护空缺比例约为 9% 与 10%。此结果也进一步表明，目前基于国家级保护区的湿地格局对流域湿地的保护既存在空缺也存在冗余，还需要进一步优化。对比各流域总体湿地保护空缺，七大流域中松花江和长江流域湿地保护空缺尽管比例只有约 10% 和 13%，但湿地保护空缺总面积却分别达到 6 974 km² 和 5 450 km²，应成为湿地保护格局优化的关键区域，其次黄河流域湿地保护空缺也有近 2 000 km²，七大流域之外，西北诸河流域湿地保护空缺也高达 6 678 km²，表明对新疆、西藏、甘肃、青海和宁夏等广大西北区域以内陆河流域为主体的湿地保护的重要性。

各类型湿地保护空缺区域差异明显：滨海湿地保护空缺面积较少，且集中分布在海河流域（258 km²）及珠江流域（122.24 km²），长江三角洲和黄河三角洲具有保护价值的滨海河口湿地已基本被保护区所覆盖，故基本不存在滨海湿地保护空缺；河流湿地保护空缺则广泛存在于所有流域中，表明全国尺度上该类型湿地保护的必要性。其中，东部七大流域中长江流域及黄河流域河流湿地保护空缺面积分别达 2 427 km² 及 1 193 km²，为我国大河流域河流湿地保护体系优化的关键区域；另外，西北诸河流域河流湿地保护空缺也接近 2 000 km²，说明对西北内陆河流域河流湿地保护也应该充分予以重视。湖泊湿地整体保护现状较好，其保护空缺主要体现在长江流域（2 544 km²）和西北诸河流域（2 966 km²），面积较小的淮河流域湖泊湿地空缺也有 606 km²，该流域属人口密集区，其湖泊湿地保护也将面临挑战。七大流域中沼泽湿地保护空缺明显集中分布在松花江流域（5 838 km²），表明以三江平原和松嫩平原为代表的东北沼泽湿地分布区仍是未来沼泽湿地保护的重点区域；其次西南诸河流域（1 050 km²）与西北诸河流域（1 774 km²）沼泽湿地保护空缺也较为突出，应引起关注。

比较各流域不同类型湿地保护空缺比例，可以评估该流域不同类型湿地保护格局优化的相对重要性（图 8-10）。分析结果表明：七大流域中，海河、淮河、辽河和珠江流域等人口密集流域以河流、湖泊湿地为主的多个类型湿地保护空缺都较为显著，湿地面临抢救性保护的必要性和紧迫性。特别是湿地保护空缺比例最高的海河流域（约 32.55%），如何通过强化湿地保护构建流域水生态安全格局，同时保障区域水资源可持续利用，支撑雄安新区建设和京津冀区域一体化发展，将是海河流域湿地保护和水生态建设所面临的复杂而艰巨的挑战。考虑这些区域人口分布密集，产业聚集，未来可

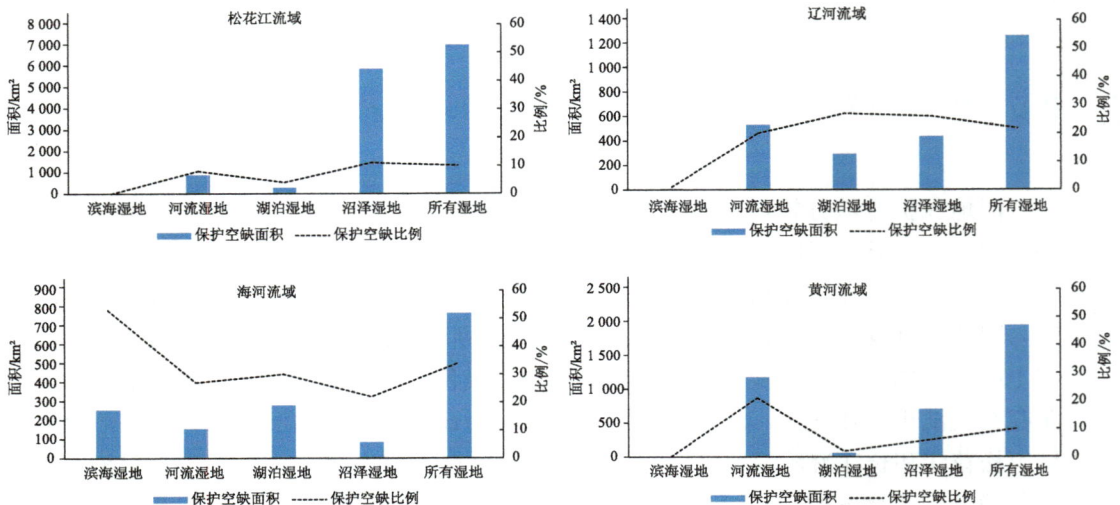

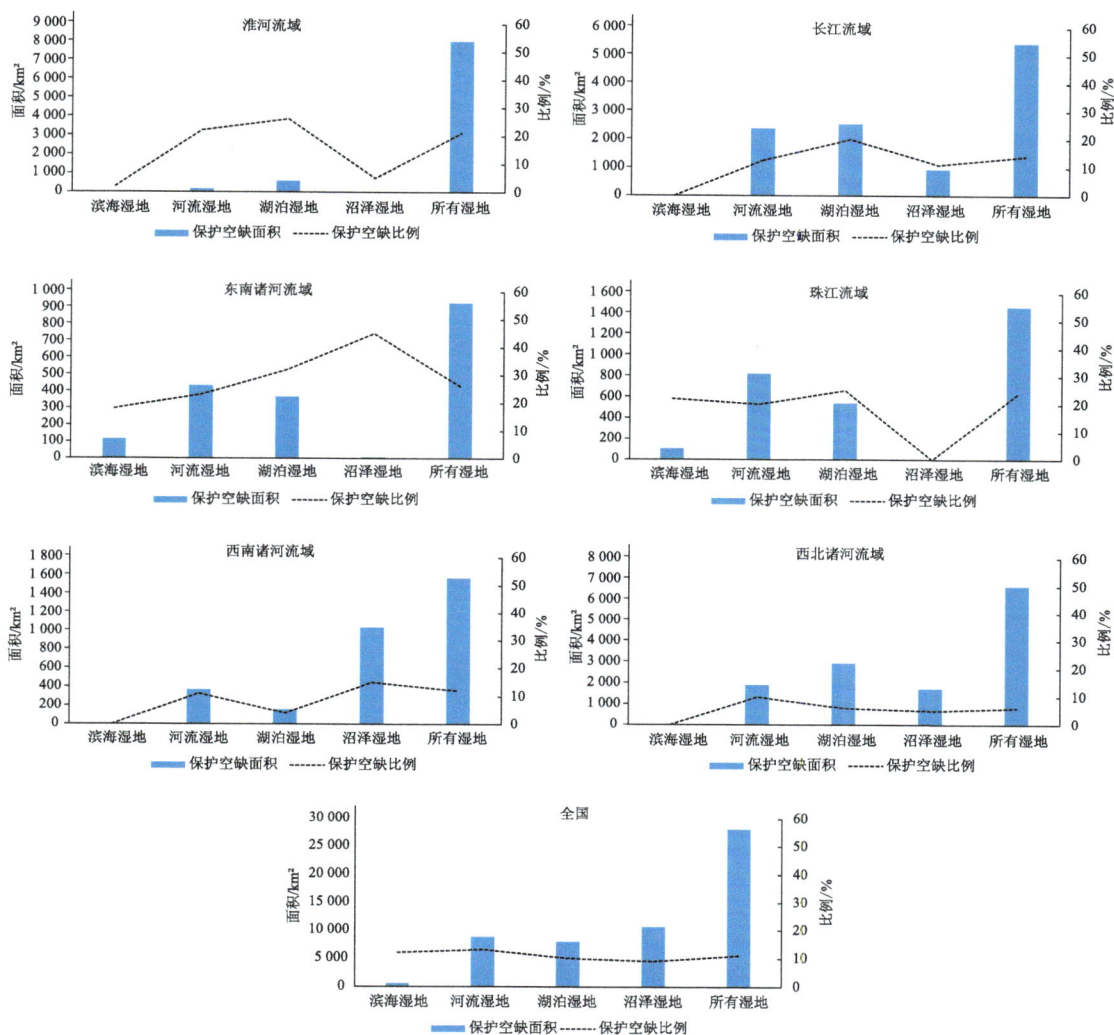

图 8-10　全国及各主要流域湿地保护空缺面积和比例对比

以通过调整保护区边界、建立小型湿地保护区等形式对上述自然湿地进行有效的保护与管理。

　　另外，大面积的沼泽湿地应成为松花江流域未来湿地保护的重点（11.04%），而黄河流域则应强化其河流湿地保护以填补较大比例的保护空缺（21.37%）；长江流域则需要在扩大湖泊湿地保护比例（20.15%）的同时，进一步强化对河流湿地的保护（12.90%）。这些区域的保护空缺很多情况下邻近已有保护区体系，可以较多采取扩展已有保护区范围，调整保护区边界等措施填补湿地保护空缺。七大流域之外，人口稠密区的东南诸河流域，尽管湿地保护空缺面积小，但湿地保护体系的缺失仍导致各类型湿地空缺显著（18% ～ 45%），未来同样可以通过建立小型湿地保护区、湿地公园或特别保护小区等多样化的形式抢救性保护这些人口稠密区的自然湿地。图 8-11 及表 8-2 给出了我国主要流域湿地保护空缺空间分布及其相关保护策略。

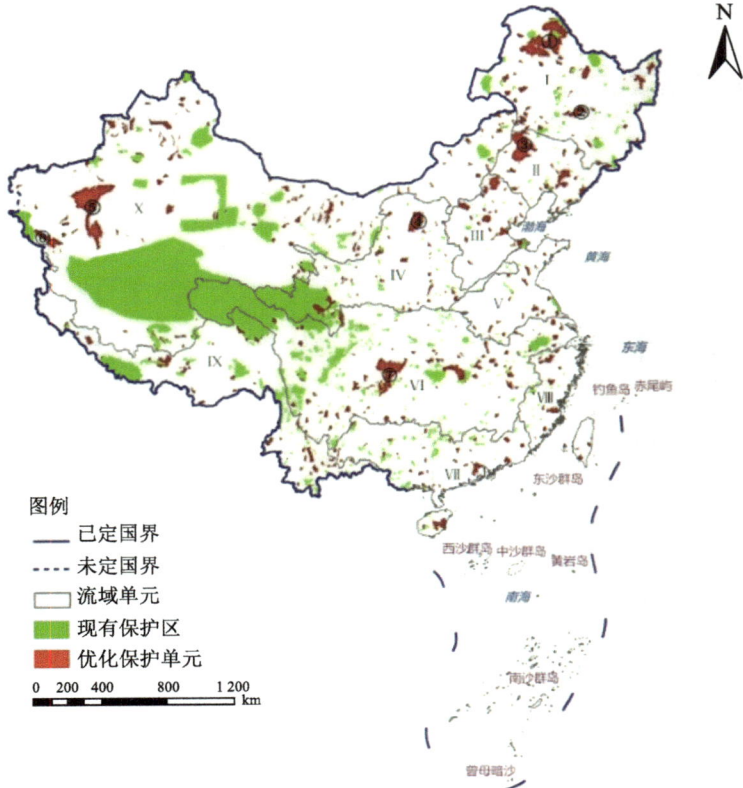

Ⅰ—松花江流域；Ⅱ—辽河流域；Ⅲ—海河流域；Ⅳ—黄河流域；Ⅴ—淮河流域；Ⅵ—长江流域；Ⅶ—珠江流域；Ⅷ—东南诸河流域；Ⅸ—西南诸河流域；Ⅹ—西北诸河流域

**图 8-11　我国十大流域湿地生态系统保护及其优化格局**

**表 8-2　我国主要流域关键湿地保护空缺分布及其保护策略**

| 所属流域 | 关键保护空缺分布 | 保护策略 |
|---|---|---|
| 松花江 | 大兴安岭北段松花江北源—嫩江河源生态敏感区，包括额尔古纳、根河等河流与沼泽湿地，水源涵养功能重要及以濒危水禽为代表的湿地生物多样性丰富 | 建立新保护区，强化对现有湿地公园和旅游景区管理，控制油田开采和旅游开发等人为活动的影响和干扰 |
| 辽河 | 内蒙古大兴安岭南段蒙新高原—辽河平原过渡区西辽河河流湿地，如乌尔吉木伦河、西拉木伦河等，重要的农牧交错带，水源涵养功能重要区 | 建立新保护区，加强土地沙化和水土流失治理，强化流域综合管理 |

| 所属流域 | 关键保护空缺分布 | 保护策略 |
|---|---|---|
| 辽河 | 辽中城市群和辽河平原人口密集蒲河、汤河等河流湿地 | 可采取建立湿地公园和保护小区的形式加强水资源管理，控制生态敏感区域人为活动干扰 |
| 海河 | 山西（沁县）河源区、内蒙（库伦）及坝上部分河流湿地，水源涵养功能重要 | 通过建立保护区和湿地公园完善河源区湿地保护体系 |
| 海河 | 天津大黄堡、团泊洼和北大港湿地，作为水禽栖息地的功能重要 | 调整保护区边界并提升保护级别 |
| 黄河 | 若尔盖及三江源部分河流和沼泽湿地，碳汇、水源涵养及生物栖息地功能显著 | 扩大保护区范围，强化对放牧、开矿等人为活动的管理 |
| 黄河 | 鄂尔多斯高原内流区外围河流；毛乌素沙漠和库布齐沙漠交界处盐碱湖泊及盐沼湿地（如红碱淖等），典型的高原荒漠、半荒漠湿地生态系统及其濒危水禽——遗鸥的重要栖息 | 建立保护区或特别保护小区，控制煤矿开采等人为活动影响，加强对遗鸥等该区域特有濒危物种的保护 |
| 淮河 | 沂蒙山区泗、沂、沭水系；大别山北麓淠河水系；南四湖及骆马湖等湖泊湿地；水源涵养水禽栖息地功能重要 | 鉴于该区域人类活动的影响，应提升已有保护区等级或通过建立新保护区对其实施抢救性保护 |
| 长江 | 川陕交界嘉陵江上游河流湿地，如白龙江水系等，涵养水源及河源区生物栖息地功能重要 | 建立新保护区，对小水电建设和沿江森林盗伐实施严格监管 |
| 长江 | 安徽安庆沿江河流与湖泊湿地群（如龙感湖、菜子湖、武昌湖等），水禽栖息地功能重要 | 建立新保护区，严格控制高密度围网养殖等不合理利用方式 |
| 东南诸河 | 闽南丘陵平原区河流湿地（如晋江等）、浙西新安江上游河流湿地等，水源供给功能重要 | 人口稠密区，可考虑建立湿地公园加强水环境和水生态保护 |
| 珠江 | 滇中高原湖泊湿地（如抚仙湖、异龙湖等），水源供给及水禽栖息地功能重要 | 加强面源污染治理及旅游活动管理 |
| 珠江 | 云贵高原东南缘南盘江水系河流湿地等 | 建立保护区保护珠江源头湿地 |
| 西南诸河 | 藏南高原湖泊群（羊卓雍错、普莫雍错、多布扎湖、佩枯错、多庆错等），水源供给及高寒荒漠生物栖息地功能重要 | 建立保护区填补保护空缺 |
| 西南诸河 | 三江源保护区外围东南缘部分区域，碳汇及高寒荒漠生物栖息地功能重要 | 调整保护区范围填补保护空缺 |
| 西北诸河 | 新疆塔里木河流域所属河流及沼泽湿地，涵养水源功能关键，为中亚—印度鸟类迁飞网络关键组分及新疆内陆干旱区生物多样性高度富集区 | 维持河流生态需水，减缓河流湿地退化 |
| 西北诸河 | 青藏高原北缘高原湖泊湿地群，水源涵养和高寒荒漠生物栖息地功能显著 | 建立新保护区填补保护空缺 |

## 8.6    长江流域湿地保护空缺分析及其保护策略

### 8.6.1    长江流域湿地分布与保护概况

长江流域发源于青藏高原唐古拉山脉，流经我国 19 个省份，在崇明岛注入东海，其流域总面积达 178 万 $km^2$，划分为 12 个子流域单元（图 8-12）。由于横跨我国三大地理阶梯，覆盖不同气候带，地貌 - 气候分异孕育了丰富的湿地资源，也是全球生物多样性最丰富的区域之一（薛蕾等，2015；燕然然等，2013）。遥感分析表明该流域湿地面积达 40 376 $km^2$，全流域湿地比率为 2.27%，湿地面积占全国湿地总面积的 15.06%。其中，滨海、河流、湖泊和沼泽等各类型湿地面积和比例分别为 752 $km^2$（1.86%）、18 817 $km^2$（46.60%）、12 629 $km^2$（31.28%）和 8 178 $km^2$（20.25%）。

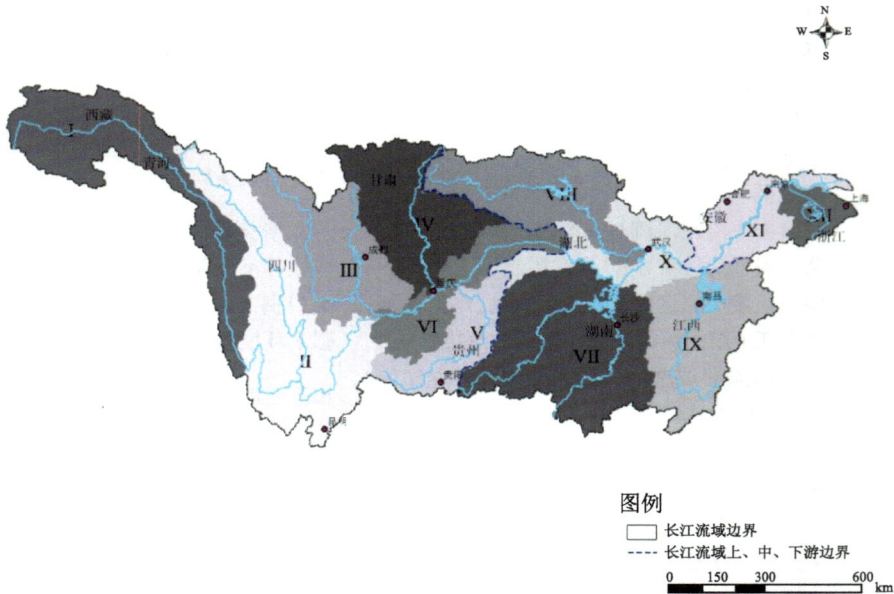

Ⅰ—金沙江石鼓以上；Ⅱ—金沙江石鼓以下；Ⅲ—岷沱江流域；Ⅳ—嘉陵江流域；Ⅴ—乌江流域；Ⅵ—长江上游干流流域；Ⅶ—洞庭湖水系；Ⅷ—汉江流域；Ⅸ—鄱阳湖水系；Ⅹ—长江中游干流流域；Ⅺ—长江下游干流流域；Ⅻ—太湖水系

**图 8-12    长江流域不同区段及其子流域划分**

截至 2016 年，长江流域已建立各级湿地自然保护区 156 个，包括国家级湿地保护区 22 个。尽管长江流域湿地生态系统及其生物多样性具有全球保护意义，且湿地保护体系已相对完善，但由于该区域人类活动的长期影响，特别是 21 世纪以来快速城镇化过程伴随道路交通及水利工程等大规模基础设施建设，不断加剧长江流域自然湿地及其生态系统服务功能的退化消失，其成为我国区域经济发展与湿地生态保护矛盾最为突出的区域（徐卫华等，2010；张阳武，2015；李晓文等，2003）。目前，尽管已有一些研究涉及长江流域湿地生物多样性保护空缺识别和保护格局优化（Heiner et al.，2011；Li et al.，2012；高俊琴等，2011；黄心一等，2015；朱万泽等，2009），但主要关注其上游、中游等不同区段湿地生物多样性保护，并没有强调湿地生态系统层面的保护目标。考虑长江流域湿地生态系统结构完整性和流域单元连接性，应从流域尺度上通盘考虑并构建长江流域湿地保护优先格局，并基于湿地生物多样性和湿地生态系统两个层面的保护目标，识别流域湿地保护空缺，对游离于目前保护体系之外，承受人类活动冲击的自然湿地开展抢救性保护，为长江流域湿地保护体系优化提供科学依据和具体实施方案。

## 8.6.2　长江各子流域湿地保护现状及其格局优化对比

　　湿地保护格局优化结果与现状的对比表明（图 8-13）：长江流域各子流域湿地优先保护格局的面积和比例均有显著提升，长江流域源区金沙江石鼓以上河段是高原湿地的集中区，湿地面积所占比例和湿地保护比例均最高，表明该区域需优先保护的湿地已基本纳入三江源和若尔盖等国家级自然保护区管理范围。金沙江石鼓以下河段目前湿地保护比例为 19.74%，优化后保护比例可以提升近 1 倍，其保护空缺主要集中在海子山国家级自然保护区的周边。岷沱江子流域目前湿地保护比例是 7.05%，优化后保护比例提升了 2 倍多（22.08%），湿地优化保护区域主要位于四川宜宾县。嘉陵江流域和长江上游干流流域经保护格局优化后其保护比例也提升显著，其中长江上游干流流域优化后的保护比例提升至 42%，且湿地优化格局集中。乌江流域优化后保护比例可

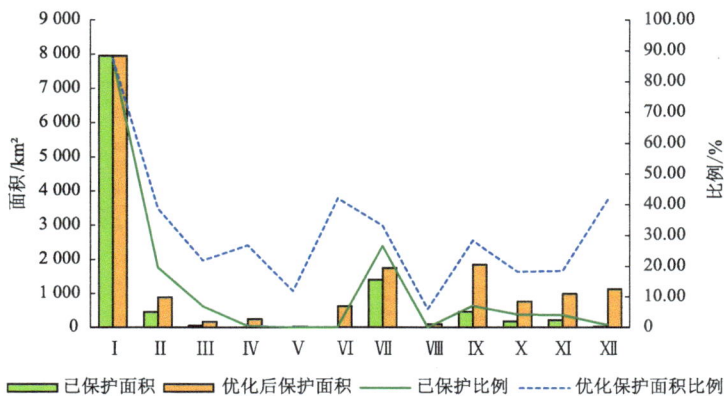

Ⅰ—金沙江石鼓以上；Ⅱ—金沙江石鼓以下；Ⅲ—岷沱江流域；Ⅳ—嘉陵江流域；Ⅴ—乌江流域；Ⅵ—长江上游干流流域；Ⅶ—洞庭湖水系；Ⅷ—汉江流域；Ⅸ—鄱阳湖水系；Ⅹ—长江中游干流流域；Ⅺ—长江下游干流流域；Ⅻ—太湖水系

图 8-13　长江各子流域已保护及优化后湿地面积及其比例

提升 12%；洞庭湖水系和汉江水系目前湿地保护体系较为充分，优化后分别提升 6.60%
和 6.06%；鄱阳湖水系优化后湿地保护比例则从 7.10% 大幅提升至 28.49%。长江中游
干流流域和长江下游干流流域分布数量较多的中小型湖泊湿地，优化后保护比例均提
升了 15%。另外，太湖流域湿地优先保护比例提升至 40.89%，优化效果显著，也表明
该区域湿地保护亟待加强。

### 8.6.3　长江流域湿地保护空缺及保护格局优化策略

通过优先保护格局与现有国家级湿地保护区对比，可以确定各子流域湿地保护空
缺空间分布。图 8-14 表明，石鼓以下金沙江流域湿地保护空缺集中于青海玉树县、四
川甘孜州石渠县西部、甘孜县南部和理塘县南部的高原湿地等区域；岷沱江和嘉陵江
流域目前没有设立国家级湿地保护区，其中岷沱江子流域保护空缺主要分布在四川宜
宾县长江北岸区域，嘉陵江流域和长江上游干流流域的保护空缺集中于重庆西北部；乌
江流域只有 1 个国家级保护区，湿地保护空缺主要为贵州省习水县北部的湖泊湿地；洞
庭湖水系和汉江水系共有国家级保护区 4 个，保护空缺主要集中在湖北省荆州市与湖
南省益阳市、湖南省常德市交会处，面积和比例较低，说明该区域湿地保护已较为充分；

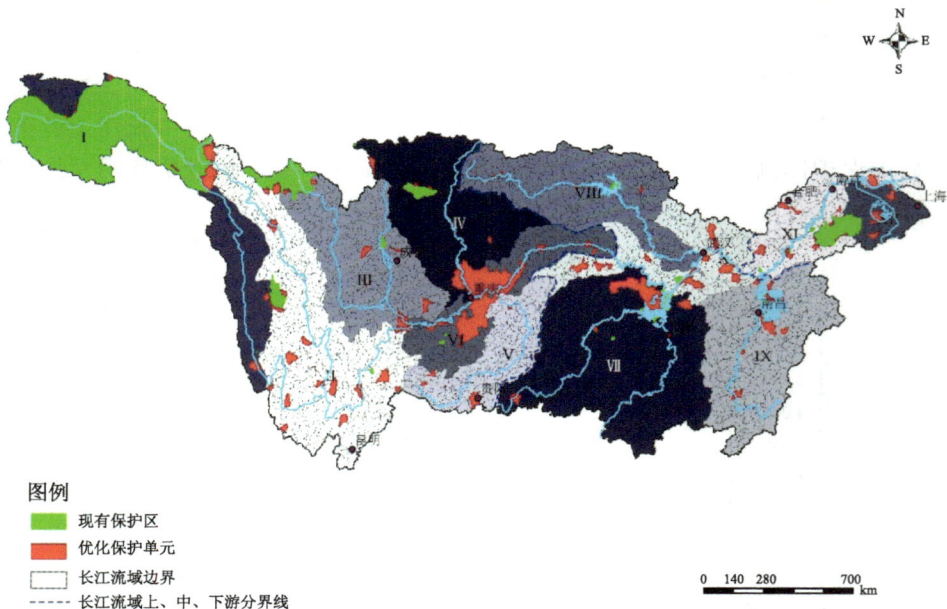

图例

■ 现有保护区
■ 优化保护单元
▢ 长江流域边界
---- 长江流域上、中、下游分界线

0　140　280　　　700
km

Ⅰ—金沙江石鼓以上；Ⅱ—金沙江石鼓以下；Ⅲ—岷沱江流域；Ⅳ—嘉陵江流域；Ⅴ—乌江
流域；Ⅵ—长江上游干流流域；Ⅶ—洞庭湖水系；Ⅷ—汉江流域；Ⅸ—鄱阳湖水系；Ⅹ—长
江中游干流流域；Ⅺ—长江下游干流流域；Ⅻ—太湖水系

**图 8-14　长江流域湿地系统优先保护格局**

鄱阳湖水系及长江中游干流流域保护空缺则主要分布在江西上饶、南昌交界处；目前，长江下游干流区段国家级湿地保护区有 6 个，数量较多，湿地保护空缺则主要为安徽安庆范围内的沿江湖群（如龙感湖、武昌湖、白荡湖和菜子湖等）。

在保护空缺分析基础上，针对长江流域不同区域提出如下针对性保护格局优化策略：

（1）长江流域源区：该区域主要为高原沼泽湿地，在高原生态系统及生物多样性维持、水土保持、水源涵养、碳汇和气候条件方面发挥着重要的生态系统服务功能，虽然人为干扰程度相对较低，但湿地生态环境脆弱，农牧业发展和城镇化带来的道路基础设施建设等人为干扰活动是该区域湿地生态系统受到的主要威胁。但由于该区域三江源、若尔盖等超大型国家级保护区已基本覆盖主要湿地区域，因此建议加强对保护区内外放牧和基础设施建设等人为活动的管理和合理规划，但不必再新建大面积湿地保护区。

（2）长江流域上游区域：该区域湿地类型以高原、山地河流湿地和密集分布的高原湖泊湿地群为主，以河溪和高原湖泊水生生物类群构成的生物多样性具有独特而重要的保护价值。目前保护空缺小，且面积相对集中分布在青海隆宝国家级自然保护区和四川海子山国家级自然保护区附近。建议该区域可以适当扩大保护区外围或者调整边界以达到缩小保护空缺的目的。嘉陵江和长江干流流域保护空缺集中在重庆市市辖范围，乌江流域保护空缺则分布在贵州省习水县北部，这些区域可以依据周边社会经济活动现状，设立湿地公园或者保护小区加以保护，并管控放牧、开垦等人为活动。

（3）长江流域中下游区域：该区域是平原湖泊湿地类型集中分布区域，也是我国重要农业经济区，人口密集，湿地生态环境压力大，大规模的围垦和水利水电设施建设导致江湖阻隔，湖泊湿地大面积被侵占，以濒危水禽和洄游鱼类为代表的淡水生物多样性迅速退化消失，通江湖泊湿地原有蓄滞洪水和水体自净功能显著减弱。该区域尽管已建立一定数量的湿地保护区，但除洞庭湖流域保护较为充分外，鄱阳湖、太湖流域及龙感湖等安庆沿江湖泊保护空缺仍较显著，考虑这些区域人类社会经济活动难以避免，可以采取建立湿地公园、湿地保护小区等兼顾湿地保护和资源利用的较为完善的湿地保护网络，在一定程度上填补了保护空缺。

（4）长江三角洲滨海区域：该区域以崇明东滩和九段沙为主的滨海湿地是长江三角洲规模最大、发育最完善的河口型潮汐滩涂湿地，该区域滩涂湿地越冬的水鸟总量逾百万只，是亚太地区迁徙水鸟的重要通道，也是多种生物周年性溯河和降河洄游的必经通道，其保护价值具有重要国际意义。但大面积农业开发，港口和工业开发区建设，特别是沿海大堤等围填海工程建设以及米草等入侵植物的泛滥蔓延，导致滨海滩涂湿地面积萎缩，生态系统服务功能退化。模拟结果显示，该区域主要滨海滩涂湿地已纳入湿地保护体系，保护空缺不显著，不必建立或扩展目前滨海湿地保护体系。但考虑大坝建设和围填海活动对已保护湿地的长期累积性影响，应开展针对性的滨海湿地修复项目缓解围填海活动及海平面上升导致并加剧的滨海湿地海岸挤压效应的不利影响。

## 8.7　黄河流域湿地保护空缺分析及其相关保护管理策略

### 8.7.1　黄河流域湿地分布及其保护概况

黄河流域位于东经 114°00′—114°30′、北纬 34°30′—34°36′，流经我国 9 个省（区），横跨青藏高原、黄土高原及华北平原三大地貌单元和地理阶梯，流域内不同区域气候差异显著，温差悬殊，由于气候 - 地貌差异显著，湿地类型丰富（柴成果等，2005；黄翀等，2012；黄锦辉等，2015）（图 8-15）。基于遥感分析，黄河流域湿地总面积约 20 735 km²，占全国陆域湿地总面积的 7.73%，全流域湿地率为 2.61%；黄河流域中滨海、河流、湖泊和沼泽四大湿地类型的面积及其比例分别为 824 km²（3.97%）、5 588 km²（26.95%）、2 274 km²（10.97%）、12 049 km²（58.11%）。除沿黄区域广泛分布的河流湿地外，湖泊、沼泽等非河流湿地相对集中分布于黄河流域河源区，以及若尔盖、宁夏和内蒙古河套平原洲等区域，其中高寒沼泽湿地面积占绝对优势。截至 2014 年，黄河流域受国家级保护区覆盖的湿地面积为 12 293 km²，保护率为 59.28%。

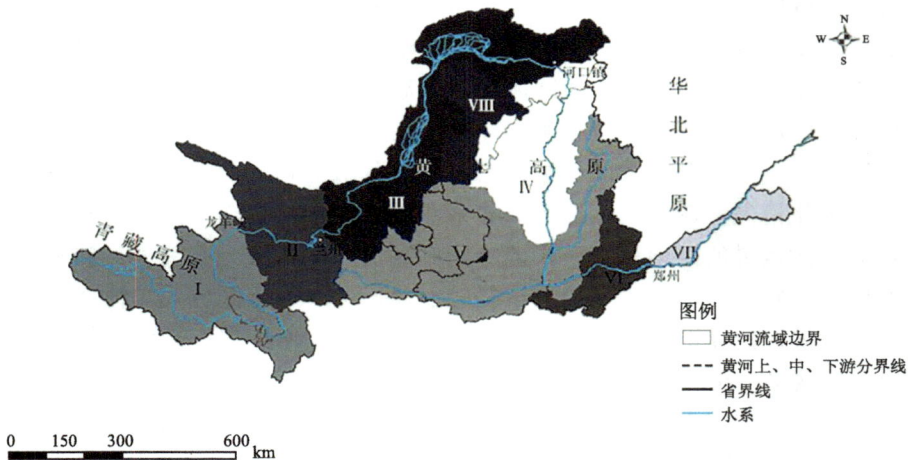

Ⅰ—龙羊峡以上；Ⅱ—龙羊峡至兰州；Ⅲ—兰州至河口镇；Ⅳ—河口镇至龙门；Ⅴ—龙门至三门峡；Ⅵ—三门峡至花园口；Ⅶ—花园口以下；Ⅷ—鄂尔多斯高原内流区

**图 8-15　黄河流域及其主要区段分布**

### 8.7.2　黄河流域不同区段湿地保护优先格局

基于系统保护规划构架 Marxan 优化模拟，黄河流域湿地系统保护优化格局总面积达 21 611.61 km²，整体保护面积比例提升了 10.7%（图 8-16、图 8-17）。目前流域内大部分保护区集中在黄河源区（龙羊峡以上河段），如青海三江源国家级湿地保护区、尕海—则岔国家级森林保护区、玛曲青藏高原土著鱼类以及黄河首曲湿地候鸟省级保护区等，使该区域湿地保护率高达 68%，优化后保护比例则进一步提高到 77%。优先保护区域主要集中在黄河源区和黄河兰州至河口镇河段，且格局紧凑。

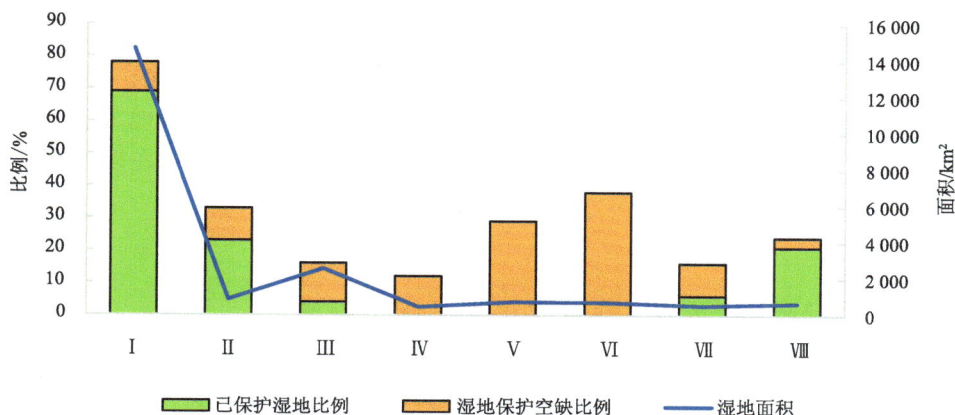

I—龙羊峡以上；II—龙羊峡至兰州；III—兰州至河口镇；IV—河口镇至龙门；V—龙门至三门峡；VI—三门峡至花园口；VII—花园口以下；VIII—鄂尔多斯高原内流区

图 8-16　黄河各子流域自然湿地面积、自然湿地已保护及保护空缺比例的对比

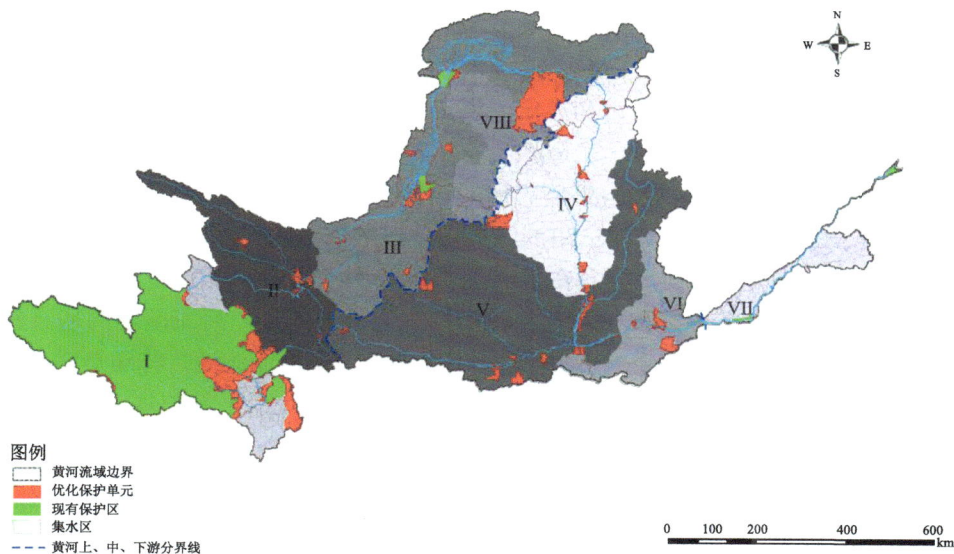

I—龙羊峡以上；II—龙羊峡至兰州；III—兰州至河口镇；IV—河口镇至龙门；V—龙门至三门峡；VI—三门峡至花园口；VII—花园口以下；VIII—鄂尔多斯高原内流区

图 8-17　黄河流域湿地优先保护格局分布

黄河上游兰州至河口镇区段和中游区域主要以河流湿地为主，由于需要承担通航、水利发电和灌溉等功能，保护区分布较少，现有保护体系无法覆盖较多重要湿地，保护力度不够。优化后保护比例大幅提升，其中兰州至河口镇河段优化区域大片集中在鄂尔多斯中部的河流湿地和湖泊湿地；中游区段的河口镇至龙门子流域提升 4% 的湿地保护比例，优化区域大片集中在黄河一级支流无定河周围的河流湿地及陕西与山西交界处的壶口区域河流湿地；龙门至三门峡子流域湿地保护成效提升最为明显，优化后为 34% 的湿地保护比例，其优化区域主要零星分布在陕西境内渭河两边的河流湿地和山西境内汾河河道周边的河流湿地；三门峡至花园口子流域湿地优化比例提升 39%，优化格局增加，保护了大部分黄河河道周边的河流湿地。黄河下游湿地主要集中在黄河三角洲，目前对重要湿地的保护网络较为完善，保护优化格局分布在现有东营市保护区周围。

### 8.7.3 黄河流域湿地保护空缺及保护格局优化策略

通过现有保护体系与优化保护体系对比，黄河流域源头区和黄河三角洲等区域保护比较充分，保护空缺比例较低，仍需加强保护的是位于川、甘、青三省交会处阿坝县的河流湿地和沼泽湿地；上游龙羊峡至兰州河段目前有 2 个国家级湿地保护区，对比后保护空缺小面积出现在甘肃省甘南藏族自治州合作市西部湟水附近的河流湿地；兰州至河口镇子流域现有国家级湿地保护区 1 个，在鄂尔多斯中部出现大面积高原湖泊和河流湿地的保护空缺，以及在乌梁素海淡水湿地保护区周边小面积分布；中游区段的河口镇至龙门和龙门至三门峡两个河段目前没有国家级湿地保护区，根据优化结果发现在黄河流域两大支流渭河和无定河河道两旁存在大量河流湿地的保护空缺，保护空缺比例最大，且布局分散。三门峡至花园口子流域在河南境内设有两个国家级湿地保护区，但三门峡市黄河附近的河流洲滩湿地仍存在保护空缺。

总体而言，黄河源头和黄河三角洲区域现有保护体系较完善，保护空缺比例较小，分别为 8.6% 和 3.0%，其零星分布在现有保护区周围；中下游保护空缺相对较多，且较为分散，主要分布在内蒙古、甘肃及四川部分区域。此外，河流湿地的现有保护率只有 22.7%，不同区段存在保护空缺的湿地中大部分都是河流湿地，特别是在中下游区域由于水利工程及沿黄城市化和工农业长期开发，导致河流湿地保护体系缺乏。

由于流域湿地存在紧密的上下游水文联系，因此应从整个流域尺度对湿地优先保护格局进行分析，强调系统有效的流域湿地保护和管理。另外，由于黄河流域不同区段所具有的生态功能、保护价值以及面临的人为活动干扰均有所不同，具体则应根据流域不同区域的环境问题及生态现状制定针对性的湿地保护策略（表 8-3）。

（1）黄河源区：黄河流域源区湿地保护比较充分，保护空缺比例较低。该区域湿地生态系统服务价值巨大，湿地生态环境脆弱，自然状况总体良好，人口稀少，人类活动干扰相对较低，但仍存在一些稀有种类湿地保护空缺。四川阿坝藏族羌族自治州

表 8-3　黄河流域不同区段湿地类型、生态功能、保护空缺及相关保护管理措施

| 流域分区 | 湿地类型 | 功能 | 保护状况及人为活动干扰 | 主要河段 | 保护空缺 | 保护策略和措施 |
|---|---|---|---|---|---|---|
| 河源区 | 高原沼泽、湖泊湿地 | 水源涵养、气候调节、生物多样性等 | 已建国家级湿地保护区 2 个；人为干扰主要包括过度放牧、乱挖滥采活动等 | 龙羊峡以上 | 川、甘、青三省交会处的河流湿地和沼泽湿地 | 扩大保护区范围，强化对过度放牧、道路建设、开矿的管理 |
| 黄河上游 | 高原沼泽、河流湿地及内陆盐沼湿地 | 水量条件、水质净化及生物多样性等 | 已建国家级湿地公园 5 处，国家级湿地保护区 6 个；人为干扰主要包括城市扩展、工农业污水排放、水库与水利水电开发等 | 龙羊峡至兰州、兰州至河口镇 | 甘南西部的河流湿地、鄂尔多斯中部的高原河流湿地和湖泊湿地 | 在现有保护区周边的保护空缺区域增设保护小区、湿地公园等，强化外围湿地管理、缓冲人为干扰 |
| 黄河中下游 | 河道洲滩湿地、河泛平原湿地及水库 | 径流调节、发育净化水质、生物栖息地等 | 国家级湿地保护区 3 个及国家级湿地公园 3 处；人为干扰主要包括工农业及城市用水、水体污染、三门峡和小浪底、黄河大堤等大型水利工程影响 | 河口镇至龙门、龙门至三门峡、三门峡至花园口 | 无定河周围的河流湿地及陕西、山西交界区域河流湿地、陕西渭河河流湿地和山西汾河河流湿地、三门峡市部分区域 | 强化流域管理措施，针对部分保护空缺所处河漫滩及河流泛湿地可建立保护小区及湿地公园 |
| 黄河三角洲 | 滨海河口湿地 | 生物多样性、海岸防护、陆源污染物净化、蓝碳等 | 国家级湿地保护区 2 个；人为干扰主要包括油田开发、农业开发、海水养殖、盐化工及相关围填海活动 | 花园口以下 | 东营市 | 控制围填海等人为活动，调整优化并引导生态产业模式 |

的日干乔湿地是若尔盖高原湿地的重要组成部分，是典型的高原泥炭沼泽湿地，目前正在实施恢复工程，没有纳入若尔盖国家级湿地保护区的范围。建议可适当扩大保护区范围，强化对过度放牧、开矿等人为活动控制，加强保护区管理，不必大面积扩增新的保护区。

（2）黄河上游区域：黄河上游区域湿地保护情况也较好，在龙羊峡至兰州河段已存在 2 个国家级湿地保护区，且目前在兰州市内建立榆中青城省级湿地公园。但在甘肃省甘南藏族自治州合作市的尕海湿地北部的一些河流湿地目前没有完善的保护措施，该类型湿地是我国特有的高原湿地，且处于我国干旱区，可以在日后规划中加强并完善对该类型湿地的保护。

（3）兰州至河口镇区段：湿地保护空缺主要位于内蒙古鄂尔多斯中部大片季节性或者间歇性高原河流、湖泊湿地，以及内蒙古自治区第二大淡水湖乌梁素海周边的湖泊湿地及沼泽湿地。鉴于鄂尔多斯空缺区域附近已建有内蒙古鄂尔多斯遗鸥国家级自然保护区和都斯图河湿地自然保护区，乌梁素海也已建有自治区级的自然保护区，可以考虑在保护区外围增设湿地保护小区和湿地公园等，以缓冲人为活动干扰对该区域核心湿地生境的影响。

（4）黄河中下游区域：黄河中下游区域分布有河流湿地、水库和河道湿地。该区域人口密集，工农业用水量大，水体污染严重，且水利工程的修建对河流湿地造成巨大影响。在三门峡、无定河、陕西境内渭河两边和山西境内汾河河道两边均存在河流湿地的保护空缺。但由于河流湿地性质，建立严格意义上的自然保护区不太现实，可考虑通过强化流域管理措施，减少沿岸污染排放及水利设施的影响，或对河漫滩湿地适当新建一些淡水水域资源管理保护区或者湿地公园。据调查，其中一处保护空缺已被 2016 年新增的国家级湿地公园所覆盖（山西古城国家湿地公园）。

（5）黄河三角洲：黄河三角洲滨海湿地生物多样性丰富，具有全球保护意义，滨海河口湿地社会经济价值同样显著（油田开发、水产养殖等），人类活动与湿地保护冲突剧烈，但已建立国家级自然保护区、海洋保护区和多处国家级湿地公园，保护空缺不显著，不必再建立新的保护区，可以适当调整保护区边界，加强保护区管理，控制围填海等人为活动，调整优化并引导滨海湿地生态产业模式和土地利用方式。

## 8.8  海河流域湿地保护优先格局

### 8.8.1  海河流域湿地概况

海河流域地理坐标位于东经 112°—120°、北纬 35°—43°，包括北京市和天津市的全部，河北省的大部分，山东省、河南省的北部以及内蒙古自治区和辽宁省的小部分区域，是我国北方政治、经济和文化的重心所在。全流域地势是西北高、东南低，大致分高原、山地及平原 3 种地貌类型，西部为山西高原和太行山区，北部为蒙古高原和燕山山区。海河流域属于半湿润半干旱的温带大陆性季风气候区，流域总面积为 31.82 万 km²，包括海河、滦河和徒骇马颊河三大水系、七大河系、10 条骨干河流（图 8-18）。海河流域湿地面积 87.97 万 hm²，占流域总面积的 2.77%，湿地类型多样，所具有的水量条件、水质净化、气候调节和生物栖息地等生态系统服务功能显著（崔文彦等，2007）。然而，由于近几十年来高强度水利工程的建设、地下水超采及污水排放和上游山地煤炭开采活动等，导致全流域湿地退化萎缩趋势越来越显著，大部分河流湿地处于"有河皆干、有水皆污"的困境，目前海河流域诸河下游只有滦河水系常年有水。近年来，南水北调一期工程的通水竣工，为海河流域湿地恢复和湿地生态建设创造了新的机遇（杨志峰等，2006）。

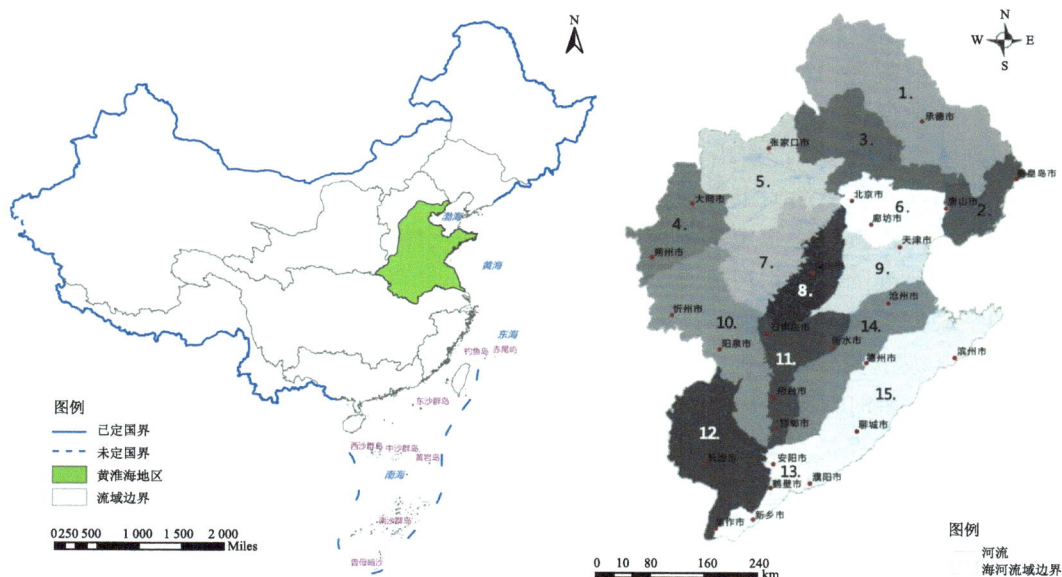

1—滦河上游及源区；2—滦河中下游平原；3—北三河（蓟运河、潮白河、北运河）上游及河源区；4—永定河上游及其源区；5—永定河中游河段；6—北四河（蓟运河、潮白河、北运河、永定）下游平原；7—大清河上游河源区；8—大清河淀西平原；9—大清河淀东平原；10—子牙河上游及河源区；11—子牙河中下游平原；12—漳卫河上游及河源区；13—漳卫河中下游平原；14—黑龙港及运东平原；15—徒骇马颊河水系

**图 8-18　海河及其子流域单元地理位置与空间分布**

## 8.8.2　海河流域湿地保护优先格局、保护空缺及保护策略

基于遥感分析，海河流域现状湿地面积为 2 365 km²，所属滨海、河流、湖泊和沼

泽 4 种主要湿地类型的面积和所占比例分别为 486 km² （20.55%）、571 km² （24.14%）、928 km² （39.39%）和 381 km² （16.11%）。现状保护体系中仅滨海湿地受保护比例较高，约为 13.03%；优化后的滨海湿地保护空缺面积为 258.94 km²，保护比例提升至 53.14%。分布面积最广的为沼泽湿地，但其受保护比例仅有 2.72%，经系统保护优化后保护比例可提升至 36.35%。此外，纳入保护范围的河流湿地及湖泊湿地也很少，河流湿地受保护的面积和比例均很低，经优化提升后的保护比例达到 28.55%，优先保护面积达 36.55 km²。总体来看，经过系统保护规划后的优化保护格局（保护比例为 37.29%)可大幅扭转海河流域的湿地保护比例总体严重偏低（受保护面积比例仅为 3.8%)的严峻形势，特别是可以极大地强化对河流湿地的保护力度。

为更明晰地对海河流域湿地保护格局进行分析，基于海河流域三级子流域单元，通过对比现有国家级湿地保护区与优先保护格局，识别确定海河流域及不同流域区段的湿地保护空缺。结果表明：滦河上游及河源区流域湿地保护空缺主要集中分布在河北承德市与内蒙古锡林郭勒盟交界处，且主要位于滦河上游国家级湿地自然保护区周边地带，主要保护的湿地类型为湖泊、沼泽湿地；滦河平原及冀东沿海河流域湿地保护空缺则主要集中在河北唐山与秦皇岛交界处，且主要为大面积河流湿地；北三河（蓟运河、潮白河、北运河）上游河源区保护空缺主要为张家口东北部山地湖泊湿地和北京北部山地河流湿地；永定河上游流域的主要保护空缺集中在河北、内蒙古和山西三省（区）交界处的大面积河流与湖泊湿地群，此外也有面积相对较小的沼泽、湖泊湿地保护空缺位于张家口蔚县和怀来县等；北四河（蓟运河、潮白河、北运河、永定河）下游平原区域主要湿地保护空缺则分布在北京市海淀区、顺义区以及天津市宁河县东部；大清河上游河源区保护空缺则主要分布在北京市房山区、保定市中部及南部区域；大清河淀西平原保护空缺重点集中于保定市雄县、安新县及容城县的白洋淀区域；大清河淀东平原保护空缺主要为廊坊市东南侧的滨海湿地群；子牙河上游河源区保护空缺分别集中于石家庄平山县及武安市，主要保护的湿地类型分别为湖泊湿地与河流湿地；徒骇马颊河水系目前已有滨州海安湿地自然保护区及黄河三角洲自然保护区，其保护空缺主要位于两个湿地保护区外围区域（图 8-19）。

总体而言，海河流域保护空缺十分显著，仅徒骇马颊河水系目前得到较好的保护，现有保护体系覆盖了其大部分优先保护湿地，其余流域的优先格局基本等同于保护空缺，考虑未来以雄安新区建设为龙头的京津冀区域发展，对海河流域湿地进行抢救性保护，构建京津冀一体化水生态安全格局，修复提升维护京津冀区域重要湿地生态系统服务功能已迫在眉睫。在分析海河流域湿地格局优化模拟结果的基础上，针对海河流域湿地保护优化格局的关键区域提出如下建议：

（1）滦河及冀东沿海区域：该区域湿地以滦河上游河源区及其入海平原为关键区域，虽然该区域的人为干扰程度较低，但山地河流湿地具有生态环境的脆弱性，容易受水电站建设等人为活动干扰。针对该区域保护空缺，建议对关键河段设立保护小区，填充保护空缺；同时，在流域尺度上实施统一管理和水文水资源生态调度。

（2）海河流域北部水系：该区域为京津冀一体化的核心地带，由于该区域经济社

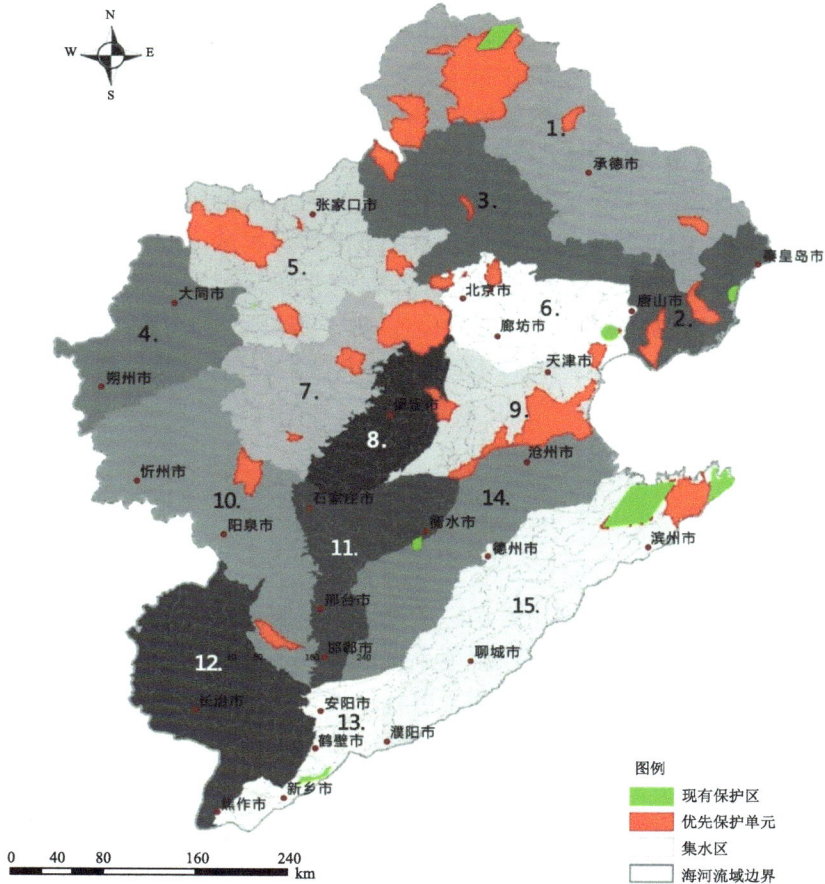

1—滦河上游及源区；2—滦河中下游平原；3—北三河（蓟运河、潮白河、北运河）上游
及河源区；4—永定河上游及其源区；5—永定河中游河段；6—北四河（蓟运河、潮白河、
北运河、永定河）下游平原；7—大清河上游河源区；8—大清河淀西平原；9—大清河淀
东平原；10—子牙河上游及河源区；11—子牙河中下游平原；12—漳卫河上游及河源区；
13—漳卫河中下游平原；14—黑龙港及运东平原；15—徒骇马颊河水系

**图 8-19　海河流域湿地优先保护格局**

会的快速发展，大面积自然湿地已遭到人为活动的干扰与破坏。针对该区域湿地保护
空缺，一方面，应在河北、内蒙古及山西三省（区）交界处的河流湿地设立新的湿地
自然保护区；另一方面，针对京津等经济发达、人口密集区域的湿地保护空缺，可以
结合湿地自然教育和湿地休闲体验，建立不同类型的湿地公园或湿地小区，充分发挥
人口密集区湿地所具有的生态系统服务功能，在保护湿地生物多样性的同时，协同推
进京津冀绿色生态基础设施建设。

　　（3）海河流域南部水系：该区域为京津冀一体化的生态支撑关键区域，分布有衡
水湖和白洋淀等重要的湖泊湿地及滨海湿地等重要湿地类型，为京津冀地区提供了水

资源储备和水生态支撑等重要生态服务功能，更是未来京津冀可持续发展及北京非首都功能疏解（如雄安新区的规划建设）的重要生态储备资源。因此，在该区域应主要围绕这些重要湿地，依据保护空缺分布，适度扩大原有保护区面积，升级原有湿地保护级别（如将白洋淀省级湿地自然保护区提升至国家级自然保护区或调整建立国家湿地公园等），提升该区域湿地保护管理水平。

（4）徒骇马颊河水系：该区域的保护空缺主要为滨州所属滨海湿地及黄河三角洲北部边缘部分区域，由于该区域已建立了国家级湿地保护区，湿地保护比例较高，因此其主要任务是在现有保护体系的基础上适度扩建保护区范围，调整保护区边界，使其更加契合湿地保护优先格局和保护空缺，以进一步提高湿地保护的有效性。同时，应开展针对性的滨海湿地修复工作，构建湿地保护 - 修复一体化优化格局，以缓解围填海和海平面上升对滨海湿地的双重挤压胁迫效应。

## 8.9　结论与讨论

本章运用系统保护规划的理论方法，通过划分全国湿地生态地理综合分类类型确定湿地保护宏观目标，同时考虑流域湿地系统连续性和完整性，构建宏观尺度湿地生态系统保护规划方法；依据保护价值的不可替代性识别潜在的保护空缺，确定我国湿地保护的合理目标和优先格局，并据此对现有湿地保护格局进行系统优化。主要研究结论和意义如下：

（1）建立我国湿地生态地理综合分类单元体系。本章强调由于气候 - 地貌差异对湿地生态系统结构与功能差异性的塑造，初步建立了基于淡水湿地主要类型和大尺度气候 - 地貌分异的湿地气候地貌综合分类类型，并将其作为生态系统水平的保护目标。这一方面基于气候地貌影响下，即便同类湿地也具有不同的生物多样性特征和生态系统服务功能的独特性和不可替代性；另一方面，还考虑未来气候变化驱动下不同湿地气候 - 地貌分类类型可能发生相互转变过程，对上述气候 - 地貌因素湿地类型的整体保护也将有利于维持气候变化背景下湿地生态系统类型和功能的多样性，强化其适应气候变化的潜力。因此，将湿地气候地貌类型纳入保护目标也可以作为流域湿地气候适应性管理的一种有效措施。未来尚需针对不同湿地气候 - 地貌类型，开展相关生态系统服务功能和气候适应性变化，以差别化修正其分类体系，并依其生态系统服务功能评估不同类型的保护价值，在此基础上提升流域湿地保护的科学性和有效性。

（2）以全国流域水资源分区为基础进行湿地系统保护规划研究。基于系统保护规划的方法及原理，利用 Maxran 软件，选择 90 种湿地生态类型与 198 种我国重要水鸟作为保护对象，基于 30% 的保护目标及相关参数设置得出十大流域湿地保护的优化格局。根据所得规划方案得出的规划格局紧凑，保护区域面积较大，且优化单元多集中在现在保护单元的周围，根据保护生物学原理及保护代价分析可以推知其具有相对高效的保护效率。

（3）通过对比湿地保护优先格局与现有湿地保护体系，确定了各主要流域的湿地保护空缺，针对不同流域关键湿地保护空缺提出了完善湿地保护体系的措施和建议。湿地保护空缺分析结果表明：尽管全国流域湿地总体保护比例已达到 IUCN 认可的 30% 保护比例的标准（30.45%），但如要保证所有水鸟栖息地和湿地生态地理单元保护比例达到 30%，则还需要将湿地总体保护面积比例进一步提高约 10%（41.01%），并对各类型湿地保护的空间格局和数量结构依其不可替代性大小进行系统优化。同时，需要调整、强化纳入优化格局的非湿地类保护区对湿地生态系统的保护目标。

（4）在全国湿地保护优先格局和保护空缺分析基础上，基于子流域单元，进一步对长江流域、黄河流域和海河流域等代表性流域的保护空缺进行了分析和识别，对上述流域不同区段、子流域的湿地保护空缺分布、应重点保护的湿地类型以及相关保护策略进行了论述，为上述流域湿地保护体系的构建提出了初步的设想。

（5）作为众多物种栖息生境选择地的湿地生态系统来说，其生态功能特点决定了最常见的栖息物种多为鸟类以及鱼类。但由于数据的可获得性，本章在进行全国湿地系统保护规划分析中仅选取湿地鸟类作为物种保护对象。因此，在未来的研究中可考虑将鱼类等典型湿地栖息物种纳入系统保护规划的保护对象，从而使湿地系统保护规划的结果更具完备性与科学性。

## 参考文献

柴成果，姚党生 . 2005. 黄河流域水环境现状与水资源可持续利用 [J]. 人民黄河，27（3）：38-39.

崔文彦，罗阳，王迎，等 . 2007. 海河流域湿地生态服务价值评价及对策研究 [J]. 海河水利，（6）：13-16，29.

高俊琴，郑姚闽，张明祥，等 . 2011. 长江中游生态区湿地保护现状及保护空缺分析 [J]. 湿地科学，9（1）：42-46.

郭雷，马克明，张易 . 2009. 三江平原建三江地区 30 年湿地景观退化评价 [J]. 生态学报，29（6）：3126-3135.

黄翀，刘高焕，王新功，等 . 2012. 黄河流域湿地格局特征、控制因素与保护 [J]. 地理研究，31（10）：1764-1774.

黄锦辉，连煜，赵勇，等 . 2015. 黄河生态系统特征及生态保护目标识别 [M]. 郑州：黄河水利出版社 .

黄心一，李帆，陈家宽 . 2015. 基于系统保护规划法的长江中下游鱼类保护区网络规划 [J]. 中国科学：生命科学，45（12）：1244-1257.

李晓文，郑钰，赵振坤，等 . 2007. 长江中游生态区湿地保护空缺分析及其保护网络构建 [J]. 生态学报，（12）：4979-4989.

李晓文，方精云，朴世龙 . 2003. 近 10 年来长江下游土地利用变化及其生态环境效应 [J]. 地理学报，58（5）：659-667.

牛振国，宫鹏，程晓，等 . 2009. 中国湿地初步遥感制图及相关地理特征分析 [J]. 中国科学：地球科学，39（2）：188-203.

宋晓龙，李晓文，张明祥，等 . 2012. 黄淮海地区跨流域湿地生态系统保护网络体系优化 [J]. 应用生态学报，23（2）：475-482.

徐卫华，欧阳志云，张路，等 . 2010. 长江流域重要保护物种分布格局与优先区评价 [J]. 环境科学研究，23（3）：312-319.

薛蕾，徐承红 . 2015. 长江流域湿地现状及其保护 [J]. 生态经济，31（12）：10-13.

燕然然，蔡晓斌，王学雷，等 . 2013. 长江流域湿地自然保护区分布现状及存在的问题 [J]. 湿地科学，11（1）：136-144.

杨志峰，崔保山，黄国和，等 . 2006. 黄淮海地区湿地水生态过程，水环境效应及生态安全调控 [J]. 地球科学进展，21（11）：1119-1126.

张阳武 . 2015. 长江流域湿地资源现状及其保护对策探讨 [J]. 林业资源管理，（3）：39-43.

朱万泽，范建容，王玉宽，等 . 2009. 长江上游生物多样性保护重要性评价——以县域为评价单元 [J]. 生态学报，29（5）：2603-2611.

Abell R, Allan J, Lehner B. 2007. Unlocking the potential of protected areas for freshwaters [J]. Biological Conservation, 134(1)：48-63.

Andrés L N, Verónica A, Jesús A, et al. 2015. Conservation planning for freshwater ecosystems in Mexico [J]. Biological Conservation, 191: 357-366.

Bush A, Hermoso V, Linke S, et al. 2014. Freshwater conservation planning under climate change: demonstrating proactive approaches for Australian Odonata [J]. Journal of Applied Ecology, 51(5):1273-1281.

Heiner M, Higgins J, Li X, et al. 2011. Identifying freshwater conservation priorities in the Upper Yangtze River Basin [J]. Freshwater Biology, 56(1):89-105.

Higgins J V, Bryer M T, Khoury M L, et al. 2005. A freshwater classification approach for biodiversity conservation planning [J]. Conservation Biology, 19(2): 432-445.

Klein C, Wilson K, Watts M, et al. 2009. Incorporating ecological and evolutionary processes into continental-scale conservation planning [J]. Ecological Applications, 19(1): 206-217.

Linke S, Norris R H, Pressey R L. 2008. Irreplaceability of river network: towards catchment-based conservation planning [J]. Journal of Applied Ecology, 45: 1486-1495.

Linke S, Pressey R L, Bailey R C, et al. 2007. Management options foe river conservation planning: condition and conservation re-visited [J]. Freshwater Biology, 52(5): 918-938.

Maire A, Buisson L, Canal J, et al. 2015. Hindcasting modelling for restoration and conservation planning: application to stream fish assemblages [J]. Aquatic Conservation Marine & Freshwater Ecosystems, 25(6):839-854.

Margules C R, Pressey R L. 2000. Systematic conservation planning[J]. Nature, 405(6783): 243-253.

Margules C R, Sarkar S. 2007. Systematic conservation planning [M]. Cambridge: Cambridge

University Press.

Nel J L，Reyers B, Roux D J, et al. 2011. Designing a conservation area network that supports the representation and persistence of freshwater biodiversity [J]. Freshwater Biology, 56(1):106-124.

Nel J L, Roux D J, Abell R, et al. 2008. Progress and challenges in freshwater conservation planning [J]. Aquatic Conservation: Marine and Freshwater Ecosystems, 19(4):474-485.

Polasky S. 2008. Why conservation planning needs socioeconomic data [C]. Proceedings of the National Academy of Sciences of the United States of America, 105(18): 6505-6506.

Wiens J A, Hobbs R J. 2015. Integrating Conservation and Restoration in a Changing World [J]. BioScience, 65(3):302-312.

# 湿地恢复若干问题探讨 *

李晓文　李梦迪　梁　晨　诸葛海锦

（北京师范大学环境学院水环境模拟国家重点实验室，北京 100875）

**摘　要**：本文在国内外相关研究基础上，从湿地恢复的理论方法、技术途径和市场机制等多角度探讨了湿地恢复的若干重要论题，涉及湿地恢复的概念及恢复模式、湿地恢复的本底参照和有效性评估、湿地恢复与生态水工学、湿地恢复的社区参与市场运营机制及湿地系统多尺度、整体性恢复等。认为湿地恢复的广义和狭义概念各有其适用条件，在进行湿地恢复实践时，应首先评估确定优先恢复湿地，并依据湿地退化状况，谨慎选择湿地恢复的主动与被动模式；考虑湿地恢复的不确定性及恢复评估的必要性，应建立更为全面、综合的湿地恢复评价指标体系；论述了生态水工学在高强度人类活动区域湿地恢复中的应用前景，并提出了湿地恢复的社区参与市场运营机制等保障措施；最后指出湿地恢复不应局限于对退化湿地的原位恢复，还应重视与周边流域系统纵向、横向及垂向的水文联系，即应考虑更大尺度上毗邻集水区以及湿地所处整个流域生态系统结构和功能的完整性，同时在这一尺度上还必须寻求构建湿地恢复与区域社会经济发展的良性互动机制。

**关键词**：湿地恢复　国内外进展　热点问题　综述

　　随着对湿地所具有的巨大的生态系统服务功能和价值的进一步认识，湿地已被认为是一个国家重要的战略性生态资源，湿地的破坏和退化消失，将严重威胁区域和国家的生态安全，加强湿地保护恢复和管理已经成为世界各国自觉的行动。目前，湿地保护、恢复与管理一体化，湿地生态系统、生物多样性保护与水资源管理协同进行、相互促进，已成为国际上的共识。由于地球几乎所有的湿地资源都已受到人类活动的影响导致不同程度的退化，通过科学的方法和技术手段恢复、重建并管理湿地、促进湿地生态系统结构与功能的持续健康已成为湿地保护的必由之路。本文从湿地恢复的概念、理论方法、技术途径，以及社区参与及市场调节机制等方面，试图从多层面、多角度阐明湿地恢复所需要考虑的一些重要问题。

---

\* 本文发表于《自然资源学报》，2014，9（7）：1257-1269。

# 1. 对湿地恢复广义与狭义的理解

与湿地恢复相关的概念有很多，如湿地"修复、重建、复原、更新、再造、改进、改良、调整、补偿"等，但总体上对湿地恢复可以有广义和狭义两个层面上的理解（Falk & Zedler，2006；Zedler，2000）。狭义的理解是严格的科学意义上的理解，认为湿地恢复即为湿地生态恢复，即恢复重建湿地退化前所具有的湿地生态系统结构（水文水质、生境和动植物群落等）和功能（如生物多样性、污染物降解等方面功能）（Grenfell et al.，2007）。而湿地恢复广义上的理解则泛指任何有利于湿地生态功能改善，使湿地生态系统服务功能得以提高的措施，如通过相关措施提高湿地保蓄涵养水源、防洪抗旱功能，提升湿地景观及生态旅游价值等方面的功能（Baron et al.，2002）。与狭义的理解相比，广义的概念尽管也强调湿地生态系统功能的复原，但并不苛求重建湿地退化前所具有的一切自然生态特征，更多强调湿地综合生态系统服务功能的改善和提高（Baron et al.，2002；Dale & Connelly，2012）。

在湿地恢复的实践中，广义和狭义的湿地恢复各有其价值和适用范围。例如，针对自然保护区范围内的湿地恢复，应遵循狭义的湿地恢复原则，关注湿地生态系统结构和功能的恢复，特别是其湿地生态系统所具有的生物多样性功能（Falk & Zedler，2006；Zedler，2000）。而针对高强度人类活动区域的湿地恢复，一方面由于人类长期、持续的破坏，其湿地自然生态特征往往退化严重，甚至被完全损毁，恢复、重建以前自然生态系统特征已非常困难；另一方面，由于周边社会经济条件的制约，单纯只考虑生态恢复，而不顾及经济和社会方面的需求，往往缺乏可行性。因此，这些区域可以采取广义的湿地恢复，即其湿地恢复不必苛求原来自然特征的复原，而是着眼于通过湿地恢复及合理的湿地景观规划所带来的生态与社会经济综合效益（Baron et al.，2002；Dale & Connelly，2012）。当前，我国正在开展的不少湿地恢复项目都位于大江大河中下游、三角洲及滨海等高强度人类活动区域，广义的湿地恢复概念的应用显然具有更重要的现实意义。

# 2. 湿地恢复的优先性评估

由于资金、人力等资源条件的限制，在区域尺度上选取合适的优先恢复河段或集水区，科学安排湿地恢复措施的优先次序是非常必要的，湿地恢复的优先性评估主要包括恢复区域选取的优先性、恢复区域面临问题的急迫性及应采取恢复措施的优先性等方面（Ian et al.，2004）。

一个综合全面的优先性评估应通过对比所付出的成本代价（人力、财力等）使湿地结构和功能得以改善的程度（如生物多样性水平增加、栖息地质量改善等）来衡量（Ian et al.，2004）。澳大利亚学者针对河流生态系统恢复总结了优先性评估的7个步骤（图1）。

```
┌─────────────────┐      ┌──────────────────────────────┐
│ 第一步：河段分类  │ ───▶ │ 1.收集相关信息；2.选取有较高保护价 │
└─────────────────┘      │ 值的河段；3.根据条件分类；4.根据航 │
         │               │ 道分类；5.根据邻近度分类；6.根据修 │
         ▼               │ 复的难易程度分类                 │
┌─────────────────┐      └──────────────────────────────┘
│ 第二步：同类河段  │
│       分级        │ ───▶ ┌──────────────────────────────┐
└─────────────────┘      │ 7.有没有其他原因需要改变分级      │
         │               └──────────────────────────────┘
         ▼
┌─────────────────┐      ┌──────────────────────────────┐
│ 第三步：考虑具体原 │      │ 8.识别具有最高优先性河段最重要的  │
│  因是否重新分级    │      │ 价值；9.识别可能威胁或破坏其价值  │
└─────────────────┘      │ 的问题；10.是否还有其他威胁和破坏 │
         │          ───▶ │ 这些价值的重要问题；11.是否由其他 │
         ▼               │ 限制性问题影响其价值             │
┌─────────────────┐      └──────────────────────────────┘
│ 第四步+第五步：确定│
│    问题优先性      │
└─────────────────┘
         │
         ▼
┌─────────────────┐      ┌──────────────────────────────┐
│ 第六步：问题优先性 │ ───▶ │ 14.问题优先性的其他可能——增加修 │
│     其他可能      │      │ 复的性价比                      │
└─────────────────┘      └──────────────────────────────┘
         │
         ▼
┌─────────────────┐      ┌──────────────────────────────┐
│ 第七步：确认某些河 │ ───▶ │ 12.对这些河段重新分组；13.重新进行 │
│ 段是否还有其他分级 │      │ 问题优先性过程，若必要可进行多次  │
└─────────────────┘      └──────────────────────────────┘
```

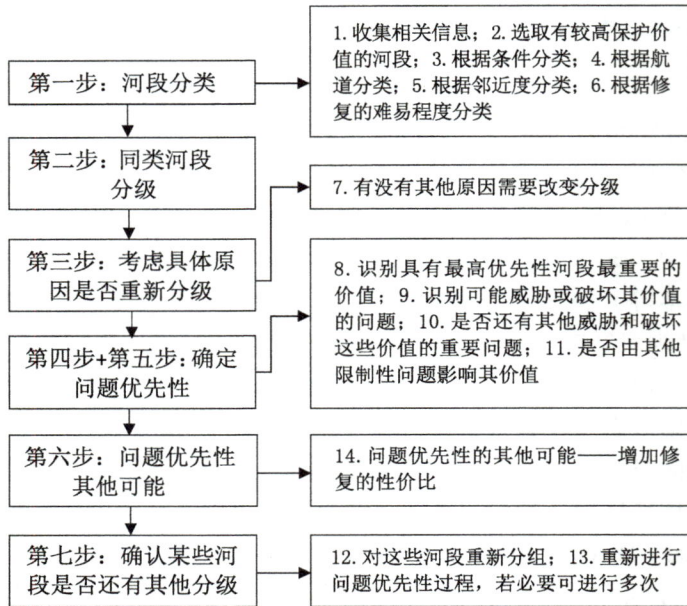

**图 1　澳大利亚河流湿地修复指南中生态恢复优先性评估的主要步骤（White，2005）**

其中，河段分级从类型代表性和稀有性、湿地现状、湿地过程及演变趋势、恢复的难易程度等方面确定恢复的优先次序，生态恢复的优先排序则在遇到以下情况时需要重新审视：如是否获得较多社区支持；是否具有突出的保护价值（如在一片生态条件普遍恶化的区域成功重建退化湿地）；是否为上游河段；水和底泥的归趋（如受纳区域为重要港口等）；同等恢复投入影响涉及的区域范围（如点源污染对下游水质的影响、鱼类洄游通道的障碍对上游河段鱼类种群的影响等）、恢复所需的时间（耗费时间较长的湿地恢复最好尽早等）（Ian et al.，2004）。这些准则也同样适用于沼泽、湖泊等非河流流域湿地类型。

如迫于资料数据限制和时间的紧迫性则可以采取生态恢复优先性的快速评估，即主要通过比较湿地生态价值和受胁程度等关键指标来确定湿地恢复的优先顺序（Almendinger，1999）。另外，针对特定管理目标开展的恢复工作在国际上也较为普遍，如着眼于降低湿地退化对物种多样性和生态系统功能带来的负面影响，将湿地恢复作为减轻陆源营养物入海负荷等改善水质的措施，以及将湿地恢复作为流域湿地泥沙控制截留的手段等（White，2005）。Vellidis（2003）认为，湿地恢复应强调所恢复的区域对整个湿地区域功能的改善，并基于恢复湿地的功能有效性等建立评估指标，该评估指标应充分考虑流域尺度上湿地恢复的优先性需求，并适用于大尺度、数据资料缺乏的多决策目标情景。

综上所述，在开始湿地恢复工作时，应注意以下几点：（1）局域尺度湿地恢复应在所处流域生态系统得到必要保护的前提下开展；（2）应遵循湿地类型稀有的优先于常见的、湿地持续恶化的优先于相对稳定的原则；（3）湿地恢复应优先修复关键自然驱动因子，通过人为干扰去除及水文地貌恢复促进受损的湿地关键生态驱动因子的修复；（4）优先性的评估应该放在一个不同尺度区域进行考虑，涉及国家到地区、大流域到河段等；（5）在具备同等湿地恢复必要性前提下，应首先考虑成功率更高的其他区域；（6）由于流域湿地的连续性，应评估湿地恢复对所在区域环境的影响，特别是湿地恢复强度较大的区域；（7）湿地恢复的优先性评估是一个动态规划过程，其评估结果应随具体情况变化而进行调整，即应强调湿地恢复的动态评估。

　　国家林业局在 2005 年启动了《全国湿地保护工程规划》，对全国湿地恢复保护工作进行了系统的规划和部署，2005—2010 年"十一五"期间已投入 300 多亿元，随着"十二五"期间该项目的延续，为使有限的投入达到最佳的保护效果，其关键在于确定湿地保护意义显著且受人为干扰严重的湿地恢复优先区域，作为未来湿地保护和恢复工程建设的重点区域。因此，从流域及国家尺度上，依据上述原则确定湿地保护恢复优化格局及优先区域，是我国湿地保护宏观战略所面临的迫切需求。

## 3. 湿地恢复的主动与被动模式

　　湿地生态恢复一般包括湿地干扰因子的控制和排除、湿地水文、水质恢复、湿地土壤和基质恢复、湿地植被群落与动物群落的恢复和建立等措施（Mitsch & Gosselink，2000）。尽管湿地生态恢复的具体措施多种多样，但从方法论角度出发，可以归结为主动恢复和被动恢复两种模式（Prach & Hobbs，2008）。其中，主动恢复模式指主要通过人为干预工程措施等来改善、重构湿地地形及水系以促进湿地恢复、重建或改善湿地生态系统，如湿地地形改造、利用导流坝等水工设施改变水流、植被人工定植、建立生境岛、开挖"V"形缓坡恢复滨岸生境以及通过土壤移植创造适合本地种生长的土壤基质等（Kroon，2011；Li et al.，2012；Theo，2007；Trepel，2007；Pellerin & Andrew，2003；Mitsch & Wang，2000）。湿地恢复被动模式则强调通过控制去除导致湿地退化的人为干扰因子（干扰去除），修复湿地正向生态演替机制和功能，从而促进其通过生境演替而自然恢复（Prach & Hobbs，2008）。被动恢复模式强调尽量减少工程措施的直接干预，而主要采取一些生境管理措施，如通过禁牧恢复湿地植被和水质，通过控制生态敏感区人类活动减轻生境破碎化，以及通过水位管理和涵闸生态调度恢复湿地水文特征等（Kroon，2011；Li et al.，2012；Theo，2007；Trepel，2007；Pellerin & Andrew，2003；Mitsch & Wang，2000）。湿地恢复被动模式的成功常常取决于湿地生态需水的保障程度、湿地动植物间关系以及物种在湿地恢复区域的散布机制等（Prach & Hobbs，2008）。

　　显然，湿地恢复主动模式由于涉及高强度的地形改造和工程施工，花费代价高昂，主要适用于已严重退化基本丧失自我恢复功能的湿地区域，如不采取人工主动干预措施则难以达到恢复目标（Kroon，2011）。湿地恢复被动模式则主要适用于人为破坏尚不严重，湿地生境自然恢复机制还没有丧失，仍然发挥作用的湿地区域。被动方法强调通过促进湿地生境自然更新机制使其自我恢复湿地生态系统功能和结构的完整性，所需花费较少，并且自然恢复的湿地往往具备更为完善的生态功能和更丰富的生物多样性（Kroon，2011）。因此，在具备条件时，湿地恢复应优先采用人为干预较少的被动恢复方法。

我国目前开展的湿地恢复工程基本上强调的是人为干预条件下的主动恢复模式，特别是在退田还湖政策、南水北调工程战略等背景下，陆续开展了一些大型湿地生态恢复项目，如鄱阳湖、洞庭湖、黄河三角洲、衡水湖、三江源、塔里木河与黑河流域等湿地恢复等。湿地主动恢复模式应在科学分析水体水系、水质、湿地动植物及其栖息地等不同湿地组成要素所面临的具体问题基础上，针对河流、湖泊、沼泽和滨海等不同湿地类型恢复，采取不同的主动恢复措施（表1）。但一个值得注意的问题是，国内一些有条件采取被动恢复模式的湿地恢复项目，为了争取国家更多的湿地保护恢复的项目资金支持，刻意采取更多的主动恢复措施，这不仅导致人力、物力等资源投入的巨大浪费，甚至某些不合理、不科学的主动恢复措施很可能导致对湿地的"建设性"破坏。

**表 1　针对湿地要素和主要湿地类型所面临的典型问题应采取的湿地恢复工程措施**

| 湿地要素 | 典型问题 | 恢复措施 | 技术要求 | 适用湿地类型 |
|---|---|---|---|---|
| 水体水系 | 生态需水难以保障，水量补给不足导致湿地面积萎缩，生态功能衰退 | 生态引水补水工程，中水循环利用工程 | 对生态需水量的准确估算 | 河流、湖泊和沼泽 |
| | 湿地被农业开发、城市化扩展等人为活动侵占，大规模水利设施建设导致湿地水系结构完整性破坏 | 退田还湿、水利设施的拆除与生态改造、河道水系通连及整治、自然型河道恢复 | 确定退田还湿的合理规模，水系通连应尽量原位恢复 | 河流、湖泊、沼泽 |
| | 泥沙输入导致河道淤塞、湖泊萎缩 | 入湖泥沙拦截设施，河道疏浚，湖泊清淤，构建前置库（人工湿地）作为沉沙池 | 泥沙拦截设施不应阻断水生生物的迁徙与洄游 | 湖泊 |
| | 水体沼泽化及生物填平效应导致湖沼消亡速度加快 | 必要的疏浚清淤工程、优势沼泽植被平衡采割和综合利用、生物链控制及生物操纵技术 | 避免疏浚清淤工程对基底地形产生破坏，确定平衡采割的生物量，控制生物操纵的规模和强度 | 湖泊和沼泽 |
| 水质 | 外源性污染输入导致水体富营养化或重金属、有毒有机污染等水体污染形式 | 构建人工净化湿地（如潜流、表流和垂直流等类型）对排入污水进行前置处理构建，通过建立湿地生态滤场（如人工快速渗滤系统、塔式蚯蚓生态过滤系统、复合人工湿地净污系统）对污水进行前置处理，恢复大型水生植被植物吸收重金属并移除；构建能截留陆源污染物以湿草甸和挺水植被为主的滨岸生态缓冲带 | 注意各种人工湿地处理系统的适用情况，特别是针对不同气候区域和污染类型 | 湖泊、沼泽和水库 |

| 湿地要素 | 典型问题 | 恢复措施 | 技术要求 | 适用湿地类型 |
|---|---|---|---|---|
| 水质 | 底泥等内源性污染释放导致水体次生性、持续性污染 | 底泥清除、生态浮岛、恢复大型水生植被吸收内源污染并移除 | 底泥清除应控制适度规模，防止对基底性质的改变从而影响生境，水生植被选取应慎重，避免外来水生植被入侵 | 湖泊、水库 |
| | 水体连通性被人为阻断，水体自净功能退化，水污染加剧 | 河道水系疏浚、连通工程，人工循环水系创建，涵闸生态调度工程 | 河道疏浚、连通应尽量遵循水系原本底结构，循环水系应以自流为主 | 河流、湖泊、水库 |
| | 环境需水不足导致水体矿化度过高，或水污染加剧 | 生态引水补水工程，中水循环利用工程 | 准确估算环境需水量 | 湖泊 |
| 野生动植物及其栖息地 | 农业开垦、油田开发、水产养殖及城市化等对湿地生境的直接侵占 | 局部退田还湿，恢复新的生境或提高生境质量弥补已有生境的损失，维持生境数量的动态平衡 | 评估生境恢复的规模和类型 | 湖泊、沼泽和滨海 |
| | 湿地生境自然基底与水文地貌被水利工程破坏，湿地生境多样性降低，生境质量下降，湿地植被及其生境演替被中断或发生歧向性改变，或因为人工湿地生境基底不利于植被生长及生境自然演替 | 通过塑造浅滩、缓坡、生境岛（鸟岛）等地形改造措施，修复生境基底，恢复原有水文地貌结构，促进湿地植被生长和生境演替，新创建的人工湿地如缺乏种子库，还应配合挺水、沉水、浮水等湿地植被的恢复重建 | 湿地生境基底地形塑造模式应有利于促进生境自然演替，湿地植被恢复应选用乡土种类 | 河流、湖泊、人工湿地 |
| | 闸坝等水利设施阻断湿地鱼类及其他水生生物迁徙洄游通道，导致其生境割裂、生物种群退化，湿地生境自然演替过程中断或发生歧向性改变 | 水系连通工程（如暗涵、过坝鱼道和洄游通道建设等），水利设施生态改造与生态调度 | 如暗涵、过坝鱼道和洄游通道详细设计及其可行性分析 | 河流、湖泊和水库 |
| | 道路、堤坝（河堤、拦潮堤等）、油井等设施建设致湿地生境破碎化，生境质量及其承载力下降，湿地生境演替过程中断或被改变 | 核心生境区域破碎化因子人工拆除或废弃，在较大明水面远离干扰源处建立生境岛，提供无干扰核心生境 | 结合保护物种生境需求，评估生境破碎化的影响及其范围 | 滨海、湖泊与沼泽 |

| 湿地要素 | 典型问题 | 恢复措施 | 技术要求 | 适用湿地类型 |
|---|---|---|---|---|
| 野生动植物及其栖息地 | 人为干扰导致生态需水过程与生境适宜性不匹配，生境退化、生境质量降低 | 水系连通工程，水利设施生态改造与生态调度 | 把握生态需水的时空模式，水位控制应兼顾不同季节、不同类群水禽和鱼类栖息地的生境需求 | 湖泊、沼泽、水库 |

## 4. 湿地恢复的本底参照及有效性评估

狭义的湿地恢复是指恢复到人类干扰和破坏前的自然状态，为提高湿地恢复的科学性，理论上应选择具有同一生态地理特征的参照湿地作为恢复前的本底参照。参照湿地应体现该地域自然湿地生态系统的代表性，可以为湿地生态恢复与重建过程中生境、动植物群落的建立提供参照标准和依据。通过对湿地恢复过程的监测，对比参照湿地，及时发现水文水质、生境和动植物群落的异常变化，通过一定干预措施对湿地恢复过程进行调整和修正，使生态恢复过程依正向演替的轨迹进行。同时，通过对比参照湿地可以对湿地恢复的程度和有效性进行相对客观的评价（Rheinhardt et al.，1997；White & Walker，1997）。

然而对于大部分人为破坏导致的退化湿地，可供湿地恢复参照的自然本底（即参照湿地）已不复存在，使得目前湿地恢复往往缺乏本底参照，湿地恢复的目标及其恢复成功的评价标准也难以确定。因此，大多数情况下只有通过对湿地现代生态演替过程的分析研究，对目标湿地恢复的可行性和恢复程度进行合理的评价，并采取科学的恢复措施（Serge et al.，2012）。White 等（1997）则强调一般意义上的湿地恢复目标，即恢复后湿地生态功能有显著改善，且恢复后的湿地生态系统结构和功能具有一定稳定性和抗干扰能力，其湿地生态系统功能不需要外界调节能够自我维持，而不会自行退化。

虽然已提出若干指导性的理论和方法，但由于问题的复杂性，湿地恢复成效仍面临诸多不确定性。由于湿地作为一个水陆生态交错带，其结构、功能复杂多样且变化迅速，同时，湿地生境具有典型的开放性和多样性，在湿地植被恢复过程中，往往伴随着外来物种的入侵，使湿地生态恢复过程发生难以预知的歧变，同时气候变化的影响也增加了湿地恢复的复杂性和不确定性（Kaiser，2001；Lavendel，2003；Bi et al.，2011）。另外，湿地破坏和退化常常导致一些水文格局不可逆的变化，而在湿地恢复与重建过程中，湿地水文动态特征，特别是湿地上下游以及地表水与地下水之间的水文相互作用特征难以复原，从而增加了湿地恢复的难度（Elliott et al.，1999；Stokstad，2005）。Richardson 等（2006）认为，湿地生态恢复失效主要原因是缺乏可借鉴的长期研究和相关科学问题的阐明，如缺少对湿地水文和湿地生物过程及其相互之间关系的理解，以及对恢复湿地未来演变动态的准确预测等。

　　早期湿地生态或湿地恢复的评价主要通过针对湿地植被和生境变化前后建立相应的指标，如生物完整性指标（IBI）、生境评价程序（HEP）等（Cohen et al.，2005；Chipps et al.，2006；Liang & Li，2012）。近年来，基于湿地地貌发育过程和水文状况的水文地貌指标（Hydrogeomorphic approach，HGM）对湿地生态系统恢复前后状态评估运用较多（Cole，2006；Jacobs et al.，2010）。另外，澳洲学者提出的湿地快速评估技术（Rapid Wetland Appraisal，RWA）在湿地恢复评估中也得到较广泛的应用（Kotze et al.，2012；Mikotaj et al.，2012）。然而，上述指标体系的运用都需要通过建立基本能反映本底状况的湿地参考系统，故一般适用于严格科学意义上（狭义）的湿地恢复。总体而言，对湿地恢复的评价指标仍存有较大争议，亟须建立能更为全面、准确反映湿地生态系统格局与过程、生物与物理性状，特别是其生态系统服务功能变化的综合性指标体系（Kotze et al.，2012）。

　　目前，对"参照湿地"的关注在我国还停留在学术层面，湿地恢复实践中基本未予考虑，为保障湿地恢复的有效性，应在全国范围内，确定代表不同区域生态地理特征（不同气候、水文、地貌类型组合等）的湿地恢复参照系统（如包括但不限于具有代表性的湿地保护区）。上述参照湿地系统可以为不同区域背景湿地恢复实践提供科学依据，最终在国家层面上建立针对不同生态地理区、不同湿地类型及社会经济背景下的湿地恢复综合技术体系及其湿地恢复示范工程。

## 5. 湿地恢复与生态水工学

　　现代水工学（hydraulic engineering）是以对水流的控制为目标建造水工建筑物，以满足人们对于供水、防洪、水力发电、航运等需求，现代水工学由于缺乏对湿地生态系统生态功能需求的考虑，存在生态学的盲点。目前，国际上提出了以工程力学和生态学为其理论基础的生态水工学概念（eco-hydraulic engineering）（Dong et al.，2002；Milbradt et al.，2008）。生态水工学既能够实现人们期望的开发利用水资源的社会经济功能与价值，又能兼顾建设一个健康的河流湖泊湿地生态系统，实现水资源和湿地生态系统长期保护与可持续利用。生态水工学则是一门交叉学科，需要整合水利学、生态水文学、生态工程和湿地科学等跨学科研究成果和相应的工程技术，通过科学研究、典型设计、工程示范、经验总结和制定技术规范从而得到发展完善。水利工程结合生态建设，也是当代水利工程建设的必然趋势。

　　"生态河堤"与"自然型护岸技术"是目前生态水工学应用的重要方面，生态河堤是融现代水利工程、生态水文、水环境、水生生物、湿地生态、景观美学等多学科指导为一体的生态水工工程（de Jonge et al.，2002）。作为一种新概念河堤，它以"保护、创造生物良好的生存环境和自然景观"为前提，在考虑具有一定强度、安全性和耐久性的同时，充分考虑生态效果，将硬质混凝土河堤改造成为水体和土体、水体和植物或生物相互涵养，适合生物生长的仿自然状态的护坡（Dong et al.，2002）。荷兰、德国境内莱茵河曾在 1993 年和 1995 年发生两次较大洪灾，究其原因即莱茵河水泥堤岸限制了河滨带的行洪功能。因此，荷兰、德国等对其境内莱茵河部分进行了生态河堤的改造，拆除硬质混凝土堤岸，重新恢复河流两岸储水行洪区域，延长洪水在支流的停留时间，减低主河道洪峰量（de Jonge et al.，2002）。欧洲最大规模的湿地恢复项目"莱茵河行动计划"中关键的湿地生态系统保护项目"鲑鱼 2000"，也从生态水工学角度对目标保护种物种——鲑鱼在生殖洄游、产卵、育肥等不同时期对湿地生境和水文条件多样性的要求予以了充分考虑，并据此设计了大量的生态水工设施，得到了显著的效果（de Jonge et al.，2002）。

美国南佛罗里达州大沼泽地区域 20 世纪 90 年代开始了一个投资巨大的湿地恢复项目，以生态水工学为指导，将人工直型河道重新恢复曲流河道的状态，减缓了雨季沼泽区域水体排泄速率，从而保障了大沼泽湿地的生态需水补给（Baird et al.，2004）。日本、韩国等在 20 世纪 90 年代以来也相继提出了"与自然亲近的治河工程"理念，相关措施如拆除城市水系堤岸铺设的硬质材料，摒弃混凝土施工衬砌河床；基于新型生态材料的过坝鱼道及具有曝气作用又有利于鱼类产卵栖息的新型丁坝，以及为鱼类和无脊椎动物提供栖息地的人工岛等。一些河流生态工程咨询与技术开发公司也应运而生，提供诸如用于堤防渠道护岸工程，具有过滤功能的生态型建筑砌块等生态水工材料和产品等。建设生态河堤、恢复自然流态的河流已成为国际趋势（Dong et al.，2002）。

目前，在我国经济发达、人口密集区域进行湿地恢复，其社会经济代价之高昂往往使退田还湖、平垸行洪等直接的湿地恢复措施难以实施。在这种情况下，应用生态水工学原理，通过对传统的涵闸等水工设施采取生态调度措施，一定程度上恢复其自然生态水文过程（Tang et al.，2012）；对新建水工设施，在达到其水利工程设计标准的前提下，尽量采取有利于湿地生态系统及生物多样性保育的生态施工标准及规范，在保障社会经济安全的前提下，兼顾改善、提升湿地的生态功能等，可以作为我国高强度人类活动区域湿地恢复的重要思路。

## 6. 湿地恢复的社区参与市场运营机制

在经济发达、人口密集的地区，湿地恢复往往需要付出巨大的社会经济代价，在难以拿出巨额资金进行土地赎买和生态补偿的情况下，能否寻找湿地恢复与社区发展的契合点，建立社区参与式湿地恢复长效机制是湿地恢复成功和长期维持的保障（Linke et al.，2008）。湿地恢复的社区参与机制涉及与湿地保护和恢复相适应的产业结构调整及替代性湿地生态产业的开发、湿地恢复规划与实施过程中社区参与机制的建立和完善以及湿地恢复的生态补偿机制等（Aronson et al.，2006）。通过相关社区参与机制的建立，使湿地恢复对于社区的利益相关者都具有积极的意义。例如，在恢复湿地的资源利用及湿地生态旅游等方面应建立充分的社区参与机制，增加社区福利等（Mae et al.，2010）。参与式的社区自然资源管理和利用的规划与实施是寻求社区公众利益、社区经济发展和湿地生态恢复与保护相协调的有效途径。

　　建立湿地恢复与经济效益相互驱动的市场调节机制，依据不同国情和湿地保护管理体制的差异而迥异。湿地恢复的市场机制可以建立在相关法律法规的基础上，也可以建立在湿地恢复所带来的综合生态系统服务功能改善的基础上，如美国 20 世纪 90 年代基于"无净损失"（no-net-loss）湿地恢复与保护政策发展起来的"湿地银行"（wetland banking）等湿地恢复市场机制（Brown & Lant，1999）。依据湿地保护的"无净损失"政策，开发商必须通过湿地恢复与重建补偿土地开发活动中导致的湿地净损失。湿地银行的投资者则依其投入大小拥有其相应的股份，并在"湿地银行"建立的股份市场上进行交易，其客户主要为土地开发商及期待湿地"股票"升值的投资者。对于土地开发商而言，他们不必费时费力地去进行湿地恢复，而是通过购买湿地银行的股票，获得了用于补偿土地开发中所损失的湿地。私人投资者则可从湿地股票的升值中获利，湿地银行的经营者则从出售股票和湿地恢复与重建的差额中获取利润。特许经营湿地银行的机构，需要相应的资质并对湿地银行的资产质量（即所恢复湿地的生态质量和有效性）负责，从而也保证了土地开发过程中湿地补偿的有效性。可见，基于湿地保护法律，通过湿地银行业这一高度商业化的市场运作机制，使土地开发与湿地保护达成了一种良性的互动。美国密西西比河流域农业区的湿地恢复则提出一种"氮农业"的运作方式，鼓励农业开发者通过恢复湿地降低输入海湾的氮负荷，政府向个人提供补贴用于恢复可储蓄洪水的湿地，以及降低总氮、总磷等化肥和杀虫剂等投入，同时建立了"氮农业"交易市场，鼓励上述权益参与市场交易，并评估去除 1 t 氮的湿地相当于 2 500 美元的补贴价值。该市场机制不仅减轻了农业从业者对政府补助的依赖，这些区域农业非点源污染和防洪安全也都得到了控制和改善（Finlayson et al.，2005）。

　　湿地恢复通过改善湿地环境将显著提升周边的环境质量，将其对湿地及其周边环境质量的提升转变为相应的环境消费价值的增加（如旅游及人居环境消费价值的提升等），也是一种行之有效的市场条件下的湿地恢复补偿机制。国内如杭州市政府所倡导的经济发达地区湿地恢复补偿的"西溪模式"，杭州西溪湿地作为我国第一个国家湿地公园，按其总体规划需要进行较大规模的湿地恢复工作，作为投资主体，杭州市政府在西溪湿地恢复前期投入了大量资金，但政府通过湿地公园建设导致的周边土地增值则收回了几十亿元的巨额投资成本。显然，更应该鼓励企业和民间资本采取这种模式，在负责湿地恢复资金投入的同时，可允许其对湿地周边区域进行严格控制下的适度土地开发。企业和民间资本如预期通过湿地恢复保护能带动周边土地及地产增值，以获得补偿甚至可观的经济效应，则会积极参与湿地恢复项目，甚至将土地开发的资金"反哺"湿地恢复与保护，以维持其所持的周边地产持续升值。在此，湿地保护恢复与土地开发等经济活动总体上呈现协调和良性互动的趋势，但应注意严格限制周边土地开发活动的规模和方式，尽量减少对湿地生态系统的负面影响。

## 7. 个体 - 集群 - 流域与纵向 - 横向 - 垂向湿地系统多尺度、整体性恢复

自然状态下，湿地往往是作为某一河流流域系统的集水区而存在的，湿地生态系统得以自我维持依赖于所处流域生态系统的健康，特别是个体 - 集群 - 流域等不同等级流域湿地系统结构的完整性和流域生态水文过程的连续性。导致湿地退化的因素除对湿地的直接侵占、破坏并使其水环境恶化外，更主要的原因往往来自其毗邻集水区产生的水体污染、水土流失，或水利工程建设导致的湿地流域系统被割裂，流域湿地的上下游之间或干支流间水文过程的连续性被阻断等，因此，维护个体 - 集群 - 流域等多尺度湿地生态系统完整性、结构与功能的多样性也是恢复、维持以水禽和鱼类为代表的湿地生物多样性的基础（Rivers-Moore et al.，2011）。湿地恢复的关键是湿地流域水循环过程以及湿地自然水文动力学机制的恢复，并在此基础上通过相应的生态措施恢复从湿地生态系统到湿地集水区及其流域等不同尺度湿地结构的自我更新机制，促进其湿地自然发育和正向演替过程（Nel et al.，2011）。

近 10 年来，国际上湿地生态系统整体恢复和调控思想（holistic restoration）得到高度重视，强调湿地恢复不应当仅局限于湿地生态系统本身，而应同时考虑更大尺度上毗邻集水区以及湿地所处整个流域生态系统结构和功能的完整性（River-Moore et al.，2011）。即问题的发生（湿地生境退化）在一个层次，问题的解决则需要在更高层次上进行，湿地恢复应从关注湿地生态系统本身扩展到集水区以至整个流域系统的尺度上，在这一尺度上还必须寻求构建湿地恢复与区域社会经济发展的良性循环机制（Nel et al.，2011；Hermoso et al.，2012）。该理论在空间尺度上要求将局域尺度上单个湿地的生态修复与流域上的生态管理相结合，同时，强调通过流域尺度上的水文调控来促进湿地生态系统恢复（River-Moore et al.，2011）。如欧洲最大规模的湿地恢复项目"莱茵河行动计划"就是荷兰、法国、德国合作，在流域尺度上，通过水生态过程恢复、水环境修复来进行整体湿地恢复的最为成功的范例（de Jonge et al.，2002）。

同时，流域湿地在不同尺度上往往具有不同的水文过程的连接性并驱动着湿地生态系统的演变过程，集中表现为流域上下游之间的水文过程纵向连接性、湿地（如河道等）与所处集水区水文过程横向连接性，以及湿地地表水和地下水之间的垂向连接性（Hermoso et al.，2011，2012）。以往湿地生态系统恢复往往强调植被、水生生物和基质等生态系统内部结构因素的修复，而忽视了湿地生态系统与周边流域系统（河流、湖泊）在纵向 - 横向 - 垂向结构与功能的联系和梯度差异。如湖滨边缘湿地也不能仅仅看作结构上与湖泊相连的单块生境，对其恢复仅考虑局域尺度的植被、土壤和底质条件是不够的，应充分考虑所处流域形态、水深梯度变化和水循环季节性变化过程等（Linke et al.，2012）。地表与地下水的水文联系在湿地恢复中也受到关注，最近的研究表明，湿地恢复过程中土壤和植被类型受地下水深度变化影响很大，湿地恢复除应强调流域连接性的修复外，还应充分考虑地表水和地下水之间的水文联系（Hermoso et al.，2012；Linke et al.，2012)。

　　湿地整体性恢复思想是对以往基于局域尺度格局调控的湿地恢复理论和方法的反思，大量的实践已表明局域尺度湿地恢复的局限性。如近年来美国学者认为"无净损失"的湿地恢复补偿策略可能导致更大尺度上区域湿地类型和性质的改变，从而对区域环境产生难以预料的影响（Rheinhardt et al.，1997；Kaiser，2001)。对用于补偿被侵占的湿地恢复项目进行评估表明，大部分用于补偿而进行的湿地恢复项目是不成功的，在功能效益上难以补偿原有湿地的损失，原因主要是恢复补偿的湿地仅在物理结构和面积上与原来自然湿地类似，而自然湿地长期维持所依赖的流域的整体性结构和功能，特别是流域水系的结构和功能通常难以得到有效恢复或补偿（Kaiser，2001)。

　　国内如鄱阳湖流域"山江湖"的治理模式以及 WWF 在长江中游进行的"重建江湖联系，恢复湿地生命网络"等示范项目，也是重点在流域尺度上进行湿地恢复的探索，特别是近年来黄河小浪底实施的调水调沙工程可视为通过流域尺度上的水文调控来修复河道及河口湿地的典型案例（Wang，2005)。但总体而言，国内目前开展的大部分湿地恢复项目仍主要以局部湿地格局恢复和调整的模式为主，缺乏对流域尺度水生态过程与格局的系统研究，故难以建立通过水生态过程调控对湿地进行整体性恢复和调控的机制和措施。

## 8. 结语

　　本文在国内外相关研究的基础上，从湿地恢复的理论方法、技术途径、社区发展与市场机制等多层面、多角度探讨了湿地恢复所面临的问题，涉及其湿地恢复狭义和广义的概念、湿地恢复的主动与被动恢复模式、湿地恢复的本底参照和有效性评估、湿地恢复与生态水工学、湿地恢复的社区参与及市场运营机制及个体 - 集群 - 流域系统的整体性恢复等方面，并提出了如下值得注意的方面：

　　（1）在湿地恢复的实践中，广义和狭义的湿地恢复各有其意义和价值，针对自然保护区或存在自我恢复可能的退化湿地，应采取严格科学意义上狭义的湿地恢复概念；而强调生态系统功能提升的广义概念则适用于高强度人类活动区域退化严重的湿地恢复；

　　（2）应在湿地恢复的必要性与可行性分析的基础上，评估湿地恢复的优先性，进而确定区域湿地恢复的优先性排序；

　　（3）应仔细评估目标恢复湿地生态系统的受损退化状况，依其湿地生态系统自我修复能力，谨慎选择湿地恢复的主动与被动模式；

　　（4）应建立能更为准确反映湿地生态系统格局与过程、生物与物理性状，以及生态系统服务功能变化的综合性评估指标体系，以满足对狭义和广义湿地恢复评估的需求；

　　（5）鉴于传统水利工程建设对生态系统的破坏，传统水利工程建设应充分考虑生态学的需求，向生态水工学转变。湿地恢复应合理应用生态水工学的方法，尤其针对城市湿地恢复、水系治理及其他高强度人类活动区域开展的湿地恢复项目；

（6）湿地恢复项目不应仅局限于相关技术方法和技术途径，为保持其长期有效性，应建立湿地恢复的社区参与及市场运营机制；

（7）湿地恢复不仅应关注退化湿地的水体、植被和土壤等构成要素的原位恢复，还应该促进恢复与所处流域系统上下游之间的纵向水文连接性、与所处集水区域之间的横向水文连接性以及地表水与地下系统的垂向水文联系。

总之，湿地恢复不应当局限于湿地生态系统本身，而应同时考虑更大尺度上毗邻集水区以及湿地所处整个流域生态系统结构和功能的完整性，即问题的发生（单个湿地生境退化）在某一尺度，问题的解决则需要在更大尺度（集水区、流域）上进行，湿地恢复应从关注湿地生态系统本身扩展到集水区以至整个流域系统的尺度上，在这一尺度上还必须寻求构建湿地恢复与区域社会经济发展的良性循环机制。

# 参考文献

Falk D M P，Zedler J B. 2006. Foundations of restoration ecology [M]. Washington DC: Island Press.

Zedler J B. 2000. Progress in wetland restoration ecology [J]. Trends in Ecology and Evolution, 15: 402-405.

Grenfell M C, Ellery W N, Garden S E, et al. 2007. The language of intervention: A review of concepts and terminology in wetland ecosystem repair [J]. WATER SA, 33(1): 43-50.

Baron J S, Poff N L, Angermeier P L, et al. 2002. Meeting ecological and societal needs for freshwater [J]. Ecological Applications, 12(5): 1247-1260.

Dale P E R, Connelly R. 2012. Wetlands and human health: an overview [J]. Wetlands Ecology and Management, 20(3): 165-171.

Ian D R, Kathryn, Nicholas. 2004. A Rehabilitation Manual for Australian Streams [J]. Cooperative Research Centre for Catchment Hydrology.

Almendinger J E. 1999. A method to prioritize and monitor wetland restoration for water-quality improvement [J]. Wetlands Ecology and Management, 6: 241-251.

White D. 2005. Modeling the suitability of wetland restoration potential at the watershed scale [J]. Ecological Engineering, (24): 359-377.

Vellidis G. 2003. Prioritizing wetland restoration for sediment yield reduction: a conceptual model [J]. Environmental Management, 31(2): 301-312.

Mitsch W J, Gosselink J G. 2000. Wetlands [M]. New York: Van Nostrand Reinhold Company.

Prach K, Hobbs R J. 2008. Spontaneous succession versus technical reclamation in the restoration of disturbed sites [J]. Restoration Ecology, 16: 363-366.

Kroon F. 2011. Wetland habitats: a practical guide to restoration and management [J]. Australasian Journal of Environmental Management, 18(4): 265-266.

Li X W, C Liang, J B Shi. 2012. Developing wetland restoration scenarios and modeling its ecological consequences in the Liaohe River delta wetlands, China [J].CLEAN – Soil, Air, Water, 40(10):1185-1196.

Theo H L C. 2007. Experiences with DSS in ecologically based water management in the province of Friesland, the Netherlands [J]. Ecological Engineering, 30(2): 176-186.

Trepel M. 2007. Wetland restoration at the Society for Ecological Restoration International Conference in Zaragoza, Spain [J]. Ecological Engineering, (30):91-92.

Pellerin T A, Andrew J B. 2003. Reconstructing the recent dynamics of mires using a multi-technique approach [J]. Journal of Ecology, 91: 1008-1021.

Mitsch W J, Wang N M. 2000. Large-scale coastal wetland restoration on the Laurentian Great Lakes: Determining the potential for water quality improvement [J]. Ecological Engineering, 15(3-4): 267-282.

White P S, Walker J L. 1997. Approximating nature's variation: selecting and using reference information in restoration ecology [J]. Restoration Ecology, 5: 338-349.

Rheinhardt R D, Brinson M M. et al. 1997. Applying wetland reference data to functional assessment, mitigation and restoration [J]. Wetlands, 17(2): 195-215.

Serge D M, Cécile M, Matthieu C, et al. 2012. A palaeoecological perspective for the conservation and restoration of wetland plant communities in the central French Alps, with particular emphasis on alder carr vegetation [J]. Review of Palaeobotany and Palynology, 171: 124-139.

Kaiser J. 2001. Recreated Wetlands No Match for Original [J]. Science, 293(5527): 25-26.

Lavendel B. 2003. Ecological restoration in the face of global climate change: obstacles and initiatives [J]. Ecological Restoration, 21: 199-203.

Bi H P, Macova M, Hearn L, et al. 2011. Recovery of a freshwater wetland from chemical contamination after an oil spill [J]. Journal of Environmental Monitoring, 13(3): 713-720.

Elliott C R N, Dunbar M J, Gowing I, et al. 1999. A habitat assessment approach to the management of groundwater dominated rivers [J]. Hydrological Processes, 13: 459-475.

Stokstad E. 2005. Louisiana's wetlands struggle for survival [J]. Science, 310: 1264-1266.

Richardson C J, Peter R, Najah A H, et al. 2005. The restoration potential of the Mesopotamian Marshes of Iraq [J]. Science, 307: 1307-1310.

Cohen M J, Lane C R, Reiss K C, et al. 2005. Vegetation based classification trees for rapid assessment of isolated wetland condition [J]. Ecological Indicators, 5(3): 189-206.

Chipps S R, Hubbard D E, Werlin K B, et al. 2006. Association between wetland disturbance and biological attributes in floodplain wetlands [J]. Wetlands, 26(2): 497-508.

Liang C，X W Li. 2012. The ecological sensitivity evaluation in Yellow River Delta National

Natural Reserve [J]. CLEAN-Soil, Air, Wate, 40(10): 1197-1207.

Cole C A. 2006. HGM and wetland functional assessment: Six degrees of separation from the data? [J]. Ecological Indicators, 6(3): 485-493.

Jacobs A D, Kentula M E, Herlihy A T. 2010. Developing an index of wetland condition from ecological data: An example using HGM functional variables from the Nanticoke watershed, USA [J]. Ecological Indicators, 10(3): 703-712.

Kotze D C, Ellery W N, Macfarlane D M, et al. 2012. A rapid assessment method for coupling anthropogenic stressors and wetland ecological condition [J]. Ecological Indicators, 13(1): 284-293.

Mikołaj P, Lars G, Jarosław C, et al. 2012. A GIS-based model for testing effects of restoration measures in wetlands: A case study in the Kampinos National Park, Poland [J]. Ecological Engineering, (44): 25-35.

Dong Z R, Liu H, Zeng X H. 2002. Water quality recovery technology with ecological and biological approach [J]. China Water Resources, 3: 8-11.(in Chinese)

Milbradt P, Schonert T. 2008. A holistic approach and object-oriented framework for eco-hydraulic simulation in coastal engineering [J]. Journal of Hydroinformatics, 10(3): 201-214.

de Jonge V N, de Jong D J. 2002. Ecological restoration in coastal areas in the Netherlands: concepts, dilemmas and some examples [J]. Hydrobiologia, 478(1-3): 7-28.

Baird A J, Price J S, Roulet N T, et al. 2004. Special issue of hydrological processes: wetland hydrology and ecohydrology [J]. Hydrological Processes, 18: 211-212.

Tang X Q, Wu M, Yang W J, et al. 2012. Ecological Strategy for Eutrophication Control [J]. Water Air And Soil Pollution, 223(2): 723-737.

Aronson J S, Milton J, Blignaut N. 2006. Conceiving the science, business and practice of restoring natural capital [J]. Ecological Restoration, 22: 22-24.

Mae A D, Christopher A B, Jean C M, et al. 2010. Building local community commitment to wetlands restoration: a case study of the Cache River Wetlands in southern Illinois, USA [J]. Environmental Management, (45): 711-722.

Brown P H, Lant C L. 1999. The effect of wetland mitigation banking on the achievement of no-net-loss [J]. Environmental Management, 23(3): 333-345.

Finlayson C M, Bellio M G, Lowry J B. 2005. A conceptual basis for the wise use of wetlands in northern Australia-Linking information needs, integrated analyses, drivers of change and human well-being [J]. Marine and Freshwater Research, 56(3): 269-277.

Rivers-Moore N A, Goodman P S, Nel J L. 2011. Scale-based freshwater conservation planning: towards protecting freshwater biodiversity in KwaZulu-Natal, South Africa [J]. Freshwater Biology, 56: 125-141.

Nel J L, Reyers B, Roux D J, et al. 2011. Designing a conservation area network that supports the representation and persistence of freshwater biodiversity [J]. Freshwater Biology, 56:

106-124.

Hermoso V, Pantus F, Olley J, et al. 2012. Systematic planning for river rehabilitation: integrating multiple ecological and economic objectives in complex decisions [J]. Freshwater Biology , 57: 1-9.

Hermoso V, Kennard M J, Linke S. 2012. Integrating multidirectional connectivity requirements in systematic conservation planning for freshwater systems [J]. Diversity and Distributions, 18: 448-458.

Hermoso V, Linke S, Prenda J, et al. 2012. Addressing longitudinal connectivity in the systematic conservation planning of fresh waters [J]. Freshwater Biology, 56: 57-70.

Linke S, Kennard M J, Hermoso V, et al. 2012. Merging connectivity rules and large-scale condition assessment improves conservation adequacy in river systems [J]. Journal of Applied Ecology, 49: 1036-1045.

Linke S, Norris R H, Pressey R L. 2008. Irreplaceability of river network: towards catchment-based conservation planning [J]. Journal of Applied Ecology, 45: 1486-1495.

Wang K R. 2005. Impact and evaluation of water and sediment regulation in the Yellow River on the estuary and its delta [J]. Journal of Sediment Research, 6:29-33. (in Chinese)